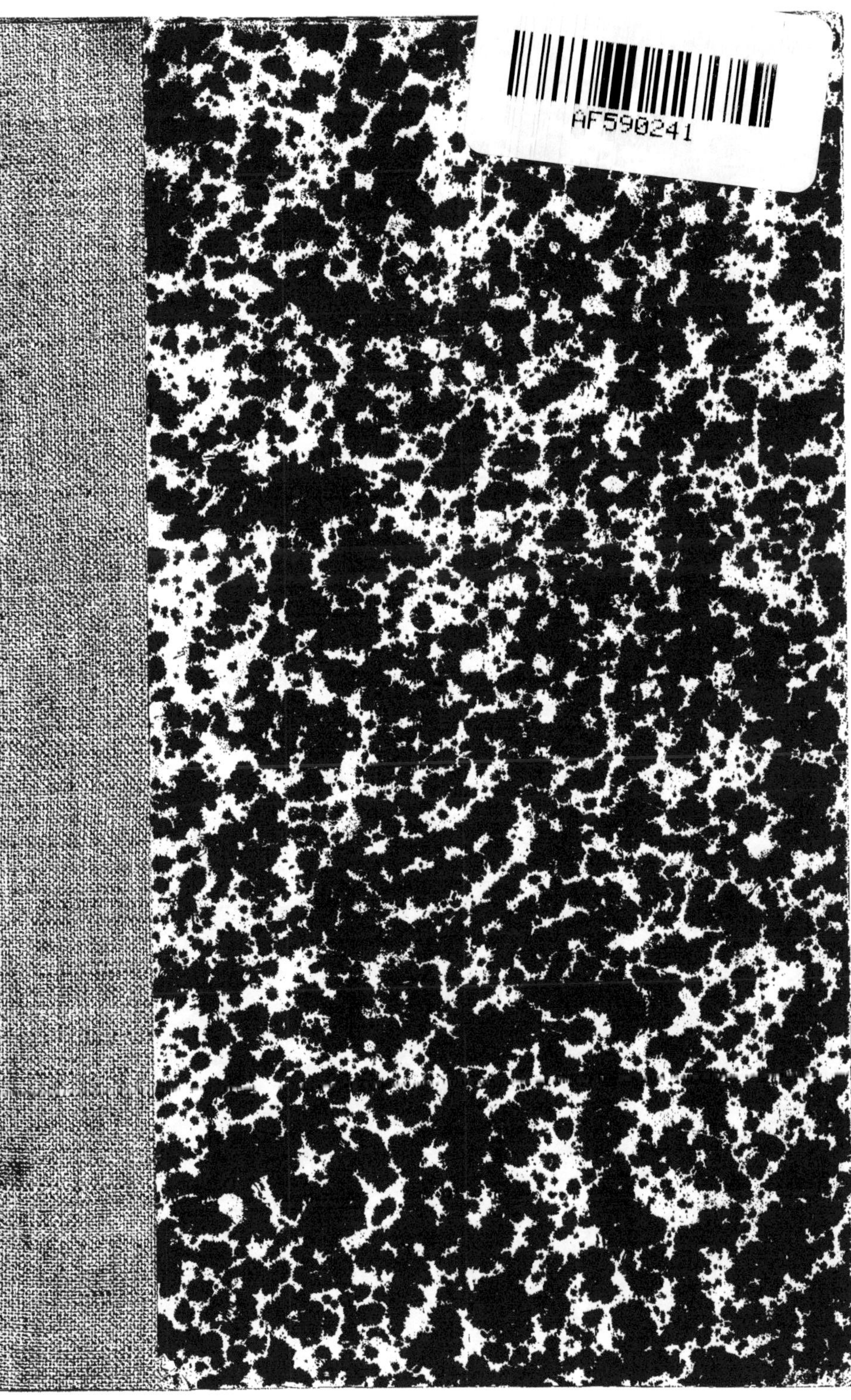
AF590241

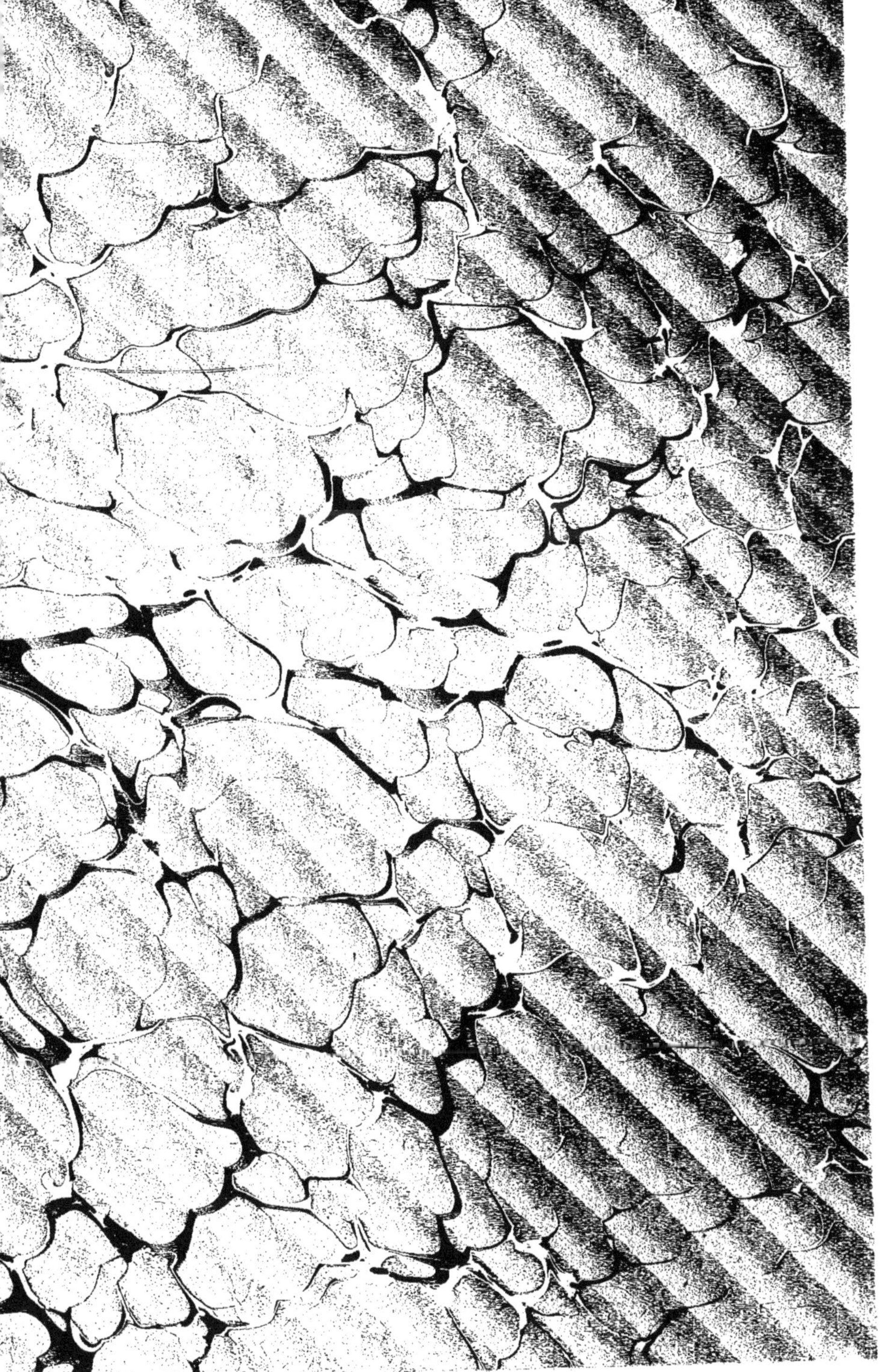

UNIVERSIDAD NACIONAL DE LA PLATA

# NOUVELLES RECHERCHES

SUR LA

# FORMATION PAMPÉENNE

ET

## L'HOMME FOSSILE DE LA RÉPUBLIQUE ARGENTINE

RECUEIL DE CONTRIBUTIONS SCIENTIFIQUES

DE MM. C. BURCKHARDT, A. DOERING, J. FRUEH, H. VON IHERING, H. LEBOUCQ, R. LEHMANN-NITSCHE, R. MARTIN, S. ROTH, W. B. SCOTT, G. STEINMANN ET F. ZIRKEL

PUBLIÉES PAR

ROBERT LEHMANN-NITSCHE

(De la REVISTA DEL MUSEO DE LA PLATA, tome XIV (seconde série, tome I), pages 143 à 488)

BUENOS AIRES

IMPRENTA DE CONI HERMANOS

[illegible]

1907

[illegible]

UNIVERSIDAD NACIONAL DE LA PLATA

# NOUVELLES RECHERCHES

SUR LA

# FORMATION PAMPÉENNE

ET

## L'HOMME FOSSILE DE LA RÉPUBLIQUE ARGENTINE

RECUEIL DE CONTRIBUTIONS SCIENTIFIQUES
DE MM. C. BURCKHARDT, A. DOERING, J. FRUEH, H. VON IHERING, H. LEBOUCQ
R. LEHMANN-NITSCHE, R. MARTIN, S. ROTH, W. B. SCOTT,
G. STEINMANN ET F. ZIRKEL

PUBLIÉES PAR

ROBERT LEHMANN-NITSCHE

[De la REVISTA DEL MUSEO DE LA PLATA, tome XIV (seconde série, tome I)
pages 143 à 488]

BUENOS AIRES
IMPRIMERIE CONI FRÈRES
684, RUE PERÚ, 684

1907
Paru le 15 de décembre

NOUVELLES RECHERCHES

SUR LA

# FORMATION PAMPÉENNE ET L'HOMME FOSSILE

## DE LA RÉPUBLIQUE ARGENTINE

RECUEIL DE CONTRIBUTIONS SCIENTIFIQUES DE MM. C. BURCKHARDT, A. DOERING, J. FRUH, H. VON IHERING, H. LEBOUCQ, R. LEHMANN-NITSCHE, R. MARTIN, S. ROTH, W. B. SCOTT, G. STEINMANN ET F. ZIRKEL

PUBLIÉES PAR ROBERT LEHMANN-NITSCHE



---

## PRÉFACE

Dès le jour de mon arrivée à La Plata, en qualité de chef de la section anthropologique du Musée, en 1897, j'ai été animé par le plus ardent désir de visiter d'abord les lieux d'où se sont répandues parmi le monde scientifique les nouvelles de la première apparition de l'homme en Amérique, de reconnaître ensuite les terrains qui contiennent ses vestiges, d'y faire de nouvelles recherches, et, enfin, si possible, de poursuivre, d'accélérer ou peut-être même de résoudre le problème si vivement débattu de l'âge du genre humain : l'existence de l'homme tertiaire dans l'Amérique du Sud, serait-elle en effet une realité comme le présument de nombreux savants? Certes, chacun qui s'initie dans l'étude d'une matière nouvelle, pour lui inconnue auparavant, désire la mener à bonne fin, terminer avec succès la tâche qu'il s'est proposé et réduire toutes les difficultés qui s'y présentent. L'importance du problème de l'homme tertiaire mérite tous les efforts et sa solution, selon l'opinion des savants, serait probable en réexaminant avant tout et minutieusement les endroits d'où proviennent les indices des premières traces de l'homme. Cette conjecture pourtant ne devait pas encore se réaliser par l'impossibilité de déterminer aujourd'hui d'une manière absolue l'âge géologique des différentes couches de la formation pampéenne, impossibilité innée dans la nature même de la matière qui nous occupe.

Avant d'entreprendre nos études spéciales, il était indispensable comme *conditio sine qua non* de disposer d'observations géologiques exactes, faites simultanément avec des observations anthropologiques, en lieu et place, par des savants intéressés également aux problèmes de la géol et de l'anthropologie: capacité impossible de recontrer chez une se personne qui réunirait les vastes connaissances exigées par ces d sciences naturelles.

Nos recherches pratiques devaient naturellement commencer pa vérification de la région où furent faites les premières trouvailles restes humains.

Grâce à mes continuelles instances, je parvins à organiser, en nov bre 1899, une petite expédition, dont M. le docteur Santiago Roth, l plorateur bien connu de la formation pampéenne, serait le guide. S sa compétente conduite, nous visitâmes, mon collègue M. Carl Bu hardt et moi, toutes les localités sur la rive droite du río Paraná, de Baradero jusqu'à Rosario, où M. Roth avait découvert les traces l'homme fossile. Dejà en 1888, Roth avait publié ses *Observations l'âge et l'origine de la formation pampéenne* et il eut maintenant l'o geance de nous faire connaître les principaux endroits sondés par pendant de longues années et de nous communiquer ses idées en f même des coupes géologiques.

Au géologue M. C. Burckhardt, de Bâle, incomba la tâche de rele les profils de la formation pampéenne sur lesquels se base l'étude gé gique contenue au commencement de la première partie du présent t vail. MM. Früh, von Ihering et Steinmann ont bien voulu y contrib par l'examen des matériaux qui leur ont été remis.

M. Früh, de Zurich, nous remet un examen macro et microscopi du calcaire de la formation pampéenne.

M. von Ihering, de São Paulo, nous donne des notes sur l'*Ostrea borea* provenant de Tala d'un banc marin intercalé dans le lœss brun

M. Steinmann, de Bonn, y fait une étude comparative des huît de Tala avec celles d'Entre Ríos de la collection Bravard.

La seconde moitié de la première partie du présent travail se comp des observations fort intéressantes de M. Adolphe Doering, sur la for tion pampéenne de Córdoba. Lors de mon dernier séjour dans cette vi en juillet 1906, M. Doering eut la bienveillance de me faire connaî les profils géologiques que l'on pourrait encore étudier dans les envir de Córdoba, et de me dicter, sur ma demande, un résumé d'observati faites par lui depuis longtemps et conservées dans un volumineux li de notes. Comme le dit résumé nous donne des idées nouvelles sur l'o gine de la formation pampéenne et approfondit aussi les problèmes g logiques observés dans notre champ d'études des provinces de Bue Aires et de Santa Fe, en même temps qu'il nous fournit des don exactes sur l'apparition de l'homme dans la formation pampéenne Córdoba, je n'ai pas hésité à le publier à la suite de nos propres obs vations géologiques.

La partie anthropologique enfin m'était réservée ; elle forme la deuxième partie du présent travail.

Malgré les résultats anthropologiques peu importants, le voyage dont nous avons parlé nous a fourni un fondement géologique solide sur lequel s'appuient toutes les controverses scientifiques qui suivent.

En dehors de mes observations relatives à notre expédition auxquelles M. Zirkel, de Leipzig, collabore par l'analyse microscopique d'argile brûlée, je public aussi dans la partie anthropologique de ce travail les résultats d'une révision de la collection Ameghino, conservée actuellement au Musée de La Plata, ainsi qu'une étude sur les crânes et les ossements humains fossiles, conservés aux musées argentins; j'y relate aussi mes dernières investigations faites sur les ossements de Fontezuelas, du Musée de Copenhague.

M. Leboucq, de Gand, y contribue par un chapitre sur les ossements fossiles du pied et de la main trouvés aux bords de l'arroyo Frías (province de Buenos Aires).

M. Martin, de Zurich, nous confie pour y être publiés ses études sur l'homme fossile de Baradero, l'homme américain le plus ancien que l'on connaisse.

M. Scott, de Princeton, écrit sur ma demande particulière et spécialement pour notre travail une plaquette qui caractérise la faune paléontologique argentine et ses migrations et nous donne des indices sur l'apparition de l'homme fossile dans la formation pampéenne.

M. Steinmann, de Bonn, nous permet de publier son opinion sur les scories de Monte Hermoso.

Finalement, nous avons la satisfaction de réimprimer une lettre de M. Roth, parue il y a longtemps déjà, mais introuvable aujourd'hui et presque oubliée. La réapparition de cette lettre, citée presqu'à chaque page de notre ouvrage, sera la bienvenue pour tous ceux qui suivent les détails exposés dans les lignes qui suivent.

M. Ameghino enfin, l'éminent paléontologiste, a bien voulu se mettre à ma disposition pendant toute la durée de mes investigations et me fournir une foule de renseignements relatifs à la matière dont il est l'initiateur le plus méritoire dans ce pays; je me fais un devoir de lui en manifester ma reconnaissance.

En résumé, nous devons affirmer avoir fait tout notre possible pour coopérer à la solution difficile de la tâche que nous nous sommes imposée.

Que d'autres, utilisant nos recherches, soient plus heureux dans l'étude de l'homme fossile américain et de ses traces empreintes dans la formation pampéenne de la République Argentine !

ROBERT LEHMANN-NITSCHE.

# PARTIE GÉOLOGIQUE

## I. — LA FORMATION PAMPÉENNE DE BUENOS AIRES ET SANTA F

PAR CARL BURCKHARDT

AVEC DES CONTRIBUTIONS DE MM. J. FRUH, H. VON IHERING ET G. STEINMANN

### INTRODUCTION

Notre collègue M. Santiago Roth, qui a étudié avec tant de succès l formation pampéenne de la République Argentine [1], a fait des découve tes très importantes relatives aux restes humains trouvés dans le lœs pampéen [2]. Selon lui, des traces de l'homme fossile ont été trouvées da les assises moyennes du lœss, et comme ces assises alternent avec de bancs d'huîtres, rapportés par Roth à la formation d'Entre Ríos, nou aurions là les preuves de l'âge tertiaire de la formation pampéenne et c qui est peut-être plus important encore, nous aurions découvert les tr ces de l'homme tertiaire.

Il est évident que les observations de Roth ont excité dès leur publ cation le plus vif intérêt et d'un autre côté il est naturel aussi qu'elle aient provoqué la critique. Les savants mêmes, qui ont accepté les co clusions de Roth, — citons ici Koken [3] et Valentin [4] — déclarèren qu'il fallait absolument réexaminer les profils décisifs.

C'est surtout l'anthropologie qui a le plus grand intérêt à examiner fond la question de l'homme tertiaire pampéen. Mon collègue et ami, M Lehmann-Nitsche, m'a proposé dans ce but d'étudier ensemble une pa tie de la formation pampéenne entre Buenos Aires et Rosario de Santa F et de vérifier les conclusions de Roth sous la conduite aimable de notr estimé collègue. Je me permets ici de remercier vivement notre collègu et ami M. Santiago Roth, qui nous a procuré en quelques jours une idé

[1] ROTH, S., *Beobachtungen über Entstehung und Alter der Pampasformation in Arge tinien. Zeitschrift der deutschen geologischen Gesellschaft*, XL, 1888, p. 375-464.

[2] ROTH, S., *Ueber den Schädel von Pontimelo (richtiger Fontizuelos). (Briefliche Mi theilung von Santiago Roth an Herrn J. Kollmann.) Mittheilungen aus dem anatomische Institut im Vesalianum zu Basel*. [1889]. Réimprimé à la fin de la partie anthrop logique du présent travail.

[3] KOKEN, E., *Die Vorwelt und ihre Entwicklungsgeschichte*, Leipzig, 1893, p. 444 e suivantes.

[4] VALENTIN, J., *Bosquejo geológico de la Argentina*. Artículo *Gea* en la tercera edició del *Diccionario geográfico argentino* de F. LATZINA, Buenos Aires, 1897, p. 37.

ınérale de la formation pampéenne, étudiée par lui dans de longues et borieuses campagnes (voir planche I).

Le présent travail géologique se divise en deux chapitres. Dans le remier, je chercherai à donner une idée générale de la formation pamréenne et de préparer ainsi le lecteur pour l'étude de la question d'âe, traitée dans le second chapitre. Il est clair que le premier donne n résumé non seulement de nos propres observations, mais se base ırtout sur les travaux importants de MM. Ameghino et Roth. Les con:ibutions que nous devons à MM. H. Früh, H. von Ihering et G. Steinıann, seront intercalées dans le texte à leurs places respectives.

Enfin nous donnerons dans l'appendice la description détaillée de uelques profils géologiques de la formation pampéenne. Peut-être ces étails serviront-ils un jour à entreprendre l'étude approfondie de cette ormation.

## I

### APERÇU GÉOLOGIQUE DE LA FORMATION PAMPÉENNE DANS LA RÉGION ÉTUDIÉE

Il ne peut pas être le but de cette étude sommaire de faire l'historique de tous les travaux publiés sur la formation pampéenne.

Les principaux qui en traitent sont les suivants :


AMEGHINO, F., *La formación pampeana*, Paris-Buenos Aires, 1881.

— *Escursiones geológicas y paleontológicas en la provincia de Buenos Aires. Boletín de la Academia Nacional de Ciencias de Córdoba*, VI, 1884, p. 161 — 260.

— *Sinopsis geológico-paleontológica*, dans *Segundo Censo de la República Argentina*, t. I, cap. I, *Territorio*, tercera parte, Buenos Aires, 1898.

BRAVARD, A., *Geología de las Pampas*, dans *Registro estadístico del Estado de Buenos Aires*, 1857, I., *Territorio, estado físico del territorio*, Buenos Aires, 1858.

BURMEISTER, H., *Description physique de la République Argentine*, t. II, Paris 1879.

DARWIN, CH., *Geological observations on South America*, London, 1846.

DOERING, A., *Geología*, entrega III del *Informe oficial de la Comisión Científica agregada al estado mayor general de la expedición al río Negro*, Buenos Aires, 1881.

— *Estudios sobre la proporción química y física del terreno de la Pampa. Boletín de la Academia Nacional de Ciencias de Córdoba*, I, 1874, p. 249-296.

— *Estudios hidrognósticos y perforaciones artesianas en la República*

*Argentina. Boletín de la Academia Nacional de Ciencias de Córdoba*, VI, p. 259-340.

— *Apuntes sobre la fauna de moluscos de la República Argentina* (
artículo). *Boletín de la Academia Nacional de Ciencias de Córdoba*, VII, p. 457-474.

von Ihering, H., *Conchas marinas da formação pampeana de La Plat*
*vista do Museu Paulista*, I, 1895, p. 223-231.

— *Os mulluscos dos terrenos terciarios da Patagonia. Revista do Paulista*, II, 1897, p. 217-382.

D'Orbigny, A. *Voyage dans l'Amérique Méridionale*, III, *Géologie*, Paris,

Roth, S., *Beobachtungen über Entstehung und Alter der Pampasforma Argentinien. Zeitschrift der deutschen geologischen Gesellschaft*, XL, 18 375-464.

— *Ueber den Schädel von Pontimelo (richtiger Fontizuelos). (Brieflich theilung von Santjago Roth an Herrn J. Kollmann). Mittheilungen au anatomischen Institut im Vesalianum zu Basel* [1889].

Réimprimé à la fin de la partie anthropologique du présent travail.

Steinmann, G., *Abschnitt Südamerika, Atlas der Geologie* von D Berghaus, Gotha, 1892.

Stelzner, A., *Beiträge zur Geologie und Palaeontologie der Argentin Republik*, I, *Geologischer Theil*, Cassel und Berlin, 1885.

Valentin, J., *Bosquejo geológico de la Argentina*. Artículo *Gea* en la t edición del *Diccionario geográfico argentino* de F. Latzina, Buenos Aires,

Malgré les efforts de nombreux savants, beaucoup de questions re encore à résoudre et il ne manque pas de controverses. Dans le s chapitre, je tâcherai d'exposer la diversité des opinions quant à l'â la formation pampéenne; pour le moment, je veux me borner à dire ques mots sur un point non moins discuté de la géologie pampéen mode de formation des assises pampéennes.

Nous pouvons distinguer deux groupes de savants : le premier, r senté par d'Orbigny, Darwin, Doering et à ce qu'il paraît aussi pa Ihering [1], admet que la formation pampéenne est un *dépôt marin;* cond, beaucoup plus nombreux, s'est prononcé en faveur d'une *o terrestre.*

Entre ces derniers géologues, nous avons un premier sous-group admet un seul principe ; ici nous mentionnerons Bravard, le partis l'origine éolienne du terrain pampéen, et Burmeister [2], selon lequ terrain aurait été formé surtout par l'action des eaux, par des in tions et de grandes averses répétées.

Un second sous-groupe de savants a combiné pour ainsi dire les

[1] von Ihering, H., *Conchas marinas*, etc. (l. c.), p. 231.

[2] Burmeister, H., *Description*, etc. (l. c.), p. 208.

le Bravard et de Burmeister ; citons ici Ameghino [1], qui invoque l'action réunie du vent, de l'eau et des forces souterraines (effondrements) ; et Roth [2], selon lequel la formation pampéenne aurait été formée par l'action combinée du vent, de l'eau et de la végétation.

Les observations récentes de la plupart des savants, qui se sont occupés de la question, peuvent être invoquées en faveur d'une origine terrestre de la formation pampéenne. Si bien on observe parfois des bancs marins dans le lœss — et nous en étudierons dans le second chapitre un exemple bien frappant — ce sont seulement des intercalations au milieu d'un complexe, dont la constitution pétrographique et le contenu paléontologique manifestent clairement l'origine terrestre.

Les lignes suivantes démontreront aussi qu'un seul principe n'est pas suffisant à cette explication. Au contraire, plus on étudiera en détail les différentes assises pampéennes, plus on arrivera à la conclusion qu'elles ont été formées de différentes manières.

Santiago Roth a distingué dans la formation pampéenne de notre région d'études trois assises différentes, qu'il nomme formations pampéenne inférieure, moyenne et supérieure [3].

De ces trois divisions nous n'en avons pu voir que les deux supérieures ; la formation pampéenne inférieure était alors invisible à cause de la hauteur des eaux du Paraná. Du reste, il paraît douteux que cette assise inférieure de Roth appartienne vraiment à la formation pampéenne; il se peut qu'elle ait été confondue avec l'argile rouge de la formation guaranitique, comme l'ont déjà supposé MM. Steinmann et Borchert [4].

Nous ne pouvons donc accepter les trois divisions de Roth, et en tout cas il convient de changer les noms de ses deux assises supérieures.

Je propose donc de nommer le lœss supérieur (ou formation pampéenne supérieure) Lœss jaune, et le lœss moyen (ou formation pampéenne moyenne) Lœss brun, faisant ainsi allusion à la différence de couleur qui distingue le lœss de ces deux divisions.

Le lœss jaune ou lœss supérieur rappelle beaucoup certains lœss de la vallée du Rhin ; c'est une argile plus ou moins sableuse et calcarifère,

[1] AMEGHINO, F., *Formación pampeana* (l. c.), p. 152. — Voir aussi STELZNER, *Beiträge*, etc. (l. c.), p. 278.

[2] ROTH, S., *Beobachtungen*, etc. (l. c.), p. 445.

[3] ROTH, S., *Beobachtungen*, etc. (l. c.), p. 398.

[4] BORCHERT, A., *Die Molluskenfauna und das Alter der Parana-Stufe. Beiträge zur Geologie und Palaeontologie von Südamerika herausgegeben von* G. STEINMANN, IX, p. 10. *Neues Jahrbuch für Mineralogie*, etc., 1901.

très poreuse et parsemée de petits canaux dans toutes les direction
La couleur est un jaune vif, plus ou moins couleur d'or *(goldgelb)*. I
lœss jaune est généralement très peu puissant et forme la premiè
couche qu'on rencontre au-dessous de la couverture d'humus.

Là où nous avons observé le lœss jaune, il ne contient ni des marne
verdâtres (couches lacustres d'Ameghino) ni des bancs étendus de ca
caire.

On y trouve seulement des concrétions calcaires nommés *tosc*
équivalent au mot allemand *Loesskindl* [1]. Ces *toscas* ont une forn

[1] L'identification du mot espagnol *tosca* avec le mot allemand *Löesskindl*, fai par les géologues et par M. Burckhardt même, doit son origine à l'interprétati inexacte de quelques passages du travail de M. Roth qui a introduit ce m *tosca* dans la littérature géologique en créant ainsi un terme technique sans l'i tenter. M. Roth, dans son travail si connu *Beobachtungen*, etc., dit d'abord pa 348 :*Kalkconcretionen (Lössknollen)... welche hier Toscas genannt werden*. Mais à la pa 386 on lit très nettement : *Kalkconcretionen (Lösskindl, Toscas)... die oft sehr eigena tige Gestalten zeigen und manchmal grosse Felsstücke bilden*. Dans le texte suivant c trouve toujours identifié *Kalkconcretionen = Lösskindl = Tosca* (p. 386, 389, 397, 4( etc.). Mais le deuxième passage chez Roth, page 386, explique bien qu'on nomn dans l'Argentine *toscas* non seulement les concrétions isolées mais aussi les grand roches calcaires mêmes. Il est vrai que M. Roth ne dit pas cela spécialement qu'il emploie dans le texte suivant, comme nous l'avons déjà mentionné, le m *tosca* seulement pour les concrétions isolées. On comprend que les géologues l'aie fait aussi.

M. le professeur J. Früh, de Zurich, m'a consulté personnellement quant à la s gnification et l'emploi de ce mot *tosca* et j'ai fait à ce sujet quelques démarches. ( mot ne s'emploie plus aujourd'hui dans l'espagnol classique et les dictionnaires ( l'Académie, de Dominguez et de Barcia ne citent que l'adjectif dans une signific tion réelle et figurée, comme signifiant *basto, grosero, rústico, sin pulimento ni labo* fig. *inculto, sin doctrina, educación ni enseñanza, á medio civilizar, palurdo, agrest zafio*, etc. Comme substantif je ne le trouve employé que par des écrivains argentin Villarino parle dans son *Diario del reconocimiento que hizo del Río Negro en la cos oriental de Patagonia el año de 1782*, publié en 1837 dans le tome VI de la Collectio Angelis, à la page 38, d'une falaise [*barranca*] qui représente, dit-il, *una especie ( tosca compuesta de piedrecitas, arena y polvo blanco*. Zeballos dans son *Estudio geológ co de la provincia de Buenos Aires, Anales de la Sociedad Científica Argentina*, II, 187 page 313, mentionne *conglomerados resistentes y compactos que el vulgo conoce por tosca* Ce mot paraît être alors un mot de l'ancien espagnol éteint dans la langue actuel de la péninsule et conservé dans la République Argentine. Granada dans son *Diccio nario Rioplatense*, Montevideo, 1890, ne le cite pas comme argentinisme.

Selon mes recherches ce mot signifie en général toute couche dure ou compacte d terre ou tout ce qui offre quelque resistance à la pique ou à la pelle dans les exca vations. On comprend alors avec notre mot *tosca* les concrétions isolées et le bancs calcaires compacts ; au sud de la province de Buenos Aires on nomme *tosc* même la couche géologique du lœss brun, assez compacte selon la communicatio personelle de M. Roth. Dans les annonces des journaux on offre souvent en vente u *campo* spécialement bon comme étant « *sin tosca* ».

Peu importe que ce mot soit employé dans la géologie comme terme techniqu

ut à fait caractéristique; elles sont plus ou moins globuleuses ou ova-s, peu ramifiées et en général assez petites (voir le cliché ci-joint, fi-re *a*).

Le lœss jaune est homogène et ne montre aucune trace de stratifica-on; nous pouvons en conclure qu'il est un produit éolien.

On trouve beaucoup de restes de mammifères dans le lœss jaune; en

Types de *tosca* (1/2 grandeur naturelle) : *a) tosca* du lœss jaune ; *b) tosca* du lœss brun

énéral, ce sont les mêmes formes que dans les assises inférieures, et elon Roth l'unique différence qui existe entre la forme mammalogique u lœss jaune et celle du lœss brun consiste dans le fait que le genre *'ypotherium*, qui joue un rôle considérable dans les assises inférieures, 'existe plus dans le lœss jaune.

La transition du lœss jaune dans les assises sous-jacentes, que nous vons proposé de nommer lœss brun, s'effectue de deux manières assez ifférentes.

Dans certains endroits, comme par exemple à Rosario (voir plus loin e profil IX), à Alvear (profil III) et à San Nicolás (profil V), on observe ne transition insensible du lœss jaune en lœss brun, le premier deve-ant en bas peu à peu plus foncé et plus compact.

Ailleurs on constate une discordance bien nette entre le lœss jaune t les assises sous-jacentes. Comme le démontrent les profils VI et X, n voit le lœss jaune remplir les inégalités des couches plus anciennes n recouvrant tantôt le lœss brun (San Nicolás, profil VI), tantôt les narnes verdâtres y intercalées (Rosario, profil IX).

Cette discordance, qui annonce une érosion assez sensible avant le dépôt du lœss jaune, est un argument très favorable à la division du lœss en deux assises différentes, division qui a été proposée pour la première fois par M. Roth, l'explorateur bien mérité de la formation pampéenne.

pour désigner les concrétions calcaires de la formation pampéenne ; je désirais seulement expliquer la signification beaucoup plus vaste et générale qu'il a dans la République Argentine. Je crois d'ailleurs que l'un ou l'autre des lecteurs de ces lignes s'intéresse peut-être à l'origine des termes techniques récemment adoptés. *(Note de M. R. Lehmann-Nitsche.)*

Le lœss brun (lœss moyen de Roth) est plus compact et pl que le lœss jaune. Sa couleur est un brun clair ou foncé (*rehbra*

Le lœss brun est comme le lœss jaune une argile sableuse et fère, assez poreuse et parsemée de petits canaux tapissés de no et là de parties noirâtres irrégulières.

Dans beaucoup d'endroits, le lœss brun ne montre aucune s tion. Il est alors évident que nous avons à faire à un produit éo pendant, on observe très souvent aussi des preuves incontest l'action des eaux et on constate souvent une stratification qu très prononcée (voir le profil V).

La concurrence des eaux dans la formation du lœss brun e attestée par les galets de *tosca* intercalés qu'on y observe (voi fil V).

Enfin certains complexes sont formés de fragments de lœss, nes verdâtres et de *toscas*, irrégulièrement agglomérés (voir le d profil IV). Comme l'a déjà demontré M. Roth, une pareille agg tion ne peut s'expliquer que par l'action des eaux.

Les concrétions calcaires (*toscas*) du lœss brun se distinguent t des *toscas* du lœss jaune, étant plus grêles, plus fines et très r rappelant souvent les formes de coraux composés (voir le clic rieur, fig. *b*).

Souvent les *toscas* du lœss brun sont très nombreuses dans bancs, et quelquefois on observe très bien comment ces concré réunissent de plus en plus pour former des amas irréguliers et m bancs calcaires bien stratifiés, d'une extension plus ou moins co ble (voir le détail du profil VIII).

Le calcaire de ces bancs, dont nous en avons pu observer p assez étendus et puissants, notamment à San Nicolás (profil V) et au Baradero, ressemble dans tous ses caractères pétrographi lœss brun. La couleur est exactement la même, les petits canau sés de noir et les parties noirâtres irregulières y abondent ég enfin il est poreux comme le lœss même : ce calcaire a l'air d lœss brun durci.

Ameghino [1] a le mérite d'avoir donné una explication satis du mode de formation des *toscas* et bancs calcaires de la formati péenne. Il admet qu'une partie a été formée par l'infiltration d postérieure au dépôt du lœss, et qu'une autre partie doit son o une précipitation chimique de carbonate de chaux. Ameghino c fin que les bancs les plus étendus de calcaire (M. Roth [2], cite pa

[1] AMEGHINO, F., *Formación pampeana* (l. c.), p. 186, 189, 190.

[2] ROTH, S., *Beobachtungen*, etc. (l. c.), p. 397. Roth dit : *Es ist mir a*

un banc calcaire qui s'étend depuis Azul jusqu'à Bahía Blanca, qui tient selon lui beaucoup de coquilles de *Planorbis* et d'autres mol-ques d'eau douce) se sont formés au fond de petits lacs.

Afin de savoir si l'on peut en effet admettre une partie de ces calcai- comme des calcaires d'eau douce, semblables aux calcaires d'eau ice de la molasse suisse et à la craie lacustre, nous avons prié M. le fesseur J. Früh, de Zurich, de bien vouloir examiner quelques échan-ons de notre calcaire.

Je me permets de traduire dans les lignes suivantes la communica-n que M. Früh a bien voulu nous adresser à ce sujet :

« I. *Examen macroscopique.* — L'échantillon de calcaire ressemble à emière vue au lœss, dont nous en avons gardé des fragments en ar-igeant la collection de mammifères pampéens au Musée de Zurich. échantillon est brun jaunâtre, plus ou moins poreux, parsemé dans ites les directions de petits tubes tapissés à l'intérieur par une masse irâtre. Il contient de petites cavités irrégulières dont les dimensions rient entre 1 et 5 millimètres et par ci par là de petits points luisants mme des grains de sable quartzeux. Votre échantillon se distingue suite par la structure poreuse de la plupart de nos calcaires tertiai-s d'eau douce.

« Après le *traitement à l'acide chlorhydrique faiblement chauffé,* il res- un *résidu insoluble très considérable,* ce qui est une seconde différence s calcaires d'eau douce de la molasse et de la craie lacustre.

« II. *Examen microscopique. Analyse du résidu.* — Le sable est princi-lement un *sable quartzeux* (surtout après la perte des carbonates). En-e les grains, on en observe beaucoup qui sont *arrondis,* comme c'est cas des sables éoliens. Les grains se distinguent du sable fin des ri-ères, qui est généralement plus grossier, et ils sont couverts d'une oûte de limonite, ce qui prouve que le dépôt est assez ancien. Je crois voir vu quelques petits morceaux de verre volcanique [1] entre les grains sable. Les feuilles de *mica y sont assez nombreuses.*

« Si les éléments énumérés forment pour ainsi dire la masse principa- de la préparation, on y voit inclus les éléments caractéristiques sui-ants : des *squelettes silicieux de cellules épidermiques,* très longs, étroits, vec des bords formant une ligne irrégulière en zigzag ; on y connaît des ellules silifiées de certaines graminées qui ont une forme semblable. On

*ass man überall von Azul bis Bahia Blanca eine sehr harte Toscaschicht von durch-chnittlich 1 m. Mächtigkeit antrifft; sie breitet sich wie ein Guss über die ganze Fläche us; unter ihr liegt der gewöhnliche Löss.*

[1] Voir plus loin la communication de M. Doering sur la formation pampéenne de órdoba et l'origine de la formation en général. (*R. L. N*).

y remarque plus rarement des *dents* de feuilles de graminées, le plı vent un peu *usées,* ensuite le test d'un *Rhizopode* non marin et blement aussi quelques grains de pollen.

«Notre craie lacustre contient généralement les éléments sui aiguilles de *Spongilla,* des Diatomacées, des Rhizopodes, des ments de cuirasse de crustacés, plusieurs formes d'algues unicellu des restes chitineux de vers, de larves d'insectes, etc.

«Votre échantillon ne me paraît pas être d'une formation lac mais au contraire correspondre à une *formation terrestre primaire.*

«Si je me permets d'exprimer mes idées sur l'origine du dit ca en répondant à votre désir, je ne peux émettre une opinion qu'ave tes précautions. C'était probablement primairement du lœss; e existaient des couches imperméables; si après il y avait infiltrati $CaCo_3$ provenant d'en haut (par suite d'averses, d'inondations, etc formerait un banc calcaire au-dessus des couches imperméables.

«Il n'est donc pas imposible que des inondations fluviatiles aie duit des calcaires par infiltration, mais je ne crois pas qu'ils aie formés dans des lacs d'eau douce comme ceux de la molasse.

«L'échantillon est primairement du lœss, à ce qu'il me paraît. d'Uster au Greifensee, je connais une moraine de fond pétrifiée ainsi dire; l'argile de cette moraine a été peu à peu infiltrée et bée par du carbonate de chaux qui a pénétré d'en haut.»

En nous basant sur les données énumérées ci-dessus et surtout communication de M. Früh, nous devons admettre que les *toscas* et calcaires du lœss brun ont été formés après le dépôt de ce derni une infiltration postérieure d'eau chargée de carbonate de chaux.

Intercalées entre les couches du lœss brun, s'observent, entre l *cas* et bancs calcaires, des assises verdâtres ou grisâtres qui déj leur couleur se détachent nettement du lœss brun environnant. C sises verdâtres sont généralement peu puissantes et peu étendues cupent des niveaux très différents, de sorte que l'on constate fré ment deux et quelquefois même trois niveaux dans un seul profil les profils III et VIII). Si l'on examine de près les bancs verdâtr remarque qu'ils sont formés par une marne plus ou moins argileuse tôt verdâtre tantôt plutôt grise. Cette marne contient souvent une de quantité de coquilles de mollusques d'eau douce; c'est ainsi que avons observé à Pergamino un banc rempli de petites coquilles *Hydrobia.* M. Ameghino, qui a très soigneusement étudié les co en question, y a constaté toute une faune de mollusques d'eau dou terrestres et se basant sur ces restes, qui pullulent dans certain droits, il est arrivé à la conclusion que les marnes verdâtres ont é

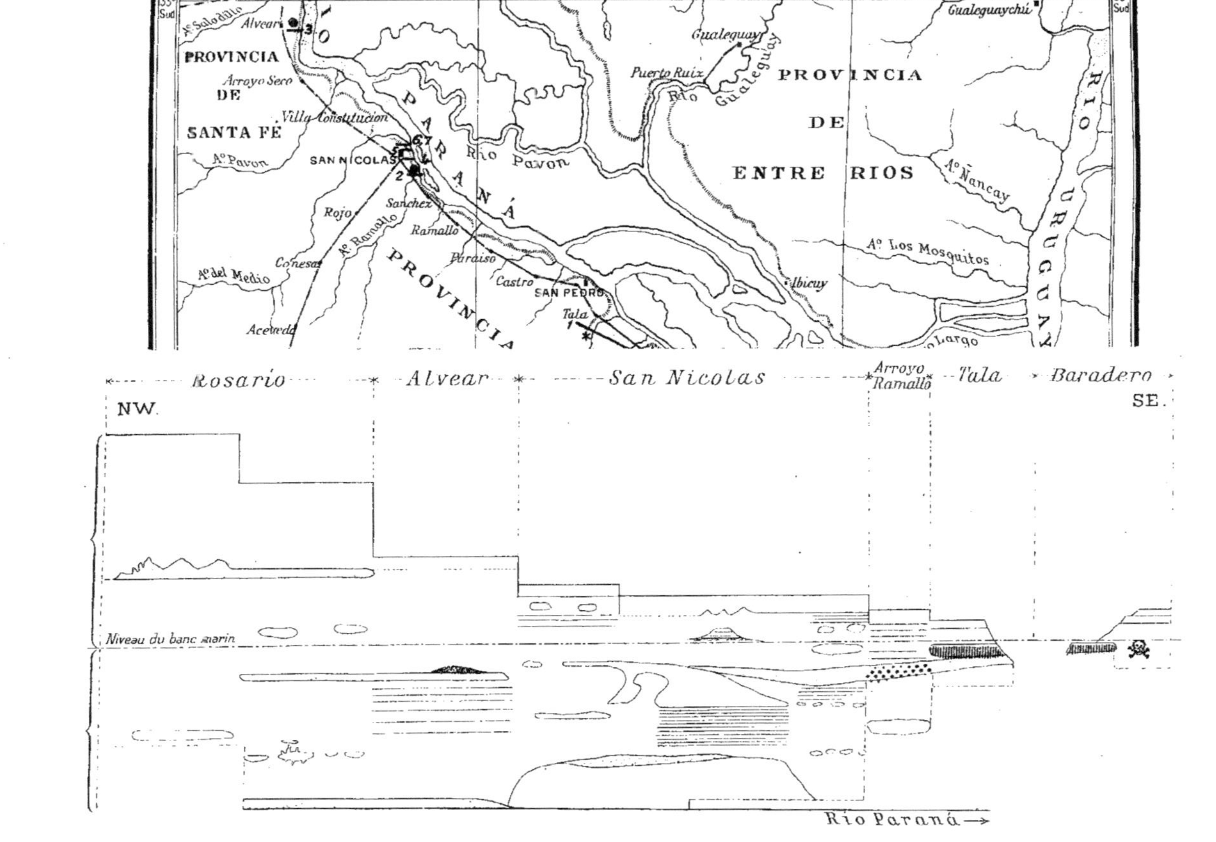
PROVINCIA
DE
SANTA FÉ
Alvear
Arroyo Seco
Villa Constitucion
SAN NICOLAS
Aº Pavon
Rojo
Sanchez
Ramallo
Aº Ramallo
Conesa
Aº del Medio
Paraiso
Castro
SAN PEDRO
Tala
PROVINCIA
PARANÁ
Rio Pavon
Puerto Ruiz
Gualeguay
Rio Gualeguay
PROVINCIA
DE
ENTRE RIOS
Gualeguaychú
Aº Ñancay
Aº Los Mosquitos
Ibicuy
RIO URUGUAY
33º Sud
Rosario
Alvear
San Nicolas
Arroyo Ramallo
Tala
Baradero
NW.
SE.
Niveau du banc marin
Rio Paraná →

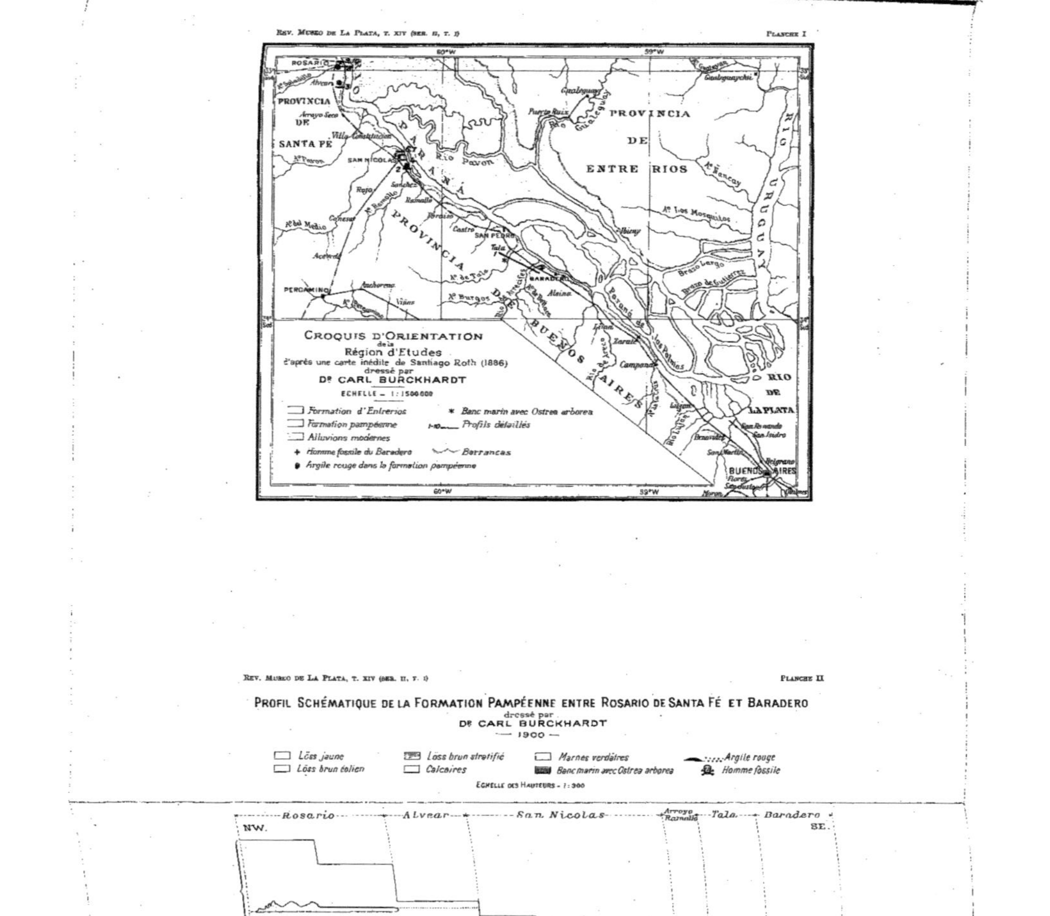




Profil Schématique de la Formation Pampéenne entre Rosario de Santa Fé et Baradero
dressé par Dr Carl Burckhardt
— 1900 —

posées dans de petits lacs ou flaques d'eau *(lagunas* et *pantanos)* parsemés dans la plaine à l'époque pampéenne.

Ameghino [1] nomme les dépôts en question *dépôts lacustres* et les réunissant en un seul étage il propose le nom de *piso lacustre* ou *terreno pampeano lacustre* [2].

Bien que nous soyons complètement d'accord avec M. Ameghino en ce qui concerne le mode de formation des marnes par de petites flaques d'eau (il vaudrait mieux désigner ces dépôts comme dépôts «palustres» parce que leur extension généralement limitée indique qu'ils ont été déposés plutôt dans de petits marais et flaques d'eau que dans de véritables lacs), nous ne pouvons suivre ce savant dans la proposition de réunir les différents bancs palustres en un seul ou en deux étages. M. Roth a déjà démontré avec raison qu'une pareille réunion de différentes assises, analogues quant au facies mais d'âge très différent, ne peut pas être acceptée [3].

Le banc marin, intercalé dans le lœss brun aux environs de Tala (San Pedro), sera examiné en détail dans le second chapitre du présent travail.

Dans les lignes précédentes, j'ai déjà mentionné que certains bancs du lœss brun, notamment les marnes verdâtres, contiennent souvent des restes de mollusques. En revanche, les restes de mammifères s'observent presque partout dans toutes les couches, aussi bien dans le lœss que dans les calcaires et marnes. Si l'on voulait établir une division stratigraphique raisonnée du lœss, il faudrait d'abord abandonner la mauvaise coutume d'élever certains bancs, uniquement parce qu'ils offrent la même constitution lithologique, au rang d'étages, et il faudrait ensuite recourir aux différences paléontologiques des assises. J'ai la conviction que le jour seulement où l'on procédera soigneusement à l'étude de beaucoup de profils détaillés, les examinant couche par couche et enregistrant avec soin la forme mammalogique que correspond à chaque assisse, on pourra se permettre de créer des subdivisions d'une valeur réelle [4].

Pour le moment, on n'est pas même en état d'indiquer nettement les différences des faunes mammalogiques du lœss brun de celles du lœss

[1] AMEGHINO, F., *Formación pampeana* (l. c.), p. 208, 207, cfr. *Sinopsis geológico-paleontológica* (l. c.).

[2] ID., p. 230 (l. c.), p. 123, 124, etc.

[3] ROTH, S., *Beobachtungen*, etc. (l. c.), p. 426 ; voir aussi p. 393.

[4] Malheureusement la plupart des mammifères pampéens des riches collections conservées dans les musées ne peut pas servir de base pour établir des divisions stratigraphiques, car généralement on ne connaît pas le niveau exact d'où proviennent les fossiles.

jaune. L'unique critérium pour distinguer ces deux étages, par rapport aux mammifères, est, selon Roth, le fait que le genre *Typotherium*, assez répandu dans les assises inférieures de la formation pampéenne, n'existe plus dans le lœss jaune.

## II

### LA QUESTION D'AGE DE LA FORMATION PAMPÉENNE ET DES RESTES DE L'HOMME FOSSILE Y TROUVÉS

Nous avons déjà vu que la diversité des opinions est grande quant à l'origine de la formation pampéenne.

Cependant la discussion de l'âge de cette formation a peut-être été plus agitée encore.

Quelques savants, notamment Burmeister [1] et Steinmann [2], rangent la formation pampéenne dans le quaternaire (pleistocène); d'autres, au contraire, — mentionnons Cope [3] et Ameghino [4], — ont la conviction que cette formation est à placer dans le pliocène. Doering [5] et Ihering [6] ont admis que la formation pampéenne est en partie pliocène, en partie diluvienne; ils ont pour ainsi dire combiné les idées opposées de Burmeister, Steinmann et Ameghino.

Santiago Roth enfin est arrivé à la conclusion que la formation pampéenne représente des étages très différents depuis l'éocène jusqu'au quaternaire. Roth se prononce comme suit sur cette question [7] : « S'il est difficile que nous arrivions un jour à distinguer les différentes périodes du tertiaire européen dans la formation pampéenne, nous pouvons cependant admettre que les couches de cette formation représentent toute la série depuis l'alluvium jusqu'à l'éocène. La formation d'Entre Ríos ressemble certainement le plus au miocène [8]. Il paraît donc que la

[1] BURMEISTER, H., *Description*, etc. (l. c.), p. 24.

[2] STEINMANN, G., *Atlas*, etc. (l. c.), p. 7.

[3] COPE, E. D., *Bulletin of the United States geological Survey*, V, 1879, p. 48.

[4] AMEGHINO, F., *Formación pampeana* (l. c.), p. 344.

[5] DOERING, A., *Informe*, etc. (l. c.), p. 429.

[6] VON IHERING, H., *Os molluscos*, etc. (l. c.), p. 346.

[7] ROTH, S., *Beobachtungen*, etc. (l. c.), p. 457.

[8] Récemment MM. Steinmann et Borchert (l. c.) ont démontré que la formation d'Entre Ríos (ou l'étage du Paraná) est plus moderne, d'âge pliocène. A. Smith Woodward est arrivé à la même conclusion (*On some Fishremains from the Paraná Formation, Argentine Republic. The Annals and Magazine of Natural History*, Series VII, vol. VI, 1900, p. 1-7).

formation pampéenne moyenne correspond au miocène, et la formation pampéenne inférieure (qui est douteuse comme nous l'avons démontré ci-dessus) à l'éocène, tandis que la formation pampéenne supérieure, qui passe en haut dans la couche d'humus, représente probablement le quaternaire et le pliocène ».

Ces conclusions de Roth se basent sur deux faits différents. D'une part il croit avoir observé dans les environs de Paraná que la formation d'Entre Ríos (ou de Paraná) s'intercale entre la formation pampéenne inférieure et le lœss supérieur, ce qui prouverait, selon Roth, que les couches d'Entre Ríos correspondent à la formation pampéenne moyenne. Cette partie du lœss aurait donc le même âge que la formation tertiaire d'Entre Ríos.

Nous n'avons pas pu étudier les profils qui ont amené notre collègue à ces conclusions, de sorte que nous ne pouvons pas nous permettre d'en juger les bases réelles. Cependant il est bon de faire observer avec MM. Steinmann et Borchert [1] que Roth a probablement confondu les argiles rouges du guaranitique avec du lœss en créant sa « formation pampéenne inférieure », qui serait dans ce cas un simple synonyme de la « formation guaranitique».

L'opinion de Roth se base en outre sur l'existence d'un banc marin au milieu du lœss brun (ou formation pampéenne moyenne de Roth), qui s'observe entre San Nicolás et le Baradero, aux environs de Tala (San Pedro). Nous reproduisons dans les lignes suivantes les idées de Roth [2] sur ce sujet :

« Dans les environs de San Pedro se trouve un banc d'huîtres dont les coquilles se retrouvent fréquemment dans le dépôt marin d'Entre Ríos. Il y a plusieurs années — alors que je ne connaissais pas encore la région d'Entre Ríos — j'ai apporté quelques unes de ces coquilles à M. Burmeister, qui me dit que c'était une huître des couches tertiaires d'Entre Ríos.

« Je ne connais aucun fait qui nous oblige à admettre que la formation d'Entre Ríos soit plus ancienne que les couches inférieures de la formation pampéenne; en revanche, j'ai des preuves que la formation d'Entre Ríos a été déposée au même temps que la formation pampéenne moyenne. Comment le banc d'huîtres mentionné, que s'intercale près de San Pedro dans la formation pampéenne moyenne, aurait-t-il pu se former sinon près du rivage du bassin marin d'Entre Ríos? Il s'agit ici d'un grand banc d'huîtres, intercalé dans la formation pampéenne moyenne, de l'existence duquel tout le monde peut se persuader. »

Notre principale tâche était d'étudier soigneusement les profils de

[1] Borchert, A., *Die Molluskenfauna*, etc. (l. c.), p. 10.

[2] Roth, S., *Beobachtungen*, etc. (l. c.), p. 420, 455.

San Pedro (Tala) et du Baradero. Dans cette étude il y avait surtout trois questions à résoudre :

*a)* Le banc d'huîtres de Tala est-il vraiment intercalé entre les couches du lœss brun (formation pampéenne moyenne de Roth) ?

*b)* Quel est le rapport entre ce banc d'huîtres et le gisement situé vis-à-vis, au Rincón du Baradero, où M. Roth a trouvé le squelette humain dans la formation pampéenne moyenne ?

*c)* Quel est l'âge du banc marin de Tala ?

Profil I. Pour résoudre ces questions, nous étudierons soigneusement d'abord le profil de Tala (San Pedro) et ensuite celui du Baradero (voir le profil suivant).

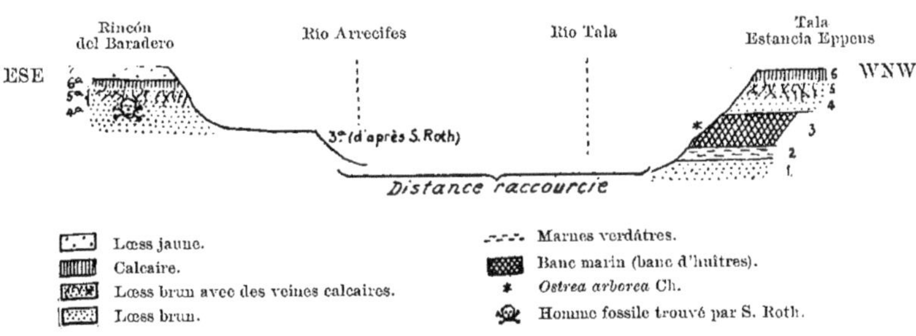


Profil I. — Baradero-Tala. Échelle des hauteurs = 1 : 200

La dépression occupée par les ríos Tala et Arrecifes est limitée à l'est et à l'ouest par des *barrancas*; si nous étudions d'abord celle de l'ouest, près de l'estancia Eppens, nous constatons de bas en haut la série suivante (voir la partie droite du profil I); les numéros des couches dans la figure correspondent avec les numéros de couches employés dans le texte.

*Tala (estancia Eppens)* [1] :

1. Lœss brun typique, assez obscur, poreux, parsemé de parties noirâtres.
2. Marnes verdâtres mêlées avec du lœss et contenant en bas des fragments calcaires (puissance environ 0m60).
3. Sable et lœss brun rempli de nombreuses coquilles d'*Ostrea arborea* Ch. [1] qui forment un véritable banc d'huîtres (puissance 1 mètre).
4. Lœss brun, assez clair (puissance environ 1 mètre).

[1] Voir plus loin (p. 160) les notes sur l'*Ostrea arborea*, communiquées par M. H. von Ihering.

5. Lœss brun, parsemé de veines calcaires qui se réunissent en haut pour former le banc calcaire numéro 6 (puissance environ 1 mètre).
6. Calcaire formant un banc peu puissant.

Après l'étude du profil de Tala, nous pouvons déjà donner une réponse à la première des questions posées. Nous avons vu en effet que *le banc d'huîtres est intercalé entre les assises du loess brun.*

En revanche, la seconde question ne peut se résoudre que si nous allons entreprendre l'étude détaillée de la *barranca* située vis-à-vis de Tala, au Rincón du Baradero, près d'une guérite du Ferrocarril de Buenos Aires y Rosario au nord de la ligne du chemin de fer (voir la partie gauche du profil).

Nous y observons de bas en haut les couches suivantes :

*Rincón del Baradero :*

4ª Lœss brun typique, assez obscur, parsemé de veines noirâtres. C'est dans cette couche que Roth a trouvé le squelette humain conservé au Musée de Zurich et étudié par M. le professeur Martin (voir la communication de M. Martin ci-dessous).

5ª En haut, le lœss brun est parsemé de veines calcaires qui se réunissent pour former

6ª Un banc calcaire peu puissant (puissance de 4ª, 5ª et 6ª environ 1 mètre).

7. Plus à l'est, le calcaire est couvert d'une couche de lœss jaune typique (puissance environ 50 centimètres).

Notons enfin que M. Roth a observé un peu plus à l'ouest, vers le río Arrecifes, un banc de sable qui contient des dents et des fragments d'ossements de mammifères et de poissons analogues à ceux qu'on trouve à Entre Ríos [1].

Ce banc très intéressant était malheureusement couvert de végétation lors de notre visite ; selon Roth, il est un peu plus bas que le lœss brun avec le squelette humain (voir la couche 3ª du profil I).

Le lecteur conviendra que nous constatons au Rincón exactement la même série qu'à Tala. Seulement ici les couches plus profondes ne sont pas mises au jour, de sorte que nous ne pouvons pas observer la continuation du banc d'huîtres de Tala. Cependant les différentes assises de la série supérieure correspondent si nettement, se trouvant exactement au même niveau, que je crois pouvoir conclure sans hésitation que le lœss brun (couche 4ª) du Rincón du Baradero avec les ossements humains

[1] Roth, S., *Beobachtungen*, etc. (l. c.), p. 421.

se trouve dans le même niveau que le lœss brun (couche 4) de Tala, qui surmonte directement le banc marin avec les huîtres. De là ressort que *l'homme fossile du Baradero a plus ou moins le même âge que le banc d'huîtres de Tala* (voir le profil 1).

Jusqu'ici nous avons pu confirmer pleinement les vues de Roth; comme lui nous avons constaté que le banc marin de Tala est intercalé entre les couches du lœss brun (lœss moyen) et comme lui aussi nous sommes convaincu que le squelette humain doit être isochrone avec le banc d'huîtres [1].

Si ce banc d'huîtres devait être rapporté à la formation d'Entre Ríos, alors Roth aurait raison: une grande partie de la formation pampéenne serait tertiaire et l'homme fossile du Baradero représenterait l'homme tertiaire si ardemment cherché!

Il nous reste toujours à résoudre un point principal: l'âge du banc marin de Tala. Ce banc nous a fourni un grande quantité d'huîtres, mais malheureusement pas d'autres fossiles. En vue de l'importance extraordinaire des questions, dont la solution dépend de la détermination exacte des huîtres nous avons cru devoir décliner la responsabilité d'une détermination paléontologique et nous avons prié MM. H. von Ihering et G. Steinmann de bien vouloir les examiner.

Je suis heureux de pouvoir présenter dans les lignes suivantes l'opinion de ces deux savants si compétents dans la matière qui nos occupe et je me permets de donner ci-dessous la traduction de leurs communications.

M. von Ihering écrit: « L'huître est une variété un peu petite de l'*Ostrea arborea* Ch., qui est commune sur toute la côte brésilienne. Il est curieux que dans le dépôt marin de la formation pampéenne cette huître se trouve seule, tandis que dans les gisements plus modernes on y trouve *Ostrea puelchana* d'Orb., indiquant un changement alluvial qui a causé la migration d'espèces patagoniennes vers le nord...

« L'*Ostrea puelchana* typique est plus arrondie en avant et possède des bords crénelés au voisinage du ligament...

« Les huîtres n'ont absolument rien à faire avec les dépôts du Paraná; ... ces coquilles modernes sont ou bien du pliocène supérieur ou bien du pleistocène inférieur. »

Enfin dans une autre lettre, réponse à de nouvelles questions de ma part, M. von Ihering a eu la bonté de s'exprimer comme suit:

« *Les huîtres pampéennes n'ont certes absolument rien à faire avec celles du Paraná... Les couches marines de la Pampa avec les huîtres doivent être rangées dans le pleistocène ou bien dans le pliocène supérieur*. Cette dernière supposition me paraît plus vraisemblable » [2].

[1] ROTH, S., *Über den Schädel von Pontimelo*, etc. (l. c.), p. 11.

[2] Dans une de ses dernières publications (*Historia de las ostras argentinas. Anales*

M. Steinmann, qui a eu l'occasion d'examiner la riche et célèbre collection de fossiles d'Entre Ríos qui appartient au Musée National de Buenos Aires et qui a été réunie par Bravard, a eu la bonté de comparer nos huîtres avec cette collection. M. Steinmann nous écrit à cet égard:

« J'ai comparé ces huîtres avec les riches matériaux de la collection Bravard.

« *Les mêmes formes n'existent pas dans la formation d'Entre Ríos;* dans cette formation, on trouve seulement une espèce voisine qui doit être regardée comme antécesseur de votre huître et de l'*Ostrea puelchana* d'Orb. vivante [1].

« La roche de vos huîtres est aussi distincte des roches de la formation d'Entre Ríos, étant formée en plus grande partie par du lœss pampéen et de la *tosca.* Elle a tout à fait le caractère des bancs coquilliers du quaternaire moderne (*Jungquartär*), comme j'en ai vu aux environs de Montevideo.

« L'âge extrêmement moderne des huîtres ressort aussi du fait que les couleurs sous forme de taches bleues sont encore souvent bien conservées ».

Nous voyons que MM. von Ihering et Steinmann sont d'accord sur plusieurs points capitaux. Ils déclarent que les huîtres de Tala ne sont pas identiques avec les formes du tertiaire d'Entre Ríos. Ces deux savants arrivent aussi au résultat que ces huîtres sont relativement modernes, probablement quaternaires, et qu'elles sont intimement liées ou même identiques avec des formes vivantes.

*del Museo Nacional de Buenos Aires,* VII, 1902, p. 109-123) M. von Ihering étudie les huîtres du pampéen supérieur de Tolosa et du postpampéen de Las Talas (deux localités aux environs de la ville de La Plata) et s'occupe de nouveau de nos huîtres de Tala. Voilà ce qu'il dit à la fin de son travail (p. 120 et suivantes):

« Le résultat principal de ces études est que dans le pampéen se trouve l'*O. arborea* qui ne vit plus aujourd'hui dans les mers argentines, mais qui est actuellement l'huître la plus commune du Brésil et des Antilles. Dans les couches postpampéennes nous trouvons l'*O. puelchana* qui manque complètement dans les couches pampéennes. Les huîtres recueillies par le docteur C. Burckhardt à Tala près de San Pedro, *du pampéen intermédiaire,* appartiennent aussi à l'*O. arborea.*

« Il est d'intérêt d'ajouter une revue complète des espèces observées jusqu'à présent dans les couches mentionnées.

« Il en résulte que dans le postpampéen disparaît l'*O. arborea* étant remplacé par l'*O. puelchana* que s'étend de la Patagonie jusqu'au Rio de la Plata et Rio Grande du Sud ».

Au lieu des mots « du pampéen intérmediaire», imprimés en cursive, le texte original dit évidemment par erreur: « aussi du pampéen supérieur ». Je profite de l'occasion pour rectifier cette erreur. *(Note de M. R. Lehmann-Nitsche).*

[1] Remarquons cependant que récemment M. Borchert (l. c., p. 20 et 21) a réuni l'huître du Paraná avec l'*Ostrea puelchana.*

Nous basant sur ces données, nous ne pouvons accepter les idées de Roth que le banc marin corresponde à la formation d'Entre Ríos et que, par conséquent, une partie du lœss et l'homme fossile du Baradero soient tertiaires.

Nous devons admettre au contraire que le *banc est relativement moderne, très probablement quaternaire, et par suite que l'homme fossile du Baradero est probablement lui aussi diluvien.*

---

Outre le squelette du Baradero, on a découvert encore d'autres traces de l'homme dans notre région d'études. M. Roth surtout a constaté dans le lœss des fragments rouges de grandeur différente, qui *paraissent* être de l'argile brûlée (voir plus loin la communication de M. Zirkel). Ces argiles rouges attesteraient la présence de l'homme pendant le dépôt des parties de la formation pampéenne dans lesquelles elles sont incluses.

Un nouvel examen géologique des argiles en question avait à resoudre principalement deux questions: d'abord, il a fallu constater que les argiles rouges se trouvent dans un gisement primaire, étant isochrones avec les assises pampéennes environnantes; ensuite, il était de notre tâche de fixer aussi exactement que possible l'âge géologique des argiles rouges.

Le gisement le plus apparent à l'étude de la première question est sans doute le profil de l'arroyo Ramallo (voir profil II).

Profil II. L'endroit se trouve sur la rive gauche du Ramallo, immédiatement au

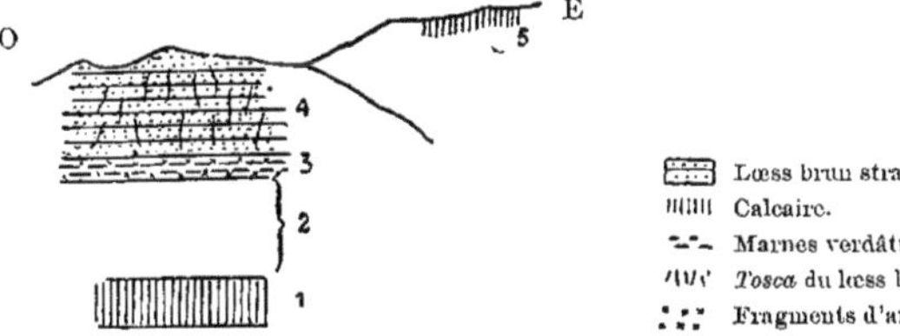


Profil II. — Arroyo Ramallo. Échelle des hauteurs = 1 : 200

nord-est du pont du chemin de fer Buenos Aires y Rosario (voir aussi la carte planche I).

Comme le démontre le profil II, nous observons là, environ cinq mètres au-dessus du ruisseau qui affleure, la série suivante:

1. Un banc calcaire, puissant d'environ 1 mètre.
2. Une interruption d'environ 2 mètres sépare le calcaire de
3. *Marnes argileuses verdâtres ou grises, contenant des fragments de plantes, des restes charbonneux et une foule de fragments d'argile rouge, généralement d'un diamètre de 5 à 15 milimètres environ.* La couche 3 a une puissance d'environ 30 centimètres; elle est surmontée de

4. Lœss brun typique, faiblement stratifié, contenant beaucoup de *toscas,* de 2 mètres environ; un peu plus à l'est affleure

5. Un second banc calcaire.

Sur la rive droite du Ramallo, vis-à-vis de notre profil, M. Roth a trouvé pendant notre séjour en cet endroit, dans un banc calcaire qui correspond à la couche 1 du profil II, des restes de:

*Tatusia grandis* Ameghino (une plaque de cuirasse).
*Equus sp.?* (une molaire inférieure).

Pour nous, la couche 3 du profil décrit est la plus importante; c'est là qu'on trouve d'innombrables fragments d'argile rouge. En creusant dans les marnes, on est surpris à chaque instant par un fragment rouge qui se détache bien de la roche verdâtre environnante, dans laquelle il est enfermé. *Il ne peut y avoir aucun doute que les fragments d'argile rouge soient isochrones avec les marnes verdâtres.*

Au Saladillo près de Rosario se trouvent également des fragments d'argile rouge dans la formation pampéenne; malheureusement cet affleurement est beaucoup moins clair que celui des bords du Ramallo. Il m'est impossible d'indiquer si les assises de lœss, qui contiennent l'argile rouge, appartiennent déjà au lœss supérieur ou plutôt au lœss brun.

Roth a trouvé et déterminé les restes suivants qui proviennent du lœss supérieur du Saladillo:

*Toxodon Burmeisteri* Giebel (fragment de mâchoire).
*Palaeolama Weddelli* P. Gervais (fragment de crâne).
*Eutatus Seguini* P. Gervais (parties de cuirasse).

La troisième localité, où nous avons pu observer de l'argile rouge, se trouve à Alvear, au bords d'un ruisseau et très près du rivage du Paraná (voir carte planche I).

Le profil III (voir le cliché suivant) et les vues photographiques de la planche III montrent de bas en haut les couches suivantes (dans le cliché et la planche III, chaque assise porte le même numéro que dans le texte de la description qui suit): Profil III.

1. Au bord même du ruisseau, affleure une assise verdâtre: c'est une marne plus ou moins sableuse, puissante d'environ 50 centimètres.

2 et 3. Lœss brun, typique surtout dans les parties supérieures, brun clair (*rehbraun*), parsemé de petits tubes et de parties noirâtres irrégulières (*schwarze Flasern*); faiblement stratifié surtout en bas; puissance des couches 2 et 3, environ 5 mètres.

4. Un banc peu puissant d'une marne verdâtre. A sa base s'effectue une transition insensible en lœss brun.

5. Immédiatement au-dessus de la couche 4, s'observe le banc d'argile rouge, puissant de 30 centimètres et offrant un diamètre actuel de 3 mètres environ [1].

6. L'argile rouge est superposée par le même lœss brun typique que nous avons déjà observé à sa base (couches 2 et 3). Seulement ici il contient une quantité considérable de *toscas* très ramifiées ; puissance environ 6 mètres.

7. Directement au-dessous de la couverture d'humus, on observe un lœss brun jaunâtre, très poreux, représentant des couches de transition du lœss brun en lœss jaune.

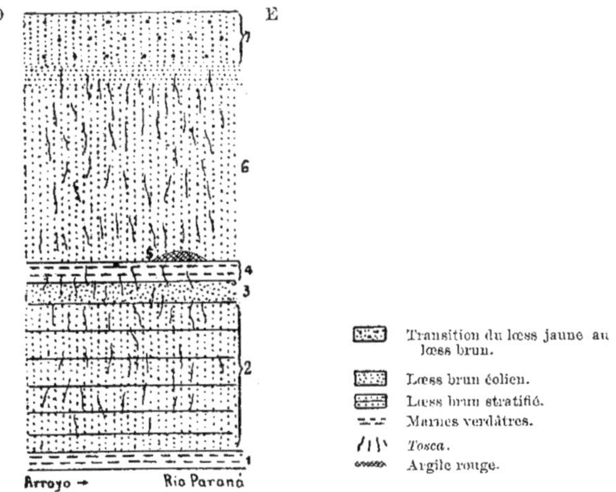


Profil III. — Alvear. Échelle des hauteurs = 1 : 200

Un peu plus à l'est de notre profil décrit, nous avons observé dans le lœss brun (couches 2 et 3 du profil III) les mammifères suivants, déterminés par Roth :

*Palaeolama Weddelli* P. Gervais ? (métacarpe).
*Cariacus brachyceros* Gerv. et Ameghino? (mâchoire).
*Doedicurus clavicaudatus* Owen? (plaques et métatarse).
*Glyptodon* sp. (plaques de cuirasse).

En visitant le profil d'Alvear, nous étions absolument convaincus que

[1] Selon Roth, le banc d'argile rouge était beaucoup plus étendu il y a quelques années ; une grande partie en a été détruite par l'érosion.

Profil d'Alvear. — Vue générale

Profil d'Alvear. — Vue spéciale

[illegible] sont les mêmes pour les deux vues; voir les explications dans le texte; pages 163 et 164)

la couche d'argile rouge était isochrone avec le lœss brun encaissant. Aussi, en étudiant notre profil et surtout les figures de la planche III, le lecteur conviendra que le banc d'argile a bien l'air d'être intercalé primairement entre les assises du lœss.

Cependant je crois devoir remarquer ici qu'on pourrait peut-être faire des objections et admettre que l'argile rouge d'Alvear fût postérieure au dépôt de la formation pampéenne. De toute manière, quoiqu'il en soit, nos observations de Ramallo sont absolument hors de doutes ; là, il est certain que les fragments de l'argile rouge sont isochrones avec le lœss brun.

Il résulte des faits communiqués ci-dessus que l'argile rouge de Ramallo et probablement aussi celle du Saladillo et d'Alvear, est intercalée entre les bancs du lœss brun, étant aussi — au moins dans le profil du Ramallo — isochrone avec cette partie de la formation pampéenne.

En construisant le profil de la région d'études (voir planche II), on remarque que les argiles rouges occupent à peu près le même niveau que le squelette du Baradero. Les conclusions auxquelles nous sommes arrivé en étudiant le gisement des restes humains du Baradero, sont donc valables aussi pour les traces de l'homme fossile qui nous sont parvenues sous forme de fragments d'argile rouge. *Ces argiles sont donc probablement aussi d'âge quaternaire.*

Avant de terminer ce chapitre, je sens le devoir d'affirmer que les conclusions, auxquelles nous sommes arrivés en traitant la question difficile de l'âge de la formation pampéenne et des traces de l'homme fossile y trouvées, ne me paraissent pas tout à fait inaltérables. Si un jour on réussissait à trouver dans la formation pampéenne des fossiles marins plus caractéristiques que des huitres, nos résultats pourraient être modifiés. Peut-être même attribuera-t-on alors un âge plus reculé à l'homme fossile de la formation pampéenne que nous n'osons le faire maintenant en nous basant sur les études paléontologiques de MM. von Ihering et Steinmann.

# APPENDICE

## QUELQUES PROFILS DÉTAILLÉS DE LA FORMATION PAMPÉENNE DE NOTRE RÉGION D'ÉTUDES

Nous ne reproduisons pas ici les profils détaillés de Tala-Baradero, Ramallo et Alvear qui ont déjà été décrits dans le chapitre précédent (voir les profils I, II et III).

Les profils détaillés qui suivent proviennent en partie des environs immédiats de la petite ville de San Nicolás, à l'angle nord de la province de Buenos Aires, en partie ils ont été levés dans la ville de Rosario de Santa Fe (voir planche I).

### A. — *Profils des environs de San Nicolás*

Profil IV. Le profil IV s'observe dans un petit ravin à la continuation orientale directe de la rue Nación.

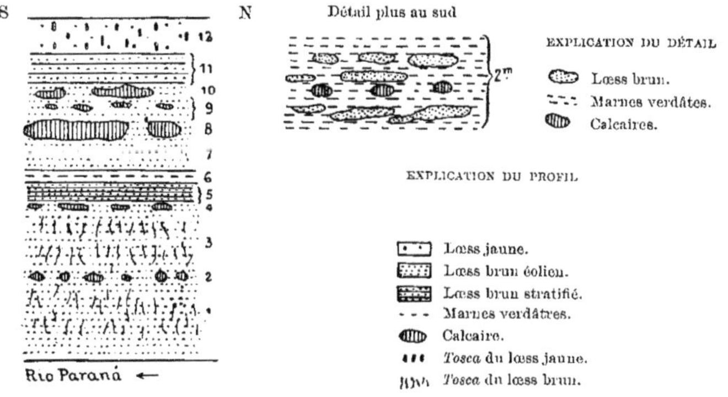


Profil IV. — San Nicolás (rue Nación) Échelle des hauteurs = 1 : 200

Ce ravin traverse toute la *barranca* depuis le niveau de la ville de San Nicolás jusqu'aux bords du río Paraná, offrant ainsi une occasion très favorable à l'étude des assises de la formation pampéenne.

De bas en haut on constate :

1. Lœss brun, couleur chocolat, parsemé de *toscas* qui rappellent la forme des coraux ; 2 mètres.

2. Des concrétions calcaires, formant un banc dans le lœss numéro 3 ; quelques centimètres.

3. Lœss brun typique, assez compact, contenant beaucoup de *toscas* grêles et ramifiées ; 2 mètres.

4. Des masses calcaires isolées formant un banc de quelques centimètres.

5. Lœss brun assez obscur, couleur chocolat, contenant des parties noirâtres irrégulières, bien stratifié ; 50 centimètres.

6. Marnes verdâtres, souvent noires à la surface et généralement grumeleuses (*knollig*), peu puissantes.

7. Lœss brun éolien ; 1 mètre.

8. Un banc calcaire, puissant de 50 centimètres, qui termine au nord et au sud du ravin.

9. Lœss brun avec des masses calcaires isolées ; 50 centimètres.

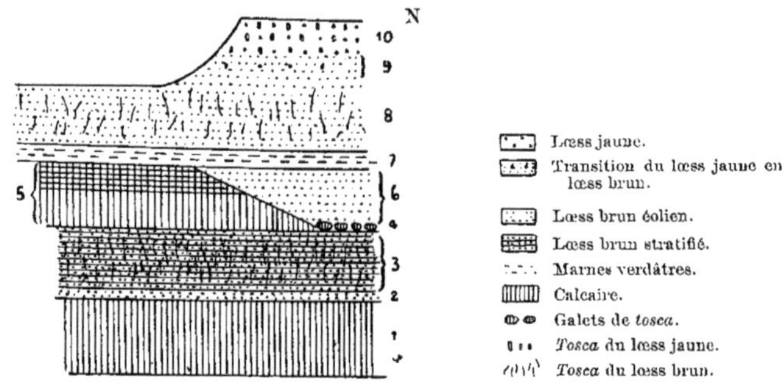


Profil V. — San Nicolás (rue Constitución au nord de la ville)
Échelle des hauteurs = 1 : 200

10. Des masses irrégulières de calcaire, assez grandes, intercalées dans le lœss brun ; environ 50 centimètres.

11. Lœss brun un peu plus compact que la couche 12, faiblement stratifié ; 1 mètre.

12. Lœss jaune typique contenant des *toscas* arrondies, couvert en haut par une mince couche d'humus ; 1 mètre.

Le lœss numéro 1 s'observe en bas jusqu'au niveau d'une petite chaumière située, lors de notre visite, à 50 centimètres au-dessus du río Paraná.

Le détail plus au sud (voir le profil IV) a déjà été expliqué ci-dessus (page 152).

En sortant de la ville, on trouve à gauche de la rue Constitución un affleurement très remarquable des couches pampéennes (profil V). Profil V.

Le profil est entamé par un petit ruisseau. Nous observons de bas en haut la série suivante :

1. Banc calcaire à surface irrégulière, brun jaunâtre (*rehbraun*), parsemé de petits tubes tapissés de noir ; 2 mètres.

2. Lœss brun chocolat, mêlé avec du calcaire, formant une transition insensible au banc numéro 1.

3. Lœss brun clair, bien stratifié, par place plus foncé, très poreux, parsemé de parties noirâtres *(Flasern)*, contenant beaucoup de concrétions ramifiées, offrant la forme de coraux composés.

4. Dans la partie septentrionale de notre profil, s'observent au-dessus du numéro 3, des galets de *tosca* tantôt arrondis tantôt anguleux, généralement d'un diamètre de 5 centimètres environ. Ces galets sont surmontés de

5. Lœss brun typique, assez compact ; 4 et 5 environ 1 mètre.

6. Au sud du profil, les couches 4 et 5 sont remplacées par un banc calcaire, stratifié, à surface irrégulière. Souvent les parties calcaires forment des fragments plus ou moins considérables qui sont réunis par du lœss moyen ; rarement le calcaire est compact et homogène. La puis-

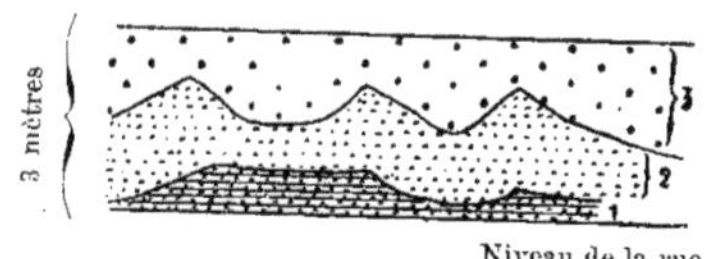


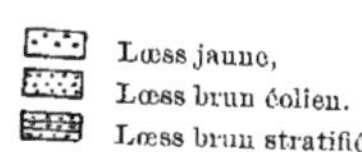


Profil VI. — San Nicolás (rue Europa). Échelle des hauteurs = 1 : 200

sance du calcaire diminue vers le nord, au sud de notre profil elle est de 2 mètres environ.

7. Au-dessus des numéros 5 et 6 s'observe une couche palustre typique, tantôt grise tantôt verdâtre.

8. Lœss brun plus ou moins clair, sans stratification ; 2 mètres.

En haut le lœss brun passe par

9. Une couche de transition dans

10. Lœss jaune typique, sans stratification, contenant des *toscas* globuleuses ou elliptiques ; 1 mètre.

Profil VI. Le profil VI montre très bien la forte discordance qui existe entre le lœss jaune (couche 3 du profil) et le lœss brun éolien (couche 2). Le lœss jaune remplit toutes les inégalités de la surface ravinée du lœss brun. Ce dernier, qui ne montre aucune trace de stratification, semble aussi discordant par rapport au lœss brun stratifié sous-jacent (couche 1 du profil).

Profil VII. Dans le profil VII, nous observons la série suivante :

1. Banc calcaire.

2. Marnes verdâtres ; environ 50 centimètres.

3. Lœss brun, très bien stratifié ; $1^{m}50$.

4. Cette assise est très intéressante parce qu'on y constate comment le lœss brun (partie droite du profil) peut être remplacé latéralement par un banc calcaire assez puissant (3 mètres). Ce calcaire forme au nord du profil une couverture peu puissante au-dessus du lœss brun, en y pénétrant sous forme de coins irréguliers. Au sud du profil (partie gauche du cliché), au contraire, le lœss a complètement disparu, substitué ici par le calcaire.

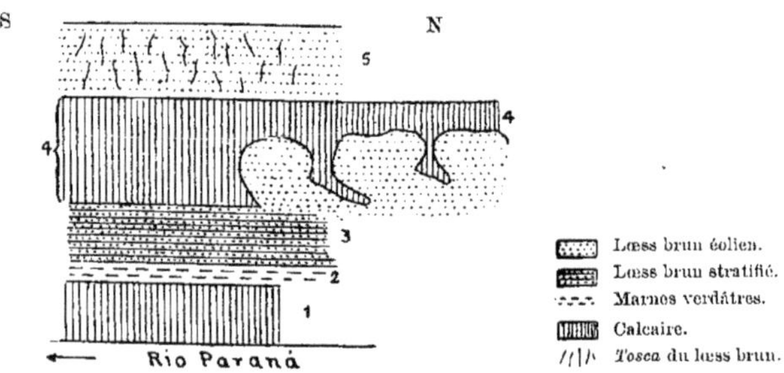


Profil VII. — San Nicolás (coin des rues Europa et Río Paraná)
Échelle des hauteurs = 1 : 200

5. Lœss sans stratification formant probablement la transition du lœss brun en lœss jaune ; 2 mètres.

## B. — *Profils de Rosario de Santa Fe*

La *barranca* du río Paraná, immédiatement au dessous de la gare du chemin de fer Oeste Santafecino, montre de bas en haut le profil suivant (VIII) de la formation pampéenne : Profil VIII.

1. Au bord du río Paraná, en la partie encore inondée par le fleuve, marne verdâtre, assez argileuse, parsemée çà et là de petites particules noirâtres.

2. Lœss brun typique, contenant à la base des mammifères. M. Roth en a déterminé :

*Lagostomus spicatus* Ameghino (mâchoire, deux fémurs, deux tibias).

Vers la base du lœss de la couche 2, on observe comment peuvent se former peu à peu des amas et bancs calcaires. Le détail du profil VIII démontre que, dans certains endroits, les *toscas* deviennent plus grandes et plus nombreuses, se réunissent ensuite en formant des amas et même des bancs calcaires peu étendus. Puissance de la deuxième couche, 6 mètres.

3. Marnes verdâtres peu puissantes.

4. Lœss brun typique, couleur chocolat, avec des parties noirâtres. Le lœss contient des *toscas* et des parties calcaires isolées ; 4 mètres.

5. Banc grumeleux gris-verdâtre, en partie mêlé avec du loess brun ; 50 centimètres.

6. Lœss supérieur contenant des *toscas* arrondies ; 4 mètres.

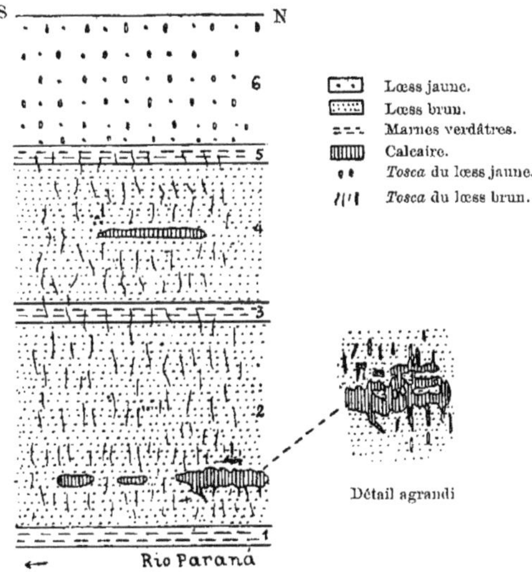


Profil VIII. — Situation du chemin de fer Oeste Santafecino
Échelle des hauteurs = 1 : 200

Profil IX. Les travaux effectués récemment dans la Bajada du Rosario ont mis à jour un intéressant profil de couches pampéennes (voir le profil IX). Ce profil est surtout remarquable par l'occasion qu'il nous offre d'étudier la transition graduelle du lœss brun en lœss jaune superposé.

La série est la suivante de bas en haut :

1. Lœss brun avec des parties noirâtres, assez compact ; environ 7 mètres.

2. Assise de transition du lœss brun en lœss jaune ; moins compacte que le numéro 1.

3. Lœss jaune typique, très poreux, parsemé de petits canaux dans toutes les directions ; 5 mètres.

Profil X. Le profil suivant se trouve tout près du précédent. Cependant nous y observons des faits différents. Ici la transition du lœss brun en lœss jaune n'est pas graduelle, au contraire, on y observe une discordance très claire entre les deux assises.

Comme le démontre le cliché ci-joint, le lœss jaune typique, très poreux (couche 4 du profil X), pénètre irrégulièrement dans la marne ver-

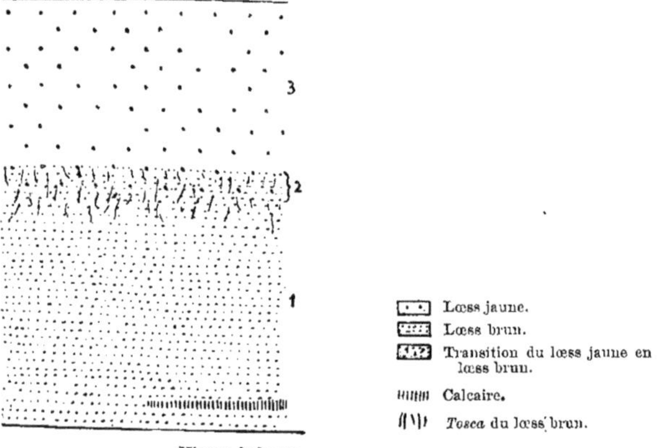


Profil IX. — **Rosario, Bajada.** Échelle des hauteurs = 1 : 200

dâtre sous-jacente (couche 3 du profil X) en remplissant quelquefois des sinuosités et même des fentes de la marne.

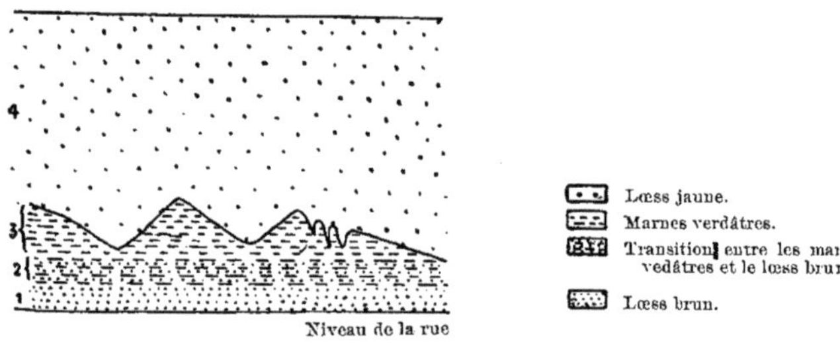


Profil X. — Bajada del Rosario (coin des rues Catamarca et San Martín)
Échelle des hauteurs = 1 : 200

L'assise 3 passe en bas insensiblement (couche 2) au lœss brun typique (numéro 1 du profil X).

Puissance de 1 à 3 : 3 mètres.

Puissance de 4 : environ 5 mètres.

## II. — LA FORMATION PAMPÉENNE DE CÓRDOBA

PAR ADOLPHE DOERING

La formation pampéenne de Córdoba présente trois étages naturels parfaitement distincts : un étage *supérieur*, épais d'environ 20 mètres et formé principalement de lœss et pierre ponce ; un étage *moyen* épais d'environ 10 mètres et composé de galets et de couches de sable fluvial ; vers le milieu de cet étage, on distingue une couche de lœss de $^1/_2$ à 2 mètres d'épaisseur; plus cette couche de lœss est épaisse, plus faibles sont les couches de sable fluvial correspondantes, et réciproquement. L'épaisseur de l'étage *inférieur* n'est pas définitivement connue ; ses couches sont en général semblables à celles de l'étage supérieur, quoique plus compactes; les couches de cendre de pierre ponce sont fréquentes ici et de différente nature.

Au moyen de quelques profils nous allons étudier avec soin les divers étages que nous venons d'énumérer.

### LA COUPE DU CHEMIN DE FER DE MALAGÜEÑO

Commençons par observer la coupe du chemin de fer de Malagüeño, suivant des études particulières remontant à l'année 1886, et comme exemple spécial de l'étage supérieur de la formation pampéenne de Córdoba. Ici l'étage supérieur est épais de 20 mètres environ et se divise en trois parties bien distinctes, une supérieure (*b-d*) composée de lœss éolique, fin et de couleur claire ; une partie moyenne (*e-g*), formée principalement de cendre de pierre ponce basique verdâtre et d'abondantes efflorescences salines et plâtreuses; et une partie inférieure (*h-l*) composée de lœss stratifié dont les strates ne se distinguent pas toujours clairement. Chacune de ces trois divisions contient une couche de cendre volcanique : la partie supérieure (en *c*) et l'inférieure (en *l*), une couche de cendre blanche, fortement silicatée; la partie moyenne (en *f*) une couche de cendre verte fortement basique et férrugineuse, cette dernière peut-être de nature basaltique. Ces cendres, mêlées à de la terre fine, forment la partie constitutive principale de l'étage supérieur.

Sur le plateau, aux environs de la ville de Córdoba, c'est-à-dire dans les endroits où elle s'est conservée relativement intacte, on rencontre la première couche, la couche supérieure de α cendre volcanique (*c*), de 1 $^1/_2$ à 3 mètres de profondeur; la seconde couche de β cendre verte, basique (*f*) approximativement de 12 à 14 mètres de profondeur, et la troisième, la couche inférieure de α cendre (*i*) approximativement de 20 à 22 mètres; la première et la dernière sont de nature identique, blanches et siliceuses. Ces deux classes représentent les deux espèces de cendre volcanique, dont l'une se désigne par α cendre acide ou siliceuse, et l'autre, par β cendre basique; la première se compose de polysilicates acides, généralement de nature trachytique ou andésitique; la seconde de sous-silicates basiques, généralement de nature basaltique. Une des différences les plus importantes entre ces deux classes de cendres, consiste en ce que la α cendre blanche, très silicieuse (*c* et *i*) présente le peu de fer qu'elle contient, à l'état de polysilicate de sesquioxyde, tandis que la β cendre verte basique (*f*) est généralement très ferrugineuse, et, à côté des combinaisons de sesquioxyde renferme également une quantité non négligeable de protoxyde.

Pendant la décomposition chronique ou kaolinisation de ces couches de cendre, intercalées dans la formation pampéenne, il se forme généralement des couches plus ou moins sous-stratifiées d'une espèce de marne *(Mergel)*, lesquelles par leur structure, présentent une grande analogie avec les strates d'origine lacustre et ont été très fréquemment considérées comme telles, bien que le manque absolu de restes organiques rende immédiatement improbable la conjecture de cet origine. La cendre verte basique, exposée dans un grand nombre de lieux, à l'air et à l'humidité, sans arriver jusqu'à la lixiviation, forme en se décomposant des couches de couleur ocracée, jusqu'au brun rougeâtre très ferrugineuses; mais pendant leur dépôt dans l'eau, spécialement en présence de matières organiques, et aussi dans les endroits exposés à une abondante filtration d'eau souterraine, il se forme parfois des couches d'une espèce d'argile séladonitique de couleur plus ou moins verdâtre, surtout sous l'action simultanée de l'eau un peu saumâtre.

La cendre blanche, siliceuse est, en général, formée principalement de fragments aciculaires (aiguilles) de substance feldspathique. Le produit de sa décomposition ou kaolinisation est généralement de couleur claire blanc jaunâtre, et, en présence d'un contenu plus considérable d'augite ou d'autres minéraux, silicates ou sulfates de calcium, il arrive très fréquemment que, par l'effet de la décomposition chronique, le strat se transforme, à cause de l'infiltration de carbonate de calcium en une masse plus ou moins cohérente de terre agglomérée ou durcie, appelée *tosca;* l'on observe, dans ce cas, une véritable échelle progressive de durcissement, depuis la terre à peine agglomérée, friable entre les doigts, avec 1 pour cent ou plus de calcaire, jusqu'à la *tosca* dure qui contient 60 pour cent ou plus de carbonate de calcium. Comme durant la kaolinisation des minéraux feldspathiques il se forme des quantités non négligeables de silicates alcalins solubles, et en raison de la séparation consécutive d'acide hydrosilicique, par l'absorption d'acide carbonique, il résulte que fréquemment aussi l'on rencontre dans les dites masses de *tosca* des concrétions ou des excrétions d'acide hydrosilicique. Dans les couches des formations plus recentes, néo-pampéennes, etc., je n'ai trouvé jusqu'à présent ces concrétions d'hydrosilex que sous la forme de croûtes d'hyalite; dans le pampéen inférieur et des couches plus anciennes, je les ai trouvées sous forme de rognons d'opale et ensuite de chalcédoine ou agate. Ces masses d'hydrosilex paraissent être solubles dans une solution de potasse caustique, mais de plus en plus difficilement et incomplètement à mesure qu'ils proviennent de formations plus anciennes, circonstance due probablement au passage chronique d'un état hyalin et hydraté à un autre état cristallisé et anhydre, dont la dernière phase, par exemple, est le quartz des roches primitives.

Dans certains endroits de la Sierra de Córdoba, l'on observe, plus fréquemment et plus clairement que dans la plaine, la superposition des deux couches supérieures (*c* et *f*) de cendre volcanique, quelquefois parfaitement kaolinisée déjà; la couche supérieure est de couleur blanche, la couche inférieure de couleur verte ou ferrugineuse, spécialement dans quelques dépressions de la Sierra où était plus insignifiant que dans la plaine pampéenne le mélange d'un quotient de terre éolique, pendant la sédimentation des dites couches. Il semble résulter ici que le strate supérieur de la cendre blanche (*c*) représente seulement la phase finale d'une précipitation qui, à intervalles et avec antériorité, commença durant la dernière époque de la chute de la cendre verte.

C'est dans l'horizon supérieur de la cendre verte, approximativement entre les couches *c* et *f* de notre échelle, que, dans la Sierra, l'on trouve intercalées, et quelquefois de difficile explication, des couches épaisses ou minces de cailloux et de graviers des roches voisines; et si effectivement, dans la Sierra de Córdoba il y a eu une époque glaciale ultérieure, ce qu'il faudrait encore prouver, le fait est démontrer quant à l'horizon indiqué dans lequel elle doit être intercalée approximativement; mais je ne me rappelle pas avoir observé de marques de rayement, de polissure ou autres preuves d'activité glaciale, et il est possible que les dits bancs de gravier proviennent également de pluies torrentielles, à une époque exceptionnelle et prolongée.

La couche supérieure de cendre blanche (*c*) se conserve également dans les bancs épais, éoliques des plateaux de la Sierra de Córdoba, à 2000 mètres et plus de hauteur, là où ne se conservent pas les couches de l'espèce de cendre inférieure (*f*), et l'espèce blanche forme un des composants principaux de la couche de lœss qui couvre les petits-plateaux, de même que les terres noires du plateau d'Achala; cette couche repose directement sur des dépôts de graviers et de cailloux, qui de leur côté s'appuient directement sur la roche primitive.

### COUCHE VÉGÉTALE

*a)* (40-50 centimètres). Couche végétale contenant des restes nombreux de stations humaines. Tous les crânes trouvés dans cette couche sont brachycéphales et accompagnés de fragments de poterie, quelquefois aussi d'ustensiles de cuivre [1]. Dans la couche plus profonde (*b*) il n'existe plus de fragments de poterie.

On trouve aussi très souvent dans la terre noire de ces stations humaines des coquilles de *Borus oblongus,* qui à cette époque servaient de tabatière aux indiens des environs de Córdoba, et que l'on retrouve également dans les tombes indiennes de la Sierra de Córdoba. Cette espèce de limaçons n'existe plus aujourd'hui que dans le nord de Santiago del Estero, et devait constituer un article commercial des indiens d'alors.

### ÉTAGE SUPÉRIEUR PAMPÉEN

#### *Division supérieure*

*b')* (50 centimètres). Lœss jaunâtre éolique.

Dans les couches qui correspondent à cet horizon, on a trouvé autre part, aux hauteurs de l'Observatoire Astronomique (v. p. 184 de ce travail) une station (n° II) et en même temps un squelette humain d'une race dolichocéphale, enterré dans une fosse revêtue de quelques cailloux roulés, dans une position qui se rapproche de celle du fœtus dans l'utérus ; il y avait également quelques points amygdaloïdes de quartz, grossièrement taillés, de petites haches oblongues, affilées, mais non polies, sans sillon transversal et quelques instruments d'os (alênes, etc.); les objets de poterie manquent absolument.

Fossiles : *Equus rectidens* et *Auchenia cordobensis, Cavia, Mylodon.*

Mollusques : *Eurycampta monographa* Burm.

*b")* (5 centimètres). Lœss pluvial (psilogénique), couche mince, irrégulière, un peu durcie, avec des fragments polyédriques de petits cailloux de terre agglomerée.

[1] AMEGHINO, F., *Informe sobre el Museo antropológico y paleontológico de la Universidad Nacional de Córdoba durante el año 1885. Boletín de la Academia Nacional de Ciencias de Córdoba,* VIII, 1885, p. 11.

Il est probable que cette petite stratification n'a qu'une importance locale dans le bassin du río Primero et qu'elle n'y représente qu'une briève époque de dénudation dans quelques points latéraux de la vallée. Cette petite couche n'existe pas dans toutes les parties de l'escarpe *(barranca)* des bords de la rivière, mais on le trouve dans la plupart d'entre elles.

*b‴)* (2-2$^1/_2$ mètres). Lœss éolique, jaune blanchâtre très pâle, pulvérulent, formé de particules très fines semblables à la couche *b'* et *d,* parfois très faiblement aggloméré avec des infiltrations calcaires (2 à 3 °/₀ de carbonate).

Fossiles: *Lagostomus fossilis* Amegh., *Equus rectidens, Glyptodon asper, Mylodon, Hoplophorus, Megatherium, Palaeolama* et surtout *Ctenomys magellanicus* (fossile caractéristique).

Mollusques (rares): *Succinea, Scolodonta* et *Bulimus apodemetes* D'Orb., espèces qui encore aujourd'hui habitent les ravains, et les endroits propices du voisinage, tandis que l'*Eurycampta monographa* Burm. qui abonde dans ce banc, ne se trouve plus actuellement que dans les anfractuosités de la Sierra.

*c)* (50 centimètres). Première couche de cendre volcanique blanche, mêlée de terre et durcie quelquefois en forme de cailloux, avec des infiltrations calcaires (15 °/₀). Cette couche de cendre volcanique se trouve quoique rarement dans un état assez pur et avec sa couleur blanche dans les profils des bords escarpés du río Primero, aux environs de Córdoba, où elle est mêlée d'une manière uniforme avec de la terre fine; à l'état pur, je l'ai observée uniquement dans une coupe des Altos del Sur, élévations du terrain au sud de la ville de Córdoba à l'occasion d'excavations exécutées pour les travaux d'une briqueterie à vapeur. Elle est sans doute une des plus universellement étendues dans la Pampa argentine et acquiert des dimensions de plus en plus grandes dans les régions occidentales et celles du nord-ouest. Son apparition dans les stratifications supérieures de la formation pampéene est accompagnée de la disparation de l'antique faune de la Pampa. Je suppose que cette couche est la même que j'ai observé dans les coupes de Frías, province de Santiago del Estero, à une profondeur plus ou moins identique à celle de Córdoba et que je considérai alors comme une stratification lacustre [1]; je l'ai observée également dans les parties supérieures des bords escarpés des rivières de Tucumán, par exemple près de Monteagudo. Une épaisse couche de cendre volcanique se trouve également près de Mendoza, à la même profondeur que les précédentes.

*d)* (3 mètres). Lœss éolique, jaunâtre clair avec une nuance à peine

[1] Doering, A., *Estudios hidrognósticos y perforaciones artesianas en la República Argentina. Boletín de la Academia Nacional de Ciencias de Córdoba,* VI, 1884, p. 269.

verdâtre, formé de particules pulvérulentes très fines, tout à fait semblable à la couche $b'''$ ; vers la partie inférieure, il est entremêlé de grains de sable un peu plus gros et de fragments de petits cailloux. Sur quelques points on commence à distinguer des signes d'une sous-stratification analogue à celle des couches suivantes inférieures, d'où provient une partie des détritus qui contribuent à sa formation.

Fossiles (un peu plus rares): *Panochtus tuberculatus, Hoplophorus, Lagostomus, Cavia,* etc.

Mollusques (rares aussi): *Plagiodontes daedaleus* Desh., *Odontostomus Charpentieri* Grbt., *Succinea meridionalis* D'Orb.

### *Division intermédiaire*

*e)* (4 mètres). Lœss sous-stratifié de sédimentation éolique, formé de détritus très fins et très mêlés de cendre volcanique basique; ils contiennent également beaucoup d'efflorescences salitreuses. Dans quelques unes de ses parties, cette couche est très pulvérulente et exposée à se desagréger et se dénuder, de manière que les têtes des bancs résultèrent très excavées dans les coupes des escarpements.

Fossiles trouvés dans d'autres parties qui correspondent à cet horizon: *Lagostomus debilis* Amegh., *L. heterogenidens, Glyptodon asper, Hoplophorus radiatus, Didelphys juga* Amegh., *Mephitis cordobensis* Amegh., *Cavia* espec. var.; beaucoup de terriers d'édentés, remplis de terre; de plus l'homme, au milieu des restes de *Toxodon, Mylodon, Cervus, Rhea,* etc.

Mollusques: Dans les couches supérieures, *Plagiodontes daedaleus* Desh. et, de plus, très abondant, déposé parfois en forme de couches et représenté par des exemplaires grands et bien développés, *Succinea meridionalis* D'Orb., *S. rosarinensis* Doer. et *Scolodonta Semperi* Doer., espèces qu'aujourd'hui ne sont pas rares non plus dans les escarpements du río Primero.

Plus ou moins vers le milieu de cette division médiane et dans la même coupe de Malagüeño, on trouva intercalé le dépôt lenticulaire d'un ancien foyer, parfaitement reconnaissable à la présence de petits morceaux de charbon très abondants et de couches de cendre de couleur pâle et bleuie par la formation de vivianite, minéral qui, sans aucun doute, s'est produit à cause de l'abondance de restes d'ossements et de phosphates dans la cendre des foyers [1].

*f)* (1 mètre). Couche principale de la cendre verte basique, finement

[1] AMEGHINO, F., *Informe,* etc. (l. c.), p. 9.

IDEM, *Contribución al conocimiento de los mamíferos fosiles de la República Argentina,* Buenos Aires, 1889, p. 68.

stratifiée, renfermant ça et là de petits conglomérats et des infiltrations de gypse cristallin, dans certains endroits plus sablonneuse, dans d'autres plus argileuse.

Dans le profil de Malagüeño cette couche est quelque peu décomposée, mais elle présente toujours une couleur verdâtre. Dans un *cañadón* situé au sud-ouest de Pueblo Nuevo, près de Córdoba, cette couche a une puissance de 5 à 15 centimètres, sa constitution est presque pure, sa couleur très foncée, d'un gris verdâtre, presque noirâtre.

Dans la décomposition complète et la kaolinisation de cette couche de pierre ponce basique, il se forme une argile ferrugineuse d'une couleur intense d'ocre brun ou jaune, et les couches correspondantes à cet horizon dans les escarpements du río Segundo ressemblent à des couches de marne fortement colorées.

Fossiles: Sur la limite entre *f* et *g*, un crâne d'*Orthomyctera lata* Amegh.

*g)* (5 mètres). Lœss éolique, presque solide, à peine stratifié, contenant de petites pierres ou fragments de petits cailloux, par endroits aussi de petites concrétions gypseuses, grossièrement granulées à leur partie inférieure.

Fossiles: Dans le lit inférieur, à peu près à 1 mètre en dessus de la couche suivante du sable micacé *h*, un squelette bien conservé de *Felis palustris* Amegh.

Dans un autre point, immédiatement en dessus de *h* un squelette complet de *Scelidotherium;* plus loin, renversée sur le dos, la carapace d'un *Panochtus;* des restes de *Lagostomus angustidens* (très fréquents); des écales d'œufs de *Rhea* et enfin des terriers de *Lagostomus,* d'une espèce plus petite que l'espèce actuelle.

Mollusques: *Odontostomus* sp. et des *Succinea* isolés.

### *Division inférieure*

*h)* (1 mètre). Sable micacé, peu compact, contenant de petits cailloux roulés; un peu plus aggloméré vers le haut et mêlé de cailloux plus gros; très pur par endroits vers le bas et sillonné de concrétions en forme de racines probablement des rives anciennement boisées.

Mollusques: Exemplaires bien conservées de *Plagiodontes daedaleus,* de petite forme, mais ne s'écartant pas spécifiquement de la forme actuelle; en outre *Planorbis peregrinus* (également bien conservé).

*i)* (2 mètres). Sable argileux; bien disposé en lits parfaitement distincts, avec de longues striures de stratification contournées, au milieu desquelles repose une couche argileuse, éolique ou semilacustre, dont l'épaisseur atteint souvent jusqu'à 50 centimètres; cette couche se distingue par sa couleur d'un jaune vif, la finesse de sa structure spongieuse, la petitesse de ses trous radicaux ainsi que par des efflorescences de limonite tenues et caractéristiques.

Dans un autre entroit situé près de l'Observatoire Astronomique, il existe, dans le même horizon, une couche de pierre ponce, stratifiée, blanche, assez pure et composée surtout de substance feldspathique.

Fossiles: *Hoplophorus ornatus* (squelette complet découvert dans le lit de pierre ponce mencionné ci-dessus).

*k)* ($0^m50$-1 mètre). Loess éolique non stratifié, compact et solide, contenant souvent des lignes noires de vivianite.

Dans ce même horizon, mais dans un autre lieu, c'est-à-dire au bord du *cañadón* situé près de l'observatoire astronomique, et près de. l'aquéduc (*acequia*) de la ville, on découvrit l'emplacement d'un foyer (V. plus loin p. 185 de ce travail) ; nous avons ici la plus grande profondeur à laquelle ont ait pu constater avec certidude l'existence de l'homme dans les environs de Córdoba; ce foyer contient de la terre brulée et des restes de *Tolypeutes,* etc.

*l)* (3 mètres). Argile verte, très aréneuse, bien stratifiée en couches ondulées formée alternativement de lits de sable micacé et de couches plus argileuses qui deviennent de plus en plus friables et aréneuses à la partie inférieure, en tout sembable à la couche *n*.

Les couches argileuses sont notablement plus riches en argile que les couches de même nature de l'horizon supérieur de la formation pampéenne de Córdoba.

Fossiles: Terriers ovales ou elliptiques (hauteur 70 centimètres, largeur $1^m20$) remplis de lœss pluvial et appartenant vraisemblablement à un édenté fossile.

## ÉTAGE MÉDIAN PAMPÉEN

Dans la coupe du chemin de fer de Malagüeño, seule la partie supérieure de l'étage médian a été mise à nu et l'on ne peut encore savoir, du reste, si elle se limite seulement à la vallée du río Primero, ou si elle s'étend plus loin.

Dans différents puits creusés à une certaine distance de la vallée proprement dite du río Primero, l'on ne rencontra pas ces couches moyennes composées principalement de dépôts fluviaux et de galets; mais à leur place on trouve des sédiments éoliques semblables à ceux de l'étage supérieur et inférieur de la formation pampéenne; leur nature sera déterminée plus tard.

Dans les autres parties des environs de Córdoba (vallée du río Primero), cet étage médian est formé surtout de dépôts fluviatiles et constitue une couche de sable très grossier, généralement d'une puissance de 10 mètres, rarement de 15 mètres et plus, fréquemment de couleur rougeâtre, y contenant parfois des galets. Son horizon médial est un lit de lœss ou d'argile, d'une puissance généralement de 1/2 mètre, rarement de 2 mètres et plus, qui contient notablement plus d'argile que les couches de l'étage pampéen supérieur et ressemble du reste à quelques couches de la section *l*. La partie inférieure de l'étage médian se compose elle même de sable et de galets; elle est presque toujours d'une couleur plus claire que le lit supérieur de galets du même étage (médian).

Fossiles (de la couche aréneuse supérieure) : *Mastodon, Mylodon, Hoplophorus.*

### ÉTAGE INFÉRIEUR PAMPÉEN

Dans la coupe du chemin de fer de Malagüeño, l'étage inférieur n'est pas mis à découvert.

Dans la *barranca* de la vallée du río Primero, en dessus de Córdoba, où l'observation est plus facile [1], cet étage paraît être un dépôt éolique très semblable aux couches de l'étage pampéen supérieur, avec des lits divers de cendre volcanique de la variété blanche et peut-être aussi de la variété verte. Les différentes couches sont en général plus compactes que celles de l'étage supérieur et en partie signalées par des blocs ou couches de petits cailloux et *tosca* (vraisemblablement pierre ponce plus effleurée) qui manquent sous cette forme solide dans les couches des autres étages et font saillie comme des filets, en raison de la dénudation de l'étage inférieur, ce qui donne parfois aux terrasses un aspect véritablement élégant. Toutes les couches de l'étage inférieur sont fréquemment sillonnées par des d'anciennes fissures verticales, d'une épaisseur symétrique, cimentées de nouveau par une masse compacte de *toscas* couleur claire. Ces fissures caractéristiques paraissent se diriger en général d'est à ouest et ne se trouvent pas dans les étages médian et supérieur de la formation pampéenne de Córdoba.

Fossiles : ils paraissent plus rares dans l'étage inférieur; dans les couches supérieures on trouva l'*Hoplophorus imperfectus* Gerv. et Amegh., le *Dicoelophorus latidens* Amegh. et *Toxodon ensenadensis* Amegh.

La base de la formation pampéenne inférieure, tant à Córdoba que dans d'autres régions comme Rosario et autres, est formée d'un lit dur,

[1] Pour de plus amples détails, voyez : BODENBENDER, G., *La cuenca del Rio 1º en Córdoba. Descripción geológica del valle del Rio 1º desde la Sierra de Córdoba hasta la Mar Chiquita. Boletín de la Academia Nacional de Ciencias de Córdoba*, XII, 1890, p. 5-54.

solide et assez compacte de *tosca* sous-stratifiée, produit de la décomposition d'une couche de cendre volcanique calcaire d'égale épaisseur. Nous l'avons considérée pour le moment comme couche limitrophe entre la formation pampéenne et la formation araucanienne suivante. Mais il reste à savoir si cette couche caractéristique a réellement dans la région pampéenne la grande étendue qu'on lui suppose suivant des observations antérieures, et si elle correspond dans toutes ses parties au même horizon synchronique. Elle est habituellement d'une couleur jaune noirâtre; mais dans la vallée du río Primero, au bord de la Sierra de Córdoba, sa couleur devient rougeâtre, par le mélange de produits spongieux chargés de latérite y provenant de grès rouges du pied de la montagne. Les couches inférieures que l'on peut rapporter en partie aux formations tertiaire plus ancienne, ou secondaire plus récente, prennent en général dans la direction de la plaine à la montagne, une coloration rouge de plus en plus intense, jusqu'à ce qu'enfin elles deviennent des argiles, des grès et des tufs mêlés de latérite et d'une couleur brique prononcé, au-dessous desquels on distingue un conglomérat de couleur rouge-brun obscur, solidement silifié, dans une position qui s'éloigne relativement peu de l'horizontale, et cimenté aux gneiss escarpés du pied de la montagne.

La matière colorante fondamentale de ces couches rouges de grès et de marne, paraît être, comme je l'ai déjà dit, la latérite, espèce d'argile ferrugineuse, habituellement d'un rouge brique vif, pour la formation de laquelle on suppose avec raison l'existence d'un climat tropicale. Mais si l'on admet avec O. Lenz [1] que la latérite tropicale est une forme de la limonite, je dois remarquer à cela que, suivant mes analyses, comme je le montrerai dans un travail postérieur, la substance constituante de la latérite sud-américaine est une argile ferrugineuse bisilicatée, étendue d'eau et bien définie; cette espèce d'argile répond en général à la formule de la haloisit et, comme tous les sels basiques de fer est d'une couleur prononcée, tandis que les argiles du lœss et les glaises qui se forment, sous les conditions climatériques actuelles dans les couches plus récentes de la formation pampéenne et dont la couleur est presque toujours d'autant plus claire que leur âge géologique est plus récent, répondent habituellement à un trisilicate neutre étendue d'eau, mêlé à des combinaisons de nature zéolithique, qui, généralement, en leur qualité de combinaisons neutres ou saturées d'acides de silicium, sont d'une couleur claire souvent presque blanchâtre; malgré cela, leur contenu d'oxyde de fer est aussi élevé que celui de la latérite. L'étude de ces silicates argileux est important pour la parallélisation des divers horizons.

[1] Lenz, O., *Chemische Analyse eines Laterit-Eisensteins aus Westafrika. Verhandlungen der Kaiserlich-Königlichen geologischen Reichsanstalt*, 1878, p. 351.

Maintenant, en ce qui regarde les grès et conglomérats rouges de la Sierra de Córdoba, il résulte de leur position dans la partie nord de la Sierra Chica, que leur élément constituant principal doit être rapporté aux masses laviques, lapillis et tufs primitifs des volcans melaphyriques, et que, par conséquent, l'absence mystérieuse de toute espèce de fossiles dans ces mêmes couches n'a pas lieu de nous surprendre. Ces melaphyres appartiennent évidemment à une époque géologique beaucoup plus récente que les paléo-granits typiques primitifs, comme l'indiquait aussi leur structure micro-cristaline comparée à la structure absolument macro-cristaline des paléo-granits. De même la structure orographique plus récente de leurs cônes d'éruption, comparées aux formes arrondies et dénudées des anciens centres paléo-granitiques, frappe spécialement l'attention; de plus, à l'appui de la même thèse, vient encore s'ajouter la circonstance en vertu de laquelle, au moins dans les parties étudiées de la Sierra, le mouvement ascensionnel postérieur, ou élévation du niveau de la montagne n'a fait, relativement à son étendue que des progrès insignifiants.

Les éruptions de ces masses melaphyriques, que l'on peut attribuer peut-être à l'époque secondaire, font habituellement saillie sur la couture ou surface de contact entre les paléo-granites et les roches de sédiments cristallines primitives, et dans le voisinage de ces anciens volcans, l'Uritorco, par exemple, elles recouvrent très souvent encore aujourd'hui, avec des couches de stratification presque horizontales, les plus hautes élévations des bancs de gneiss presque perpendiculaires, restes des lits de ces masses anciennes de tuf rouge, semblables à d'énormes bonnets phrygiens. Un endurcissement et une silification intensive, déjà depuis longtemps terminés, les a preservées de la dénudation progressive. Mais les couches gypseuses intercalées aux masses de tuf rouge prouvent la grande analogie des éléments chimiques et minéralogiques de ces éruptions volcaniques d'époques géologiques antérieures avec les produits néo-volcaniques de sédimentations postérieures qui s'étendent jusqu'à la formation pampéenne la plus récente.

## CAÑADÓN DU PUCARÁ

A l'entrée du *cañadón* du Pucará au sud-est de la ville de Córdoba, on ne distingue d'abord que la couche de galets de l'étage intermédiaire. Cette couche a une puissance de 8 à 10 mètres et comprend deux lits: le lit supérieur est formé de sable rouge, au milieu duquel on voit disséminés de place en place des blocs de lœss; à sa base existe une couche de cailloux roulés dans laquelle on trouva une molaire de mastodonte. Le lit inférieur est d'une couleur blanc-grisâtre un peu plus clair.

Si l'on pénètre plus avant dans le *cañadón*, on distingue le profil complet de l'étage supérieur de la formation pampéenne, depuis la couche de galets en bas, jusqu'à la superficie de la couche d'humus. La disposition des différentes couches est tout à fait semblable à celle de la coupe du chemin de fer de Malagüeño.

La couche *e* est assez solide et compacte, de couleur claire avec des efflorescences. Dans un certain endroit il s'était formé depuis le bord supérieur jusqu'à la base de la couche *h* une chute d'eau et produit une terrasse.

Les stries de stratification des couches *e* à *g* ne sont pas aussi vivement prononcées que celles de *h* à *l*.

La couche *h* est fréquemment creusée d'une façon bien distincte.

Dans la couche *i* les cordons de stratification sont très épais, tandis que dans *l*, la minceur des strates est caractéristique.

## CAÑADÓN ET HAUTEUR DE L'OBSERVATOIRE ASTRONOMIQUE

### COUCHE VÉGÉTALE

*a)* Dans la partie supérieure de la *barranca*, sur la limite entre la couche végétale et la couche d'argile jaune *b* qui la suit immédiatement, mais pénétrant encore dans la base de la première, on découvrit à 50 centimètres de profondeur, une station humaine (I) contenant de petits morceaux de charbon, des débris de poterie, des fragments de quartz, des pointes de flèches bien travaillées, des os calcinés de *Cervus rufus* et de *Dasypus minutus* ainsi que des *écales* d'œufs d'autruche.

Dans un autre endroit, tout près de l'Observatoire, au milieu d'une couche correspondant à la partie supérieure de *b*, par conséquent sur la limite entre cette dernière et le lit végétale supérieur qui manquait ici complètement par l'effet de la dénudation, on trouva à une profondeur de 50 centimètres une seconde station (II) [1] plus étendue et sans aucun doute, plus ancienne que la première, dont elle se distingue par l'absence de fragments de poterie. On trouva également un grand nombre de silex taillés, des restes d'os brisés et grattés, des débris d'ossements hu-

[1] Voir aussi Ameghino, F., *Informe*, etc. (l. c.), p. 10. *Contribucion*, etc. (l. c.), p. 53 et 82.

mains brisés et calcinées, une pointe de flèche bien travaillée, et une carapace brisée d'*Anodonta* spec. [1] Ici gisait également un squelette de femme, au front dolichocéphale et déprimé, aux parois crâniennes épaisses; il était étendue sur le côté droit dans la direction du couchant au levant, le visage tourné vers le nord, la colonne vertébrale un peu courbée vers l'avant, la tête inclinée en avant et sur le côté, les jambes ployés en avant, comme si l'individu en question eut reposé sur les genoux ou eut été accroupi, de manière que les talons soient en contact avec le bassin. Les genoux n'étaient cependant pas rapprochés du corps comme dans les sépulcres indiens et ne formaient pas non plus un angle droit avec la colonne vertébrale. Les bras tombaient normalement en avant, les mains reposant sur la poitrine. La situation du squelette me fit penser que l'on avait peu-être cherché à imiter la position du fœtus humain.

A environ 30 centimètres des pieds du squelette, mais à une plus grande profondeur que celui-ci, il y avait une file de pierres, de même qu'à l'est, un peu en dessus de la tête. Il ne serait pas impossible que primitivement le mort eut été placé dans la position accroupie et qu'il fut tombé plus tard. Au-dessus du squelette se trouvait une pointe de flèche en quartz blanc grossièrement travaillé, semblables à celles que l'on trouva aux environs et qui avaient été mises à nu par dénudation de la surface. Pas la moindre trace de fragments de poterie dans le voisinage. Dans la terre, en dessus du squelette quelques esquilles d'os brisés et deux petits morceaux de charbon.

### ÉTAGE SUPÉRIEUR

*b-f)* Les couches de la division de l'étage supérieur pampéen sont bien développés, surtout *b*, qui contient de nombreux exemplaires d'*Eurycampta*.

*g)* Les couches qui correspondent à *g* sont également bien développées; la plupart sont de couleur claire et les striures de stratification bien distinctes, quoique le gypse paraisse y manquer.

*h)* La couche de sable micacé *h* renferme de petits cailloux roulés et n'est pas partout également bien représentée; elle est fréquemment mêlée de poudre de pierre ponce. Dans certains endroits elle repose sur un lit couleur souvent gris-cendre, d'une puissance qui atteint souvent 1 mètre et dont la base aréneuse est fortemenut mêlée de poudre de pierre ponce; dans d'autres endroits elle repose directement sur un lit de

[1] Il est à noter que près du squelette de Fontezuelas, de la formation pampéenne supérieure de Buenos Aires, se trouvait également une carapace de *Unio* spec.!

pierre ponce blanche, presque couleur plomb, d'une épaisseur de 14 centimètres. Cette dernière est assez bien stratifiée et, dans les endroits où elle est bien conservée, sa puissance est très égale; elle change cependant fréquemment de niveau, en relation avec les ondulations de sa base. Dans d'autres points, cette couche blanche de cendre volcanique fait défaut et est remplacée para une couche mince mêlée de cailloux roulés, indice évident de la dénudation qui s'est produite dans ces mêmes lieux. La couche blanche de cendre volcanique est fréquemment mêlée à sa base de morceaux détachés de la couche de lœss inférieure.

*i)* La couche alternativement aréneuse et argileuse *i* manque.

*k)* Au contraire, *k* est une couche solide de lœss éolique de 50 centimètres de puissance mêlée à sa base d'abondants petits cailloux.

C'est dans cette couche que fut trouvé le foyer dont il a été question plus haut (p. 179); nous avons ici la plus grande profondeur à laquelle on ait pu constater avec certitude l'existence de l'homme dans les environs de Córdoba; ce foyer contient de la terre brûlée et des restes de *Tolypeutes* [1].

*l)* La couche *l* manque à son tour.

### ÉTAGE MÉDIAN

Dans la moitié supérieure de la *barranca* de l'aqueduc *(acequia)* se voit directement la couche supérieure de galets de l'étage médian de la formation pampéenne, qui présente ici un lit intermédiaire mince d'argile plastique foncée.

### ÉTAGE INFÉRIEUR

Vers l'occident apparaissent à la base du *cañadón* les couches de lœss jaune de l'étage inférieur, alternées avec des couches de cendre vulcanique verte et blanche.

## PUITS DE PIQUILLÍN, CÓRDOBA

Des couches géologiques tout à fait semblables à celles observées près de Córdoba, surtout en ce qui a rapport à l'étage supérieur de la forma-

[1] Ameghino, F., *Informe*, etc., l. c., p. 9.
Idem, *Contribución al conocimiento*, etc., l. c., p. 68-69.

tion pampéenne, se retrouvent, sauf quelques exceptions, dans tous les puits de la plaine de Córdoba. Nous donnons comme exemple la série des couches d'un puits de Piquillín, à environ 30 kilomètres à l'est de Córdoba, que don José Juárez fit creuser en 1886, et de ses différents lits duquel il me remit des échantillons.

1° 75 centimètres. Humus.

2° 2 mètres. Lœss éolique menu.

3° 8 mètres. Sol durci en forme de couches de *tosca.*

4° (*g*) 3 mètres. Sol durci un peu mélangé de mica.
Correspond à la couche *g.*

5° (*h*) 75 centimètres. Sable micacé.
Correspond à la couche *h.*

6° (*i*) 2 mètres. *Tosca* sous-stratifiée.

7° 25 centimètres. Couche contenant de la cendre volcanique en abondance.

8° 25 centimètres. Cendre volcanique pure blanche.

9° (*k*+*l*) 4 mètres. Terre durcie.
Correspond aux couches *k*+*l.*

10° 15 mètres. Sable gris mêlé de cailloux grands et petits, les mêmes que l'on trouve actuellement dans le río Primero.

Couche abondante en eau. Correspond aux couches *m, n, o,* de l'étage médian.

Les couches caractéristiques de sable micacé et de cendre volcanique se trouvent donc, à peu de chose près, à la même profondeur que dans les alentours de la ville de Córdoba.

## VALLÉE DU RÍO SEGUNDO

Dans la vallée du río Segundo, les couches de *b* à *d,* ainsi que celles de *e* à *g,* sont bien développées, absolument comme dans les environs de Córdoba, mais les couches contenant de la pierre ponce verte sont complètement kaolinisées et transformées en une substance de couleur ocre jaune vif et ocre brun qui présente les couches ondulées caractéristiques comme près de Córdoba. La puissance des différentes couches est presque la même.

## EL BALDE, PROVINCE DE SAN LUIS

En creusant un puits à El Balde et Desaguadero, province de San Luis, on trouva une stratification de l'étage supérieur, très semblable à

*a.* — 0.4 m. Terre végétale. — *Homo brachycephalus*, avec poterie, objets de cuivre et *Bulimus oblongus*.

*b.* — 3.0 m. Lœss éolique pulvérulent, de couleur pâle. Fossiles : *Homo dolichocephalus, Equus rectidens, Au chenia cordobensis, Lagostomus fossilis, Cavia, Ctenomys magellanicus, Glyptodon asper, Mylodon. Ho plophorus, Megatherium ; Helix monographa, Bulimus apodemotes, Scolodonta*, etc.

*c.* — 0,05-0,15 m. Strate de α — cendre volcanique. — *Tosca*.

*d.* — 3.0 m. Lœss éolique. Peu de fossiles : — *Panochtus tuberculatus, Hoplophorus, Eutatus brevis, Lagosto mus, Cavia ;* Mollusques rares : *Plagiodontes daedaleus* Desh., *Odontostomus Charpentieri* Grat., *Succine meridionalis* D'Orb.

*e.* — 4.0 m. — Lœss éolique avec traces de sous-stratification. Fossiles abondants : *Homo* spec. avec *Toxodon Mylodon, Cervus, Rhea, Lagostomus debilis, Lagostomus heterogenidens, Cavia, Hoplophorus radiatus Didelphys jugo, Panochtus tuberculatus*. Mollusques abondants : *Plagiodontes daedaleus*, strates de *Succi nea meridionalis, Succinea rosarinensis, Scolodonta Semperi* Doer.

*f.* — 0.5 m. — Strate de β — cendre volcanique de couleur verte cendre obscur. *Tosca* stratifiée avec abondanc de petites rosettes de plâtre cristallisé.

*g.* — 5.0 m. Lœss éolique sans stratification ; rosettes de plâtre plus rares ; gravier en dessous. Fossiles : *Fel palustris, Lagostomus debilis, Scelidotherium leptocephalum, Panochtus tuberculatus, Glyptodon, Rhea* Mollusques : *Odontostomus Charpentieri* Grat.

*h.* — 1-2.0 m. Sable de mica très délié. Mollusques : *Plagiodontes daedaleus, Planorbis peregrinus.*

*i.* — 2.5 m. Couches stratifiées en bandes ondulées, formées alternativement de sables argileux et de lœss sou lacustre spongieux, fines efflorescences de limonite.

*k.* — 1.0 m. Lœss éolique non stratifié, plus compact que les couches supérieures ; efflorescences de vivianit Fossiles : *Homo* sp. ; foyer avec *Tolypeutes, Toxodon, Mylodon*.

*l.* — 2.5 m. Lœss sous-lacustre de plages riveraines, stratifié, formé de strates alternatifs plus aréneux ou pl argileux, de plus en plus déliés et aréneux en descendant. Terriers d'édentés.

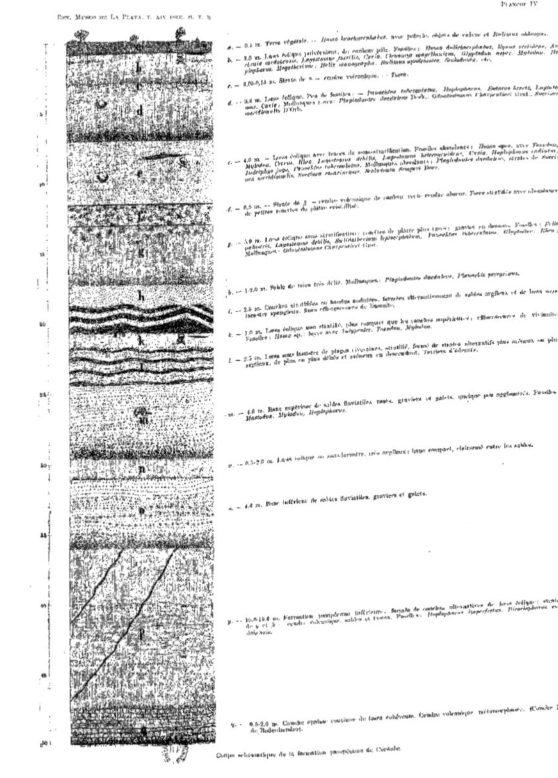

Coupe schématique de la formation pampéenne de Córdoba.

celle de la vallée de Córdoba. La couche de α cendre s'y trouve approximativement à la même profondeur qu'à Córdoba.

## RÉSULTATS GÉNÉRAUX

De l'exposition antérieure, il ressort que l'étude des couches des cendres de pierre ponce dans toute l'étendue de la formation pampéenne argentine doit être de la plus grande importance et nous met en main évidemment la possibilité d'entreprendre la classification chronologique de la formation pampéenne entière depuis les Andes jusqu'à l'Océan Atlantique ainsi que de déterminer les couches synchroniques correspondantes [1].

Premièrement il faudrait déterminer les foyers volcaniques de ces pluies de cendre, ce qui serait possible, en prenant pour base l'augmentation constante de la puissance de nos couches de pierre ponce, suivant les centres d'éruption.

De l'étude de la formation pampéenne de Córdoba, on déduit en plus que la plus grande masse de la partie éolique constituante de la formation pampéene argentine en géneral se compose de cendre volcanique plus ou moins décomposée. Plus sec est le climat et moins décomposée sera la couche de cendre (exemple : Córdoba), et réciproquement. En effet, quand le climat est humide, les couches primitives de cendre volcanique comme par exemple dans la province de Buenos Aires, ne se retrouvent plus dans leur forme première et leur origine n'est reconnaissable qu'à leur structure et peut-être aussi à la présence de parties minerales difficilement décomposables, qui ont offert à la décomposition par l'humidité une résistance plus grande.

Il faut admettre évidemment que la puissance relative des diverses couches pampéennes, va en diminuant avec le niveau, depuis la Cordillère jusqu'au littoral. Nous ne devons donc pas être surpris de ce que la puissance des couches de l'étage supérieur soit plus considérable à Córdoba qu'à Buenos Aires. D'ailleurs, faute d'investigations correspondantes, il n'est pas encore possible, jusqu'à présent de comparer ensemble les couches des différents étages de Córdoba avec les systèmes de la formation pampéenne de Buenos Aires suivant Ameghino et Roth et par conséquent de les harmoniser. Mais il faut admettre que les dépôts séladoniques verts du lacustre pampéen de Buenos Aires correspondent aux couches de pierre ponce basique de l'étage supérieur de Córdoba et

[1] M. Ameghino connaît aussi ces couches de pierre ponce et son importance pour la géologie pampéenne, mais ce qu'il dit n'est qu'un résumé très général. (*Informe*, etc., l. c., p. 7.)

offrent des produits identiques de décomposition. Tous les produits bruns d'oxydation du fer que l'on rencontre dans les couches sèches de Córdoba, sont soumises par la décomposition sous l'eau et l'action combinée de substances organiques à une lessivage plus ou moins active de manière à ne plus contenir que certains silicates vert clair difficilement décomposables. Ainsi s'explique sans effort la couleur verte caractéristique des couches lacustres de la formation pampéenne de Buenos Aires et la disparition dans ces mêmes couches, de la variété d'eau douce de la *Paludestrina (Hydrobia) Ameghinii* Doer. (semblable à la récente variété d'eau douce *Paludestrina (Hydrobia) piscinalis* D'Orb.), qui, dans les couches suivantes plus modernes, est remplacée par la variété *Paludestrina (Hydrobia) Parchappii* D'Orb., propre des eaux salées ou sulphatées [1]. La richesse en sulfate de chau, de sulfat et chlorites de soude contenues dans les couches de cendre basique et caractéristiques de ces mêmes couches, sont, par conséquent, dissoutes dans l'eau par l'effet du lessivage et constituent peut-être une des causes primordiales de la formation de lacs et cours d'eau salés dans la plaine pampéenne. Que les pluies de cendre considérables qui se sont étendues depuis le centre des Andes jusqu'à l'océan et même au delà, ait pu contribuer à l'extinction des mammifères de la merveilleuse faune pampéenne, est un fait bien compréhensible, et qui expliquerait peut-être le pourquoi de la disparition de ces animaux gigantesques de la surface pampéenne.

La présence de sels solubles n'est pas rare dans les cendres volcaniques récentes. Ainsi, par exemple, la cendre augito-andésitique de la dernière grande éruption du Krakataua (26 à 28 août 1883) contient, suivant l'analyse de Sauer [2], environ 0.82 °/₀ de sulfates, principalement de calcium et l'on note dans ce cas une analogie marquée avec certaines couches de cendre volcanique, riches en sels solubles et intercalées dans la formation pampéenne.

Des phénomènes analogues à l'incident mentionné du lacustre pampéen de Luján, et relatifs au changement produit dans la faune mollusque par les sels solubles de la cendre $\beta$, se présentent également dans les régions occidentales de la Pampa.

La même stratigraphie du sous-sol de la grande saline de Córdoba, paraît indiquer qu'elle doit à une époque relativement récente une grande partie de son contingent de sels, et la grande laguna del Bebedero dans la province de San Luis, si digne d'une étude plus détaillée,

[1] Voir l'énumeration des variétés du genre *Paludestrina,* même de la province de Buenos Aires, dans mon travail : DOERING, A., *Apuntes sobre la fauna de moluscos de la República Argentina. Boletín de la Academia Nacional de Ciencias de Córdoba,* I, 1874, p. 48-77, 424-460 ; II, 1875, p. 300-340 ; III, 1879, p. 63-84 ; VII, 1884, p. 457-474.

[2] *Chemisches Centralblatt,* 1884, p. 133.

nous offre un exemple plus instructif du même phénomène. L'eau de cette lagune est aujourd'hui une lessive concentrée jusqu'à la saturation, de sels qui ne permettent plus l'existence d'une faune mollusque. Cependant à l'époque du pampéen supérieur, c'était encore un lac très peuplé de mollusques acuatiqnes, à tel point que leurs coquilles formèrent des strates purément conchyliens *(Hydrobia, Chilina,* etc.) dans les dites couches du pampéen supérieur qui peuvent correspondre à nos divisions *b* à *e,* en même temps qu'elles indiquent un changement profond dans les conditions climatériques, avec des pluies beaucoup plus abondantes qu'à l'époque actuelle.

Dans une excursion au dit lac, en 1885, vers son extrême nord, je trouvai dans la zone la plus rapprochée du bord de l'eau, la superficie couverte d'une couche continue, de 50 mètres de large sur quelques centimètres d'épaisseur, de sulfate de calcium de structure saccharoïde; ces couches ressemblaient tout à fait à certains strates de sélénite que l'on observe dans nos formations anciennes. Si l'on perfore cette couche de plâtre, on trouve en dessous d'elle, dans le sous-sol un strate d'argile bitumineuse rempli de coquilles de *Paludestrina (Hydrobia) occidentalis* Doer.

Les alentours du lac s'élèvent graduellement en forme d'amphithéâtre, et donnent lieu à 8 ou 9 terrasses de 1 à 3 mètres de hauteur et de 2 à 300 mètres de large chacune, dont la dernière, à la distance d'environ 2 kilomètres de la rive et à une hauteur totale de 12 à 15 mètres au dessus du niveau du lac, finit par se confondre avec la plaine pampéenne circonvoisine.

La seconde terrasse, d'environ 200 mètres de large et 4 mètres de hauteur maximum au-dessus du niveau de l'eau, était recouverte d'une couche blanche et presque pure de gros sable formée de fragments de petits cristaux de plâtre.

A la base de la 7e terrasse, à 1 $^1/_2$ kilomètres de distance et à une hauteur de 10 à 11 mètres au-dessus du niveau de l'eau, se présenta à la superficie un strate gris-verdâtre du sous-sol, formé par une couche conchylienne de *Hydrobia* et *Chilina,* dont l'épaisseur atteignait jusqu'à 50 centimètres dans certaines parties. Dans cette région riveraine commence déjà une végétation de grands arbres. La végétation partiellement éteinte dans les environs immédiats du lac, prouve que l'étendue de celui-ci est aujourd'hui même variable, et que les eaux inondent même d'habitude les terrasses les plus rapprochées du lac à l'époque actuelle, sans atteindre cependant les terrasses plus lointaines et de niveau supérieur. Je n'ai pas trouvé de traces d'affaissement du fond de la lagune dans les temps modernes, et l'ascension très graduelle et presque invisible des terrasses extérieures indique l'antiquité de leur origine.

Dans les strates tant éoliques que lacustres des environs, on remarque fréquemment la séparation du plâtre en masses qui remplissent les creux d'anciennes plantes et racines ; j'ai observé ce même phénomène dans les escarpes du río Desaguadero, et leur grande ressemblance avec certaines concrétions de *tosca (Loesskindl)* fait supposer que ces masses concretionnaires de *tosca* de la formation pampéenne et autres, ne sont pas toutes, forcément, des infiltrations directes de bicarbonate de calcium, comme dans les stalactites; mais que beaucoup d'entre elles peuvent avoir leur origine dans une métamorphose de concrétions de plâtre, due à l'action sur le sulfate de calcium des carbonates alcalins qui se forment dans la décomposition chronique des silicates et leur transformation en argile [1].

Le même travail chimique s'effectuera indubitablement dans les strates de cendre volcanique eux-mêmes, riches en sulfate de chaux et leur agglomération en masses plus ou moins compactes de marne *toba* ou *tosca*.

Dans un grand nombre de vallées et dépressions de la Sierra, ainsi que dans les régions de la plaine où n'a pas eu lieu un mouvement abondant de filtration des eaux souterraines, les couches de lœss formées par le mélange abondant de la cendre β (*f*) et transformée fréquemment en masses de terre glaise ou argile bigarrée, ont conservé tout leur contenu de sels solubles, avec un résultat déplorable pour la qualité des eaux qui jaillissent de ces strates: cette circonstance explique parfaitement la grande variabilité des eaux de puits dans la Pampa, suivant les lieux et les profondeurs, du moment où il est également indubitable que dans le pampéen inférieur même et à des époques plus reculées, des incidents analogues se sont fréquemment produits; dans les *tobas* rouges elles mêmes des éruptions melaphyriques de l'époque secondaire, c'est-à-dire dans les gres et terres aréneuses rouges, on trouve intercalées de grosses couches de sélénite.

[1] DOERING A., *Estudios hidrognósticos*, etc., l. c., p. 269.

# PARTIE ANTHROPOLOGIQUE

PAR ROBERT LEHMANN-NITSCHE

AVEC DES CONTRIBUTIONS DE MM. H. LEBOUCQ, R. MARTIN, G. STEINMANN ET F. ZIRKEL

## INTRODUCTION

L'introduction à la partie anthropologique de notre travail peut être relativement brève. Dans son grand ouvrage en deux volumes : *La antigüedad del hombre en el Plata,* tome II, ch. XIV, pages 373 à 421, Ameghino expose en détail tout ce qui a trait à l'histoire de l'homme fossile de la formation pampéenne jusqu'à 1881 ; depuis lors il a réimprimé presque dans leur entier la plupart de ces travaux, les traduisant à l'espagnol quand ils n'avaient pas été écrits primitivement dans cette langue. Nous nous en tiendrons à sa description, après avoir toutefois étudié les publications originales et donné leur bibliographie complète, persuadé que notre travail ne sera pas superflu, en raison de ce que la langue peu répandue dans laquelle est écrite *La antigüedad...* ainsi que la grande extension de l'ouvrage ne sont pas faites pour faciliter l'étude.

En 1865, Burmeister (1), à la fin d'une considération sur les explorations de Lund dans les cavernes à ossements du Brésil, fait remarquer que jusqu'alors il n'existait pas la moindre trace de l'homme fossile dans le sol argentin.

Plus tard, les ossements humains découverts par Séguin sur les bords du Carcarañá, appelèrent l'attention ; Burmeister (2) ne parvint pas à les voir et réserva son opinion; ils passèrent ensuite au Muséum d'Histoire Naturelle de Paris et Gervais écrivit à leur sujet une brève communication (3) et de plus un article spécial (4), mais comme les pièces étaient dans un très mauvais état de conservation, il ne put en dire que fort peu de chose.

En 1871, près de Luján, fut mise à découvert, en présence de M. Ramorino una carapace de *Glyptodon* et avec elle une pointe de flèche en silex, égarée depuis (AMEGHINO, *Antigüedad,* etc., II, p. 377).

Dès l'année 1869, Ameghino à la recherche de fossiles dans la formation pampéenne, commença des explorations qu'il a continuées depuis lors sans interruption et qui rendirent évidente à ses yeux l'existence de l'homme à l'époque de la dite formation; en 1870 il trouva même pour la première fois des vestiges du corps humain sur les bords de l'arroyo Frías. Il fut aidé occasionnellement dans ses travaux par son frère Jean qui, en 1874, trouva près de Luján les premiers vestiges de terre calcinée dans la formation pampéenne. Encouragé par les résultats obtenus, Ameghino visita Burmeister dans l'espoir de l'intéresser à ses travaux; mais celui-ci ne voulut rien savoir. Cependant Ameghino ne perdit pas courage. Il se mit en relation avec d'autres collectionneurs (Eguía, Larroque) et réussit à voir certaines pièces qui témoignaient de l'existence de l'homme. M. Ramorino, dont nous avons déjà cité le nom, l'accompagne à Mercedes où, en sa présence furent mis à jour des fragments de lœss cuit, des charbons, des restes d'ossements humains et autres objets (AMEGHINO, *Antigüedad*, etc., II, p. 377-380).

Moreno (5), qui venait alors de publier un mémoire sur les antiquités indiennes de l'époque antérieure à la conquête espagnole, se montra sceptique au sujet de l'existence de l'homme fossile suivant les trouvailles de Séguin. Cependant en 1875, les frères Breton découvrirent à Luján, auprès d'un crâne de *Toxodon* un silex travaillé, actuellement au Musée de La Plata. La même année, à l'occasion des fêtes de la fondation de la Société Scientifique Argentine, Ameghino organisa une exposition de tous les objets trouvés par lui y qui tendaient à démontrer l'existence de l'homme fossile : ossements humains, silex et os travaillés, os striés et fendus dans le sens de la longueur, d'autres avec des entailles, fragments de lœss calciné, le tout réuni dans un même gisement avec des restes d'animaux aujourd'hui éteints *(Antigüedad*, etc., II, p. 382-384.) Le succès de son exposition engagea Ameghino à poursuivre ses investigations et dans deux opuscules de caractère géologique et paléontologique (6-7), il fit également allusion à la contemporanéité de l'homme et des animaux pampéens aujourd'hui éteints, sans cependant insister suffisamment sur ce dernier point.

Moreno *(Antigüedad*, etc., II, p. 384-385) se montrait déjà plus croyant, mais Burmeister (8) conserva malgré tout son attitude négative, sans tenir aucunement compte des objets eux-mêmes, cependant qu'Ameghino (9), en 1875, écrivait posément à Gervais au sujet des résultats obtenus. Burmeister (10) ne s'en inquiéta pas davantage. Ameghino continua malgré tout ses travaux, sous les auspices de la Société Scientifique Argentine, et, au mois de juin 1876, une commission (11) du sein de cette société fut envoyée à Luján, avec la mission spéciale d'examiner une nouvelle trouvaille des frères Breton, qui affirmaient avoir découvert une pointe de flèche en chalcédoine, bien travaillée et implantée dans la partie postérieure d'une mâchoire de *Machærodus ;* la commission ne put en tout cas rien constater et la pièce en question a été égarée depuis.

La Société Scientifique Argentine retira dès lors (milieu de l'année 1876) son appui moral à Ameghino : deux manuscrits qui traitaient, l'un de la géologie du bassin de la Plata, l'autre de l'homme quaternaire de la Pampa, furent jugés très défavorablement par une commission composée de MM. Moreno, Arata, Berg et Zeballos, et la Société, dans sa session du 15 juin 1875, remit à plus tard le prononcé d'un jugement définitif. En 1876, Ameghino envoya une réfutation écrite qui résumait exactement toutes ses idées, et dans laquelle il invitait la commission à l'accompagner sur le lieu de ses trouvailles (*Antigüedad,* etc., II, p. 395-403).

La Société n'accéda pas à ses désirs ; et ultérieurement Zeballos (12), dans une étude géologique sur la province de Buenos Aires, manifestait que le problème de l'homme fossile de la Pampa était loin d'être résolu; Lista, en 1877, dans un article de journal, faisait une déclaration identique à laquelle Ameghino répondait de la même manière (*Antigüedad,* etc., II, p. 405-410); Lista (13) écrivit alors un mémoire qu'il fit publier dans le *Journal de Zoologie.*

Ameghino (14) défendit à son tour son opinion dans un opuscule sur les antiquités de l'Uruguay et, au commencement de 1878, il prit la résolution de se transporter en Europe dans le but de faire connaître ses découvertes à un cercle plus étendu, à l'occasion de l'exposition universelle de Paris. Il organisa dans le Pavillon argentin une exposition particulière et le catalogue général (15) du dit pavillon, ainsi qu'un catalogue spécial (16) contiennent une énumération systématique des pièces qui m'a été de la plus grande utilité pour les reconnaîtrent dans les nouvelles études auxquelles je me suis livré.

Secondé dans ses idées par M. Varela (17), Ameghino (18) exposa sa thèse devant le Congrès anthropologique international qui siégeait alors à Paris. Le profil géologique de la station de Frías, d'où provenaient les restes d'ossements humains, parut pour la première fois aux Etats-Unis (19), et dans un travail postérieur (20), Ameghino s'occupa pour la première fois du problème de l'âge géologique de la formation pampéenne et des trouvailles qu'il y avait faites et qui selon lui devaient appartenir à l'époque tertiaire. Plus tard il discourut sur le même sujet au Congrès des américanistes de Bruxelles (21) et un autre mémoire publié dans la *Revue d'Anthropologie* (22) vint clore cette série de publications préliminaires. Un léger aperçu de l'ouvrage sur les mammifères fossiles de l'Amérique du Sud, édité en collaboration avec Gervais (23) n'a qu'un intérêt bibliographique et un mémoire sur les ossements trouvés par Séguin, écrit par Ameghino pour la *Revue d'Anthropologie* n'y fut pas publié et ne vit le jour que dans son grand ouvrage en deux volumes : *La antigüedad del hombre en el Plata,* chap. VIII.

Cet ouvrage (24) représente une colonne miliare dans l'histoire de la paléoanthropologie[1] sudaméricaine et nous le soumettrons ici à une brève

[1] J'appelle « paléoanthropologie » l'anthropologie physique et psychique de l'hom-

analyse. Le premier volume, dans sa première partie : *Les indigènes américains, leur âge et origine,* nous donne un aperçu général; la seconde partie intitulée *Époques néolithique et mésolithique* nous offre la description d'ustensiles de pierre, vases d'argile et autres objets de la même classe, provenant de la province de Buenos Aires, d'Entre Ríos, de l'Uruguay, de la Patagonie ainsi que de l'ouest et du sud-ouest de la République Argentine; elle contient en outre une monographie de la station dite « mésolithique » de la Cañada de Rocha, province de Buenos Aires. Ces deux parties n'ont pas un grand intérêt pour nous. Le second volume se divise également en deux parties, qui forment les 3e et 4e parties de l'ouvrage entier. La 3e partie, intitulée *Étude sur les dépôts sédimentaires du bassin du río de la Plata* a été publiée également à part sous le titre de *La formation pampéenne;* dans la partie géologique du présent travail, il y est fait fréquemment allusion.

Sous le point de vue bibliographique j'ajouterai les observations suivantes. La compagination de l'édition spéciale de la 3e partie est la même; la planche XVIII de *La antigüedad,* etc., est ici la planche I et les profils géologiques des planches XVII et XX ont été réunis dans la planche II; les figures archéologiques des mêmes planches ont été supprimées. Le titre complet de l'édition particulière est le suivant : *La formación pampeana ó estudios sobre los terrenos de transporte de la cuenca del Plata.* Paris-Buenos Aires, 1881 : 371 pages, 2 planches.

La 4e partie, intitulée : *L'homme dans la formation pampéenne,* est spécialement importante, en raison des déductions anthropologiques auxquelles elle donne lieu, et nous allons entrer dans quelques détails à son sujet. Dans le chapitre introduction de cette 4e partie (chap. XIV de la numération courante), Ameghino expose en detail l'histoire de tout ce qui a trait au problème de l'homme fossile de la Pampa et nous l'avons suivi jusqu'ici dans l'introduction. Les chapitres XV à XVII contiennent l'exposition amplement détaillée des découvertes et investigations personnelles d'Ameghino, auxquelles nous consacrerons également une grande partie de la seconde moitié de la section anthropologique du présent travail. Dans le chapitre XV, il traite en général des *Preuves matérielles de la contemporanéite de l'homme et des mammifères éteints de la zone pampéenne ;* on y voit défiler des os raclés et striés, des os portant des traces de coups, des os fendus et calcinés, des morceaux de charbon végétal, des fragments de lœss cuit, des os incisés et perforés, des ustensiles d'os et de pierre, des restes d'ossements humains et autres objets trouvés isolément. La chapitre XVI traite spécialement de *L'épo-*

me fossile, c'est-à-dire de l'homme des époques géologiques passées ; voyez LEHMANN-NITSCHE, R., *Paläoanthropologie. Ein Beitrag zur Einteilung der anthropologischen Disciplinen. Globus,* LXXXIX, 1906, p. 222-224.

*que des grands lacs* (pampéen lacustre) et des stations numéros 7-2, pour chacune desquelles il énumère et décrit minutieusement les couches géologiques et la faune vertebrée, ainsi que les différentes trouvailles de caractère anthropologique, os striés, brisés et travaillés, pierres travaillés, et fragments de lœss cuit. Le chapitre XVII traite de *Les ères pampéennes modernes* (pampéen supérieur), qui précédèrent le pampéen lacustre, et spécialement de la station numéro 1 d'Ameghino, d'où proviennent, non seulement des os fendus, taillés et calcinés, des morceaux de charbon végétal et des fragments de lœss cuit et des silex travaillés, mais encore des restes d'ossements humains; cette station numéro 1 doit être plus ancienne que les numéros 2-7. Enfin, dans le dernier chapitre XVIII il passe en revue les trouvailles de Séguin et s'occupe de l'homme fossile de l'autre rive du Río de la Plata (Montevideo); il y ajoute des considérations générales sur les mœurs et coutumes de l'homme pampéen [voir le résumé que nous donnerons plus loin page 199].

Nous n'avons pas besoin de nous étendre davantage sous le point de vue chronologique au sujet du volumineux ouvrage d'Ameghino que nous avons maintes fois utilisé pour nos propres investigations.

Voici finalement la série des couches géologiques telles qu'elles figurent dans l'ouvrage en question :

| Époque géologique | Horizon | Culture |
|---|---|---|
| Récente........ | Contemporain (c.-à-d. postér. à la conquête). | — |
| | Alluvions modernes...................... | Néolithique |
| Quaternaire.... | Post-pampéen lacustre.................... | Mésolithique |
| | Pampéen lacustre........................ | |
| Pliocène....... | Pampéen supérieur....................... | — |
| | Pampéen inférieur....................... | |
| Miocène........ | Terrain patagonique..................... | — |

Comme nous l'avons déjà vu, le matériel d'Ameghino appartient à toutes les couches jusqu'à son pampéen supérieur; mais notre examen ne portera que sur les objets provenant du vrai *pampeano,* et nous laisserons à bon droit complètement de côté les pièces trouvées dans ce que Ameghino appelle le *post-pampeano* (période « mésolithique » d'Ameghino, décrit dans le premier volume de *La antigüedad,* etc.).

Nous pouvons appeler *seconde* époque, les travaux parus postérieurement à *La antigüedad* jusqu'en 1889; ces travaux sont dus pour la plupart à Ameghino lui-même et ont été réunis par lui dans un grand ouvrage sur les mammifères fossiles de l'Argentine, avec ceux de la première période qui s'étend jusqu'en 1881.

Nous allons passer en détail la revue des ces travaux.

Lovisato (25) informe qu'il a trouvé des os travaillés, au milieu d'ossements des grands animaux pampéens et il dessine même un « polissoir en os» qu'il a trouvé avec la mâchoire inférieure d'un *Toxodon Burmeisteri,* sur la rive gauche de l'arroyo Tapalquen, non loin d'Azul. Si je n'avais pas sous les yeux l'original, je me montrerais un peu sceptique.

Ameghino (26) lui-même, trouva dans son ancien champ d'activité, les environs de Luján, des materiaux en relation avec notre thèse, et dont nous avons donné antérieurement le détail : lœss cuit, fragments de crânes d'animaux, os fendus, charbon végétal, os calcinés, os striés et rongés, poinçons en os, et son frère Charles retrouva un foyer dans un état parfait de conservation.

Près de Córdoba, Ameghino (27), en compagnie d'Adolphe Doering trouva à une profondeur de 15 mètres un amas de lœss cuit, et en compagnie de Doering et Bodenbender, un autre amas semblable, à une profondeur de 5 à 6 mètres; les deux trouvailles étaient accompagnées d'os fossiles brisés et calcinés. Le premier de ces « foyers » ayant été reconstruit au Musée de La Plata, nous y reviendrons plus tard. Les autres trouvailles préhistoriques d'Ameghino à Córdoba n'ont pas d'intérêt au point de vue de notre travail.

De Monte Hermoso (28) proviennent des cailloux « grossièrement taillés » ainsi que des os calcinés et de lœss cuit et en partie scorifié; plus tard Ameghino (29) fait aussi mention d'os calcinés trouvés dans le même gisement et attribue le tout au précurseur de l'homme.

Indépendamment d'Ameghino, et un peu plus tard, l'explorateur suisse Santiago Roth avait poursuivi dans la Pampa argentine, ses investigations dont il consigna les principaux résultats géologiques [1] dans son travail *Observations sur l'origine et l'âge de la formation pampéenne dans l'Argentine* (30). Nous nous contentons ici d'appeler l'attention sur la division de la Pampa argentine d'après Roth, en trois étages : formation pampéenne supérieure, moyenne et inférieure, et l'âge qu'il leur suppose : plistocène l'étage supérieur, pliocène l'étage moyen et miocène l'inférieur. Dans les tables relatives à la faune, l'on notera trois cas de découverte d'ossements humains (Saladero, Fontezuelas et Baradero) qui démontrent la présence de l'homme dans les étages supérieur et moyen de la formation pampéenne de Roth. La trouvaille faite par Roth à Fontezuelas fut annoncée d'autre part (31, 33-35, 37, 39) et les ossements humains qui la constituaient, décrits suivant des notices épistolaires et des réproductions photographiques, tandis que Roth lui-même (32, 36) se contentait de relater sa découverte dans son catalogue. Cependant la publication définitive de Hansen (38), basée sur les originaux, donna à Roth (40) l'occasion d'envoyer à Kollmann une lettre que celui-ci rendit publique; dans cette communication, Roth, après avoir rectifié en premier lieu les diverses erreurs commises par Hansen, en profite pour résumer tou-

[1] Voir plus loin l'analyse des catalogues de ses collections paléontologiques.

tes ses observations et découvertes de nature anthropologique. Les deux sections du présent travail sont complètement en rapport avec la dite lettre de Roth, et, comme cette lettre fut publiée dans une feuille très peu connue et qui constitue une rareté bibliographique, je l'ai reproduit à la fin de ce travail. La première trouvaille d'ossements humains par Roth date de l'année 1876 et provient des environs de Pergamino, contre la fabrique de viandes salées *(saladero)* de Reinaldo Otero; lesquelques restes qui existent encore sont conservés au Musée National de Buenos Aires, et nous en donnerons plus tard la description. Postérieurement, en déterrant les restes d'un *Scelidotherium,* Roth découvrit une arme de silex maintenant perdue, et, en 1881, à Fontezuelas, à côté des restes d'un *Glyptodon,* un squelette humain tout entier maintenant au Musée de Copenhague; il découvrit en outre dans divers endroits des fragments de lœss cuit. Enfin, dans la formation pampéenne moyenne, près de Baradero, il trouva un autre squelette, le plus ancien de l'Amérique du Sud; ce squelette se trouve actuellement à Zurich, on en trouvera la description plus loin.

Dans le grand ouvrage d'Ameghino (41): *Contribución al conocimiento de los mamíferos fósiles de la República Argentina,* Buenos Aires, 1889, on trouvera un résumé synoptique de tous les travaux de la première et de la seconde époque, sauf les *Observations* de Roth, sa lettre, les publications de Kollmann et celles de Hansen au sujet de la trouvaille de Fontezuelas. Cet ouvrage d'Ameghino peut être en toute justice considéré comme le terme d'une seconde période dans l'histoire de la paléoanthropologie argentine. Les pages 45 à 99 contiennent un résumé historique des connaissances de l'époque au sujet de l'homme fossile argentin; il y expose ensuite un système géologique beaucoup plus compliqué que celui qu'il avait donné dans *La antigüedad,* etc. Comparons:

| Epoque géologique | Horizon | Culture | Nomenclature antérieure dans *La Antigüedad* |
|---|---|---|---|
| Récente | Arien | Historique | |
| | Aymará | Néolithique | |
| Quaternaire | Platéen | Mésolithique | |
| | | Paléolithique | |
| | Querandin | Paléolithique | |
| | Tehuelche | — | |
| Pliocène | Lujanéen | Éolithique | Pampéen lacustre |
| | Bonaéréen | | Pampéen supérieur |
| | Belgranéen | | Manque |
| | Ensenadéen | | Pampéen inférieur |
| Miocène | Puelche [1] | | |
| | Hermoséen | | |
| | Araucanien | | |

[1] Le texte dit par erreur Pehuelche; la tribu indienne correspondante porte le nom de «Puelche».

| Epoque géologique | Horizon |
| --- | --- |
| Oligocène ... | Patagonien..... |
| | Mésopotamien... |
| Eocène...... | Paranéen....... |
| | Santacruzéen... |
| Paleocène... | Subpatagonien.. |
| | Pehuenche ..... |

Dans le cours de notre investigation et par conséquent dans l'introduction historique, nous omettrons tout ce qu'Ameghino lui-même ne comprend pas dans ses étages de la formation pampéenne, lesquels, depuis la publication de *La antigüedad,* etc., se sont accrus d'un étage moyen et sont attribués comme auparavant au pliocène.

Au *pampéen lacustre* (= *Lujanéen*) sont rapportées les stations numéros 2 à 6 d'Ameghino déjà caractérisées antérieurement ainsi que les observations de Lovisato, et, en outre, il y décrit pour la première fois des os fossiles fendus de *guanaco* et de cheval, des amas de lœss cuit, qu'Ameghino et son frère Charles prétendaient avoir trouvés dans la même couche sur les rives du Naposta.

Au *pampéen supérieur* (= *Bonaéréen*) la station numéro 1 caractérisée de même antérieurement et les objets découverts dans les excursions à Luján, la trouvaille de Roth à Fontezuelas, les ossements trouvés par Séguin au Carcarañá, ainsi que les explorations déjà relatées d'Ameghino à Córdoba, et sur lesquelles il revient ici sous une forme un peu plus étendue; enfin il y décrit pour la première fois un squelette humain découvert par Henri de Carles sur les bords de l'arroyo Samborombón et un crâne humain trouvé par Monguillot sur les bords du río Arrecifes.

Au *pampéen moyen* nouvellement créé (= *Belgranéen*) sont attribuées les trouvailles provenant de deux endroits et qui prennent place pour la première fois dans la littérature : à Luján, de petits éclats d'os fendus de ruminants et des fragments de lœss cuit ; à La Plata, un dépôt d'os de poissons fossiles, mêlés à des morceaux de charbon végétal et de lœss cuit, puis des fragments d'os brisés de petits mammifères, surtout de *Lagostomus cavifrons* et de *Cavia.*

Du *pampéen inférieur* (= *Ensenadéen*) il n'est décrit aucune trouvaille dans *La antigüedad,* etc., de 1881. Dans la *Contribución,* Ameghino attribue à cet étage, quelques dents humaines qu'il avait trouvées dès 1877 mêlées à des os et des dents surtout de poissons, dans les bancs calcaires qui forment le fond du lit du Río de la Plata à Buenos Aires. Il les décrivit (23) d'abord comme appartennant à un *Protopithecus bonaërensis ;* puis il eut des doutes et il les considère aujourd'hui comme des dents de lait humaines, incisives et canines. A cause des différents incidents mentionnés par Ameghino dans la *Contribucion,* pages XIV et suivantes, ces dents se sont perdues et on regrettera la perte d'un matériel d'une haute valeur scientifique.

Dans le voisinage de ce gisement Charles Ameghino trouva en 1883, des eclats d'os brisés et des fragments d'os avec des incisions et des traces de coups, ainsi que des petits morceaux de lœss cuit.

Finalement, en 1884 et 1885, les ouvriers qui travaillaient à la construction du canal de La Plata, trouvèrent un amas d'os d'animaux; ces os furent apportés au Musée de La Plata et, suivant Ameghino ils ont été «brûlés, brisés, fendus, travaillés et polis» par la main de l'homme. Ameghino visita le lieu de la trouvaille; il croit qu'il s'agit d'une ancienne lagune ou d'une baie formée par le fleuve, et dans laquelle l'habitant du rivage jetait les débris de ses repas.

Durant la continuation des travaux le Musée envoya un employé chargé de veiller à l'extraction des fossiles; le nombre des squelettes de jeunes *Scelidotherium* trouvés dans les excavations est incroyable, tandis que les restes d'animaux anciens sont très rares; Ameghino croit que les premiers proviennent d'animaux sacrifiés intentionnellement par l'homme. Postérieurement, l'on trouva dans les mêmes couches une pierre qui ne pouvait qu'avoir été apportée là par l'homme, un amas de lœss cuit, des charbons, des os fendus de ruminants, ainsi qu'une dent œillière de *Smilodon* fendue artificiellement et dont la surface de fente était polie; cette dent appartient aujourd'hui en propriété à M. Ameghino.

Après avoir ainsi passé en revue les diverses périodes, Ameghino étudie les *Conditions d'existence de l'homme à l'époque pampéenne.* Il avait trouvé fréquemment les grandes carapaces de *Glyptodon,* vides et dans une position antinaturelle, ou bien le dos tourné en haut, ou au contraire reposant tantôt sur le bord latéral, tantôt sur le bord de la tête; il avait trouvé en plus des morceaux de lœss cuit, du charbon végétal, des cendres, des os calcinés et brisés, des fragments de quartz et de cornes de cerf. Les carapaces servaient donc à l'homme de guérite pour se mettre à l'abri, après avoir auparavant utilisé la chair de l'animal pour alimentation, ce dont nous avons la preuve par les fragments de côtes et autres os brûlés et noircis par le feu. La découverte d'un squelette de *Megatherium* conduisit à la conclusion que l'animal était tombé ou avait été poussé dans un marais et que là *in situ* il avait été rôti vivant, tandis que les pieds de l'animal restaient intacts dans le fond du marais. L'homme d'alors n'était sûrement pas nombreux et vivait dans le voisinage des lagunes et des rivières, principalement de la chasse, et dans un état complètement sauvage.

Suit une description un peu plus détaillée des objets de Monte Hermoso attribués à l'homme et dont nous avons déjà fait mention; le quartz taillé, y est représenté. Nous nous dispenserons de discuter ici cette trouvaille.

Vient ensuite l'examen des caractères ostéologiques de l'homme fossile de la Pampa; premièrement les cavernes à ossements décrites par Lund et considérées comme relativement récentes, au sujet desquelles toutes les opinions sont aujourd'hui d'accord, puis les fragments de crâne de Córdoba et le crâne du río Negro attribués au quaternaire. Les restes provenant du pampéen sont les seuls qui nous intéressent ici. Il n'en existe pas dans le pampéen lacustre. Au pampéen supérieur correspondent les restes trouvés par Séguin au Carcarañá, ceux provenant de l'arroyo Frías, de Fontezuelas, de Samborombón et d'Arrecifes, dont il a déjà été question antérieurement. En résumé, il exista à cette époque reculée deux races différentes contemporaines : une race dolichocéphale avec des caractères crâniens notablement inférieurs (front fuyant, etc.) et une race brachycéphale au crâne mieux développé, les deux races hypsosténocéphales et de très petite stature.

Du pampéen moyen Ameghino ne parle plus maintenant, et il attribue au pampéen inférieur les dents trouvés en 1877 à Buenos Aires.

La conclusion comprend une recapitulation des idées d'Ameghino au sujet de la phylogénie et spécialement un arbre généalogique de l'homme, des singes anthropoïdes et de leurs ancêtres communs des différents degrés.

Nous nous sommes occupés avec extension de l'ouvrage d'Ameghino, parce qu'il ferme une période dont les dernières vibrations sont représentées seulement par des travaux beaucoup moins importants.

Vilanova (42) fit en 1890 de brèves communications au sujet du squelette fossile de Samborombón, conservé actuellement au Musée de Valence.

Kobelt (43) traite dans un très bon mémoire des *Explorations d'Ameghino dans la Pampa argentine,* qu'elles reconnaît sans reserves, et croit que la population de la formation pampéenne représente une espèce à part *Homo pliocenicus* tandis que l'individu qui cassait les silex dans l'araucanien de Monte Hermoso, appartenait à l'*Anthropopithecus* Mortillet ou à l'*Anthropomorphus* Ameghino. Le mémoire de M. Kobelt est un résumé d'une clarté remarquable, mais dans lequel on note malheureusement l'absence presque absolue de toute critique des investigations et conclusions d'Ameghino.

Trouessart (44) publie en 1892 une excellente synopsis sur les primates tertiaires et l'homme fossile de l'Amérique du Sud, dans laquelle il accepte les opinions d'Ameghino à l'exception de l'âge géologique (tertiaire); malheureusement il s'est produit un malentendu au sujet de la trouvaille de Monte Hermoso : l'éclat de quartz dont il a été question n'était pas incrusté dans l'os d'une *Macrauchenia,* mais il se trouvait à côté de cet os et la connexion entre les deux est absolument problématique et Ameghino (*Contribución*, p. 75) n'y fait même pas allusion. En outre, Ameghino ne parle pas des restes de poterie cuite, sinon de morceaux de lœss cuit et fait remarquer expressément l'absence de l'art céramique (*Contribución*, p. 74).

Ce n'est pas Trouessart qui a commis cette dernière erreur; on la trouve dans quelques résumés (45, 46) de son travail publiés dans des journaux scientifiques, et dans le même mémoire de M. Kobelt que nous avons déjà cité.

En 1900, M. F. F. Outes (50) décrivait des haches du type de Saint Acheul trouvées à San Julián par M. Charles Ameghino et présentait l'année suivante (54) au Congrès Scientifique Latino-Américain de Montevideo un résumé sur les différentes trouvailles faites dans la République Argentine et Orientale de l'Uruguay d'objets supposés paléolithiques.

Dans son manuel de paléontologie, Zittel (47) reproduit les données d'Ameghino au sujet de quelques restes d'ossements humains de l'arroyo Frías qui étaient parvenus au Musée Civique de Milan; mais il n'a pas été possible de les y retrouver et Morselli (48) aurait dû diriger ses reproches à l'administration de l'établissement et non à Zittel lui-même lorsqu'il fit des recherches dans le dit musée pour retrouver les ossements en question.

Un résumé géologico-paléontologique sur l'Argentine, dû à la plume d'Ameghino (49) et paru en 1898, expose les faits connus avec une extrême concision et donne en outre une figure inexacte d'un crâne fossile de l'arroyo La Tigra, formation pampéenne supérieure, avec des données également inexactes que j'ai rectifiées dans une critique (51); le crâne est plus loin minutieusement décrit.

Vers la même époque, en novembre 1899, j'organisai moi-même un voyage d'étude le long de la rive droite du Paraná. Sous la conduite du docteur Santiago Roth, mon ami le docteur Charles Burckhardt, comme géologue et moi-même comme anthropologue, nous pûmes explorer toutes les localités, où le docteur Roth avait antérieurement trouvé des traces de l'existence de l'homme. L'on trouvera dans le préface du présent travail tous les détails ayant trait à notre voyage. En l'année 1900 j'adressai sur le même sujet une communication préalable au Congrès international d'anthropologie et d'archéologie préhistoriques de Paris (52) et à l'assemblée de la Société anthropologique allemande de Halle (53). J'y donnais un bref exposé des bases géologiques suivant les communications de Burckhardt et je présentais en même temps des morceaux de lœss cuit que nous avions trouvé dans le lœss à Ramallo et à Alvear. Le présent travail rend maintenant superflues les dites communications préliminaires et la discussion qui s'en suivit.

En 1903, Quiroga (55) prétendit reconnaître dans la sculpture d'une hache de pierre provenant de la région Calchaquí la forme d'un mastodonte; l'artiste indien aurait donc été contemporain de ces animaux. J'eus plus tard sous les yeux la dite pièce : ce n'est au surplus qu'un motif animal fortement stylisé dont l'art calchaqui nous offre de fréquents exemples, probablement le *jaguar*, opinion manifestée aussi plus tard par Ambrosetti dans une publication spéciale sur le même objet (61).

Ameghino (56) mentionne en 1904 la découverte d'une masse de lœss cuit, à 51 mètres de profondeur dans le lœss de Toay, Pampa Central, au milieu de restes d'une faune de mammifères encore plus âgée que celle de Monte Hermoso et il attribue également cette pièce à l'homme.

Dans un travail sur l'âge de pierre dans la Patagonie, Outes (57, 58) distingue une période paléolithique et néolithique, à laquelle il attribue des objets de forme amygdaloïde et même ovale, de simples lamelles et autres pièces peu travaillées. Sauf un cas, ce sont toutes des trouvailles isolées provenant en partie de la superficie et par conséquent de peu de valeur pour la détermination de l'âge géologique; quant au cas exceptionnel il fut trouvé par Ameghino à 4 ou 5 mètres de profondeur dans une couche de cailloux roulés qui était mise à nu avec les couches superposées par un lit de rivière à sec *(cañadón)*; les détails cependant si nécessaires relatifs aux circonstances où fut effectuée la trouvaille n'ont pas été communiqués et rien ne prouve que la pièce soit contemporaine de la couche dans laquelle elle gisait et dont l'âge est identifié avec les lits supérieurs de la formation pampéenne, en raison de similitudes tout à fait superficielles.

Outes (59) décrivit plus tard (en 1905), un petit quartz portant des traces indubitables de la main de l'homme; cette pièce fut trouvée par Ameghino près de Luján au commencement de ses recherches mais n'avait encore été décrite par aucun auteur.

Ameghino (60) lui-même, pendant que le présent travail était en préparation pour l'imprimerie, donna, dans un travail sur les formations sédimentaires du crétacé supérieur et du tertiaire de Patagonie des détails sommaires sur les restes ostéologiques humains provenant de la formation pampéenne et d'autres appartenant au Musée de La Plata qui sont décrits dans ce travail et exposés au public dans la salle des collections anthropologiques du dit établissement. Le crâne d'Arrecifes doit être quaternaire et ne semble pas différer de celui de l'époque actuelle; il appartient donc à l'*Homo sapiens*. Le crâne de Fontezuelas provient du pliocène supérieur (Bonaéréen); il a la courbe frontale moins élevée et les bourrelets sus-orbitaires nuls ou très peu développés; Kobelt (43) donne à cette forme le nom de *Homo pliocenicus*. Le crâne de La Tigra, pour en finir, provient du pliocène inférieur; c'est le crâne humain géologiquement le plus ancien que l'on connaît et c'est aussi celui qui montre les caractères ancestraux les plus accentués : il n'a pas de bourrelets sus-orbitaires et il présente le front le plus fuyant qu'on ait encore observé sur aucun crâne humain non déprimé artificiellement (il est déformé artificiellement! L. N.). « Sous ce rapport, il dépasse le crâne de Néanderthal, dont il diffère par l'absence des gros bourrelets sus-orbitaires; il paraît en différer aussi par la partie postérieure plus développée dans le sens vertical et moins prolongé vers l'arrière, mais il est probable que cela soit dû à une dépression occipitale, produite pendant la première jeunesse, quoique non intentionnelle» (c'est en réalité sans aucun doute possible une déformation artificielle, L. N.). Ce crâne représenterait une espèce à part, *Homo pampaeus* Ameghino! Il se produirait, par conséquent, dans la ligne qui conduit à l'homme actuel, un relèvement graduel de la courbe frontale à partir du pliocène inférieur.

Ici finit notre introduction historique. Nous l'avons commencée avec les investigations minutieuses d'Ameghino dans le lœss pampéen et terminée avec les conclusions individuelles du même auteur, écrites 37 ans après le début de sa carrière paléontologique. Je dois dès maintenant manifester qu'une graduation aussi nette du développement humain n'existe pas dans l'Amérique du Sud, que tous les restes ostéologiques humains de la formation pampéenne actuellement entre nos mains, appartiennent au contraire à l'*Homo sapiens* typique et que quelques unes des particularités ostéologiques de ce dernier se recontrent chez les indiens modernes.

Me fondant sur nos investigations, je ne puis pas accepter non plus la classification de la formation pampéenne donnée par Ameghino. Son « pampéen moyen », il en fait même abstraction dans ses travaux géologiques postérieurs (pas cités dans notre travail) et nous ne pouvons ratifier l'existence d'un pampéen lacustre indépendant. Nous admettrions plutôt le système de Roth et je le prendrai pour base de la division de la partie anthropologique dans laquelle je traite d'abord la paléoanthropologie physique pour m'occuper ensuite de la paléoanthropologie psychique de la République Argentine. Notre investigation géologique dont Burckhardt s'est déjà occupé dans son mémoire, nous a procuré une base pour l'examen d'autres régions, et spécialement des champs d'études d'Ameghino à Luján et Mercedes, que nous n'avons pu explorer nous-mêmes. Nous avons donc pris en considération, en premier lieu les restes ostéologiques humains provenant du pampéen supérieur, ensuite ceux provenant du pampéen moyen, ou, en d'autres termes, du lœss jaune, puis du lœss brun, et suivant le même ordre, les traces de l'activité de l'homme pampéen.

On s'étonnera évidemment de voir qu'en acceptant comme nous le faisons ici, la division de Roth, nous ne soyons pas complètement d'accord avec les déductions de Burckhardt exposées dans la section géologique de ce travail. Burckhardt ne considère plus le pampéen inférieur de Roth comme faisant partie de la formation pampéenne ; celle-ci comprendrait seulement le « pampéen supérieur » et « intermédiaire » (tous deux dans le sens de Roth) et il serait plus logique, dit-il, de les désigner sous le nom de lœss jaune *(goldgelb)* et lœss brun *(rehbraun)*. Jusqu'alors nous n'avions pu, ni Burckhardt ni moi, explorer les gisements du pampéen inférieur et l'opinion de Burckhardt se réduisait à une simple supposition. Mais, en mars 1901, je visitai personnellement le parage classique de Monte Hermoso, où, d'ailleurs, à cause de l'ensablement énorme de la *barranca*, il n'y avait pas grand'chose à voir ; plus tard, en 1905, je me joignis à l'expédition que M. le professeur Steinmann, accompagné du Dr Santiago Roth, entreprit à Mar del Plata, où les couches du pampéen inférieur (= Monte Hermoséen) affleurent beaucoup plus nettement sur le rivage et sont incomparablement plus faciles à étudier qu'elles ne le sont à Monte Hermoso. Dans tous les cas, le « pampéen inférieur » du système Roth appartient aussi à la formation pampéenne et, dans mes notes, comme déjà en 1901, j'indiquai « brun pain d'épices » *(pfefferkuchenbraun)* comme couleur correspondante à son lœss, tandis que Steinmann annotait « brun de foie » *(leberbraun)*. Mais toutes les tentatives que j'ai faites pour constater l'existence de l'homme dans cette formation, d'accord avec les affirmations d'Ameghino, furent complètement inutiles ; dans le chapitre III de la section anthropologique on trouvera les indications les plus détaillées à ce sujet.

## BIBLIOGRAPHIE DE LA PALÉOANTHROPOLOGIE ARGENTINE

### I

*Dès 1864-65 jusqu'à la publication de l'œuvre d'Ameghino, « La antigüedad del hombre en el Plata », Paris-Buenos Aires, 1881.*

(1) 1864-65. Burmeister, G., *Fauna argentina. Anales del Museo Público de Buenos Aires*, I, 1864-65, p. 121-122.

Le passage qui nous intéresse reproduit dans Ameghino, *Antigüedad*, etc., II, p. 373-374.

(2) 1864-65. Burmeister, G., *El hombre fósil argentino*. In : *Fauna Argentina. Anales del Museo Público de Buenos Aires*, I, 1864-65, p. 298.

Le passage qui nous intéresse reproduit dans Ameghino, *Antigüedad*, etc., II, p. 374-375.

(3) 1867-69. Gervais, P., *Zoologie et paléontologie générales. Première série*, Paris, 1867-69, p. 144.

Le passage qui nous intéresse reproduit au travail suivant de Gervais et par conséquent dans Ameghino, *Antigüedad*, etc., II, p. 375.

(4) 1872. Gervais, P., *Débris humains recueillis dans la Confédération Ar-*

*gentine avec des ossements d'animaux appartenant à des espèces perdues. Journal de Zoologie,* II, 1872, p. 231-234.

La partie qui se refère à la trouvaille de Séguin, est reproduite, à l'exception des figures 1-4 du texte et 1-9 de la planche V, dans AMEGHINO, *Antigüedad,* etc., II, p. 375-377.

(5) 1874. MORENO, F. P., *Noticias sobre antigüedades de los indios, del tiempo anterior á la conquista, descubiertas en la provincia de Buenos Aires. Boletín de la Academia Nacional de Ciencias de Córdoba,* I, 1874, p. 130-132.

Le passage qui nous intéresse reproduit dans AMEGHINO, *Antigüedad,* etc., II, p. 380-381.

(6) 1875-76. AMEGHINO, F., *Ensayos para servir de base á un estudio de la formación pampeana.* Série d'articles publiée dans le journal *La Aspiración,* de Mercedes, d'août 1875 jusqu'à janvier 1876.

Le passage qui nous intéresse reproduit dans AMEGHINO, *Antigüedad,* etc., II, p. 384.

(7) 1875. AMEGHINO, F., *Notas sobre algunos fósiles nuevos encontrados en la formación pampeana,* Mercedes, 1875, p. 5.

Le passage qui nous intéresse reproduit dans AMEGHINO, *Antigüedad,* etc., II, p. 384.

(8) 1875. BURMEISTER, G., *Los caballos fósiles de la República Argentina. Die fossilen Pferde der Pampasformation,* Buenos Aires, 1875, p. 1-2, 76-78.

Le passage qui nous intéresse reproduit avec une critique dans AMEGHINO, *Antigüedad,* etc., II, p. 385-390.

(9) 1875. AMEGHINO, F., *Nouveaux débris de l'homme et de son industrie, mêlés à des ossements d'animaux quaternaires recueillis auprès de Mercedes. Journal de Zoologie,* V, 1875, p. 527.

Reproduit dans AMEGHINO, *Antigüedad,* etc., II, p. 390-391.

(10) 1876-1879. BURMEISTER, H., *Description physique de la République Argentine,* tome II, Buenos Aires, 1876, p. 216; tome III, Buenos Aires, 1879, p. 41-42.

Le passage du tome II reproduit dans AMEGHINO, *Antigüedad,* etc., II, p. 391-392 ; celui-là du tome III, n'est ni mentionné.

(11) 1876. ZEBALLOS, E. S. Y REID, P., *Notas geológicas sobre una excursión á las cercanías de Luján. Anales de la Sociedad Científica Argentina,* I, 1876, p. 313-319.

Reproduit en grande partie dans AMEGHINO, *Antigüedad,* etc., II, p. 392-395.

(12) 1876-77. ZEBALLOS, E. S., *Estudio geológico sobre la provincia de Buenos Aires. Anales de la Sociedad Científica Argentina,* II, 1876, p. 258-268,309-321; III, 1877, p. 17-35, 71-80.

Le passage qui nous intéresse reproduit dans AMEGHINO, *Antigüedad,* etc., II, p. 403-404.

(13)1877. LISTA, R., *Sur les débris humains fossiles signalés dans la République Argentine. Journal de Zoologie,* VI, 1877, p. 153-157.

Reproduit en partie dans AMEGHINO, *Antigüedad,* etc., II, p. 405.

(14) 1877. AMEGHINO, F., *Noticias sobre antigüedades indias de la Banda Oriental,* Mercedes, 1877, p. 6.

(15) 1878. * *République Argentine. Exposition universelle de Paris 1878. Catalogue général détaillé,* Paris, 1878, p. 7-8.

(16) 1878. * *Exposition universelle de 1878, Groupe second. Classe huitième. Catalogue spécial de la section anthropologique et paléontologique de la République Argentine*, [Paris, 1878], p. 3-11.

(17) 1878. Varela, F., *L'homme quaternaire en Amérique. Congrès international des sciences anthropologiques tenu à Paris du 16 au 21 août 1878*, p. 288. Reproduit dans Ameghino, *Antigüedad*, etc., II, p. 420-421.

(18) 1878. Ameghino, F., *L'homme préhistorique dans le bassin de la Plata. Congrès international des sciences anthropologiques tenu à Paris du 16 au 21 août 1878*, p. 341-350.

(19) 1878. * *The Man of the Pampean Formation. The American Naturalist*, XII, 1878, p. 827-829.

(20) 1879. Ameghino, F., *L'homme préhistorique dans la Plata. Revue d'Anthropologie*, VIII, 1879, p. 210-249.

(21) 1879. Ameghino, F., *La plus haute antiquité de l'homme dans le Nouveau Monde. Congrès international des Américanistes. Compte rendu de la troisième session*. Bruxelles, 1879, t. II, p. 198-249.

(22) 1880. Ameghino, F., *Armes et instruments de l'homme préhistorique des pampas. Revue d'Anthropologie*, IX, 1880, p. 1-12.

(23) 1880. Gervais, H. et Ameghino, F., *Les Mammifères fossiles de l'Amérique du Sud*, Paris-Buenos Aires, 1880, p. 2-4.

(24) 1881. Ameghino, F., *La antigüedad del hombre en el Plata*, t. II, Paris-Buenos Aires, 1881, p. 373-557 (cap. XIV-XVIII).

## II

*Dès 1882 jusqu'à la publication de l'œuvre d'Ameghino « Contribución al conocimiento de los mamíferos fósiles de la República Argentina » Buenos Aires, 1889*

(25) 1883. Lovisato, D., *Di alcune arme e utensili dei Fueghini e degli antiche Patagoni. Atti della R. Academia dei Lincei, classe di Scienzi morali*, etc. *Memorie*, XI, 1882-83, p. 209, fig. 16.

(26) 1884. Ameghino, F., *Excursiones geológicas y paleontológicas en la provincia de Buenos Aires. Boletín de la Academia Nacional de Ciencias de Córdoba*, VI, 1884, p. 161-257.

(27) 1885. Ameghino, F., *Informe sobre el Museo Antropológico y Paleontológico de la Universidad Nacional de Córdoba durante el año 1885. Boletín de la Academia Nacional de Ciencias de Córdoba*, VIII, 1885, p. 347-360.

(28) 1887. Ameghino, F., *Monte Hermoso. Artículo publicado en La Nación del 10 de marzo de 1887*. [Édition en brochure]. Buenos Aires, 1887, p. 5-6,10.

(29) 1888. Ameghino, F., *Lista de las especies de mamíferos fósiles del mioceno superior de Monte Hermoso, hasta ahora conocidas*. Buenos Aires, 1888, p. 4.

(30) 1888. Roth, S., *Beobachtungen über Entstehung und Alter der Pampasformation in Argentinien. Zeitschrift der Deutschen geologischen Gesellschaft*, XL, 1888, p. 400.

BIBLIOGRAPHIE DE LA TROUVAILLE DE FONTEZUELAS

(31) 1881. Vogt, C., *Squelette humain associé aux glyptodontes*. Avec discussion (Mortillet, Zaborowski, Vogt). *Bulletins de la Société d'Anthropologie de Paris*, 3e série, IV, 1881, p. 693-699.

(32) 1882. Roth, S., *Fossiles de la Pampa, Amérique du Sud, 2e catalogue*. San Nicolás, 1882, p. 3-4. [1re édition].

(33) 1883. Virchow, R., *Ein mit Glyptodon-Resten gefundenes menschliches Skelet aus der Pampa de La Plata. Verhandlungen der Berliner Gesellschaft für Anthropologie, Ethnologie und Urgeschichte*, XV, 1883, p. 465-467.

(34) 1884. Burmeister, H., *Bemerkungen in Bezug auf die Pampas-Formation. Verhandlungen der Berliner Gesellschaft für Anthropologie, Ethnologie und Urgeschichte*, XVI, 1884, p. 246-247.

(35) 1884. Kollmann, J., *Hohes Alter der Menschenrassen. Zeitschrift für Ethnologie*, XVI, 1884, p. 200-205.

(36) 1884. Roth, S., *Fossiles de la Pampa, Amérique du Sud. Catalogue n° 2*, Génova, 1884, p. 5-7, pl. I. [2me édition, illustrée].

(37) 1887. Quatrefages, A. de, *Histoire générale des races humaines. Introduction à l'étude des races humaines*, Paris, 1887-89, p. 85-86, 105.

(38) 1888. Hansen, S., *Lagoa Santa Racen. En anthropologisk Undersögelse af jordfundne Menneskelevninger fra brasilianske Huler. Med et Tillaeg om det jordfundne Menneske fra Pontimelo, Rio de Arrecifes, La Plata. E Museo Lundii*, I, 5, Kjöbenhavn, 1888, p. 29-34, 37, pl. IV.

(39) 1892. Virchow, R., *Crania Ethnica Americana*, Berlin, 1892, p. 29.

(40) 1889. Roth, S., *Ueber den Schädel von Pontimelo (richtiger Fontezuelas). (Briefliche Mittheilung von Santiago Roth an Herrn J. Kollmann). Mittheilungen aus dem anatomischen Institut im Vesalianum zu Basel* [1889], p. 1-11.

Réimprimé à la fin de la partie anthropologique du présent travail.

(41) 1889. Ameghino, F., *Contribución al conocimiento de los mamíferos fósiles de la República Argentina*, Buenos Aires, 1889, p. 45-99.

## III

*Dès 1890 jusqu'à la publication du présent travail*

(42) 1890. Vilanova, A., *L'homme fossile du Río Samborombón. Congrès international des Américanistes. Compte-rendu de la VIIIme session tenue à Paris en 1890*, p. 351-352.

(43) 1891. Kobelt, F., *Ameghinos Forschungen in den argentinischen Pampas. Globus*, LIX, 1891, p. 113-116, 132-136.

(44) 1892. Trouessart, E., *Les primates tertiaires et l'homme fossile sud-américain. L'Anthropologie*, II, 1892, p. 257-274.

(45) 1892. Buschan, G., *Die tertiären Primaten und der fossile Mensch Südamerikas. Das Ausland*, LXV, 1892, p. 698-700.

(46) 1893. Buschan, G., *Die tertiären Primaten und der fossile Mensch von Südamerika. Naturwissenschaftliche Wochenschrift,* VIII, 1893, p. 1-4.

(47) 1888-94. Zittel, K. A. v., *Handbuch der Paläontologie,* München-Leipzig, 1888-94, p. 724.

(48) 1896. Morselli, F., *Osservazioni critiche sulla parte antropologico-preistorica del recente « Trattato di paleontologia » di Carlo Zittel. Archivio per l'Antropologia e l'Etnologia,* XXVI, 1896, p. 140.

(49) 1898 Ameghino, F., *Sinopsis geológico-paleontológica.* In : *Segundo Censo de la República Argentina, mayo 10 de 1895,* Buenos Aires, 1898, t. I, p. 146-149.

(50) Outes, F. F., *Apuntaciones para el estudio de la arqueología argentina. Anales de la Sociedad Científica Argentina,* L, 1900, p. 135-140.

(51) 1900. Lehmann-Nitsche, R., [*Critique du travail nº 49*]. *Centralblatt für Anthropologie, Ethnologie und Urgeschichte,* V, 1900, p. 112-113.

(52) 1900. Lehmann-Nitsche R., *L'homme fossile de la formation pampéenne (communication préliminaire). Congrès international d'Anthropologie et d'Archéologie préhistoriques. Compte-rendu de la douzième session Paris 1905*, p. 143-146.

Avec discussion (Gaudry, Evans, Boule, Lehmann-Nitsche, Boule, Imbert) p. 146-148.

Publié aussi dans *L'Anthropologie,* XII, 1901, p. 160-163; Discussion p. 163-165.

(53) 1900. Lehmann-Nitsche R., *Ueber den fossilen Menschen der Pampaformation. Correspondenz-Blatt der deutschen Gesellschaft für Anthropologie, Ethnologie und Urgeschichte,* XXXI, 1900, p. 107-108. — *Ad hoc* Virchow, p. 108-109.

(54) 1901. Outes, F. F., *Sobre el hallazgo en la República Argentina de instrumentos prehistóricos de piedra del tipo de Saint Acheul.* [Inédit ; voir le résumé dans :] *Segunda Reunión del Congreso Científico Latino-Americano,* Montevideo, 1901, tomo I, p. 183.

(55) 1903. Quiroga, A., *Hacha de Huaycama. Estudios,* V, 1903, p. 298-300.

(56) 1904. Ameghino, F., *Paleontología Argentina,* La Plata, 1904, p. 76-79.

(57) 1905. Outes, F. F., *La edad de la piedra en Patagonia. Estudio de arqueología comparada. Anales del Museo Nacional de Buenos Aires,* XII, 1905, p. 273-309, 524-529.

(58) 1905. Outes, F. F., *La edad de la piedra en Patagonia.* (Resumen). *Revista de la Universidad de Buenos Aires,* IV, 1905, p. 212-217.

(59) 1905. Outes, F. F., *Sobre un instrumento paleolítico de Luján (provincia de Buenos Aires). Anales del Museo Nacional de Buenos Aires,* XIII, 1905, p. 169-173.

(60) 1906. Ameghino, F., *Les formations sédimentaires du crétacé supérieur et du tertiaire de Patagonie avec un parallèle entre leurs faunes mammalogiques et celles de l'ancien continent. Anales del Museo Nacional de Buenos Aires,* XV, 1906, p. 416-450.

(61) 1906. Ambrosetti, J. B., *El hacha de Huaycama. Anales del Museo Nacional de Buenos Aires,* XVI, 1906, p. 15-23.

## ANTHROPOLOGIE PHYSIQUE

FORMATION PAMPÉEN SUPÉRIEUR = LŒSS JAUNE

### CARCARAÑÁ

**1864. Ossements humains trouvés en 1864 par M. François Séguin sur les bords du Carcarañá, province de Santa Fe et conservés au Muséum d'Histoire Naturelle de Paris.**

1864-65. BURMEISTER, G., *El hombre fósil argentino*. Dans : *Fauna Argentina. Anales del Museo Público de Buenos Aires*, I, 1864-65, p. 298.

Reproduit par AMEGHINO, *Antigüedad*, etc., II, p. 374-375.

1867-69. GERVAIS, P., *Zoologie et paléontologie générales*. Première série. Paris, 1867-69, p. 144.

Brève notice reproduite dans le travail suivant du même auteur et postérieurement par AMEGHINO, *Antigüedad*, etc., II, p. 375.

1872. GERVAIS, P., *Débris humains recueillis dans la Confédération Argentine avec des ossements d'animaux appartenant à des espèces perdues. Journal de Zoologie*, II, 1872, p. 231-234.

La partie relative à la trouvaille de M. Séguin a été reproduite, moins les figures 1 à 4 du texte et 1 à 9 de la planche V par AMEGHINO, *Antigüedad*, etc., II, p. 375-377.

1874. MORENO, F. P., *Noticias sobre antigüedades de los indios del tiempo anterior á la conquista, descubiertas en la provincia de Buenos Aires. Boletín de la Academia Nacional de Ciencias de Córdoba*, I, 1874, p. 130-132.

Le passage correspondant est reproduit par AMEGHINO, *Antigüedad*, etc., II, p. 380-381.

1875. BURMEISTER, G., *Los caballos fósiles de la República Argentina. Die fossilen Pferde der Pampasformation*, Buenos Aires, 1875, p. 76-78.

Le passage correspondant est reproduit par AMEGHINO, *Antigüedad*, etc., II, p. 388-389.

1876-1879. BURMEISTER, H., *Description physique de la République Argentine*, t. II, Buenos Aires, 1876, p. 216 ; t. III, Buenos Aires, 1879, p. 41-42.

Ameghino, dans : *Antigüedad*, etc. II, p. 391-392, reproduit le passage correspondant du tome II, sans s'occuper aucunement de celui du tome III.

[1881. AMEGHINO, F., *Étude sur l'âge géologique des ossements humains rapportés par François Séguin de la République Argentine et conservés au Muséum d'Histoire Naturelle de Paris.*

Cité par AMEGHINO, *Antigüedad*, etc., II, p. 421, et resumé par lui en quelques lignes; ce travail destiné à la *Revue d'Anthropologie* 1881, n'a jamais été publié, si nous en croyons la propre déclaration de l'auteur.]

1881. Ameghino, F., *La antigüedad del hombre en el Plata*, t. II, Paris-Buenos Aires, 1881, p. 374-377, 380-382, 388-389, 421, 514-526.

1889. Ameghino, F., *Contribución al conocimiento de los mamíferos fósiles de la República Argentina*, Buenos Aires, 1889, p. 46, 67, 83.

1889. Roth, S., *Ueber den Schädel von Pontimelo (richtiger Fontezuelas). (Briefliche Mittheilung von Santiago Roth an Herrn J. Kollmann). Mittheilungen aus dem anatomischen Institut im Vesalianum zu Basel*, [1889], p. 6-7,9.

Réimprimé à la fin de la partie anthropologique du présent travail.

Les premiers débris de l'homme fossile de la République Argentine furent trouvés en 1864, dans la province de Santa Fe, 25 lieues au nord de la ville du Rosario, par un collectionneur français M. François Séguin, sur les bords du Carcarañá, à quelques lieues de son confluent avec le Paraná, au milieu d'excavations pratiquées pour l'établissement des fondations d'un pont de chemin de fer. Ayant reconnu leur valeur, M. Séguin les exhiba à l'Exposition universelle de Paris, 1867, et, plus tard, les vendit au Muséum d'Histoire Naturelle de la même ville. M. Séguin lui même déclare (Ameghino, 1881, p. 515), que ces débris proviennent du lœss pampéen, sans donner des renseignements formels à cet égard, et les auteurs postérieurs ne sont pas d'accord sur la question de savoir s'il s'agit du lœss jaune ou du lœss brun. Suivant Ameghino (1881, p. 525), on ne trouve à nu sur les rives du Carcarañá que le lœss jaune; selon Roth (1889, p. 6-7), qui connaît à fond la contrée, les bords de cette rivière, à l'endroit où la franchit le chemin de fer du Rosario à Córdoba, se composent de lœss de la formation pampéenne intermédiaire, et, si réellement c'est dans les fouilles pratiquées pour les fondations du même pont, que Séguin a découvert les ossements humains, ceux-ci appartiendraient à cette même formation pampéenne intermédiaire (lœss brun). Cette dernière opinion semble en contradiction avec celle de Gervais (1872) et d'Ameghino (1881, p. 519), qui affirment que les ossements en question sont de différentes couleurs : les uns sont en partie jaunâtres, avec des nuances rouges, ou foncés avec des taches bleu-noirâtres; ils étaient recouverts de lœss au moment où on les trouva. D'autres sont blancs, c'est-à-dire qu'ils ont été lavés par la pluie et ensuite blanchis, à la surface du sol, par l'action combinée du soleil et de l'eau. Ils proviennent ainsi des couches pampéennes les plus superficielles, ou bien, ils n'ont fait qu'être transportés par les travaux d'excavation, avec le lœss inférieur jusqu'à la surface où ils sont restés quelque temps, en partie recouverts de terre, en partie exposés à l'air libre, au milieu des décombres; cette dernière hypothèse est en harmonie avec l'opinion de M. Roth.

Dans le cas présent, il importe peu de savoir avec exactitude quelle est la couche de lœss d'où proviennent les ossements qui nous occupent. Ils sont si mal conservés, que leur examen est à peu près impossible et la discussion ne pourrait avoir qu'un intérêt historique. Selon le catalogue manuscrit de la collection Séguin, conservé au Muséum d'Histoire Naturelle de Paris (Ameghino, 1881, p. 515-516), ce sont des fragments de crânes, os longs, vertèbres et côtes; des phalanges intactes la plupart, des fragments de maxillaires et mandibules avec leurs dents, et, en outre, 32 dents isolées provenant de 4 individus; Gervais publia à leur sujet une courte notice 1867-69 et en 1872 un article spécial. Les dents sont des incisives et des molaires dont la couronne est plus ou moins usée, celle des incisives dans le sens transversal comme chez les races primitives. Les neuf dents qui figurent dans le travail de Gervais ne présentent aucune particularité (voir la reproduction ci-dessous).

A côté de ces ossements humains se trouvaient des os du cheval fossile *(Equus curvidens)*, réunis plus tard aux autres restes de la même espèce que possède le musée de Paris et des os de l'ours pampéen *(Arctotherium bonaërense)* (Gervais, 1872; Ameghino, 1881, p. 514, 516, 525; 1889). Ces derniers offrent le même aspect foncé ou blanc que les débris humains; leur état de conservation est le même; ils sont recouverts du même lœss rougeâtre qui remplit en même temps leur substance spongieuse et quelques uns présentent à leur surface des incrustations calcaires identiques à celles qui caractérisent d'autres objets provenant de la formation pampéenne, comme Ameghino a pu le constater personnellement (1881, p. 525; 1889).

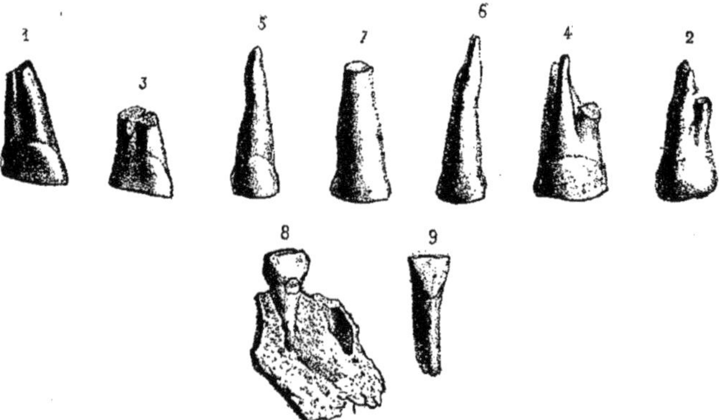


Fig. 1. — Dents humaines de Carcarañá. Selon Gervais, l. c., pl. V, fig. 1-9.

Dans la même couche, mais à une certaine distance des ossements humains, se trouvèrent des débris de l'*Hydrochoerus magnus*, *Mastodon* (sp?), *Megatherium americanum*, *Lestodon trigonidens* et *Neocuryurus rudis* (Ameghino, 1881, p. 525-526).

L'âge fossile des ossements trouvés par Séguin a été mis en doute, ce qui n'a pas lieu de nous surprendre relativement à une époque où la contemporanéité de l'homme et des animaux gigantesques de la formation pampéenne était encore problématique. Moreno croyait en 1874 que ces ossements provenaient d'une tribu précolombine d'indiens. Burmeister (1864-1865) en entendit parler à Buenos Aires, quelque temps après leur découverte; mais il ne parvint pas à les voir malgré ses efforts, et, comme ce savant resta sceptique, presque jusqu'à la fin de sa vie, au sujet de la présence de l'homme dans la formation pampéenne argentine (Roth, 1889, p. 8), il douta en 1875 de leur âge fossile et de leur valeur scientifique en général. En 1876 il renouvela ses doutes tant à leur égard qu'à l'égard des autres débris humains fossiles. En 1879, lui furent envoyés de la même localité des ossements fossiles de cerf et de *Typotherium;* mais, suivant son opinion, les premiers, d'un aspect plus moderne, appartenaient seuls aux couches supérieures de la formation pampéenne et plus particulièrement à une alluvion de gravier, tandis que les restes du *Typotherium*, ainsi que ceux de l'*Arctotherium bonaërense* trouvés par Séguin, provenaient de couches plus anciennes et que les ossements humains recueillis par ce même collectionneur procédaient, au contraire, de couches très récentes, le tout ayant été amoncelé par l'action de l'eau dans un seul et unique dépôt.

Quoiqu'il en soit, le caractère fossile des débris humains des rives du Carcarañá ne peut être mis en doute. Ameghino a précisément étudié avec le plus grand soin les originaux sous ce point de vue et publié à leur sujet un compte rendu des plus minutieux (1881, p. 520-526). Après avoir décrit jusqu'aux plus petits détails la différence de couleur que nous avons antérieurement décrite, il démontre que ces mêmes os ne proviennent pas de l'humus; mais que, en raison de leur aspect, caractéristique des fossiles pampéens, et de leur état de conservation, ils appartiennent au véritable lœss, dont il existe encore des traces visibles tant à leur surface que dans les interstices spongieux, et quelquefois calcinées sous une forme entièrement typique. Parmi ces ossements, quelques uns ont été grignotés par de petits rongeurs d'une espèce aujourd'hui éteinte.

Les restes de l'*Arctotherium bonaërense* présentent des particularités tout à fait identiques et disposées d'une façon analogue.

Nous avons déjà dit qu'Ameghino considère le lœss du Carcarañá comme appartenant à la couche supérieure.

Roth lui même (1889, p. 6-7) démontre que les objections de Burmeister ne sont pas justifiées : « Il n'est pas vraisemblable, dit-il à ce sujet, que l'eau ait arraché au lœss dur un certain nombre d'ossements d'ours *(Arctotherium)* pour les transporter dans un autre lieu et les y réunir; d'ailleurs dans le parage cité des rives du Carcarañá, il n'existe aucune couche de gravier. Je connais parfaitement l'endroit où le chemin de fer du Rosario à Córdoba franchit le Carcarañá. Les rives sont constituées par le lœss de la formation pampéenne intermédiaire. A la partie supérieure existe une mince couche d'humus et, en dessous, dans le lit même du fleuve, on trouve de place en place, des dépôts de fange et de concrétions calcaires triturées d'une puissance tout à fait insignifiante. Si M. Séguin, au lieu de trouver les ossements humains dans le lœss, les avait recueillis dans un des dépôts dont nous venons de parler, quiconque connaît les fossiles pampéens, aurait affirmé immédiatement que les débris en question ne venaient pas de la formation pampéenne; mais si réellement ces ossements ont été découverts dans le lœss creusé pour les fondations du pont, ils appartiennent aux couches pampéennes intermédiaires. »

Par conséquent, sans laisser lieu à aucun doute, les restes humains trouvés sur les bords du Carcarañá, sont fossiles et proviennent pour le moins du lœss jaune, peut être bien aussi de la formation pampéenne intermédiaire (lœss brun). A cause de leur mauvais état de conservation, ils ne contribuent que d'une manière tout à fait insignifiante à la connaissance des caractères ostéologiques de l'homme fossile pampéen.

## FRÍAS (I)

**1870. Débris d'ossements humains trouvés en 1870 par M. Florentino Ameghino sur les bords de l'arroyo Frías, près de Mercedes, province de Buenos Aires, donnés au Musée Civique de Milan et perdus depuis.**

1889. Ameghino, F., *Contribución al conocimiento de los mamíferos fósiles de la República Argentina,* Buenos Aires, 1889, p. 46, 66, 83.

1888-1894. Zittel, K. A. von, *Handbuch der Paläontologie,* München-Leipzig, 1888-94, p. 724.

1896. Morselli, T., *Osservazioni critiche sulla parte antropologico-preistorica del recente « Trattato di paleontologia » di Carlo Zittel. Archivio per l'Antropologia e l'Etnologia,* XXVI, 1896, p. 140.

En 1869, Ameghino commença ses premières excursions à la recherche de fossiles, et, dès l'année suivante, 1870, il fut assez heureux pour découvrir sur les bords de l'arroyo Frías, près de Mercedes, le crâne et d'autres parties assez importantes du squelette d'un homme fossile. Ces débris, ainsi que d'autres pièces paléontologiques furent emportés plus tard en Europe par un collectionneur, M. Pozzi père, qui en fit cadeau au Musée Civique de Milán. Ils n'ont pas été décrits. Si nous ajoutons foi aux souvenirs vagues qu'Ameghino a conservés d'une époque où il ne connaissait que superficiellement cette matière, le squelette en question était de dimensions petites, le crâne très dolichocéphale, le front étroit et fuyant, les dents usées en direction horizontale.

En 1890, suivant ce qu'il m'a conté, M. Santiago Roth visita le Musée de Milán, où il prit au sujet de ces restes toutes les informations possibles. Malheureusement personne ne savait rien à leur égard et on ne croyait même pas qu'ils eussent jamais fait partie de la collection donnée autre fois par M. Pozzi.

Zittel, dans son *Handbuch der Paläontologie* avait admis les données d'Ameghino, et c'est à celui-ci, et non à Zittel lui-même que Morselli aurait dû s'en prendre, quand il fit ses recherches au sujet du sort qui avait été dévolu aux ossements en question dans les galeries du Musée de Milán. Les recherches de Morselli n'eurent qu'un résultat complètement négatif et ces ossements sont perdus pour toujours.

Dans le même parage, Ameghino trouva, trois ans plus tard, d'autres restes humains que nous étudierons dans les pages suivantes.

## FRÍAS (II)

**1873. Restes d'ossements humains, trouvés en 1873 par M. Florentino Ameghino sur les bords de l'arroyo Frías, près de Mercedes, province de Buenos Aires, conservés au Musée de La Plata.**

1880. Broca, P., *(Examen des ossements remis par M. Florentino Ameghino.) Revue d'Anthropologie,* XI, 1880, p. 12.

Reproduit par Ameghino, *Antigüedad,* etc., II, p. 491-492.

1881. Ameghino, F., *La antigüedad del hombre en el Plata,* tomo II, Paris-Buenos Aires, 1881, p. 378, 432, 483-486, 491-492, 495-511.

1889. Ameghino, F., *Contribución al conocimiento de los mamíferos fósiles de la República Argentina,* Buenos Aires, 1889, p. 46, 66, 83-84.

Dans le même endroit d'où proviennent les débris humains dont nous venons de parler, M. Ameghino, trois ans plus tard, trouva des nouveaux ossements qu'il supposa appartenir peut-être au même squelette (Ameghino, 1889, p. 83); mais, comme nous le verrons plus loin, si nous nous en rapportons aux investigations de M. Leboucq, dans le cas présent, il s'agit au moins de deux individus. Le parage en question est situé sur le rive gauche de l'arroyo Frías, près du pont alors en construction. Le rivage de la rivière s'élève à pic à une hauteur d'environ deux mètres au-dessus du niveau de l'eau; il se compose de lœss pampéen supérieur stratifié, mêlé de couches de sable et d'argile au milieu desquelles on distingue quelques concrétions calcaires. En se promenant dans ces parages, le 20 septembre 1873, M. Ameghino aperçu à fleur de terre des fragments de la carapace d'un *Hoplophorus* qu'il fit mettre à nu et auprès desquels il trouva una masse noire et gluante qui une fois sèche resulta n'être autre chose que de véritable charbon artificiel. Possédant ainsi des vestiges évidentes de l'existence de l'homme dans ces parages, il fit proceder à des excavations systématiques, couche par couche, qui furent couronnées de plein succès. Nous renonçons à reproduire en détail le profil des fouilles et à énumérer les animaux fossiles dont elles mirent par la même occasion les débris à découvert. Nous y reviendrons plus tard, en même temps que nous nous occuperons des échantillons de l'industrie humaine trouvés dans le même parage. M. Ameghino a donné à l'ensemble de cette localité le nom de station numéro 1.

Au fond de l'excavation, à plus de 2 mètres au-dessous du niveau de l'eau et dans une profondeur totale de 3 à 4 mètres, on découvrit enfin, au milieu de restes d'animaux fossiles les ossements humains que nous étudierons dans les lignes suivantes, après nous être occupés préalablement des objections qui peuvent s'élever contre l'âge des restes en question et que M. Ameghino a réfutées avec les plus grands détails et l'attention la plus minutieuse dans de nombreuses pages de son livre. Le terrain dans lequel se trouvaient les restes humains, appartient à la véritable formation pampéenne, il ne peut y avoir de doute à ce sujet; ils occupaient une position qui n'a jamais été troublée et dans laquelle ils n'ont pu s'introduire par une fissure du sol, ni être enterrés artificiellement. Toutes les circonstances démontrent que les individus en question ont réellement vécu en même temps que les animaux éteints dont les restes furent trouvés autour d'eux. Les originaux que j'ai devant les yeux pendant que j'écris ces lignes ont eté soumis à l'examen de spécialistes en paléontologie lors de l'Exposition Universelle de Paris en 1878; leur âge fossile est prouvé par là même et je crois superflu de revenir sur les amples déductions de M. Ameghino.

Rien moins que Broca s'occupa en 1880 d'étudier ces débris humains et il rédigea à leur sujet un rapport qui fut imprimé à la fin d'un travail de M. Ameghino. Nous conserverons dans notre travail l'ordre suivi par M. Broca, et nous commencerons par réimprimer les notes de ce savant que nous ferons suivre de nos propres recherches. Les pièces en question sont les suivantes :

### OS COXAL GAUCHE

« Une portion d'os iliaque du côté gauche, appartenant à une femme âgée et de très petite taille; le pourtour de la cavité cotyloïde offre des traces d'arthrite sèche. » (Broca.)

Fragment d'un os coxal gauche. La partie iliaque manque presque complètement ; la ligne de cassure commence en arrière de l'épine iliaque postéro-inférieure et remonte en haut à une certaine distance et parallèlement à la face auriculaire, sans la toucher. Elle passe ensuite

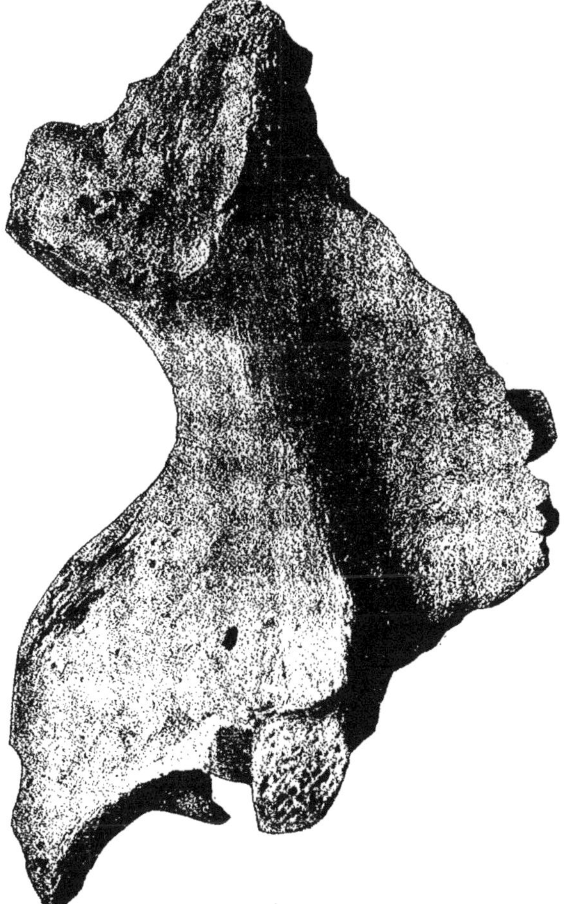

Fig. 11. — Os coxal gauche de Frias ; vue interne prise perpendiculairement sur la grande échancrure sciatique. (Gr. nat.)

un peu en dessus de l'extrémité supérieure de la même face, suivant une ligne irrégulière en avant jusqu'à l'épine iliaque antéro-inférieure, dont la partie basse s'est conservée.

Le pubis est brisé en avant de son union avec l'os iliaque et l'os ischial, en travers de la tubérosité; l'épine sciatique manque.

Le reste de l'os est en général bien conservé. Il est d'une couleur sale jaunâtre avec quelques parties grises, et de la même qualité qui caractérise les os des animaux fossiles de la formation pampéenne. Partout adhère encore distinctement le lœss pampéen, surtout, comme il est naturel de le supposer dans les points où la substance spongieuse est mise à découvert par la fracture décrite, par exemple en arrière de la face auriculaire et de la branche ascendante de l'ischion; les porosités et les trous nourriciers de la surface de l'os sont aussi remplis partiellement de la même substance.

Ce fragment appartient sans doute à une femme vieille et de petite taille. Je ferai mon possible pour faire voir les particularités de cette pièce, autant toutefois que son état de conservation me le permettra.

L'ouverture de la grande échancrure sciatique est extraordinairement prononcée. Parmi les ouvrages scientifiques dont je dispose à La Plata, seul la thèse si connue de M. Verneau sur le bassin dans les sexes et les races (Paris, 1875) a pu me fournir des notes descriptives et métriques sur les différences que présente la grande échancrure [1]. M. Verneau (p. 16) mesure (nº 22) « la largeur de la portion iliaque de la grande échancrure sacro-sciatique de l'épine sciatique à l'épine ilique postéro-inférieure » et détermine (nº 23) « la profondeur de cette portion en abaissant une perpendiculaire du sommet de la grande échancrure sciatique sur une droite joignant les deux points précédents ». Comme dans le fragment de Frías, l'épine sciatique n'existe plus, il n'est plus possible de prendre des mesures, et ni les chiffres donnés par M. Verneau (tableau synoptique nº 39-40) ni les moyennes établies pour le bassin en général (p. 51) et pour les deux sexes (p. 63) ne peuvent malheureusement servir dans le cas présent.

Nous devons nous contenter des résultats généraux (p. 64, 72) qui nous apprennent que : la grande échancrure sciatique est plus ouverte et moins profonde chez la femme que chez l'homme: que, par conséquent chez ce dernier, « la distance qui sépare l'épine iliaque postéro-inférieure de l'épine sciatique est un peu moindre » et qu' « au contraire, la flèche menée du sommet de l'échancrure à la ligne qui relie directement ces deux points, est sensiblement plus grande ».

Nous avons remplacé, dans le cas qui nous occupe, les chiffres et les mesures par des dessins du profil de l'échancrure pris au moyen d'une lame de plomb, et nous avons pu démontrer ainsi clairement son ouver-

[1] Verneau, R., *Le bassin dans les sexes et les races*, Paris, 1875. Nous nous référons dans la suite toujours à ce livre, en parlant de M. Verneau.

ture excessive (v. fig. 2). En révisant sous ce point de vue les quelques 200 bassins et os coxaux de bassins de la collection ostéologique du Mu-

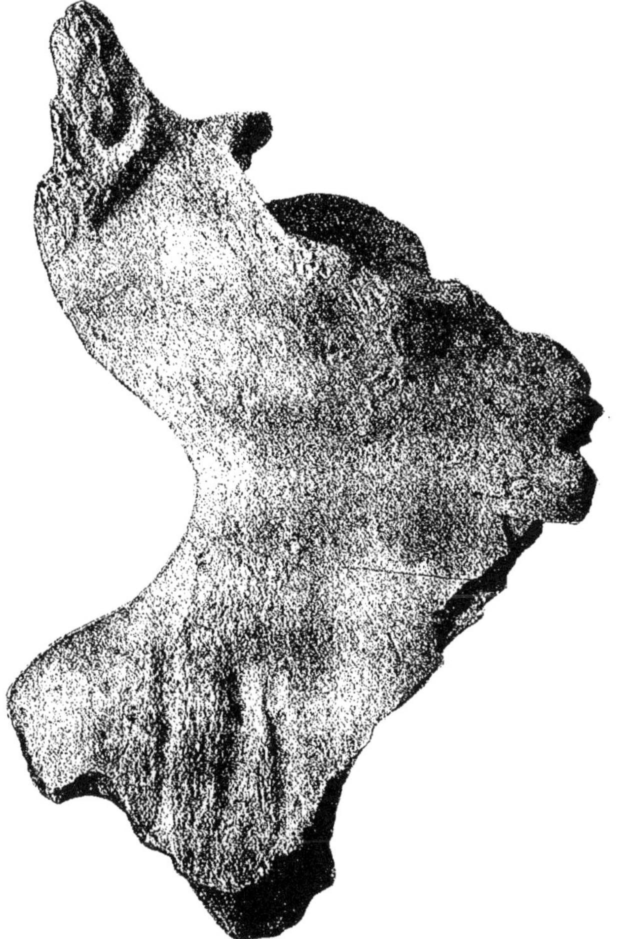

Fig. 3. — Os coxal gauche de Frías ; vue externe prise perpendiculairement sur la grande échancrure sciatique. (Gr. nat.).

sée de La Plata, je n'ai recontré aucun spécimen dont l'échancrure non seulement surpassât, mais même approchât en grandeur de celle du bassin de Frías. L'original en main, il est facile de le comparer avec d'au-

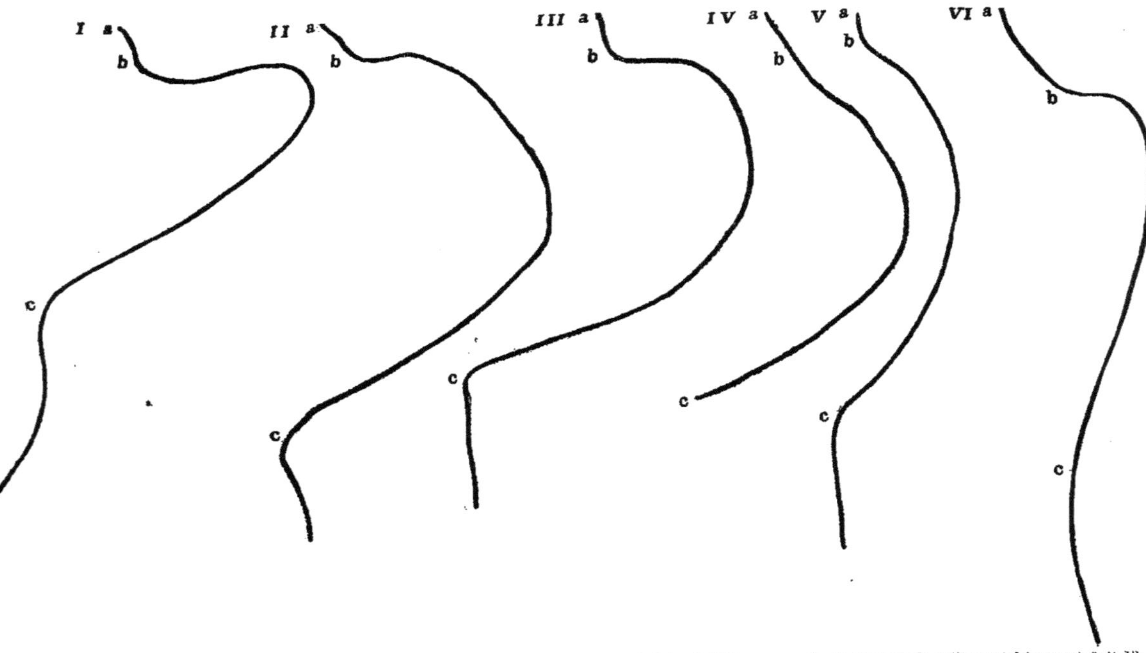


Fig. 4. — Dessins du profil de la grande échancrure sciatique. *a)* Point d'union de la face auriculaire de l'ilion avec celle du sacrum ; *b)* petite protubérance où finit d'habitude le bord supérieur du sillon préauriculaire, fréquemment visible dans le contour ; *c)* épine sciatique ; I-III, bassins d'anciens Patagons ; cimetières de la vallée du río Chubut, expédition Pozzi, 1893 ; I, bassin d'homme, nº 1957 ; II, bassin de femme, nº 1948 ; III, bassin de femme, nº 1064 ; comme il manquait l'os coxal gauche, j'ai dessiné d'abord l'os droit, puis je l'ai reproduit en sens inverse, pour faciliter la comparaison ; IV, fragment de bassin de l'arroyo Frías ; V, bassin de l'orang-outang (femelle ?) ; VI, bassin du gorille (mâle). (Gr. nat.)

tres bassins, en superposant les échancrures et comparant attentivement leurs ouvertures respectives.

L'ouverture de l'échancrure étant extrêmement variable dans l'espèce humaine et dans une même race j'ai dressé un petit tableau comparatif de quelques bassins, dans lequel j'ai opposé avec intention à la forme masculine extrême, les formes féminines les plus exagérées (fig. 4), que j'ai pu trouver dans notre collection. La provenance, etc., est indiquée dans l'explication du cliché. Chez le type extrême masculin, l'ouverture de l'échancrure est très étroite et l'échancrure elle même s'étend en forme de baie vers l'intérieur. La partie sacrale du bassin paraît fortement opprimée contre la partie pubio-sciatique, et le bassin lui-même comprimé ou, pour mieux dire, replié; le fond de l'échancrure représente la tête d'un compas, dont les branches seraient formées par les parties sacrale et ilio-sciatique. Chez l'extrême type féminin, on observe le contraire; l'ouverture est large et l'échancrure moins profonde.

La représentation de toutes les variations de la grande échancrure serait l'objet d'un travail spécial qui n'existe pas encore; mais il suffit d'observer un certain nombre de bassins pour se convaincre qu'il y a un grande nombre de types différents. Déjà les deux types féminins représentés par nous diffèrent énormément l'un de l'autre quant au profil. Dans le fragment de Frías, le bord de l'échancrure est incomplet parce qu'il nous manque l'épine sciatique; mais il est très facile de le compléter de la manière suivante. Le bord supérieur externe de la tubérosité sciatique et l'épine sciatique forment une ligne plus ou moins droite quelquefois saillante comme une petite crête, et dont l'extrémité est l'épine sciatique elle-même. Dans le fragment de Frías, la tuberosité sciatique est visiblement altérée par des procès arthritiques dont nous nous occuperons plus loin, et son bord supérieur forme un bourrelet assez prononcé qui présente son maximum de saillie vers la partie postérieure. Le prolongement postérieur de ce bourrelet et la continuation du bord interne de l'échancrure se croisent sur l'épine sciatique (fig. 3).

Si nous comparons le profil de la grande échancrure du fragment de Frías, avec des types féminins, nous constatons qu'elle est notable par l'amplitude de son ouverture et son peu de profondeur. Chez les anthropoïdes, elle forme une courbe d'une concavité peu prononcée (fig. 4, V-VI) et l'on serait en droit de se demander si par le développement de la marche verticale, il ne s'est pas produit un changement dans la profondeur de cette courbe, de telle façon que l'angle formé par les deux branches de l'échancrure devenant graduellement plus aigu, l'on passerait du type extrême féminin au type masculin, la partie sacrale du bassin se rapprochant de la partie pubio-sciatique en vertu d'un mouvement rotatif dont le centre serait le fond de l'échancrure. Dans ce cas le type féminin représenterait une étape primitive. Quoiqu'il en soit, il est hors de doute que nous nous trouvons en présence d'un problème très compliqué, et il suffit d'observer quelques bassins de mammifères pour se rendre compte immédiatement des grandes variations que la grande échancrure sciatique présente quant à sa profondeur et à sa forme générale. Malheureusement, les modifications que la marche verticale peut produire dans la structure du bassin sont encore loin d'être connues et nous devons nous abstenir d'attribuer au caractère ostéologique du bassin de

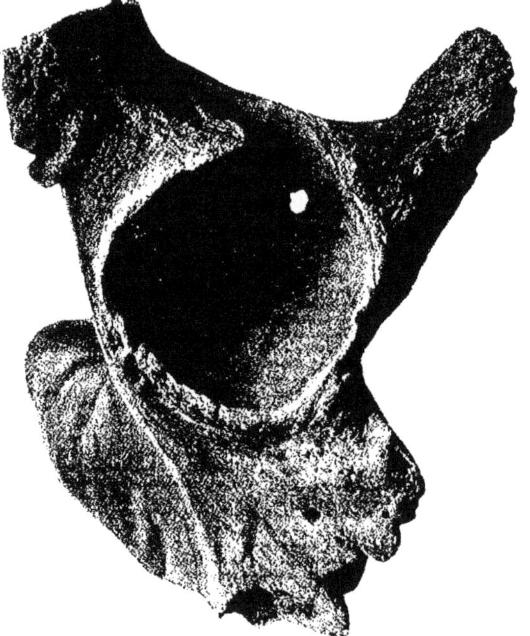

Fig. 5. — Os coxal gauche de Frías ; vue externe prise perpendiculairement sur la cavité cotyloïde.

Frías plus d'importance qu'il n'en a. Je m'incline néanmoins à croire que la forme si simple et si primitive du contour de la grande échancrure sciatique du fragment de Frías ne peut être considérée comme simple caractère extrême féminin.

La cavité cotyloïde est notablement profonde et sa concavité forme un hémisphère, tandis que dans les bassins que j'ai comparés elle représente une simple calotte sphérique. Le bord supérieur présente un épaississement de caractère pathologique ; il est par endroits retroussé en dedans; mais ce ne sont là que des procès secondaires qui ne peuvent avoir d'influence sur la profondeur de la cavité, dans tous les cas très prononcée. J'ai essayé d'obtenir une représentation graphique à l'aide d'une lame de plomb au moyen de laquelle j'ai pris soigneusement la courbure de la cavité. La ligne de courbure part, en direction verticale, du nadir de l'épine iliaque antéro-inférieure dans le bord supérieur de la cavité, passe par le centre de la fosse, en traversant une fois le fond de celli-ci et deux fois les surfaces cartilagineuses. J'ai obtenu par ce procédé la courbure cotyloïde du fragment de Frías et d'un bassin quelconque moderne et pour faciliter l'inspection je les ai dessinés en les superposant l'un dans l'autre (fig. 6). Dans cette figure on reconnaît à première vue la différence notable qui existe entre les deux profils. Si l'on réduisait

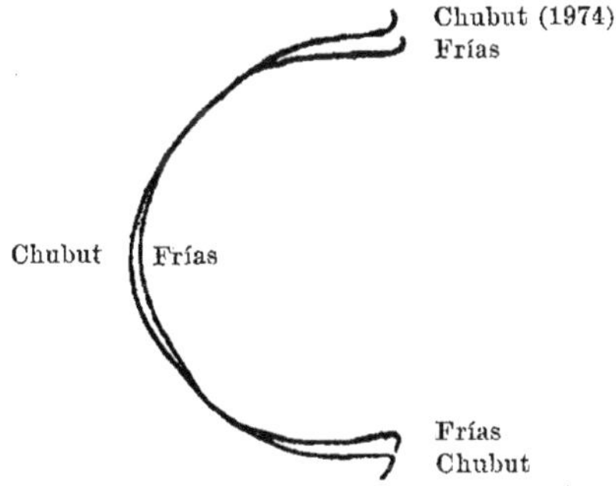


Fig. 6. — Coupe verticale de la cavité cotyloïde du fragment de Frías et d'un bassin patagonien (nº 1974) de la vallée du Chubut. (Gr. nat.)

en grandeur la courbe moins concave du bassin de manière que son ouverture correspondit exactement à la ouverture de la cavité cotyloïde du fragment de Frías, celle de ce dernier resulterait plus profonde encore.

Je ne puis décider si la forme et la profondeur de la cavité cotyloïde sont réellement de valeur phylogénétique, par la raison que je ne connais aucun travail dans lequel soient étudiées les variations ostéologiques du bassin et spécialement de la cavité cotyloïde sous l'influence de la marche verticale; ce serait un travail fort intéressant. Malheureusement je n'ai pu consulter les études de M. Le Damany sur les variations en profondeur du cotyle humain aux divers âges [1]. Mais du travail de ce

[1] Le Damany, P., *Variations en profondeur du cotyle humain aux divers âges. Bulletins de la Société scientifique médicale de l'Ouest, Rennes*, XII, 1903, p. 410-411. Aussi dans *Travaux scientifiques de l'Université*, Rennes, II, 1903, p. 363-364.

même auteur [1] sur l'adaptation de l'homme à la station debout, il résulte que la pronfondeur de la cavité cotyloïde est égale à sa largeur durant les premiers deux tiers de la vie fétale, qu'elle n'est que de 0.4 à l'époque de la naissance, tandis que chez l'adulte elle présente 0,6 ou plus de cette même largeur, cet élargissement de la cavité avant la naissance résultant de la flexion des jambes.

Quoiqu'il en soit, l'examen d'un grand nombre de bassins humains et d'animaux permet de reconnaître facilement à l'œil nu les variations qui existent entre ces diverses pièces anatomiques, quant à la forme et à la profondeur. La grande profondeur de la cavité cotyloïde dans le fragment de Frías, doit-elle être considérée comme un simple caractère de sexe ou comme caractère embryologique et primitif, ou bien au contraire comme un caractère progressif dont le développement est plus avancé que celui des autres ? L'on n'arrivera à la solution de ce problème qu'après avoir étudié plus à fond le mécanisme de la resistance du bassin au poids du corps chez les cuadrupèdes et chez l'homme. Il est impossible de reconnaître à l'œil nu les détails qui existent, dans la forme de la cavité cotyloïde.

La périphérie de la cavité cotyloïde se rapproche de la forme circulaire et correspond en conséquence à sa forme hémisphérique, tandis que dans les bassins que j'ai sous les yeux, tous appartenant à la race américaine elle a plutôt la forme d'un ovale irrégulier. M. Verneau constate le même fait dans les bassins qu'il a étudiés, et dit, page 40 : « La cavité cotyloïde a la forme d'une demi-sphère creuse presque régulière. Elle est cependant légèrement allongée dans un sens, et son grand axe est dirigé en bas, un peu en arrière et en dehors».

M. Verneau mesure également (p. 17, n^os^ 38-39) la hauteur et la largeur maximum de cette cavité mais sans indiquer les points entre lesquels il a pris ses mesures.

A mon avis, ce doivent être les suivants : Le bassin étant placé dans sa position naturelle, la hauteur part du sommet d'une légère excavation, située dans le bord sourcilier de la cavité, à une et demi centimètres plus ou moins en arrière du nadir de l'épine iliaque antéro-inférieure juste en face de l'endroit où la surface cartilagineuse se recourbe en dedans, pour être interrompue par l'incisure cotyloïde. La largeur maximum est perpendiculaire à la ligne que nous venons de déterminer. C'est de la même manière que j'ai pris les mesures sur le fragment de Frías.

M. Verneau (p. 55, 63) a trouvé les chiffres suivants que nous joignons à d'autres dans le cadre ci-dessous :

[1] Le Damany, P., *L'adaptation de l'homme à la station debout. Journal de l'anatomie et de la physiologie*, XLI, 1895, p. 133-170. — J'ai profité de l'analyse suivante : Fischer, E., *Jahresbericht der Literatur über physische Anthropologie im Jahre 1905. Jahresberichte der Anatomie und Entwicklungsgeschichte*, N. F., XI, 1907, p. 959-960.

*Cavité cotyloïde*

| | | Hauteur maximum | Largeur maximum |
|---|---|---|---|
| Hommes et femmes. | Minimum | 47 | 46 |
| | Moyenne | 55 | 52 |
| | Maximum | 67 | 62 |
| Hommes | Minimum | 50 | 49 |
| | Moyenne | 58 | 56 |
| | Maximum | 67 | 62 |
| Femmes | Minimum | 47 | 46 |
| | Moyenne | 51 | 49 |
| | Maximum | 56 | 53 |
| *Frías* | | *45* | *47* |
| Yagan [1] ♀ 1 cas | | 46 | 43 |
| Patagonnes [2] anciennes, moyenne | | 56 | 53 |
| Araucanes [2] anciennes moyenne | | 51 | 51 |
| Araucanes [2] modernes, moyenne | | 52 | 49 |

On voit immédiatement que la cavité cotyloïde du fragment de Frías est extraordinairement petite. Ses dimensions correspondent plus ou moins à celles du minimum féminin de Verneau; mais dans le cas de Frías la largeur est un peu plus grand que la hauteur, tandis que M. Verneau obtenait toujours des résultats contraires (p. 56).

Le diamètre antéro-postérieur de la cavité cotyloïde du fragment de Néanderthal mesure selon Klaatsch [3] 65 millimètres; il est donc de quelque manière qu'on le mesure, notablement plus grand que chez l'homme moderne et répond à une tête de fémur volumineuse.

Les procès pathologiques de la déformation arthritique sont faciles à observer dans le bord périphérique de la cavité, dont le gonflement est visible surtout en bas et en haut; s'il est comme nous l'avons déjà recourbé en dedans et forme en haut et spécialement en bas une espèce de sillon qui établit une séparation claire et nette entre l'extumescence pathologique et la surface destinée au cartilage. La surface des parties enflées est d'un lustré reluisant et forme vers le haut de la surface externe de l'épine iliaque antéro-inférieure des inégalités assez étendues, mais peu saillantes. La surface articulaire elle même présente exactement à son extremité polaire inférieure et dans la surface cartilagineuse, une granulation très fine, de la grandeur d'un pois. A son extrémité polaire supérieure, la première est affectée par le procès arthritique; elle est comme sillonée et legèrement érodée; son

[1] *Mission Scientifique du Cap Horn*, 1882-1883. Tome VII, *Anthropologie, Ethnographie.* Paris, 1891, p. 56.

[2] Verneau, R., *Les anciens Patagons*, Monaco, 1903, p. 168.

[3] Klaatsch, H., *Das Gliedmaassenskelet des Neanderthalmenschen. Verhandlungen der anatomischen Gesellschaft auf der fünfzehnten Versammlung in Bonn vom* 26-29. *Mai* 1901. *Ergänzungsheft zum* XIX. *Band des Anatomischen Anzeigers*, p. 150.

passage dans la fosse n'est pas bien marqué. Cette dernière paraît égalementt affectée surtout dans son tiers supérieur; là où elle s'unit à la surface cartilagineuse son bord forme un léger bourrelet, séparé de la surface cartilagineuse proprement dite par un sillon presque imperceptible. Dans son tiers moyen, la limite de la fosse n'est pas non plus bien sensible, tandis que dans le tiers inférieur elle est fortement prononcée. Le bord inférieur de l'incisure cotyloïdienne y présente une entaille d'une demi centimètre de profondeur.

Le fond proprement dit de la fosse cotyloïde, dont la structure criblée nous est si bien connue, n'a pas un millimètre d'épaisseur. L'incisure cotyloïde elle même se dirige en forme de tranchant vers le trou obturatoir et forme, avec le point du bord de ce trou appartenant à l'ischion, une ligne également concave en raison de ce que le tuberculum posterius foraminis obturati [1] ne forme qu'une crête à peine visible.

Verneau observe plus loin (p. 67) que la surface quadrangulaire située derrière la cavité entre la paroi postérieure de cette même cavité et la grande échancrure sciatique est plus petite chez la femme que chez l'homme; mais il s'est abstenu de prendre des mesures. Dans le fragment de Frías cette distance est de 41 millimètres. Dernièrement, dans son grand ouvrage sur les anciens Patagons, Monaco, 1903, p. 168, il nous fait savoir ces chiffres, dont nous communiquons les suivants :

*Distance de l'échancrure sciatique au sourcil cotyloïdien*

| | |
|---|---|
| *Frías* | *41* |
| Patagonnes anciennes, moyenne | 39 |
| Araucanes anciennes, moyenne | 39 |
| Araucanes modernes, moyenne | 35 |

La mesure relativement grande du fragment de Frías est due alors au procès arthritique qui a augmenté le sourcil cotyloïdien.

De la tuberosité sciatique, nous ne possédons plus qu'une portion de la partie postérieure qui a souffert des modifications pathologiques assez considérables. Il ne s'agit plus ici d'un simple aspect raboteux, sinon d'une saillie considérable de surface irrégulière et couverte de protubérances, dont le bord supérieur forme en avant un bourrelet et ressort en arrière d'une façon plus prononcée; en dessous de ce même bourrelet on distingue un enfoncement de forme semi-circulaire. Le sillon situé entre le bord supérieur de la protubérance sciatique et le bord inférieur de la cavité cotyloïde, destiné au ventre du muscle oblique externe, est fortement marqué par le bourrelet susdit.

Quant à la région où l'ilion se réunit avec le pubis, je n'ai trouvé de détails à son sujet dans aucun traité d'anatomie humaine.

[1] Le *Tuberculum ischio-pubicum internum* de Verneau (Verneau, p. 35) est le *Tuberculum anterius foraminis obturati.*

Suivant Gegenbaur [1] (p. 289) elle est indiquée par une saillie presque insignifiante, l'éminence ilio-pectinée; suivant le même auteur la partie cotyloïde du pubis porte en avant le tubercule ilio-pubique qui forme la limite médiale du canal du muscle ilio-psoas.

La ligne d'ossification formée par l'union de l'ilion avec le pubis est facile à distinguer dans un grand nombre de bassins; elle se présente sous la forme d'une crête peu saillante que l'on peut appeler crête ilio-pubique et qui est divisée par l'éminence ilio-pectinée visible à la partie antérieure de la ligne arquée en deux sections: l'une interne fort peu apparente, la crête ilio-pubique interne, l'autre supérieure, présentant la forme plus visible d'une large rugosité, la crête ilio-pubique supérieure; l'extrémité de cette dernière qui s'unit au sourcil cotyloïdien est le tubercule ilio-pubique. Voilà pour l'orientation.

Dans le fragment de Frías, la crête ilio-pubique interne n'est pas perceptible; l'éminence ilio-pectinée est un faible tubercule; la crête ilio-pubique supérieure est facilement visible et surtout palpable; son volume va en augmentant depuis le milieu jusqu'au bord de la cavité cotyloïde formant une crête allongée qui représente ostensiblement le tubercule ilio-pubique et sert de limite médiale bien marquée au canal du muscle ilio-psoas.

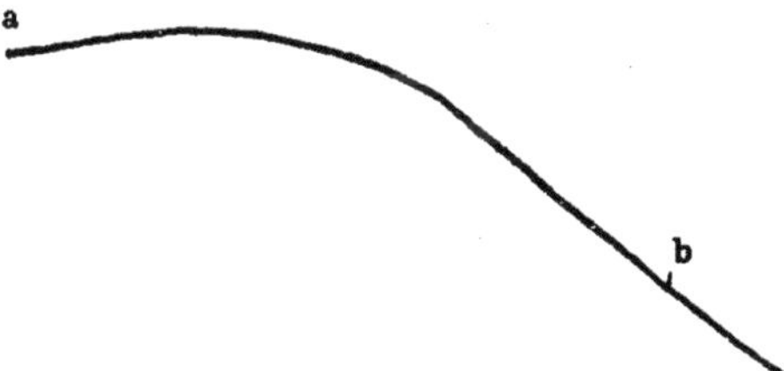


Fig. 7. — Courbe de la ligne arquée du fragment de bassin de Frias : *a)* face auriculaire ; *b)* éminence ilio-pectinée. (Gr. nat).

La ligne arquée n'offre rien de particulier; elle est légèrement aplatie et un peu tortueuse. J'ai relevé soigneusement la forme de sa courbure avec la lame de plomb et déterminé les points fixes, face auriculaire et l'éminence ilio-pectinée (fig. 7).

Étant notables les variations individuelles du bassin que nous pouvons constater chez l'homme actuel simplement en examinant et comparant entre elles un certain nombre de ces pièces, ce caractère que nous venons de décrire ne paraît pas être d'une valeur spéciale.

Dans l'os iliaque de Néanderthal, « l'ouverture du bassin devait être

[1] Gegenbaur, C., *Lehrbuch der Anatomie des Menschen*, 4e *Auflage*, Bd. I, Leipzig, 1890, p. 289.

petite, puisque la courbure de la ligne arquée était très peu prononcée ». (Klaatsch, l. c., p. 150). Peut-être n'est-il question que d'un simple caractère sexuel.

Dans le fragment de Frías, la ligne arquée ne présente, d'ailleurs, aucune élévation en forme de crête, semblable à celle des autres bassins, mais elle commence déjà à s'arrondir (v. fig. 8, les courbes des différents bassins). Seulement à une largeur de doigt en avant de l'éminence iliopectinée elle commence à s'élever en forme de crête, et le petit fragment du pecten pubien qui s'est conservé forme même une crête assez tranchante. Si nous appuyons sur la surface inférieure de l'ilion une petite

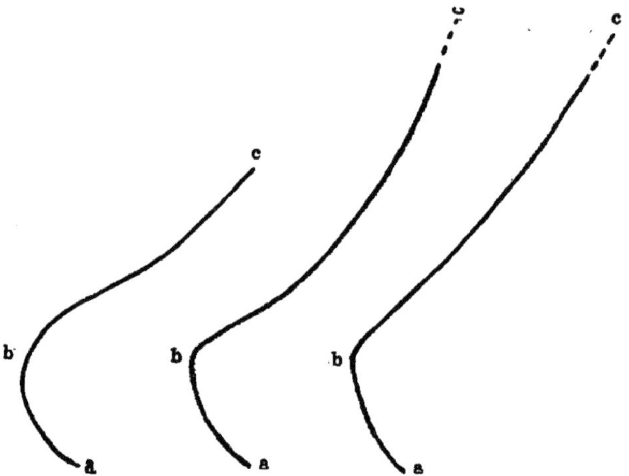


Fig. 8. — Section à travers l'ilion du zénith de la grande échancrure sciatique (*a*) verticalement au-dessus de la ligne arquée (*b*) débouchant dans la fosse iliaque (*c*). La première figure appartient de Frías ; les deux autres aux bassins ♀ patagoniens (Chubut nº 1948 et 1974). (Gr. nat.).

lame de plomb qui, partant du zénith de la grande échancrure sciatique (fig. 8 *a*) et passant verticalement au dessus de la ligne arquée (fig. 8 *b*), débouche dans la fosse iliaque (fig. 8 *c*), nous distinguerons la différence qui existe entre le fragment de Frías et les autres bassins.

Le mauvais état de conservation de la pièce empêche de se rendre compte si les ailes de l'ilion étaient, ou non, très verticales comme chez l'homme de Néanderthal (Klaatsch, l. c., p. 151).

La face auriculaire présente dans les bassins actuels de très grandes variations; dans le fragment de Frías (fig. 2), elle est d'une longueur moyenne, plutôt un peu large, creuse dans sa partie supérieure, cintrée dans sa partie inférieure. La distance entre les deux extrémités, supérieure et inférieure, mesure 51 millimètres, la plus grande largeur, prise verticalement sur la ligne antérieure, 25 millimètres. Le sillon préauriculaire est plane. Le tubercule dans la partie inférieure duquel son bord antérieur débouche presque toujours et dont nous avons déjà dit quelques mots au sujet de la grande échancrure sciatique, est sans importance. Le sillon postauriculaire, comme on peut appeler le large sillon qui court le long du bord postérieur de la face auriculaire est très plane et régulier, légèrement concave dans le coude formé par le bord postérieur de la face.

La fosse iliaque paraît n'avoir jamais eu une grande épaisseur. La ligne de fracture mesure dans sa partie la plus mince 1 millimètre de diamètre; le fond de la fosse était peut-être encore plus mince.

La surface antérieure de l'épine iliaque antéro-inférieure a souffert les effets du procès arthritique qui comme nous l'avons déjà vu, est puissamment développé dans le bord supérieur de la cavité cotyloïde; son épaisseur maximum est de 9 millimètres. Verneau (p. 48) fait mention de grandes variations individuelles qui atteignent jusqu'à 15 millimètres. L'excavation destinée au ventre du muscle ilio-psoas est petite tandis que chez l'homme de Néanderthal « extraordinairement profonde » (Klaatsch, l. c., p. 150).

Le relief de la surface de l'os est très fortement accentué dans la partie postérieure externe de l'ilion. Le large sillon qui s'étend, en forme de cintre plus ou moins du milieu de la branche supérieure de la grande échancrure sciatique jusqu'à la région du tuberculum glutaei medii (Verneau) et dont le bord antérieur forme la ligne arquée ou glutéale antérieure est bien marqué, en quelque sorte creusé dans la surface de l'os tandis que la ligne glutéale elle même n'est pas très distincte. L'on voit également trois sillons horizontaux qui, partant du sillon déjà décrit, se dirigent parallèlement en arrière et vers le haut, assez profondément gravés dans la surface de l'os (voir fig. 3). Le relief fortement prononcé de la région d'insertion du fessier moyen mérite d'attirer l'attention, par la raison que ce bassin appartient sans aucun doute à un squelette de femme, comme le démontrent surtout la largeur de la grande échancrure sciatique ainsi que la gracilité et petitesse des différents os.

Chez l'homme de Néanderthal « la ligne glutéale antérieure est bien marquée, la région d'insertion du glutéal médian caractérisée par des sillons et des éminences disposées en rayons » (Klaatsch, l. c., p. 150); elles offrent donc le même aspect que dans le fragment de Frías.

Nous disposons enfin d'un fragment de l'os iliaque gauche avec la crête iliaque et le tuberculum glutaei medii; l'épaisseur de la crête est de 15 millimètres. Nous ne donnons pas des chiffres comparatives, car nous ne savons pas, si les mesures ont été prises aux mêmes endroits de la crête iliaque. En tout cas, chez Frías, la crête iliaque n'est pas épaisse.

*Table des mesures de l'os coxal gauche de Frías*

| | Millimètres |
|---|---|
| Ilion, épaisseur minimum | 1 |
| Ilion, crête iliaque, épaisseur maximum | 15 |
| Cavité cotyloïde, hauteur | 45 |
| Cavité cotyloïde, largeur | 47 |
| Face auriculaire, longueur | 51 |
| Face auriculaire, largeur | 25 |
| Épine iliaque antéro-inférieure, épaisseur | 9 |
| Distance de l'échancrure sciatique au sourcil cotyloïdien | 41 |

## RÉSUMÉ SUR LES BASSINS FOSSILES HUMAINS

Il me paraît bon d'ajouter ici, comme complément aux lignes antérieures, un résumé des quelques données que nous possédons au sujet des autres bassins fossiles.

Au sujet du bassin de *Néanderthal,* Klaatsch fit en 1901 [1] une communication occassionnelle très brève à laquelle nous n'insisterons pas d'avantage parce que les données que ce savant publia en 1902 [2] sont beaucoup plus complètes. Les voici, reproduites textuellement :

« Du bassin de l'homme de Néanderthal, la moitié gauche est en partie conservée ; il manque une assez grande portion de la crête, l'os pubis presque tout entier, la branche ascendante de l'os ischion. La longueur maximum du fragment, depuis la tubérosité sciatique jusqu'à la crête mesure 23$^{cm}$5. A la tête du fémur, qui est très volumineuse, correspond une cavité cotyloïde dont le diamètre, en direction sagittale, est de 6$^{cm}$5. La surface auriculaire, est fortement concave, surtout en haut, où le bord de la cavité glénoïde déborde librement comme une espèce de larmier. Sur la limite postérieure de l'échancrure, le bord fait même saillie en forme de languette, comme dans les bassins modernes. L'aile de l'ilion est très grande, notablement élevée et très peu inclinée. La distance du bord supérieur de la cavité cotyloïde au point le plus large de la crête iliaque, mesure près de 11 centimètres. Ce point est situé à 11$^{cm}$5 du milieu de la ligne arquée. Le bord antérieur de l'ilion, entre l'épine antéro-supérieure et la inférieure, est profondément excavé. L'épine infé-

[1] KLAATSCH, H., *Das Gliedmaassenskelet des Neanderthalmenschen. Verhandlungen der anatomischen Gesellschaft auf der fünfzehnten Versammlung in Bonn vom* 26-29. *Mai* 1901. *Anatomischer Anzeiger, Ergänzungsheft zum* XIX *Band,* 1901, p. 121-154.

[2] KLAATSCH, H., *Die Fortschritte der Lehre von den fossilen Knochenresten des Menschen in den Jahren* 1900-1903. *Ergebnisse der Anatomie und Entwicklungsgeschichte,* XII, 1902, p. 633-634.

rieure est très proéminente et constitue le cintre d'une cavité, extraordinairement profonde, destinée au ventre du muscle ileo-psoas. Celui-ci devait être, ainsi que les fessiers très développé. La ligne fessière antérieure est très apparente, la surface primitive du fessier médian est indiquée par des sillons et des éminences disposées en forme de rayons.

L'os ischion est très massif. Le bord antérieur du corps de l'os, au lieu d'être taillé à vif, forme un bourrelet arrondi qui sert de limite au trou obturateur. De même les deux bords supérieur et inférieur sont très étendus en direction verticale; l'épine sciatique, ou, pour mieux dire, sa place, puisque l'épine elle-même manque, est située très bas, la grande échancrure forme une incisure étroite et escarpée, la tubérosité est très volumineuse et regarde directement en arrière, le canal destiné à l'obturateur interne est étroit et profond. L'ouverture du bassin devait être petite, puisque la ligne arquée présente une très faible courbure. Sa section antérieure présente une petite rugosité d'insertion du M. pectiné. La disposition de la surface articulaire de l'ilion avec le sacrum est très frappante. La surface qui portait le cartilage est entière, la partie antérieure de la saillie rugueuse des ligaments est conservée. Au lieu de ce qui s'observe habituellement chez les races modernes, la face auriculaire forme une surface rhomboïdale d'environ 3 centimètres de large sur 5 centimètres de long, dont la superficie bien conservée se maintient au même niveau que la surface saillante des ligaments et n'offre pas le relief d'ailleurs si caractéristique.

En résumé, nous constatons dans le bassin de l'homme de Néanderthal (les fragments de Spy y Krapina — un morceau du l'ilion droit — sont trop insignifiants pour mériter d'être pris en considération) une combinaison de caractères particuliers, qui portent sur eux le cachet de l'infériorité, sans se rapporter à des types anthropoïdes déterminés. Dans certains points, l'on ne peut nier au contraire, l'existence d'une disposition voisine de celle que l'on observe chez les jeunes-gens dans les races modernes; l'escarpement des ailes et la grandeur de l'ischion dans le bassin des nouveau-nés nous portent à supposer que la disposition précédente est la répetition d'une étape ancestrale, de même que dans certaines autres parties des extrémités inférieures le squelette porte le cachet d'une étape néanderthalienne. »

Des hommes de *Spy*, nous ne possédons que quelques fragments du bassin, « épais, robustes, qui nous font présumer un bassin solide et puissant en rapport avec la charpente des membres inférieurs. Ils sont trop incomplets pour les décrire » [1].

[1] Fraipont, J. et Lohest, M., *La race humaine de Néanderthal ou de Canstadt en Belgique. Recherches ethnographiques sur des ossements humains, découverts dans les dépôts quaternaires d'une grotte à Spy et détermination de leur âge géologique. Archives de Biologie*, VII, 1886, p. 650.

Du bassin des hommes de *Krapina* [1], il existe deux fragments (contour de la cavité cotyloïde avec la partie antérieure de l'ilion et les parties formant la base de l'ischion et de l'os pubis) dont l'un par sa grandeur, sa structure et son état de conservation ressemble presque à celui de Néanderthal.

« Il manque [2] à cette portion du bassin la majeure partie de la crête, l'os pubis et la branche de l'ischion. La longueur maximum de notre fragment mesure 182 mm. La cavité cotyloïde, sauf la partie voisine de l'os pubis qui est brisée, est d'ailleurs bien conservée et mesure en direction sagittale 53,5 mm. Le haut de la fosse articulaire, ainsi que sa partie postérieure à chaque côté de l'incisure acétabulaire, est entouré par endroits d'un bord saillant libre. Le bord acétabulaire est relativement mince et arrondi extérieurement. Dans le fragment droit de l'os coxal, le bord voisin de l'os pubis est enflé ; dans un autre fragment dont il n'existe que l'acétabule, le bord antérieur sur la rigole de l'obturateur est fortement enflé et de plus il est écourté. L'os iliaque est conservé seulement en partie ; il n'est ni haut, ni large et la fosse iliaque est peu apparente. La distance du bord acétabulaire supérieur à la lèvre interne de la crête mesure 92 mm.; celle de la crête au milieu de la ligne arquée est de 93 mm., la ligne inférieure est très notablement prononcée ainsi que la ligne glutéenne moyenne en dessous de la lèvre externe. A partir de ce point, l'os distingue un certain nombre de sillons et de petits bourlets qui traversent la surface courbe de l'os en direction descendante et dont l'extrémité arrive jusqu'à la ligne glutéenne inférieure.

L'ischion n'est conservé que dans sa partie supérieure. Son bord antérieur, qui forme en même temps la limite du trou obturateur, est aiguisé ; le bord opposé, dans lequel nous observons seulement l'épine sciatique, d'ailleurs peu développée, est un peu plus émoussé. Le bord situé en dessus de l'épine est long et rectiligne ; la grande échancrure sciatique étroite et ses bords escarpés spécialement à cause de l'épaisseur du bord inférieur de la face auriculaire. La petite échancrure sciatique est longue et peu profonde. Le tubercule est fortement développé et séparé du bord acétabulaire par une rigole profonde destinée à l'obturateur interne, et dont la largeur moyenne est de 12 mm. La ligne

[1] Gorjanovic-Kramberger, K., *Homo primigenius aus dem Diluvium von Krapina in Kroatien und dessen Industrie. Correspondenz-Blatt der Deutschen Gesellschaft für Anthropologie, Ethnologie und Urgeschichte,* XXXVI, 1905, p. 89.

Gorjanovic-Kramberger, K., *Der diluviale Mensch von Krapina und sein Verhältnis zum Menschen von Neanderthal und Spy. Biologisches Centralblatt,* XXV, 1905, p. 809.

[2] Gorjanovic-Kramberger, K., *Der diluviale Mensch von Krapina in Kroatien. Ein Beitrag zur Paläoanthropologie,* Wiesbaden, 1906, p. 234-237.

arquée est assez fortement cintrée, mais presque sans bourlets. De la face auriculaire, il ne reste que la partie moyenne, dans laquelle l'épaisseur de l'ilion est de 25,1 mm.»

L'autre fragment [1], un peu plus petit, est très intéressant, en ce qu'il présente une large rigole (17 millimètres) destinée à l'obturateur interne, qui lui donne certaine analogie avec le bassin de quelques peuples primitifs (p. ex. Jaunde, Formosa) et rappelle en outre les dispositions observées, dans une proportion beaucoup plus marquée, chez les anthropomorphes (*Orang, Hylobates,* etc.).

« Le fragment [2] de l'os coxal droit comprend l'acétabule, l'os pubis et l'ischion. Le diamètre de l'acétabule étant ici un peu plus grand (57 mm.) que dans le fragment antérieurement décrit, on peut en conclure qu'il provient d'un individu un peu plus âgé que l'autre. Tous ses autres caractères sont complètement en rapport avec ceux du fragment gauche, avec cette différence que la rigole correspondant à l'obturateur interne également profonde est plus large. La distance du bord acétabulaire au tubercule est de 17 mm., largeur maximum que je retrouve dans une partie isolée du corps de l'ischion. J'ai observé aussi une rigole de la même dimension dans le bassin d'un Jaunde de Cameron et dans celui d'un indigène de Formosa. Cette rigole étant spécialement grande chez les anthropomorphes, l'on peut considérer l'existence d'une rigole des dimensions de celle qui nous occupe comme un caractère primitif.

Pour ce qui est de l'os pubis de notre fragment, on peut affirmer qu'il est très étroit et très haut. La crête du trou obturateur est aiguisée et sans tubercule; mais on distingue une épine aplatie sur la crête de l'os pubis; cette dernière est mince et tranchante. Le trou obturateur est long. Il faut encore remarquer que l'acétabule fait saillie au-dessus du corps du pubis; son épaisseur est de 7,3 mm. La ligne arquée est plaine et anguleuse; elle passe dans la crête osseuse du pubis dont nous avons déjà parlé.

Nous devons également faire mention du peu de longueur de l'acétabule droit, par la raison que nous observons dans cet os comme dans son pendant, la même épine iliaque antéro-inferieure épaisse de 8 mm. et arrondie sur les bords. L'acétabule mesure 54,5 mm. de diamètre moyen et présente en avant, directement à son point d'union avec l'os pubis, un bord épais d'environ 6 mm.; la même particularité s'observe à la partie supérieure de l'ischion où le bord a une épaisseur de 5,5 mm et paraît écourté.

Dans deux fragments, on distingue en plus les surfaces d'union de l'ilion avec l'ischion, en partie conservées. Les deux pièces correspondent au côté droit et proviennent d'individus à peu près du même âge. Seule la face auriculaire est visible dans les deux; quant à la tubérosité qui les surmonte elle a malheureusement disparu dans les deux fragments. L'épaisseur maximum de ces parties osseuses dans la grande échancrure sciatique, mesure dans un fragment 26 mm., dans l'autre 25,3 mm. Mais la constitution de la dite face diffère légèrement dans les deux ; l'on peut, par exemple, distinguer dans les deux une partie inférieure inégale, de bords presque verticaux et en dessus de celle-ci une autre partie plus lisse, un peu sillonnée. Cette dernière débouche latéralement dans une fosse transversale profonde et de forme ellipsoïdale limitée par la fosse iliaque dont elle est séparée par un bord élevé. Dans un des fragments cette rigole lisse est presque droite, tandis que dans l'autre exemplaire elle est plus profonde et fortement déjetée vers le dehors. Dans ce fragment la surface intermédiaire escarpée est beaucoup plus large (28,6 mm.) que dans l'autre où la largeur est de 18,5 ou 14 mm. La largeur maximum de la dite face auriculaire est occasionnée par la rugosité qui descend davantage.

Après avoir décrit les fragments les plus importants de l'os coxal de Krapina, il me faudra étudier la relation qui existe entre eux et l'os coxal de Néanderthal ; mais avant tout, j'ai voulu présenter un tableau abrégé dans lequel j'expose les principales mesures prises sur les fragments en question.

| | Néanderthal | Krapina droit | Krapina gauche | Jauuda | Formosa | Australiens | Européens |
|---|---|---|---|---|---|---|---|
| Diamètre de l'acétabule............ | 65,0 | 57,0 | 53,5 | 50,7 | 47,3 | 52,5 | 57,0 |
| Distance du bord acétabulaire supérieur à la crête iliaque................ | 110,0 | 92,0 | — | — | — | — | ±102,0 |
| Distance de la crête iliaque au milieu de la ligne arquée............... | 115,0 | 93,0 | — | — | — | — | 104.0 |
| Largeur de la rigole de l'obturateur interne....................... | 11,0 | 18,0 | 12,0 | 23,5 | 22,8 | 11,1 | 12,0 |
| Largeur du corps de l'os iliaque en dessous de l'épine iliaque antéro-inférieure...................... | 65,0 | 54+× | 54,3 | 58,5 | 50,3 | 60,2 | 59,0 |
| Hauteur du bord limitrophe postérieur de l'acétabule entre la grande échancrure sciatique et l'épine sciatique.. | 39,5 | ± 25.0 | 32,0 | 29,6 | 29,0 | 33,2 | 32,5 |

L'os coxal du Néanderthalien étant un peu plus grand que celui de l'homme de Krapina, j'ai réduit le premier par le procédé photographique à la grandeur de mon os coxal de Krapina et je les ai dessiné l'un dans l'autre. La figure ainsi combinée nous offre une très grande harmonie dans la structure des deux os, seulement que l'ilion de l'homme de Krapina a une élévation moindre. Il nous importe à un haut degré de ne pas oublier que l'*Homo primigenius*, quant à la largeur de la rigole de l'obturateur interne nous offre les mêmes conditions que l'Européen et les peuples primitifs. La largeur de la rigole (11 mm.) dans l'os coxal de Néanderthal correspond à celle de notre fragment gauche où elle est de 12 mm., tandis que l'os coxal droit de Krapina avec ses 18 mm. présente un caractère observé ça et là chez les peuples primitifs et celles des os coxaux d'un Jaunde de Cameron et d'un indigène de Formosa dont nous avons fait mention plus haut. L'*Homo primigenius* réunit donc dans la structure de son os coxal, des caractères qui rappellent ceux des anthropomorphes et même à divers degrés ceux que l'on observe chez les peuples primitifs et les Européens et qui consistent dans l'étroitesse de la rigole destinée à l'obturateur interne. »

A *Grimaldi,* les fouilles dues à l'initiative du prince de Monaco ont mis à jour les squelettes humains qui remontent à l'époque quaternaire et qui représentent, selon M. Verneau [1], deux types complètement distincts. Le bassin du *premier (type de Cro-Magnon)* « nous a mis en présence d'un type pelvien qui, lui, n'a rien de nigritique. Le beau développement de ses ailes, l'harmonie de ses courbes en font, au contraire, un bassin aussi élégant que celui des Blancs qui ont le plus évolué. Il s'en distingue surtout par sa vigueur et par un racourcissement de ses diamètres antéro-postérieurs, principalement au niveau du détroit supérieur. Malgré les différences qui existent entre les deux bassins complets que j'ai eus à ma disposition, l'un et l'autre présentent la même morphologie fondamentale de la marge; on peut donc regarder cette morphologie spéciale comme l'apanage de notre race quaternaire de la Vézère et des Baoussé-Roussé. On est d'autant plus en droit d'attribuer aux particularités que j'ai relevées plus haut un caractère ethnique que nous avons retrouvé les plus typiques sur le bassin du vieillard de Cro-Magnon, quoiqu'il soit en assez mauvais état. »

Le *deuxième type* trouvé aux grottes de Grimaldi mérite à coup sûr le nom de *type negroïde;* il est beaucoup plus ancien que le premier. Le bassin est « à ilions verticaux, développés en hauteur, à crête iliaque très courbée, à échancrure sciatique étroite, comme chez les Nègres actuels. »

Moins connus que les restes humains fossiles de Néanderthal, Spy et Krapina, sont les suivants, dont nous allons nous occuper.

[1] Verneau, R., *Les grottes de Grimaldi. Résumé et conclusions des études anthropologiques. L'Anthropologie,* XVII, 1906, p. 299, 304.

Dans le bassin de *La Madelaine* dont Hamy [1] donne la figure sans s'occuper de lui dans le texte, Klaatsch [2] est frappé de « l'escarpement considérable des ailes de l'ilion, dans lequel il est impossible de ne pas reconnaître une condition inférieure ». Hamy lui-même dit à ce sujet dans une autre publication [3], simplement : « L'os iliaque reproduit fort bien la partie correspondante du même os dans le squelette de Cro-Magnon ». Je n'ai pu trouver nulle part de données au sujet de ce dernier.

Également insuffisantes sont les données relatives au bassin de l'homme du lœss de *Bollwiller* [4]. Le fragment de bassin de l'individu A, femme d'environ 55 ans, est « assez épais, mais sans grand intérêt ». De l'individu C, il dit : « Le bassin assez épais offre un détroit supérieur en forme de cœur, long 115 millimètres, largeur 108mm5 ». Voilà tout.

Pour la première fois le travail de Hamy sur la trouvaille de *Liane* [5], contient une description précieuse de l'os coxal droit alors mis à jour, description que je reproduis textuellement pour faciliter la comparaison.

« L'os iliaque, par ses dimensions sensiblement supérieures aux dimensions moyennes, son épaisseur relativement considérable, ses empreintes musculaires vigoureuses, a certainement appartenu à un sujet du sexe masculin adulte et fort robuste.

Les insertions sont extrêmement accusées et présentent, notamment à la face externe de l'ilium, des rugosités qui en circonscrivent très nettement les contours. La fosse iliaque, en son point le plus mince, mesure encore 5 millimètres, et la crête qui contourne cette fosse atteint au niveau du tubercule du moyen fessier 20 millimètres d'épaisseur.

La hauteur totale de l'os a 238 millimètres, 18 millimètres de plus que la hauteur moyenne du bassin dans nos populations modernes (Verneau, *Le bassin dans les sexes et dans les races,* Paris, 1875, p. 56, 59, etc.). La distance de l'épine iliaque antérieure et supérieure à l'ischion est de 193 millimètres, l'intervalle entre l'ischion et l'éminence ilio-pectinée en compte 118. Ces deux mesures dépassent par conséquent l'une et l'autre de 11 millimètres les mêmes mesures prises sur les bassins des races européennes. On trouve 182 millimètres entre l'épine sciatique et le sommet de la crête iliaque, au lieu de 167 millimètres, soit un centi-

[1] Hamy, E. T., *Fossil Man from la Madeleine and Laugerie Basse.* In Lartet et Christy, *Reliquiae Aquitanicae,* Londres, 1865-1875. Cité d'après

[2] Klaatsch, H., *Die Fortschritte* etc., l. c., p. 480.

[3] Hamy, E. T., *Sur le squelette humain de l'abri sous roche de la Madelaine. Bulletins de la Société d'Anthropologie de Paris,* 2me série, IX, 1874, p. 602.

[4] Collignon, R., *Description des ossements fossiles humains trouvés dans le lehm de la vallée du Rhin à Bollwiller. Revue d'Anthropologie,* IX, 1880, p. 399-404.

[5] Hamy, E. T., *Notice sur les fouilles exécutées dans le lit de la Liane en 1887 pour l'établissement du nouveau viaduc du chemin de fer. Revue d'Anthropologie,* XVII, 1888, p. 263-264.

mètre et demi de plus. Enfin, l'épaisseur de l'os au niveau de l'articulation coxo-fémorale atteint 51 millimètres au lieu de 38, et gagne par conséquent 13 millimètres sur la mesure moyenne observée chez l'homme adulte.

Mais en même temps que l'os iliaque accentue ainsi quelques uns de ses caractères masculins, il en prend d'autres qui sont plutôt habituels au sexe féminin. Par exemple, il est beaucoup plus évasé que cela ne se voit ordinairement chez l'homme, au-dessus du détroit supérieur, et sensiblement élargi au-dessous du même détroit, son échancrure sciatique est très large (65 millimètres) tout en restant assez profonde (32); enfin le trou sous-pubien est oblique en bas et en dehors et ses proportions (hauteur 53 millimètres, largeur 38 millimètres) sont bien plus voisines de celles de la femme que de celles de l'homme.

Mesures de l'os iliaque droit des alluvions de la Liane, comparées aux mesures moyennes du bassin masculin, determinées par M. Verneau (loc. cit.).

| | | Liane | Moyenne |
|---|---|---|---|
| Hauteur totale | | 238 | 220 |
| Distances | de l'épine iliaque antéro-supérieure à l'ischion | 193 | 182 |
| | de l'ischion à l'éminence ilio-pectinée | 118 | 107 |
| | de l'épine sciatique au sommet de la crête iliaque | 182 ? | 167 |
| | de la même épine à l'épine iliaque antéro-supérieure | 160 ? | 151 |
| | de la même épine à l'éminence ilio-pectinée | 81 ? | 77 |
| Hauteur de la fosse iliaque interne | | 114 | 104 |
| Concavité de la fosse iliaque interne | | 12 | 9 |
| Diamètre antéro-postérieur | | — | — |
| Longueur de la fosse iliaque interne | | — | — |
| Distances | de l'artic. sacro-iliaque à la symphise pubienne | 129 | 177 |
| | de la même artic. à l'épine iliaque antéro-supérieure | 106 | 91.5 |
| Echancrure sciatique | largeur | 65 ? | 50 |
| | profondeur | 32 | 40 |
| Distances | de l'échancrure sciatique au sourcil cotyloïdien | 51 | 38 |
| | du trou sous-pubien à la symphise pubienne | 37 | 25 |
| Cavité cotyloïde | hauteur | 59 | 58 |
| | largeur | 58 | 56 |
| Trou sous-pubien | hauteur | 43 | 57 |
| | largeur | 38 | 35 |
| Épaisseur | minimum de la fosse iliaque | 5 | 3 |
| | maximum de la crête iliaque | 20 | 19 |

Voisi les données de M. Hamy. Je ne puis affirmer si les hommes de Bollwiller et de la Liane que nous venons de citer appartiennent à l'*Homo primigenius* Wilser ou non; mais malgré cela, je n'ai pas cru devoir omettre d'en parler dans ce travail.

Le fragment de bassin de *Natchez* [1], Mississipi, Amérique du Nord,

[1] 1846. DICKESON, *Proc. Acad. Nat. Sci.*, 1846, p. 107. — Introuvable.

trouvé en 1846 par Dickeson, au milieu de restes de *Megalonyx Jefferso-ni, M. dissimilis, Ereptodon priscus, Mylodon Harlani, Mastodon americanus, Equus major* et *Bison latifrons*, dans le même état de conservation et couleur, mais plus fortement fossilisé que ceux-ci (Wilson, l. c., p. 176) a été décrit scientifiquement par Emile Schmidt en 1872. « Il se compose de la plus grande partie de l'os coxal du côté droit. L'os ilion est le mieux conservé de tous cependant il nous manque de ce même os le bord antérieur et postérieur, ainsi que l'épine postéro-supérieure et le bord postérieur de la face auriculaire. La fracture du bord antérieur de l'ilion tombe dans la cavité cotyloïde dont a été séparée la moitiée antérieure ainsi que l'incisure. Il manque en outre l'os pubis tout entier, la branche ascendante de l'ischion et le bord sciatique du trou ovale. Toutes les parties saillantes sont fortement usées et ici, de même que dans les points de fracture, le tissu spongieux est à découvert et ses pores remplis de glaise jaune. Toutes les épiphyses, ainsi que l'union glenoïdale des trois éléments de l'os, sont complètement consolidées, ce qui prouve, sans laisser lieu à aucun doute, que ce fragment d'os appartenait à un adulte et non, comme l'affirmait Dickeson, à un jeune homme de 16 ans. L'aile iliaque est un peu inclinée en dehors, sa face interne fortement concave, les lignes semicirculaires inférieure et supérieure de la face interne sont assez clairement marquées. Toutes les dimensions sont petites pour appartenir au bassin d'un adulte ». (Schmidt, 1885, p. 36-37).

Dans sa publication originale de 1872, où se trouvent naturellement aussi les détails ci-dessus, Schmidt nous fait part de quelques mesures prises sur le fragment de Natchez; ce sont les suivantes (en mm.) :

| | Natchez |
|---|---|
| Hauteur totale depuis le point le plus bas de la tubérosité sciatique jusqu'au point le plus élevé (supposé) de la crête | 185 |
| Distance du point le plus élevé de la grande échaucrure au point le plus bas de la tubérosité sciatique | 103 |
| Distance du centre de la cavité cotyloïde au point le plus bas de la tubérosité sciatique | 72 |
| De l'épine antéro-supérieure (supposée) au point le plus voisin de la grande échancrure sciatique | 95 |

1872. Schmidt, E., *Zur Urgeschichte Nordamerikas. Archiv für Anthropologie*, V, 1872, p. 247-248.

1887. Schmidt, E., *Die ältesten Spuren des Menschen in Nordamerika*, Hamburg, 1887, p. 31-37.

1889. Leidy, J., *Notice of some fossil human bones. Transactions of the Wagner Free Institute of Science of Philadelphia*, II, 1889, p. 9-12, pl. I-II.

1900. Wilson, Th., *La haute ancienneté de l'homme dans l'Amérique du Nord. Comptes-rendus du Congrès International d'Anthropologie et d'Archéologie préhistorique, XIIe session*, Paris, 1900, p. 174-177.

| | Natchez |
|---|---|
| Point le plus mince de la fosse iliaque | 4 |
| Epaisseur de l'os à l'angle antérieur de la face auriculaire | 25 |
| Diamètre de la cavité cotyloïde | 27 |

Leidy, qui n'a pas connaissance des investigations de Schmidt, dit, page 10, au sujet du fragment de Natchez, seulement ce qui suit : « It differs in no respect from an ordinary average specimen of the corresponding recent bone of man. »

De l'abondance de détails que nous avons donnés ici au sujet des restes de bassins humains fossiles, malheureusement il n'y en a qu'un certain nombre qui puissent être comparés avec le bassin de Frias, par la raison que les études ont été faites en partie sous des points de vue différents ; je regrette, par exemple, que, dans aucune des figures adjointes aux travaux originaux relatifs aux bassins de Néanderthal, Krapina, Natchez, la grande échancrure sciatique n'ait pas été représentée en projection droite, pour faciliter sa comparaison exacte avec celle du bassin de Frías. Dans tous les cas, le rapprochement que nous faisons ici entre les différents bassins ne sera pas sans utilité pour un grand nombre de personnes.

### VERTÈBRES

« Quatre vertèbres plus ou moins entières et trois ou quatre fragments informes. Les premières sont les sixième cervicale, septième cervicale dont l'apophyse épineuse est bifurquée, première et deuxième dorsales. Elles appartiennent manifestement à un même sujet de très petite taille et présentent sur le pourtour anguleux de leurs faces supérieure et inférieure des traces d'ossification pathologique se rapportant à cette altération sénile que, sur les articulations des membres, on qualifierait d'arthrite sèche ou de rhumatisme chronique. » (Broca.)

De ces vertèbres énumérées par Broca, il n'en existe plus qu'une partie. Ne pouvant donc m'occuper de la totalité des pièces précédemment inventoriées, je vais étudier les pièces qui existent encore. Ce sont cinq fragments de vertèbres cervicales et dorsales, dont il n'y a que peu de chose à dire, une vertèbre cervicale presque complète et une vertèbre dorsale incomplète.

La *vertèbre cervicale* (fig. 9-10) est presque complète, moins les défectuosités suivantes : la branche gauche de la bifurcation de l'apophyse épineuse est brisée ; la surface articulaire gauche inférieure et la droite supérieure sont un peu endommagées ; en outre, manquent également les deux apophyses transversales et les deux côtes dorsales [1]. Sauf cela

[1] Je suis la nomenclature de Disse dans le tome I du *Handbuch der Anatomie des Menschen*, edité par Karl von Bardeleben, Jena, 1896, p. 51-52.

le fragment est bien conservé. Elle me fit l'effet d'être la cinquième vertèbre cervicale, surtout à cause de la grandeur relative du corps de l'os et du peu de longueur de l'apophyse épineuse qui, dans la 6e et 7e vertèbres cervicales, au moins dans celles appartenant à des squelettes d'indiens sud-américains, avec lesquelles je les comparai, était beaucoup plus longue que dans les vertèbres antérieures. Pour être plus sûr de moi, j'envoyai cette pièce, ainsi que la vertèbre dorsale que je devais décrire plus tard à mon collègue et ami le docteur Paul Bartels de Berlin qui proposa les deux pièces à l'examen de M. le professeur Waldeyer, sans lui faire connaître d'abord mon diagnostic. Ces messieurs comparèrent la vertèbre en question avec d'autres pièces analogues du musée de l'institut anatomique de Berlin. M. Waldeyer la considère comme une 6e vertèbre cervicale, pour trois raisons : à cause de la forme de l'apophyse épineuse qui ne ressemble ni à celle de la 7e, ni à celles des vertèbres supérieures; à cause de la grandeur relative du corps de l'os; à cause de la position des apophyses articulaires. Dans la lettre qu'il m'écrivit alors M. Bartels me disait que peut-être aussi s'agissait-il d'une 5e vertèbre cervicale. Je me fais un devoir d'offrir ici-même à ces deux messieurs l'assurance de ma plus sincère gratitude.

L'anatomiste qui une fois seulement a étudié des vertèbres isolées provenant de races non européennes, ne s'étonnera ni de mon hésitation, ni de la discordance des deux diagnostics.

J'ai essayé de réunir dans les tables suivantes les grandeurs respectives, en y comprenant également les mesures relatives aux vertèbres dorsales que je me propose de décrire plus tard.

*Table des mesures des vertèbres de Frías*

| | Vertèbre Cervicale | Vertèbre Dorsale |
|---|---|---|
| *Corps de la vertèbre.* Diamètre antéro-postérieur (du milieu de la surface antérieure au milieu de la surface postérieure) . . | 15 | 23 |
| Diamètre transversal (entre les milieux des surfaces latérales, en dedans des trous transverses) . . . . . . . . . . . . . . . . . . | 24 | 24 |
| Diamètre vertical (entre les milieux des surfaces antérieure et inférieure) . . . . . . . . . . . . . . . . . . . . . . . . . . . . . . . . . . . . . | 8.5 | 14.4 |
| Hauteur antérieure (=diamètre vertical antérieur, du point supérieur au point inférieur de la ligne médiale ventrale) | 9 | — |
| Hauteur postérieure (=diamètre vertical postérieur, du point supérieur au point inférieur de la ligne médiale dorsale) | 11 | — |
| *Trou vertébral.* Diamètre antéro-postérieure (du milieu de la surface postérieure du corps de la vertèbre, au milieu opposé). | 15 | 14 |
| Diamètre transversal (distance intérieure des deux racines des arcs vertébraux) . . . . . . . . . . . . . . . . . . . . . . . . . . | 21 | 15 |
| *Vertèbre entière.* Diamètre antéro-postérieur (du milieu de la surface antérieure du corps de la vertèbre, au fond de la bifurcation de l'apophyse épineuse) . . . . . . . . . . . . . . . . . . . . | 40 | — |
| Diamètre transversal (de l'incisure articulaire supérieure et inférieure, d'un côté à l'autre) . . . . . . . . . . . . . . . . . . . . . . | 42 | — |

Bien que toutes ces mesures n'aient été prises que rarement sur des vertèbres, elles peuvent néanmoins prendre place ici comme matériel de comparaison, en vue d'investigations futures.

Le corps de la vertèbre cervicale de Frías, comparée avec celle des 5 Africains de Reinecke [1], est extrêmement large, tandis que le diamètre antéro-postérieur est presque égal; les trois diamètres verticaux sont plutôt petits.

La surface caudale du corps de la vertèbre cervicale présente un sillon antéro-postérieur qui la divise en deux parties égales; il est plus marqué en arrière et pénètre assez profondément dans le bord. Il s'agit peut-être ici des vestiges des deux centres d'ossification du corps de la vertèbre, mail il est à remarquer que la surface crâniale ne présente aucune trace de sillon.

Les bords des arcs vertébraux qui limitent le trou vertébral, sont assez

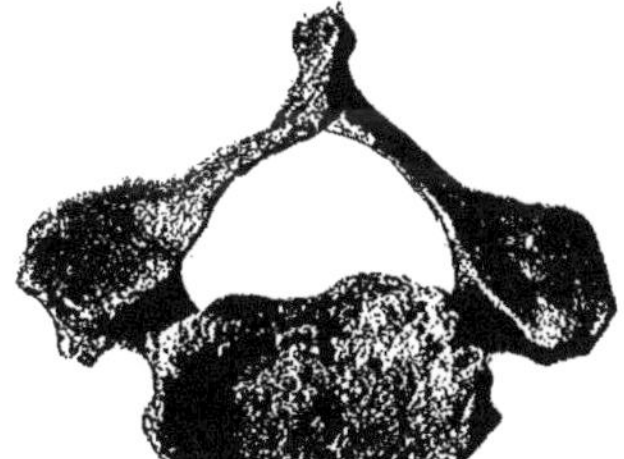

Fig. 9. — Vertèbre cervicale de Frías vue d'en haut. (Gr. nat.).

Fig. 10. — Vertèbre cervicale de Frías vue d'en bas. (Gr. Nat).

fortement cambrés, et, par la même raison, la forme du trou est plutôt semi-lunaire que triangulaire.

L'apophyse épineuse est très courte; elle se bifurque en deux petits moignons, comme deux petites cornes fortement cintrées (la gauche est plus défectueuse que la droite), conformation parfaitement en harmonie avec les données de Martin [2] : l'apophyse épineuse de la 5e vertèbre cervicale présente chez les européens et les indiens de la Terre de Feu un commencement de bifurcation qui n'existe pas chez les « races inférieures »; au contraire dans les trois quarts des cas, cette même apophyse ne présente aucune division dans la 6e vertèbre cervicale. (Cette dernière observation s'applique aux fuégiens; les données nous manquent au sujet des autres races.)

[1] REINECKE, P., *Beschreibung einiger Rassenskelette aus Afrika. Archiv für Anthropologie*, XXV, 1898, p. 227.

[2] MARTIN, R., *Zur physischen Anthropologie der Feuerländer. Archiv für Anthropologie*, XXII, 1894, p. 169.

A la place de la côte cervicale droite, il n'y avait qu'une légère rugosité, peu saillante. (La vertèbre, extrêmement fragile, avait souffert avant d'être photographiée, une détérioration, qui ne permet plus de se rendre compte de cette circonstance, dans les fig. 9-10.)

Des apophyses transverses nous ne pouvons rien dire, puisqu'elles n'existent plus.

La forme de la vertèbre est légèrement asymétrique; l'arc droit est un peu plus épais et plus courbé que le gauche dont la forme est plus droite. On pourrait croire à une faible scoliose dextro-convexe.

Pour terminer, nous mentionnerons encore une altération pathologique : les deux bords latéraux de la surface supérieure du corps de la vertèbre sont un peu gonflés, évidemment sous l'influence de l'*arthritis deformans*. La surface de cette enflure a subi l'effet du frottement dans sa partie postérieure gauche et commence à reluire. Le bord de la surface inférieure du corps de la vertèbre est moins déformé. Vu de face, le bord des deux surfaces paraît faire légèrement saillie.

Ainsi donc, je n'ai pu découvrir aucun caractère ostéologique qui ne puisse exister dans la conformation des vertèbres de l'homme contemporain.

La *vertèbre dorsale* est fort endommagée et il n'est pas possible de la déterminer avec une précision suffisante. Si je m'en rapporte à la relation de grandeur qui existe entre le corps et le trou vertébral, je la considère comme une 7e ou 8e vertèbre; suivant M. Waldeyer, elle appartient à la partie médiale de la région dorsale.

Le corps de la vertèbre est fortement asymétrique; la moitié droite est sensiblement plus développée et fait saillie en avant et à droite. Les bords de ce même corps, principalement à droite et en bas, se sont affaissés en lambeaux irréguliers, pareils à des morceaux de pâte récemment pétrie *(arthritis deformans)*.

Les quelques mesures qui ont été prises ont été communiquées en même temps que les mesures analogues de la vertèbre cervicale.

Les points suivants sont également dignes d'appeler notre attention : Le trou vertébral est de forme anguleuse avec des angles arrondis. Les apophyses transverses sont fortement divergentes et dirigées latéralement, d'une façon plus accentuée que dans les autres vertèbres avec lesquelles nous les comparons et dans lesquelles elles se dirigent plutôt vers l'arrière, d'où il résulte que ces dernières forment entre elles un angle plus aigu. C'est là peut-être la particularité la plus frappante que présente cette pièce anatomique. L'apophyse transverse, la seule que existe encore est courte et ramassée, la fosse costale transversale est partagée en deux parties inégales séparées entre elles par un intervalle de la largeur d'un millimètre.

Je ne vois d'ailleurs rien de remarquable, ni dans les fosses costales supérieures et intérieures, ni dans les surfaces articulaires supérieure et inférieure.

COTES

« Douze côtes ou fragments de côtes provenant d'un même sujet, de petite taille encore. L'une des côtes entières présente sur son bord inférieur un élargissement qui ferait croire qu'elle appartient à un autre sujet, si une disposition analogue, mais atténuée, n'existait sur une au-

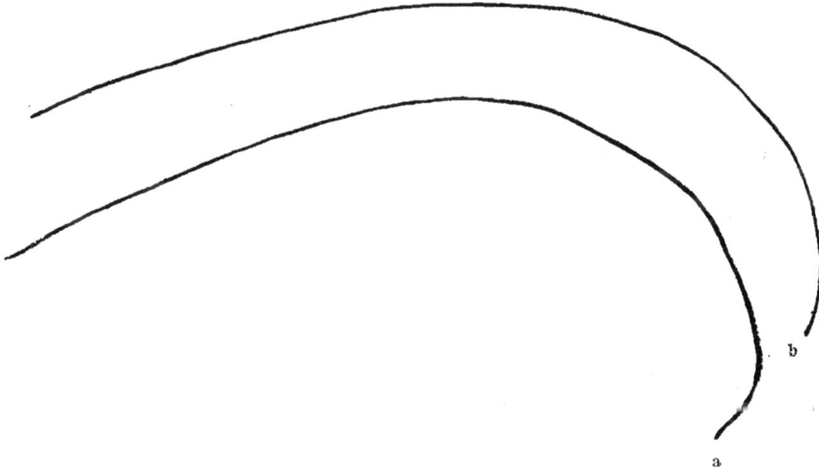


Fig. 11. — Contours du cintre horizontal de deux côtes gauches de Frias. (Gr. nat.).

tre côte; c'est le résultat d'une hypérostose sénile du genre de celle que présentent les vertèbres. » (Broca.)

Il existe encore 12 fragments ou débris ; deux côtes médiales gauches sont un peu mieux conservées. Le bord inférieur, notablement saillant, est, en réalité, comme l'observe Broca, quelque peu enflé en arrière.

L'une de ces côtes *(a)*, probablement la 8ᵉ ou la 9ᵉ, d'ailleurs bien conservée, n'est détériorée que vers son extrémité antérieure. Le relief de la partie dorsale externe, dans le voisinage du tubercule est très prononcé, surtout la surface extérieure du col. Entre le bord supérieur de la fosse costale du tubercule et le capitulum, on distingue un sillon longitudinal profond. Le sillon costale est surtout notable sous ce point de vue, depuis le tubercule jusqu'à la partie antérieure. La côte est très grêle (4 millimètres de diamètre médio-lateral) et très large (19 millimètre de diamètre cranio-caudal).

L'autre côte *(b)* probablement la 7° ou la 8° est defectueuse; vers l'extrémité dorsale la lame externe a disparu et il n'existe plus que la lame interne, suffisante d'ailleurs pour établir encore la courbure (voir plus loin). Comme la précédente, cette côte est très grêle (4, 5 millimètres) et large (17 millimètres).

Ces deux côtes sont assez fortement tordues dans le sens longitudinal, et courbées en forme d'S, dans la direction verticale. Si l'on applique leur bord supérieur sur une feuille de papier, deux points restent distinctement marqués: le capitulum et la partie supérieure du bord cranial. En appuyant davantage de droite à gauche et réciproquement, d'une extrémité à l'autre, on arrive à marquer, peu à peu, tous les points du bord supérieur; l'on peut donc tracer au crayon le bord intérieur, pour obtenir les contours de la courbe horizontale de l'os (fig. 11). L'on trouve ainsi, facilement, que les côtes sont peu cintrées, que le thorax était de petites dimensions et terminait en forme de quille vers sa partie antérieure.

### OSSEMENTS DE LA MAIN ET DU PIED

« Un scaphoïde du pied et un métatarsien. C'est le plus petit scaphoïde humain qu'on puisse imaginer; la grande dimension de sa fosse articulaire ne mesure que 26 millimètres. »

« Sept métacarpiens quelques-uns anormalement contournés et offrant à leurs extrémités des traces d'arthrite sèche. Un, le métacarpien du pouce gauche, a 38 millimètres de longueur ».

« Huit phalanges de la main. » (Broca.)

M. le professeur Leboucq, le celèbre anatomiste de l'Université de Gand, a eu la rare amabilité d'examiner ces pièces et de mettre à ma disposition ses appréciations à leur sujet; ce dont les spécialistes, ainsi que le Musée de La Plata doivent lui être profondément reconnaissants. Je publie ici intégralement son mémoire.

*Étude sur les os de la main et du pied trouvés par M. Ameghino sur les bords de l'arroyo Frías dans la formation pampéenne (République Argentine)*, par M. H. Leboucq.

Les ossements humains dont il est question dans cette note ont été recueillis au cours de fouilles exécutées en 1873 dans la province de Buenos Aires par le savant paléontologiste Florentino Ameghino auquel la science est redevable de nombreux documents sur la paléontologie de l'Amérique du Sud. Les renseignements historiques ont été déjà fournis par M. Lehmann-Nitsche, chef de la section anthropologique au

Musée de La Plata, qui a bien voulu me charger de décrire cette partie des os.

Ameghino commença ses explorations paléontologiques en 1869 et déjà l'année suivante il trouva au bord d'un ruisseau (l'arroyo Frías, près de Mercedes, province de Buenos Aires) des restes humains assez importants qui ont été depuis transportés en Europe et se sont malheureusement égarés sans avoir été décrits. Trois ans plus tard, il fit au même endroit de nouvelles trouvailles. L'endroit exact des fouilles se trouve sur la rive gauche du ruisseau dans le voisinage du pont qui venait d'être construit. La rive y a environ 2 mètres de hauteur au-dessus de la surface de l'eau, elle est formée de lœss pampéen supérieur à couches stratifiées de sable et d'argile avec quelques concrétions calcaires. Le 24 septembre il trouva d'abord des fragments d'une carapace d'*Hoplophorus* sous laquelle ont découvrit une masse noire qui après dessiccation fut reconnue être du charbon de bois. Ces traces de la présence de l'homme étant établies, Ameghino fit pratiquer des fouilles systématiques couche par couche et parvint à mettre au jour un grand nombre d'ossements d'animaux fossiles et des produits du travail humain qui seront décrits par M. Lehmann-Nitsche. Ameghino désigna le gisement sous le nom de *Paradero* I.

Dans les couches inférieures, à plus de 2 mètres au-dessous de la surface de l'eau, donc à une profondeur totale de 4 mètres, se trouvaient des ossements humains mêlés à ceux d'animaux fossiles. Le terrain est de formation pampéenne sans aucun remaniement artificiel ; il n'est pas admissible non plus que les os s'y soient glissés par une crevasse naturelle. Ameghino le considérait comme tertiaire, ce qui d'après Lehmann-Nitsche est inexact ; il est sans aucun doute pleistocène.

Ameghino a publié en 1880 dans la *Revue d'Anthropologie* de Broca (9e année, 2e série, T. III, p. 1-12) un article accompagné de 3 planches sur les *Armes et instruments de l'homme préhistorique des Pampas,* suivi d'une note de P. Broca lui-même faisant l'énumération succincte des os humains trouvés. Il y signale notamment une portion d'os iliaque, des vertèbres, des côtes, une tête de radius et une dent. Sous les numéros 4 à 6 de son énumération figurent les os de la main et du pied que M. Lehmann-Nitsche a confiés à mon examen. Broca les décrit de la manière suivante (l. c., p. 12) :

« 4° Un scaphoïde du pied et un métatarsien. C'est le plus petit scaphoïde humain qu'on puisse imaginer; la grande dimension de sa fosse articulaire ne mesure que 26 millimètres.

« 5° Sept métacarpiens ; quelques uns anormalement contournés et offrant à leurs extrémités des traces d'arthrite sèche. Un, le métacarpien du pouce gauche, a 38 millimètres de longueur.

« 6° Huit phalanges de la main. »

Cet inventaire n'est pas tout à fait conforme aux pièces que j'ai reçues : il n'y a que 7 phalanges de la main ; par contre il y a un os non signalé dans cette énumeration : c'est le trapézoïde du carpe, ce qui fait que le nombre total des pièces (2 + 7 + 7 + 1 = 17) est concordant.

J'ai examiné ces os avec tout le soin qu'ils méritent, non pas avec l'espoir d'y trouver des choses extraordinaires, mais à cause de la rareté des objets. Les os de la main et du pied sont en général mal conservés ou même complètement perdus dans les gisements préhistoriques et si l'on possède déjà assez bien de documents se rapportant à d'autres parties du squelette (crâne et os longs des membres), on ne connaît pour ainsi dire rien sur la structure de la main et du pied des hommes préhistoriques.

J'ai commencé par faire un premier classement pour l'identification des os et leur position droite ou gauche ; j'ai pris pour guide l'excellent travail de Pfitzner [1], *Beiträge zur Kenntnis des menschlichen Extremitäten-skelets* (in *Schwalbe's Morphologische Arbeiten,* II, 1892), ce qui a notablement facilité ma tâche.

Voici le résultat de ce premier classement.

*Main droite*

| | |
|---|---|
| Carpe : Trapézoïde | 1 |
| Métacarpe : I, II, III, IV, V | 5 |
| Première phalange : 1, —, 1, 1, 1 | 4 |
| Deuxième phalange : —, —, 1, —, 1 | 2 |
| Total | 12 |

*Main gauche*

| | |
|---|---|
| Métacarpe : 2 premiers métacarpiens | 2 |
| Phalange : la première du cinquième doigt | 1 |
| Total | 3 |

*Pied droit*

| | |
|---|---|
| Tarse : 1 scaphoïde | 1 |
| Métatarse : 1 deuxième métatarsien | 1 |
| Total | 2 |

Au point de vue des caractères physiques, ces 17 os peuvent se diviser en deux groupes, l'un ne renfermant que le plus long des 2 premiers métacarpiens gauches ; l'autre, les 16 autres pièces. Ces derniers sont secs, durs, compacts, paraissant complètement fossilisés et ayant perdu

[1] Pfitzner, W., *Beiträge zur Kenntnis des menschlichen Extremitätenskelets. V. Morphologische Arbeiten,* II, 1892, p. 110.

toute trace de matière organique; leur coloration est gris-sale. Quand on les agite ensemble, ils résonnent comme des fragments de pipe en terre. Le plus long des 2 métacarpiens du pouce gauche a un aspect différent : il a une coloration brun-acajou tout en paraissant aussi complètement fossilisé; il est également dur et compact, il est assez bien conservé. La coloration lui a probablement été communiquée par une terre argileuse.

Les caractères morphologiques de la plupart des os sont assez bien conservés par les os entiers ou par des fragments pour permettre de les identifier sans hésitation. Ils sont, surtout ceux des mains (sauf le métacarpien I gauche signalé plus haut), petits, grêles à arêtes fortement accusées. Les limites des surfaces d'insertion des muscles interosseux sur les métacarpiens sont marquées par des lignes rugueuses, ce qui donne surtout au 4e et au 5e un aspect tordu à la diaphyse. C'est probablement à ceux-là que Broca fait allusion quand il dit que quelques-uns des métacarpiens sont « anormalement contournés » (v. plus haut). Il y a également aux métacarpiens 2 et 3 et au 2e métatarsien une certaine diminution d'épaisseur de la diaphyse dans sa partie distale ce qui fait paraître les épiphyses distales plus volumineuses. Tous ces caractères donnent aux métacarpiens et au métatarsien des profils durs encore exagérés en certains points par l'existence de petites exostoses arthritiques, caractéristiques des os de personnes âgées.

Je passe maintenant en revue les divers os en insistant spécialement sur leur longueur qui doit nous fournir les principales données au sujet du sexe et du nombre d'individus dont proviennent les pièces squelettiques. A côté de chaque mesure j'ai mis entre parenthèses les chiffres moyens des longueurs de ces os d'après Pfitzner.

### MAIN DROITE

1° *Trapézoïde.* — Petit, assez détérioré mais suffisamment reconnaissable toutefois.

2° *Métacarpiens I à V.* — Le 1er, 4e et 5e sont intacts; le capitulum du 2e est séparé de la diaphyse et les bords de la cassure sont endommagés, mais la juxtaposition des fragments ne laisse aucun doute. La base du 3e manque partiellement du côté dorsal. Il y a une disproportion assez marquée entre les 2e et 3e d'une part et les 4e et 5e de l'autre, mais on sait qu'il existe normalement une certaine disproportion entre ces deux groupes de métacarpiens et elle n'est pas suffisante ici pour ne pas admettre que les 5 proviennent du même individu. Voici les longueurs des métacarpiens [1] :

[1] Les longueurs sont données en millimètres. Les moyennes de Pfitzner sont placées

$$M^{I} = 42\left(\frac{44.5}{41.6}\right);\ M^{II} = 62\left(\frac{65.6}{61.9}\right);\ M^{III} = 60\left(\frac{62.9}{59.4}\right);$$

$$M^{IV} = 49\left(\frac{56.6}{53.6}\right);\ M^{V} = 46\left(\frac{52.8}{59.8}\right).$$

3° *Phalanges.* — Les 4 premières phalanges (ph. basales) proviennent des doigts 1, 3, 4, 5. 1 et 5 sont légèrement endommagées, toute la partie proximale du 4 fait défaut de sorte qu'il est impossible de déterminer sa longueur; 3 est intacte.

Les longueurs respectives sont :

$$Pb^{I} = 28\left(\frac{29.4}{27.5}\right);\ Pb^{III} = 39\left(\frac{43.5}{41.0}\right);\ Pb^{V} = 31.5\left(\frac{32.3}{30.4}\right).$$

Les 2 deuxièmes phalanges appartiennent aux troisième et cinquième doigts; leur longueur est : $Pm^{III} = 25{,}5\left(\frac{28.6}{26.9}\right)$; $Pm^{V} = 16\left(\frac{19.2}{18.1}\right)$.

On voit que toutes ces mesures se rapprochent des chiffres moyens de la femme et leur sont même inférieures dans le domaine des derniers doigts ; ils sont toujours supérieurs à la moyenne chez l'homme. Nous croyons pouvoir en conclure que tous sont des os de femme et sans trop nous arrêter à quelques oscillations inévitables dans les mensurations et nous attachant spécialement à la concordance des caractères généraux nous admettons que ces 12 os appartiennent à la main d'une même femme qui était d'un âge avancé.

### MAIN GAUCHE

Les os de la main du côté gauche sont 2 premiers métacarpiens et une phalange basale. Celle-ci se trouve répondre aux caractères morphologiques d'une première phalange du 5e doigt. Les pièces sont relativement bien conservées. L'un des métacarpiens, le plus court, et la phalange ont l'aspect général des os de la main droite et même la phalange basale du 5e doigt a sensiblement la même longueur que la correspondante à droite (31 à gauche; 31,5 à droite). Le métacarpien n'a que 38,5 de long, par conséquent 3,50 de moins que celui de droite. D'après Pfitzner dont les assertions sont basées sur un nombre très considérable d'observations les différences de longueur de deux os correspondants des deux mains

entre parenthèses sous forme de fraction : la moyenne pour le sexe masculin est en numérateur, pour le sexe féminin en dénominateur.

du même sujet sont très minimes ne dépassant jamais quelques dixièmes de millimètres. Partant de là on pourrait admettre que la première phalange du 5e doigt, droite et gauche proviennent du même sujet (différence 0,5), mais la différence de 3,50 entre les deux premiers métacarpiens droit et gauche serait trop forte pour les attribuer au même sujet, à moins d'admettre une variation individuelle, ce que rien ne nous autorise à faire. Par sa taille, il provient également d'une femme mais plus petite que celle de la main droite.

Quant au second des deux premiers métacarpiens gauches (long. 43,5) ses caractères généraux décrits plus haut l'éloignent des autres os, de sorte qu'on n'hésite pas à l'attribuer à un autre sujet que les précédents. Il provient d'un adulte et par sa longueur se rapproche de la moyenne du sexe masculin (44,5).

### PIED DROIT

Le scaphoïde et le métatarsien II du pied droit ont les caractères généraux de la majorité des os précédents. Les déformations arthritiques y sont plus prononcées que sur ceux-ci.

Le métatarsien endommagé à la base, mesure 72 millimètres de long, et par conséquent dépasse un peu la moyenne de l'homme (71,6).

Le scaphoïde est celui des os qui a été le plus déformé par un processus inflammatoire chronique. Son côté péronier est aplati au point de n'avoir que 5 millimètres d'épaisseur tandis que le côté tibial de la fossette articulaire en a 18. Les trois facettes antérieures pour les cunéiformes sont distinctes mais déformées à la périphérie par de petites exostoses; il n'y a pas de facette pour le cuboïde. La tuberositas navicularis est bien prononcée sans dépasser les limites ordinaires. La cavité postérieure pour la tête de l'astragale est elliptique sans prolongement triangulaire inférieur. Elle a 26 millimètres de largeur transversale et 20,5 de hauteur. Elle paraît assez profondément excavée. M. Lehmann-Nitsche avait remarqué cette particularité et l'avait signalée dans une note manuscrite accompagnant l'envoi des os. J'ai tâché de rendre cet état de la cavité plus sensible par la mensuration comparée de scaphoïdes modernes normaux : je mesure au moyen d'un index gradué glissant perpendiculairement sur une autre règle la distance du fond de la cavité à son diamètre transversal : la longueur de la flèche est de 7 millimètres tandis que sur une cinquantaine d'autres scaphoïdes d'adultes elle oscille entre 5,5 et 6,5; quelques uns arrivent à 7. La profondeur est moindre dans le sens vertical (3,5) ce qui correspond à la moyenne normale. L'excavation plus forte de cette cavité répond à une courbure plus marquée de la tête de l'astragale dans le sens transversal. Je ne fais que signaler le fait, sans pouvoir en tirer de conclusions. Il est certain que l'articulation astragalo-scaphoïdienne joue un rôle important dans la statique du pied et que ce détail des courbures des surfaces articulaires mériterait d'être contrôlé sur d'autres scaphoïdes provenant d'aborigènes de l'Amérique du Sud.

Le scaphoïde que je viens de décrire ne présente rien d'extraordinaire quant à son volume général et il est inconcevable comment un observateur de la valeur de Broca ait pu dire que « c'est le plus petit scaphoïde humain qu'on puisse imaginer ». Ce serait à croire qu'il avait sous les yeux un autre scaphoïde quand il écrivait ces mots, mais il ajoute dans la même phrase la mesure exacte du diamètre transversal de la cavité articulaire : 26 millimètres, ce qui est la longueur moyenne chez l'adulte.

Les deux os du pied ont des caractères généraux qui les rapprochent des os de la main et semblent permettre de les attribuer au même sujet que ceux de la main droite, mais la longueur du métatarsien II dépasse assez bien la moyenne de la femme et même un peu celle de l'homme. Toutefois il serait téméraire de se baser sur cette unique mesure pour toucher la question de sexe. Il s'agit dans tous les cas d'une personne âgée présentant comme celle de la main droite des déformations arthritiques.

En résumé : 1° les os préhistoriques de la main et du pied recueillis au ruisseau de Frías ne présentent aucune particularité morphologique saillante qui les différencie des os modernes.

2° Ils proviennent d'au moins 2 individus savoir :

*Sujet A.* — 1^er^ métacarpien gauche, adulte (homme ?).

*Sujet B.* — Tous les os de la main droite et (?) la phalange basale du 5^e^ doigt gauche (femme âgée).

*Attributions incertaines.* — Le 1^er^ métacarpien gauche pourrait par variation individuelle appartenir au sujet B mais il est plus probable, vu la différence de longueur, qu'il provient d'un autre (sujet C) également femme âgée, plus petite que B. Dans cette dernière hypothèse la phalange basale du 5^e^ doigt gauche attribuée à B pourrait également appartenir à C.

Enfin l'incertitude est tout aussi grande pour les 2 os du pied provenant d'un sujet âgé ; sexe ? (sujet D) qui, en faisant abstraction de la longueur du métatarsien, pourrait aussi être le même que le sujet B.

### TÊTE DU RADIUS

« Une tête de radius très petite. » (Broca.)

Ce n'est qu'un fragment très petit et sans importance.

### DENT

« Une dent, probablement une incisive supérieure médiale, dont la racine est défigurée par un abondant dépôt de cément et dont la couronne est très usée en biseau. » (Broca.)

La dent est tellement usée qu'il est presque impossible de rien reconnaître en elle. A la place de la couronne dentaire, on ne voit qu'un biseau aiguisé des deux côtés. A cause de l'atrophie sénile des alvéoles, la dent paraît n'avoir été soudée que d'un côté avec le sommet de la racine, tandis qu'elle restait libre de l'autre côté, et en effet, l'une des surfaces larges de cette même racine est usée par le frottement jusqu'à 6 millimètres en avant du sommet terminal et d'une couleur blanche reluisante. La tête de la racine est épaisse et noueuse; l'ouverture du canal de la pulpe se distingue encore sous la forme d'un petit point.

### OBSERVATIONS GÉNÉRALES

Broca termine ses observations dans les termes suivants :

« De cet ensemble on peut légitimement conclure que tous ces os appartiennent à une femme très âgée, atteinte d'altérations séniles du squelette et dont la taille très petite descend assurément au-dessous de $1^{m}50$. »

Il me semble également que les os ici décrits proviennent d'un seul individu, une femme âgée, exception faite des os de la main et du pied étudiés par Leboucq. Broca n'ayant pas soumis ces derniers à un examen minutieux, la legère erreur par lui commise est très justifiable, surtout aux yeux de toute personne qui se rend compte de la difficulté d'une étude attentive des os de la main et du pied, comme celle que nous devons à M. Leboucq.

### SALADERO

**1876. Restes d'ossements humains trouvés en 1876 par Santiago Roth, dans les environs de Saladero, près de Pergamino, province de Buenos Aires, conservés au Musée National de Buenos Aires.**

1888. Roth, S., *Beobachtungen über Entstehung und Alter der Pampasformation in Argentinien. Zeitschrift der Deutschen geologischen Gesellschaft.* XL, 1888, p. 400. — Rapport sur l'existence de l'homme dans la formation pampéenne supérieure basé sur le présent cas.

1889. Roth, S., *Ueber den Schädel von Pontimelo (richtiger Fontezuelas). (Briefliche Mittheilung von Santiago Roth an Herrn J. Kollmann). Mittheilungen aus dem anatomischen Institut in Vesalianum zu Basel,* 1889, p. 10-11. Réproduit à la fin de la partie anthropologique du présent travail.

Les circonstances dans lesquelles se fit cette découverte ressortent clairement de la relation que son auteur lui-même nous en a donnée en 1889 :

« Ma première découverte d'un homme fossile date de l'année 1876. Je fis cette trouvaille à une distance d'environ 10 kilomètres du Pergamino près du *saladero* de Reinaldo Otero, propriété de Dionisio Ochoa, dans une *desplayada* ó *comedero*, noms sous lesquels on désigne, dans le langage usuel, des terrains dépourvus de couches d'humus et dans lesquels le lœss est à découvert. Ce sont en général des terrains en pente, remplis de crevasses dont les bords tombent en direction verticale. J'explorais alors la dite *desplayada*, à la recherche de fossiles, en société de José Mayorotti qui m'accompagnait souvent dans mes excursions. Nous avions déjà trouvé quelques endroits où gisaient des restes d'animaux fossiles et nous les avions marqués pour les reconnaître quand nous viendrions plus tard déterrer les ossements, lorsque j'aperçus dans le bord d'une rigole d'environ 3 mètres de profondeur, une portion de crâne qui faisait un peu saillie hors du lœss. Don José pensa tout de suite à un crâne d'indien; mais je lui répondis qu'il s'agissait plutôt de quelque crime occulte, que les Indiens ne possédaient pas d'ustensiles pour creuser la terre, et qu'il se contentaient de recouvrir les cadavres de leurs morts avec le peu de terre qu'ils pouvaient ramasser, tandis que notre squelette était enfoui à une très grande profondeur. Que ces restes pussent appartenir à un homme contemporain du *Glyptodon,* l'idée ne m'en vint même pas à l'esprit. Je n'examinai pas les ossements de plus près n'ayant pas l'intention de les faire exhumer. Cependant, Mayorotti m'ayant manifesté le désir de les déterrer afin de les emporter chez lui, je me mis à l'aider dans cette besogne. Le squelette occupait la position assise, les deux jambes allongées, la tête quelque peu inclinée vers l'avant. Tous les os se trouvaient dans leur position normale les uns par rapport aux autres. Nous observâmes avec détention toutes ces circonstances, dans la supposition d'un crime; nous continuâmes nos recherches dans l'espérance de trouver quelques indices qui pussent nous mettre sur la voie pour décider s'il s'agissait d'un chrétien ou d'un indien; nous ne trouvâmes absolument rien. De la forme du crâne qui, du reste se défit en un grand nombre de fragments, je n'ai plus aucun souvenir; je me rappelle seulement qu'un médecin, le docteur Menéndez de Pergamino me dit que le volume des os indiquaient un sujet de 13 à 14 ans et que Mayorotti lui objecta que les dents étaient trop usées pour appartenir à un adolescent. Un an plus tard, environ, je vis dans le jardin de M. Mayorotti quelques fragments d'os fossiles abandonnés, et, lui ayant demandé d'où provenaient ces os, il me répondit qu'ils appartenaient au même squelette humain que nous avions deterré près du Saladero, mais que les os qu'il avait laissés exposés à l'air libre pour les faire blanchir par l'action du soleil et de la pluie, étaient maintenant réduits en morceaux.

Dans cet intervalle, j'avais fait exécuter d'autres excavations qui avaient mis à découvert une arme de silex, à côte des restes d'un *Scelidotherium* [1]. Cette trouvaille me mit dans une grande perplexité. M. Pedro Pico, à qui je communiquai mes trouvailles, me répondit que ce n'était pas la première fois que le cas se présentait, et qu'une autre personne avait déjà trouvé une arme absolument identique au milieu des restes d'un *Machœrodus* [2]. Je laissai l'arme à M. Pico. En même temps, je vins à savoir que M. Séguin, longtemps auparavant avait déjà trouvé sur les bords du río Carcarañá des ossements humains fossiles mêlés à des ossements de l'*Ursus bonaërensis*. Ces circonstances me décidèrent alors à rassembler les os qui existaient encore du squelette du Saladero, pour les envoyer à M. Burmeister à Buenos Aires.

« J'avais complètement oublié ma découverte du Saladero, lorsque, en 1881, j'apportai à M. Burmeister, avec l'intention de la soumettre à son examen, la mâchoire inférieure du crâne de Fontezuelas [3]. M. Burmeister sortit alors du fond d'un tiroir les fragments encore existants des restes humains du Saladero, pour les comparer avec ceux que je venais de lui remettre et me declara que tous ces ossements étaient contemporains et appartenaient à la formation pampéenne. Les appréciations écrites de M. Burmeister sont en contradiction avec ce qu'il m'avait dit, et, en effet, dans un passage déjà cité il s'exprime ainsi [4]. « J'ai vu moi même des dents dites fossiles qu'il m'était impossible de distinguer par aucun caractère, des dents d'anciens crânes indiens ». Cette observation ne peut s'appliquer qu'aux restes humains du Saladero que je lui avais envoyés en 1877, et entre lesquels il y avait un grand nombre de dents. A cette époque, M. Burmeister n'était pas encore convaincu de l'existence de l'homme pendant la formation des couches pampéennes, et, je ne m'explique pas pourquoi il mentionnait seulement les dents qui avaient subi le moins de métamorphoses, sans faire allusion aux fragments des autres os, qu'il reconnut lui-même plus tard contemporains du *Glyptodon*. D'ailleurs, un spécialiste quelconque n'a besoin que de les considérer un instant pour affirmer qu'ils proviennent de la formation pampéenne, en raison des concrétions calcaires caractéristiques dont ils sont couverts et qui obstruent même quelques uns des espaces médullaires ».

[1] Sur les bords de l'arroyo Zanjón, non loin de Pergamino, province de Buenos Aires, suivant communication personnelle de M. Roth. (R. L. N.)

[2] C'est la flèche de pierre trouvée par les frères Breton, avec des restes de *Machœrodus*, dont nous parlerons plus loin.

[3] Les ossements de Fontezuelas seront décrits dans le chapitre suivant.

[4] Burmeister, H., *Description physique de la République Argentine*, t. III, Buenos Aires, 1879, p. 42.

Jusqu'ici M. Roth. Grâce à l'amabilité de l'actuel directeur du Musée National de Buenos Aires, M. Florentino Ameghino je me trouve dans la possibilité de soumettre à un nouvel examen les restes encore existants des ossements fossiles du Saladero, lesquels consistent simplement en deux fragments du fémur gauche et un certain nombre de dents.

Relativement au fémur, je m'occuperai d'abord d'une partie de l'épiphyse proximale. Les cavités spongieuse et médullaire sont complètement remplies de chaux solidifiée; la lame externe, là où elle existe encore, est d'une couleur jaune très claire; elle adhère fortement à la langue. L'angle formé par la diaphyse et le col mesure environ 120°. A la surface antérieure, en dessous de la ligne oblique antérieure et vers sa partie médiane (la partie latérale manque) on constate l'existence d'un léger enfoncement, en forme de rigole. Il est impossible d'entrer dans plus de détails, à cause de la grande friabilité du tissu et de l'état de destruction de l'os, qui ont dû se produire évidemment après la découverte du squelette dont les différentes parties restèrent exposées si longtemps à l'air libre. L'on ne peut pas non plus tenter l'étude du fragment de la diaphyse qui est brisée en direction longitudinale et dont il n'existe plus que la partie postérieure. La cavité médullaire est complètement obstruée par un dépôt de chaux. La crête ne paraît jamais avoir eu un développement remarquable, ni par sa grandeur, ni par sa petitesse.

Les dents sont au nombre de 9, appartenant aux trois catégories; elles sont tellement usées que la moitié supérieure de la couronne n'existe plus, d'où l'on déduit qu'elles proviennent d'un individu avancé en âge. L'émail dentaire est du reste parfaitement conservé, et présente par endroits des parcelles de croûtes dentaires faciles à détacher; les racines adhèrent à la langue. Les dimensions de ces dents n'offrent aucune particularité; mais, en raison de l'état d'usure de la couronne, l'on ne peut penser à prendre des mesures.

*Table des mesures du fémur de Saladero*

| | |
|---|---|
| Angle formé par la diaphyse et le col.............. | 120° |

## FONTEZUELAS

**1881. Squelette humain trouvé en 1881, avec une carapace de *Glyptodon*, par M. Santiago Roth à Fontezuelas, province de Buenos Aires et conservé au Musée Zoologique de l'Université de Copenhague.**

1881. Vogt, Ch., *Squelette humain associé aux Glyptodontes*. Avec discussion (Mortillet, Zaborowski, Vogt). *Bulletins de la Société d'Anthropologie de Paris*, 3e serie, IV, 1881, p. 693-699.

1882. Roth, S., *Fossiles de la Pampa, Amérique du Sud. 2e Catalogue,* San Nicolás, 1882, p. 3-4. (1re édition.)

1883. Virchow, R., *Ein mit Glyptodon-Resten gefundenes menschliches Skelet aus der Pampa de La Plata. Verhandlungen der Berliner Gesellschaft für Anthropologie, Ethnologie und Urgeschichte,* XV, 1883, p. 465-467.

1884. Burmeister, H., *Bemerkungen in Bezug auf die Pampas-Formation. Ibidem,* XVI, 1884, p. 246-247.

1884. Kollmann, J., *Hohes Alter des Menschenrassen. Zeitschrift für Ethnologie,* XVI, 1884, p. 200-205.

1884. Roth, S., *Fossiles de la Pampa, Amérique du Sud. Catalogue nº 2.* Génova, 1884, p. 5-7, pl. I. [2e édition illustrée.]

1887. Quatrefages, A. de, *Histoire générale des races humaines. Introduction à l'étude des races humaines,* Paris, 1887-89, p. 85-86, 105.

1888. Roth, S., *Beobachtungen über Entstehung und Alter der Pampasformation in Argentinien. Zeitschrift der Deutschen geologischen Gesellschaft,* XL, 1888, p. 400.

[Donnée relative à l'existence de l'homme dans la formation pampéenne supérieure, basée sur le présent cas.]

1888. Hansen, S., *Lagoa Santa Racen. En anthropologisk Undersægelse af jordfundne Menneskelevninger fra brasilianske Huler. Med et Tillaeg om det jordfundne Menneske fra Pontimelo, Rio de Arrecifes, La Plata. E Museo Lundii,* I, 5, Kjœbenhavn, 1888, p. 29-34, 37, pl. IV.

1889. Roth, S., *Ueber den Schädel von Pontimelo (richtiger Fontezuelas). (Briefliche Mittheilung von Santiago Roth an Herrn J. Kollmann). Mittheilungen aus dem anatomischen Institut im Vesalianum zu Basel,* [1889], p. 1-4.

Reproduit à la fin de la partie anthropologique du présent travail.

1889. Ameghino, F., *Contribución al conocimiento de los mamíferos fósiles de la República Argentina,* Buenos Aires, 1889, p. 47, 66-67, 84-85.

1892. Virchow, R., *Crania Ethnica Americana,* Berlin, 1892, p. 29.

En 1881 (communication personnelle), M. Santiago Roth, qui s'occupait alors, déjà depuis quelques années, de recueillir des fossiles pampéens, trouve à une demi-lieue (2 à 3 kilomètres) du río Arrecifes, dans le parage appelé Fontezuelas [1], le squelette assez complet d'un homme. Il en écrivit à M. Charles Vogt et, quelque temps après, il publiait lui-même, dans le catalogue numéro II de ses collections (1882-1884; v. a. 1889) des notes complémentaires et des rectifications au sujet de sa trouvaille.

[1] Suivant Latzina *(Diccionario geográfico argentino,* 3a edicion, Buenos Aires, 1889) la vraie orthographe est Fontezuelas, que nous adopterons, et non Fontizuelos, comme Roth l'écrivait en 1889. Fontezuelos est l'ancien nom, aujourd'hui inusité du río Pergamino, qui, dans la partie inférieure de son cours s'appelle Arrecifes. Le nom de Fontezuelas s'est conservé pour désigner le coin de pays compris entre les bourgs de Pergamino et d'Arrecifes, dans la proximité de la rivière (Latzina, l. c., et communications verbales du docteur Santiago Roth).

L'endroit où fut trouvé le squelette se trouve situé sur le penchant d'une ondulation de terrain, non loin de la rivière.

L'humus ayant été dégradé par la pluie, la surface du lœss restée libre laissa voir clairement les bords de la carapace d'un *Glyptodon*, que M. Roth fit aussitôt dégager. Du *Glyptodon* il ne restait aucun ossement; on ne put trouver que la carapace vide, le dos en bas. Cette carapace enlevée, on découvrit, au même niveau, un crâne humain, encore pourvu de sa mâchoire inférieure; la partie supérieure du sommet regardait en haut et l'ouvrier qui exécutait le travail la prit pour une calebasse. Les autres ossements étaient dispersés çà et là, également au même niveau, entre autres un fémur avec quelques débris du bassin, juste sous le dos du *Glyptodon*. « Les côtes étaient très clairsemées; les vertèbres cervicales se trouvaient à un mètre et demi environ du crâne... les os du pied étaient dispersés de tous côtés, et il en manquait une bonne partie. Les os d'une des mains étaient encore à leur place, ceux de l'autre main étaient dispersés. De la colonne vertébrale, je ne trouvai que quelques débris formant une espèce de conglomérat et je les gardai ainsi avec la terre dans laquelle ils étaient mêlés. La colonne vertébrale, ainsi que les autres ossements avaient évidemment été détériorés, avant d'être couverts de terre; dans la plupart, il manque précisément la partie dure externe, tandis que la partie interne spongieuse s'est conservée ». (Roth, 1889, p. 2-3.)

Cette carapace de *Glyptodon* n'a rien à voir avec les débris humains, sauf en ce qui concerne leur contemporanéité, que néanmoins Hansen ne considère pas comme absolument demontrée (1888, p. 30, 37). « Le squelette, dit-il, a été trouvé à une distance d'environ 2 à 3 kilomètres du lit d'une rivière, dans un terrain en pente, où la véritable couche pampéenne formée d'une masse fine de sable et d'argile, n'était pas recouverte d'humus, circonstance par elle même extrêmement intéressante; de plus, les différents os n'étaient pas dans leur position naturelle; ils étaient, au contraire, disséminés sur une très grande étendue, ayant été, paraît-il, roulés de place en place à une époque où le niveau de la rivière était beaucoup plus élevé ». « Quand même il serait absolument certain que les ossements humains se trouvaient sous la carapace, continue-t-il, ce fait ne constituerait pas encore une preuve positive de la contemporanéité de l'une avec les autres, ni de l'antériorité des os humains. La couche pampéenne forme une masse tellement instable et peu compacte que les objets qu'elle renferme ne peuvent y conserver longtemps leur position première. »

A cette singulière interprétation des circonstances de sa découverte, Roth (1889) réplique avec assurance, et, selon moi, avec beaucoup de raison, que tous les explorateurs qui connaissent la formation pampéenne pour l'avoir étudiée personnellement, admettent la contemporanéité de l'homme et des ces édentés, et il conclut en faisant remarquer que, pour expliquer d'une manière simple et naturelle les particularités de sa découverte, il faut supposer que le cadavre humain n'a pas été enterré par la main de l'homme, puisque, dans ce cas, la carapace du *Glyptodon* aurait dû infailliblement être brisée, au moins en partie, pour creuser la terre, sans quoi le bassin et le fémur de l'homme n'auraient pu prendre place au-dessous d'elle; au contraire, il est à supposer que «le cadavre a été quelque temps exposé à l'air libre; que, le cadavre une fois décomposé, les os se sont séparés et disséminés; les uns se sont perdus, d'autres se sont détériorés en tout ou en partie; le reste enfin fut recouvert graduellement par la poussière que charriait le vent, et le fragment de carapace du *Glyptodon* vint plus tard, par l'effet du hasard, s'arrêter au-dessus dans la position où il a été trouvé».

Ayant étudié personnellement les originaux à Copenhague, je puis affirmer, sans craindre de me tromper, que tous les débris du squelette proviennent indubitablement de la formation pampéenne, et que toutes les particularités qu'ils présentent sont absolument identiques à celles que l'on observe dans les os des grands mammifères si connus, ainsi que du reste le fait remarquer expressément M. Hansen lui-même (p. 31). Ils ont la même constitution sèche et spongieuse, sont très fragiles, très friables et d'une couleur jaunâtre tirant au foncé. Quelques-uns, par exemple les humérus, sont couverts des incrustations calcaires si caractéristiques, qui y adhèrent fortement et ne peuvent être séparées sans enlever en même temps la surface de la lamina externa. D'ailleurs, la description détaillée que M. Roth a publiée de sa découverte et qu'il m'a répétée de vive voix à moi personnellement, m'a pleinement convaincu de la contemporanéité du *Glyptodon* et de l'homme de Fontezuelas.

Tous les os trouvés à Fontezuelas, ainsi que d'autres collections paléontologiques de M. Roth ont été achetés par M. le docteur Lausen et données par lui au Musée Zoologique de l'Université de Copenhague, où ils ont été décrits par Hansen. Mais, déjà antérieurement, avaient circulé par le monde savant des notes relatives à cette decouverte, lesquelles avaient donné lieu à différentes communications. M. Virchow en eut connaissance par la photographie originale du crâne prise par M. Roth lui-même et qui lui rappelait les crânes des fameux *sambaquis* du Brésil; M. Kollmann prit même des mesures sur la photographie; M. Quatrefages (1887) la reproduisit et en caractérisa les propriétés métriques, et M. Ameghino l'utilisa plus tard pour sa description. A la fin de la partie ostéologique de notre travail, dans le tableau comparatif des restes humains de la formation pampéenne, nous insisterons sur les appréciations postérieures de M. Ameghino au sujet de cette trouvaille (1906). Toutes ces mesures et tous ces calculs ainsi que les conclusions que l'on en tirait et les comparaisons que l'on établissait, furent reconnues fausses, après que

M. Hansen eut publié (1888) une description exacte des originaux mêmes, et M. Virchow s'écrie dans ses *Crania Ethnica Americana* « quelles précautions ne devons nous pas prendre, quand nous n'avons à notre disposition que des images et des descriptions, au lieu des objets eux-mêmes! voilà ce que nous enseigne le crâne tant discuté de *Fontezuelas*, République Argentine ». M. Hansen ayant pu étudier exactement le crâne, en a publié dans son excellent travail de superbes dessins lithographiques qui remplacent parfaitement l'original et que nous reproduisons ici (v. fig. 12-15). Ce que M. Hansen dit au sujet des autres restes du squelette que M. Roth a énumerés dans son catalogue numéro II et que l'on conserve soigneusement au Musée Zoologique de Copenhague, est fort peu de chose, vu que, à l'époque où il préparait son travail, on ne s'occupait que du crâne et un peu du bassin, tandis que l'on négligeait presque complètement les autres os. Pour remplir cette lacune, j'entrepris donc vers la fin d'octobre 1904, pendant mon séjour en Europe, un voyage à Copenhague, où je reçus l'accueil le plus bienveillant de MM. Jungersen, Winge et S. Hansen. M. Jungersen après avoir mis à ma disposition les précieux objets, me permit de les étudier et même de publier mes observations; M. Winge ne cessa un seul instant de m'aider pendant le cours de mes investigations; quant à M. Hansen il eut l'amabilité de me laisser examiner de nouveau les objets déjà étudiés par lui et de mettre même à ma disposition quelques instruments métriques. A tous ces messieurs mes remerciements les plus expressifs! Jamais de ma vie je n'oublierai les heures tranquilles et heureuses passées dans le cabinet d'études du célèbre Japetus Steenstrup, au milieu de la jolie métropole danoise!

### CRANE

Le crâne de l'homme de Fontezuelas a été décrit et mesuré avec le plus grand soin par M. Hansen, qui a fait au sujet de cette pièce anatomique tout ce qu'il était possible de faire. Je n'ajouterai donc que peu de mots à sa description. La reconstruction du crâne est aussi satisfaisante que possible en raison du grand nombre de fragments qu'il fallait réunir; la forme de la calotte cérébrale est bien reconstituée comme l'a déjà dit, et avec raison, M. Hansen. La base et l'occiput, depuis l'écaille inférieure jusqu'au grand trou occipital, portent les marques d'une compression posthume, qui d'ailleurs modifie à peine la forme du profil (L. N.). La région droite de l'occiput démontre également un aplatissement posthume et de nombreuses fissures. « La partie supérieure du maxillaire droit avec l'arcade zygomatique et tout le côté gauche du même maxillaire se sont déplacés vers l'intérieur, en haut et en arrière, de manière que l'orbite gauche et le nez occupent une position trop basse. On a complété artificiellement le bord extérieur de cette même orbite, mais il est évidemment trop court. Les fragments dont est composée la partie faciale sont, ou bien brisés à l'excès, ou bien, spécialement dans la région palatine, recouverts d'incrustations calcaires (Hansen, p. 32). » J'ajouterai que toute la région maxillaire est trop comprimée en dedans et qu'elle en a pris une position oblique. Pour cette même raison, la limite entre les deux maxillaires supérieurs est rejetée à environ 7 millimètres à droite de la ligne sagittale, défaut très clairement visible dans la belle lithographie de M. Hansen (voir figure 12), d'où l'on déduit que le prognathisme a été autrefois un peu plus prononcé. Mais, comme le fait remarquer avec raison M. Hansen, les mesures de la calotte cérébrale ont pu être prises avec exactitude et sans erreur notable.

Le crâne adhère fortement à la langue; il est de couleur sale, gris-jaunâtre. Dans la région pariétale il y a des incrustations calcaires très dures, d'une épaisseur de 4 millimètres dans certains endroits, qui ont séparé du pariétal l'écaille de l'os temporal, en même temps qu'elles augmentent un tant soit peu les mesures de la courbe sagittale et transversale prises avec le ruban.

Les sutures (Hansen) ne sont plus reconnaissables, sauf la suture temporale dont nous venons de parler; elles sont sans doute disparues sous l'influence de l'âge avancé de l'individu, dont nous avons une autre preuve certaine par la grande usure des dents (Hansen).

D'ailleurs M. Hansen, dans sa description (p. 33) s'exprime en général dans les termes suivants : Le crâne dans sa plus grande longueur mesure 185 millimètres. Sa largeur maximum est de 145 millimètres entre les parties postérieures fort développées des pariétaux et la région de l'apophyse mastoïdienne; mais la largeur dont on se sert pour calculer l'indice céphalique se prend à deux ou trois doigts en dessous des bosses pariétales et mesure 135 millimètres.

L'indice céphalique, de 73,5, est alors dolichocéphale; mais le crâne paraît court, parceque la courbure sagittale descend assez brusquement en arrière dès le tiers moyen, ce qui fait que le crâne rappelle les crânes esquimaux et tehuelches. Jusqu'ici M. Hansen.

L'aplatissement déjà mentionné de la région pariétale et occipitale est d'ailleurs légèrement asymétrique et plus prononcé à gauche qu'à droite (il se distingue clairement aussi dans les belles figures qui accompagnent sa description). Je ne crois pas qu'on puisse expliquer ce phénomène autrement que par la déformation artificielle!

L'aplatissement artificiel commence à 2 ou 3 doigts en arrière du bregma, et la région des os pariétaux située au-dessus de la région lambdoïde est un peu creusée en forme de rigole. La déformation posthume me paraît très invraisemblable, parcequ'il serait curieux qu'elle se fut produite dans l'endroit même où se trouve en général la déformation artificielle. En outre, l'on ne constate dans cette région absolument aucune trace de fissures semblables à celles qui existent dans la région occipitale droite comprimée après la mort et sont infiltrées de chaux. L'aplatissement est néanmoins un peu convexe en direction antéro-postérieure; dans la direction transversale, elle l'est beaucoup moins.

M. Hansen revient alors sur la question de la hauteur de la calotte crânienne et ajoute que si l'on calcule les indices entre le diamètre basilo-bregmatique (140 millimètres) et les maximums de longueur (75mm7) et de largeur (102mm9), on trouve que ces indices se rapprochent beaucoup de ceux des crânes de Somidouro des fameuses cavernes brésiliennes, dans lesquels nous avons comme indices 74,1 et 104,9.

Il mentionne ensuite les circonférences assez remarquables (circonférence horizontale 520, transversale 315, antéro-postérieure 390 millimètres) et le diamètre frontal minimum (97 millimètres).

Enfin les dents sont usées, dit-il, et manquent en partie; mais le maxillaire, assez haut du reste, n'est pas atrophié. L'individu auquel ces os appartenaient était d'un certain âge, mais ce n'était cependant pas un vieillard; quant au sexe il ne peut être déterminé, quoique le fémur qui est bien conservé, accuse des formes feminines.

C'est là ce que dit M. Hansen.

J'ai réuni dans le tableau suivant les mesures prises par lui avec le plus grand soin et que j'ai confirmées :

*Table des mesures du crâne, etc., de Fontezuelas (selon M. Hansen)*

| | Millimètres |
|---|---|
| Longueur antéro-postérieur maximum | 185 |
| Largeur transverse maximum | 136 |
| Largeur bimastoïdienne | 145 |
| Largeur frontale minimum | 97 |
| Diamètre basilo-bregmatique | 140 |
| Circonférence horizontale | 520 |
| — transversale sus-auriculaire | 315 |
| — antéro-postérieure | 390 |
| Indice céphalique | 73.5 |
| — vertical (diam. bas. bregm : long. ant. post.) | 75.7 |
| — : larg. transv. max.) | 102.9 |
| Fémur, longueur | 400 |
| Tibia, longueur | 330 |
| Taille de l'individu | 1515 |

Je passe maintenant à mes propres études :

Le crâne est assez gros et massif. Sa configuration externe rappelle effectivement celle des crânes modernes tehuelches, et je me fais un

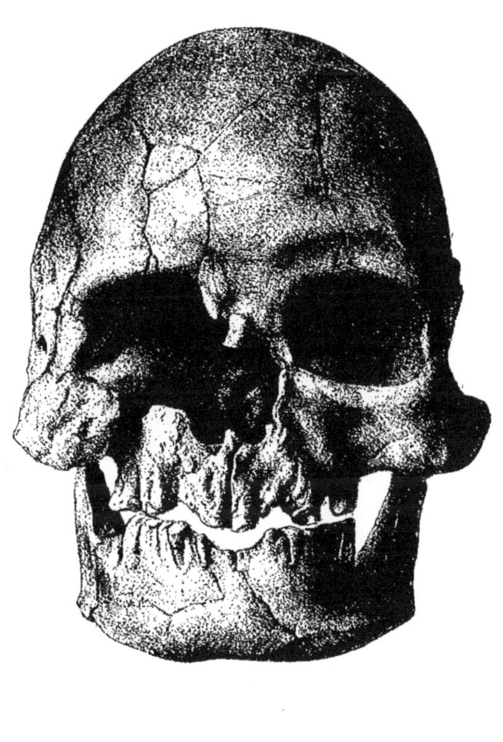

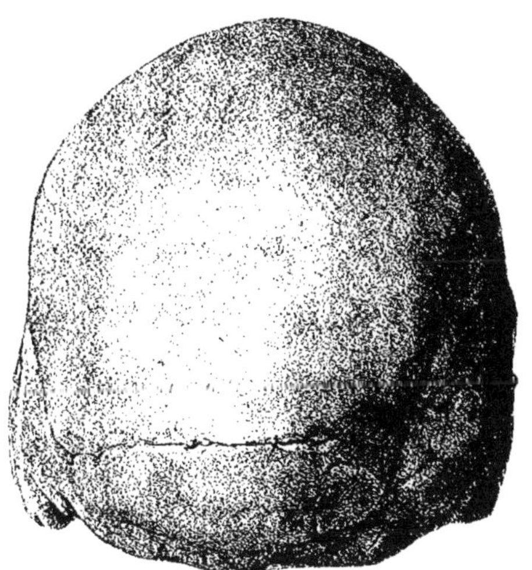

Fig. 12-13. — Crâne de Fontezuelas, *norma frontalis* et *occipitalis*. Selon Hansen, l. c., pl. IV

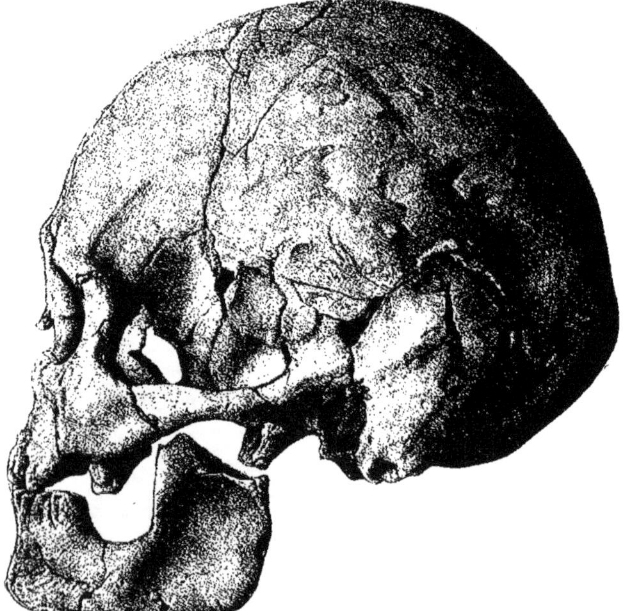

Fig. 14-15. — Crâne de Fonteznelas, *norma verticalis* et *lateralis*. Selon Hansen, l. c., pl. IV

plaisir de confirmer absolument l'opinion de M. Hansen. Quant aux crânes esquimaux, je les connais trop peu pour me prononcer à leur égard.

Si nous nous référons à la *norma frontalis*, il fait l'impression d'un crâne robuste et massif, caractère dû en général au faible bombement du front et à la saillie très prononcée des arcs zygomatiques. Vers le haut, le bombement du front se retrécit de plus en plus, sans arriver pourtant à former une crête frontale. Les arcades sourcilières sont peu développées et réunies entr'elles par une petite élévation. Le bord supérieur de l'orbite est mince et peu étiré; il n'augmente de volume que vers l'apophyse zygomatique. L'os frontal est très régulièrement bombé et ne présente ni crête, ni bosses visibles; la racine du nez est large et plate. Les orbites affectent une forme rectangulaire évidente; la gauche est assez bien reconstruite, bien que son bord inférieur soit un peu trop haut. La fosse canine est très profonde; il n'existe pas de fosses prénasales.

La courbure antéro-postérieure étudiée dans la *norma lateralis* est bien bombée et offre à deux ou trois doigts en arrière du bregma l'aplatissement dont nous avons déjà parlé. La limite entre l'occiput proprement dit et l'écaille occipitale est saillante, les arcs zygomatiques bien arqués et la prolongation de leur racine vers l'arrière, au-dessus de l'apophyse mastoïdienne très prononcée.

Dans la *norma verticalis*, le crâne présente la forme d'un ovale assez régulier; en avant, les arcades sourcilières sont quelque peu saillantes; la saillie des bosses pariétales est moins prononcée. En arrière à gauche il existe une légère asymétrie à cause de l'aplatissement déjà tant de fois mentionné. Les arcs zygomatiques sont très cintrés et bien visibles (voir fig. 14).

Dans la *norma occipitalis*, le crâne présente un peu la forme d'un toit et les pariétaux sont quelque peu aplatis. Les bosses pariétales sont peu bombées. La région des apophyses mastoïdiennes est très saillante. Les bords latéraux de la figure occipitale divergent vers le bas. On ne distingue plus que très peu le relief de l'occiput. Il existe sans doute un torus occipitalis. D'ailleurs les lignes transversales inférieures sont en partie conservées.

La *norma basilaris* n'offre rien de remarquable, le crâne étant trop défectueux. Les fosses mandibulaires paraissent peu profondes. Le palais est rempli d'incrustations calcaires massives.

Quant au sexe du crâne, je ne puis pas en dire avec sécurité plus que n'en a dit M. Hansen. Il n'est pas invraisemblable qu'il soit féminin. Les parties où s'insèrent les muscles ne sont extrêmement développées, ni dans le crâne, ni dans les autres os; le crâne est de forme rude et volumineuse, mais il ne faut pas oublier que nous ne sommes pas en présence d'un crâne de l'Europe moderne civilisée.

### MANDIBULE

La mandibule n'a pas été décrite par M. Hansen. Elle présente comme la boue sèche une foule de fissures peu perceptibles, et sa surface est recouverte d'incrustations calcaires laminiformes; elle-est en général bien conservée. Les apophyses coronaire et articulaire du côté gauche n'existent plus; ces deux mêmes apophyses du côté droit et surtout les angles mandibulaires et le bord postérieur de la branche ascendante sont lésionnés.

Cette mandibule indiquerait un individu du sexe masculin. Elle est

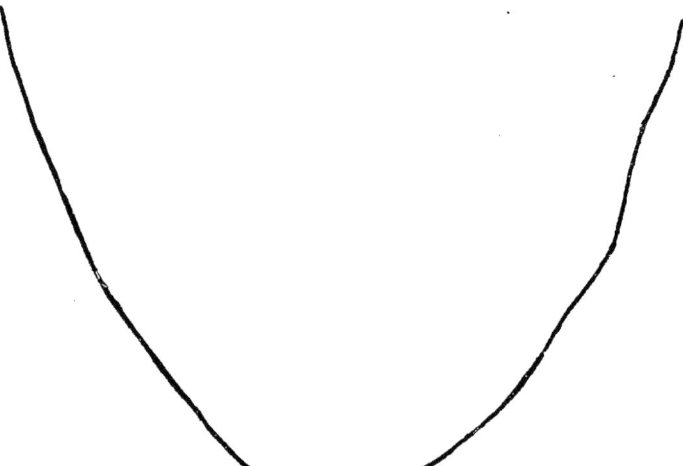

Fig. 16. — Courbure du bord externe de la mandibule de Fontezuelas. (Gr. nat.)

assez robuste et massive, son corps est volumineux; les branches montent dans une direction assez rapprochée de la verticale. La région mentonnière, vue de profil et de face est très saillante; vue d'en bas elle représente une ligne droite, ou, pour mieux dire, un bourrelet dont les extrémités sont les bosses mentonnières, surmontées de véritables crêtes horizontales qui limitent dans leur partie inférieure les fosses mentonnières d'ailleurs fort marquées. Le trou mentonnier est situé de chaque côté à la hauteur du 2<sup>e</sup> prémolaire. La ligne oblique externe, quoique visible, n'est pas marquée d'une façon notable; le relief de la surface externe de la branche ascendante est apparent; les angles, quoique lésionnés, sont saillants.

L'épine mentonnière située très haut, à 11 millimètres plus ou moins du bord inférieur de la symphyse, mesurés en projection; cette hauteur est cependant inférieure à celle que l'on constate dans les mandibules de Chocorí et La Tigra (voir plus loin); elle représente un tubercule bifurqué. Les fosses digastriques, peu profondes, sont séparées l'une de l'autre par une petite élévation. La ligne oblique interne ou mylohyoïde est fort saillante, comme le sommet d'un toit. La concavité des sillons mylohyoïdes est bien marquée.

La branche ascendante est assez verticale et n'est pas particulièrement large.

La courbure mandibulaire, vue d'en bas, présente une forme anguleuse; la région mentonnière entre les deux bosses figure une ligne droite, ainsi que les bords des deux corps qui ne s'effacent que dans la région molaire (fig. 16).

Les dents sont très profondément usées. Les incisives moyennes manquent et les alvéoles sont remplis de calcaires. L'incisive droite externe est renversée vers l'arrière, de façon qu'elle occupe une position oblique et que sa racine ressort en avant de l'alvéole. La surface d'usure des canines et des deux prémolaires est convexe; sa moitié linguale et sa moitié buccale sont à peu près d'égale grandeur, cette dernière peut-être un peu plus grande; la surface usée des deux premières molaires est inclinée de dedans en dehors en forme de biseau dont le fil est externe; elle est irrégulièrement convexe dans la première molaire droite, tandis que dans la première molaire gauche elle est concave. Les deuxièmes et troisièmes molaires n'existent plus, leurs alvéoles sont résorbées.

Les dents en général sont grandes; la forme de leur usure répond complètement à celle que l'on observe chez les Indiens modernes de l'Amérique du Sud.

Nous réunissons dans le tableau suivant toutes les mesures prises par nous sur la mandibule de Fontezuelas.

*Table des mesures de la mandibule de Fontezuelas*

| | Millimètres |
|---|---|
| Distance du condyle droit (milieu du bord postérieur) au bord antéro-supérieur de la symphyse (le condyle est un peu lésionné) pour le moins | 110 |
| Branche ascendante droite, hauteur prise du bord inférieur à l'incisure, en direction parallèle au bord postérieur | 52 |
| Branche, largeur, perpendiculairement à la mesure antérieure | 37.5 |
| Symphyse, hauteur, sans dents | 33 |
| Symphyse, épaisseur maximum (sans l'épine mentonnière interne) | 17 |
| Distance du point de l'épine mentonnière interne au bord inférieur de la symphyse (en projection) | 11 |
| Corps, épaisseur dans la hauteur de la deuxième à la troisième molaire | 16 |
| Angle entre le bord postérieur de la branche ascendante et le bord inférieur du corps | 115° |

OS DU SQUELETTE

Des autres os du squelette de Fontezuelas, M. Hansen ne dit que fort peu de chose; mais il ne faut pas oublier qu'à cette époque là, on ne faisait presque aucun cas des os, à l'exception du crâne. Voici ce qu'il écrit à la fin de son travail :

« Des autres os du squelette, ne se sont conservés que quelques-uns dans un état plus ou moins complet. Les tibias sont très aplatis latéralement; leur longueur est de 330 millimètres; celle de l'un des fémurs est de 400 millimètres, dimensions qui correspondent à un stature de 1m515. Je rappellerai ici que les os du lœss pampéen de Mercedes, décrits par Broca, ont appartenu également à un individu très petit, et, malgré le peu d'abondance et l'imperfection du matériel, il paraît cependant y avoir quelque motif de supposer que la population la plus ancienne des pays de La Plata se rapprochait beaucoup de celle de Somidouro, formant comme celle-ci un membre de la race de Lagoa Santa, dont l'existence doit être regardée comme certaine, quoique le rôle de ce peuple, non moins que son âge, soient encore enveloppés de la plus grande obscurité. »

Les fragments d'os dont se compose cette trouvaille et que l'on a pu sauver, sont énumérés dans le *Catalogue* n° II de M. Roth et tous existent encore. Ce sont, en plus du « crâne et face presque complets avec le maxillaire inférieur et quelques dents isolées », les suivants :

« Atlas complet, avec une partie de l'axis et la troisième vertèbre cervicale.

* « La colonne vertébrale tout à fait incomplète et conservée avec la terre qui l'entourait.

* « Un certain nombre de morceaux de côtes.

« Une bonne partie du bassin, et entre autres les deux articulations coxo-fémorales.

« Quelques débris des omoplates et des clavicules.

« Les deux humérus dont un presque complet et l'autre très incomplet.

« Les deux radius incomplets, et

« Un cubitus, incomplet aussi. [M. Roth dit par erreur : « Les deux cubitus incomplets, et un radius, incomplet aussi. »]

« La main droite presque complète; un seul os métacarpien, tous les carpiens, toutes les phalanges et phalangines; deux seules phalangettes;

« La main gauche, très incomplète;

« Les deux fémurs, presque complets;

* « Les deux rotules, incomplètes;

« Les deux tibias, presque complets;

« Les deux péronés, très incomplets;

« Le calcaneum et le scaphoïde d'un pied presque complets; les os tarsiens et les phalanges, très incomplets.

* « Une grande quantité de débris d'os du même squelette.

On ne peut rien dire des pièces marquées par moi avec un astérisque; j'ai essayé une description des autres.

### ATLAS, AXIS ET TROISIÈME VERTÈBRE CERVICALE

Cette dernière très incomplète. Ces trois os sont encore enveloppés de lœss, dans leur position naturelle, et forment ainsi une seule pièce. L'atlas est tourné à droite et la tête doit avoir été dirigée du même côté. Quand M. Roth dit, que le crâne a été trouvé le vertex en haut, cette position s'explique très facilement : le crâne s'était tourné à droite et incliné en avant.

Les vertèbres sont très fragiles et défectueuses en même temps et cela ne vaut pas la peine de les séparer l'une de l'autre. Quand aux mesures, on ne peut prendre que les suivantes :

| | | Millimètres. |
|---|---|---|
| ATLAS. | *Trou vertébral,* diamètre antéro-postérieur | 33 |
| | » diamètre transversal (entre les angles formés par l'arc et la surface articulaire) | 28 |
| | *Vertèbre totale,* diamètre antéro-postérieur | 44 |
| | » diamètre transversal (entre les bords internes des trous transverses) | 46.5 |
| | *Arc antérieur,* diamètre vertical | 9 |
| | » *postérieur,* diamètre vertical | — |
| AXIS. | *Trou vertébral,* diamètre antéro-postérieur | 20 |
| | » diamètre transversal | 25 |
| | *Vertèbre totale,* diamètre transversal (entre les bords internes des trous transverses) | 42 |
| | *Arc,* diamètre vertical | 12.5 |

L'atlas a le trou vertébral grand et le corps mince. L'axis est fort et ses arcs sont très gros.

### BASSIN

Les fragments du bassin sont si mal conservés que l'on peut dessiner uniquement la courbure de la grande échancrure gauche; ses angles sont très fermés et paraissent indiquer un individu du sexe masculin (fig. 17). Le contraste avec le squelette de Frías est frappant (p. 219, fig. 2).

Dans le fragment droit du bassin, et selon la méthode adoptée pour le fragment de Frías, on peut dessiner la courbe dirigée perpendiculairement à la ligne arquée (fig. 18). La ligne est très marquée et beaucoup moins arrondie que dans le fragment de Frías; elle correspond absolument aux types modernes.

Les restes suivants proviennent des os longs. Pour les étudier j'ai pris de préférence pour base mes recherches antérieures «sur les os longs de la population des *Reihengräber* de la Bavière méridionale »[1], qui ont été déjà antérieurement utilisées par d'autres investigateurs et spécialement par M. Klaatsch[2]. Les os de Fontezuelas sont évidemment très défectueux et ne permettent de prendre que quelques mesures.

## HUMÉRUS

*Ostéoscopie.* — L'*humérus droit* (v. fig. 19) est recouvert d'incrustations calcaires épaisses et fortement adhérentes. Le tubercule majeur man-

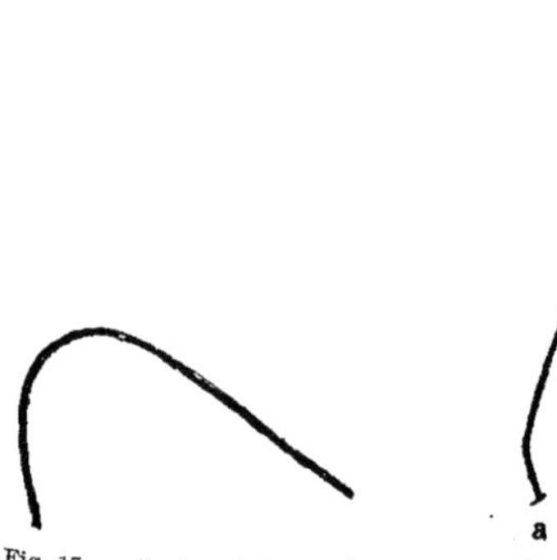

Fig. 17. — Contour de la grande échancrure sciatique du fragment de bassin de Fontezuelas. (Gr. nat.)

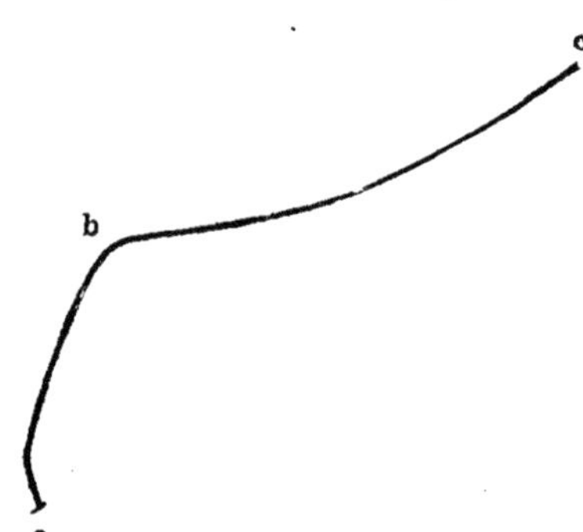


Fig. 18. — Courbe de la ligne arquée du fragment de bassin de Fontezuelas. (Gr. nat.)

que et l'épiphyse distale ainsi que la cavité olécrânienne est défectueuse de manière qu'il n'est pas possible de déterminer exactement les longueurs. L'os est d'une grosseur au-dessus de la moyenne, mais non excessive, et s'étend en ligne droite : le bord interne vu de face forme une ligne droite presque mathématique (v. fig. 19); il présente de plus une face large, plane et sans courbure convexe. Ni à l'oeil nu, ni d'après l'indice du diamètre de la diaphyse (indice 70.83) on ne constate une notable *plathybrachie,* l'expression que j'avais adoptée pour désigner l'aplatissement de la diaphyse (l. c., p. 35, note); ce terme me paraît préferable à celui de *platymérie de l'humérus* proposé ultérieurement par M.

[1] Lehmann-Nitsche, R., *Ueber die langen Knochen der südbayerischen Reihengräberbevölkerung. Beiträge zur Anthropologie und Urgeschichte Bayerns,* XI, 1899, Sonder-Abdruck, 92 pp.

[2] Klaatsch, H., *Die wichtigsten Variationen am Skelet der freien unteren Extremität des Menschen und ihre Bedeutung für das Abstammungsproblem. Ergebnisse der Anatomie und Entwickelungsgeschichte,* X, 1900, p. 599-719.

Klaatsch [1] et dont l'étimologie s'applique strictement au fémur (μῆρος signifie cuisse).

La tubérosité pectorale et le V deltoïde sont en bon état; mais les tubérosités ne sont pas extrêmement marquées. Le sillon pectoral et l'intertuberculaire sont d'une profondeur moyenne; le sillon radial est large, non convexe et forme une ample spirale. Il n'y a pas d'apophyse supracondyloïde.

De l'*humérus gauche* il ne reste que la partie moyenne de la diaphyse. Cet os présente les mêmes particularités que l'humérus droit, bien que moins prononcés. Le sillon radial est directement plat, la face interne de l'os est large, aplatie et rectiligne. Il n'y a pas d'apophyse supra-condyloïde.

*Ostéometrie.* — Les diverses mesures que j'ai prises se trouvent réunies dans le tableau suivant :

*Table des mesures des humérus de Fontezuelas*

| | Droit Millimètres | Gauche Millimètres |
|---|---|---|
| Longueur maximum, environ | 290 | — |
| Largeur supérieure | 47 | — |
| Milieu de la diaphyse, diamètre maximum | 24 | 21 |
| — diamètre minimum | 17 | 16.5 |
| — indice | 70.83 | 78.57 |
| — circonférence | 69 | 63 |
| Circonférence minimum | 67 | 62 |
| Indice des circonférences diaphysiques | 97.10 | 98.41 |
| Indice entre la longueur et l'épaisseur | 23.10 | — |
| Angle capito-diaphysique | 34.5° | — |
| Angle de torsion | 14.6° | — |

De la comparaison de ces diverses mesures on peut tirer les conclusions suivantes :

L'humérus droit est très court et avec sa longueur maximum de 290 millimètres occupe le degré inférieur de l'échelle. De plus il est massif, comme il ressort également des mesures tant absolues que relatives de la moitié diaphysique et de la circonférence minimum. Le milieu diaphysique, avec ses 24 millimètres de diamètre maximum et 17 millimètres de diamètre minimum surpasse les chiffres calculés sur mes 53 exemplaires bavarois, dans lesquels je trouvais un diamètre de 22$^{mm}$6 et 18$^{mm}$1 (p. 7), ainsi que ceux pris sur 37 humérus droits provenant des habitants de la Souabe et des Alemans et qui me donnaient seulement 21$^{m}$3 et 16$^{mm}$6 (p. 34). La circonférence du milieu de la diaphyse avec 69 millimètres est plus considérable que la moyenne de la circonférence 66$^{mm}$2 des 53 humérus bavarois et celle de 61$^{mm}$9 des 37 humérus des habitants de la Souabe et

[1] Klaatsch, H., *Die Fortschritte der Lehre von den fossilen Knochenresten des Menschen in den Jahren 1900-1903. Ergebnisse der Anatomie und Entwickelungsgeschichte*, XII, 1902, p. 632.

des Alemans. Il en est de même de la circonférence minimum. Nous avons ici 67 millimètres contre 62 millimètres (bavarois) et 61$^{mm}$6 (souabiens et alemans); en outre l'indice calculé entre la longueur maximum (=100) et la circonférence minimum donne lui-même 23,10 contre 21,01 et 19,5.

Sans doute le calcul de cet indice, vu la déterminaison defectueuse de la longueur de l'os, n'est pas indiscutable et, il m'a semblé bon d'établir, seulement *cum grano salis* une comparaison avec les données d'autres auteurs. Voyez la table suivante :

| HUMÉRUS | ♂ | | | ♀ | | | Auteurs [1] |
|---|---|---|---|---|---|---|---|
| | Longueur | Circonférence | Indice | Longueur | Circonférence | Indice | |
| Souabiens et Alemans (11 ♂, 8 ♀). | 338,5 | 65,2 | 19,3 | 301,6 | 53,7 | 17,8 | L.-Nitsche |
| Français modernes (44 ♂, 39 ♀).. | 323,0 | 64,0 | 19,8 | 292,0 | 56,0 | 19,1 | Rahon |
| Dolmen « Cave aux Fées », néol. (17 ♂, 7 ♀) | 307,0 | 60,0 | 19,8 | 280,0 | 57,0 | 20,3 | Rahon |
| Anciens Canariens, coll. Chil (60 ♂, 92 ♀) | 328,0 | 65,0 | 19,8 | 301,0 | 55,0 | 18.2 | Rahon |
| Polynésiens (13 ♂, 3 ♀) | 317,0 | 63,0 | 19,8 | 288,0 | 57,0 | 20,8 | Soularue |
| Nègres (41 ♂, 16 ♀) | 296,0 | 62,0 | 19.8 | 282,0 | 57,0 | 19,8 | Soularue |
| Cro-Magnon (1 ♂, 1 ♀) | 321,0 | 64,0 | 20,0 | 334 ? | 57,0 | ? | Rahon |
| Dolmens algériens (16 ♂, 5 ♀).... | 319,0 | 64,0 | 20,0 | 288,0 | 55,0 | 19,0 | Rahon |
| Période gauloise et gallo-romaine (18 ♂, 5 ♀) | 320,0 | 66,0 | 20,0 | 297,0 | — | 19,5 | Rahon |
| Anciens Canariens, coll. Musée Paris (81 ♂, 34 ♀) | 325,0 | 65,0 | 20,0 | 296,0 | 54,0 | 18,2 | Rahon |
| Arabes et Berbères (8 ♂, 3 ♀).... | 315,0 | 63,0 | 20,3 | 304,0 | 56,0 | 18,0 | Soularue |
| Anciens Parisiens, cim. St. Germain des Prés (37 ♂, 18 ♀) | 331,0 | 68,0 | 20,5 | 309,0 | 64,0 | 20,5 | Rahon |
| Européens (19 ♂, 4 ♀) | 320,0 | 63,0 | 20,7 | 247,0 | 56,0 | 19,5 | Soularue |
| Grotte d'Orrouy, néol. (16 ♂, 17 ♀) | 314,0 | 65,0 | 20,7 | 29,3 | 58,0 | 19,5 | Rahon |
| Bavarois (10 ♂ + ♀) | 331,5 | — | 20,8 | — | — | — | L.-Nitsche |
| Anciens Parisiens, cim. St. Marcel (81 ♂, 26 ♀) | 342,0 | 68,0 | 20,9 | 303,0 | 64,0 | 21,1 | Rahon |
| Grotte Feignaux, néol. (11 ♂, 26 ♀) | 302,0 | 64,0 | 21,1 | 273,0 | 58,0 | 21,2 | Rahon |
| Asiatiques (18 ♂, 6 ♀) | 304,0 | 63,0 | 21,3 | 279,0 | 58,0 | 21,8 | Soularue |
| Américains (22 ♂, 10 ♀) | 306,0 | 64,0 | 21,5 | 282,0 | 59,0 | 20,8 | Soularue |
| *Fontezuelas* | — | — | — | 290,0 | 67,0 | 23,1 | L.-Nitsche |

[1] RAHON, J., *Recherches sur les ossements humains anciens et préhistoriques en vue de la reconstitution de la taille. Mémoires de la Société d'Anthropologie de Paris*, 3e série, IV,

L'humérus gauche est malheureusement défectueux et l'on ne peut mesurer sa longueur; mais la grosseur de son milieu, au contraire de ce qui a lieu pour l'humérus droit, n'atteint pas les mesures moyennes des humérus des *Reihengräber* bavarois étudiés par moi. Le milieu de la diaphyse avec ses 21 millimètres de diamètre maximum et $16^{mm}5$ de diamètre minimum, reste en dessous des 57 humérus bavarois auxquels correspondent $22^{mm}1$ et $17^{mm}9$ et même des 37 humérus souabiens et alemans dont les diamètres mesurent $20^{mm}4$ et $16^{mm}4$ respectivement. La circonférence du milieu de la diaphyse (63 mm.) est également plus petite que dans les humérus bavarois (65,3 mm.); mais, en revanche, elle est plus grande que dans les humérus souabiens et alemans, qui n'ont que $59^{mm}9$. La circonférence minimum (62 mm.) est, au contraire, plus grande, puisque dans les 57 bavarois elle n'a en moyenne que $61^{mm}5$ et dans 9 souabiens et alemans elle n'a que $59^{mm}0$.

Les chiffres élevés qui représentent les mesures de la circonférence minimum donnent l'idée de la massiveté des deux humérus: en effet le milieu de la diaphyse et les points de la circonférence minimum sont absolument massifs, et en second lieu ils varient peu entre eux. Si, ce qui n'a pas encore eu lieu, l'on calcule un indice d'après les deux circonférences extrêmes, la circonférence du milieu étant égale à 100, on arrive aux chiffres suivants :

| Humérus | Bavarois | | Fontezuelas | |
|---|---|---|---|---|
| | Droit | Gauche | Droit | Gauche |
| Circonférence du milieu | 66.2 | 65.3 | 69 | 63 |
| Circonférence minimum de la diaphyse | 62.0 | 61.5 | 67 | 62 |
| Indice des circonférences | 95.1 | 94.2 | 97.1 | 98.4 |

L'indice, dans l'humérus bavarois est plus petit, la différence entre les circonférences est par conséquent plus prononcée et l'os paraît plus élégant; au contraire celui de Fontezuelas est massif. Relativement aux humérus souabiens et alemans j'ai dû les exclure de la comparaison, par la raison que la circonférence minimum a pu être mesurée seulement dans un quart des os dont la circonférence du milieu avait été determinée.

La différence en faveur du côté droit du corps est frappante dans les humérus de Fontezuelas: dans les bavarois elle est insignifiante.

La largeur supérieure de 47 millimètres dans l'humérus droit de

1892, p. 403-458. — La liste ci-dessus contient un extrait des chiffres de Rahon, principalement ceux qui, à cause du grand nombre des os étudiés, représentent les moyennes les plus rapprochées de la vérité.

SOULARUE, J. M., *Recherches sur les dimensions des os et les proportions squelettiques de l'homme dans les différentes races. Bulletins de la Société d'Anthropologie de Paris*, 4e série, X, 1899, p. 328-381. — La liste ci-dessus reproduit l'ensemble des chiffres de cet auteur.

Fontezuelas est moindre que dans les bavarois ($50^{mm}5$) et se trouve en relation avec la longueur de l'os entier qui est également moindre.

L'angle capito-diaphysique droit, mesuré en deux reprises différentes

Fig. 19. — Humérus droit *(a)*, cubitus gauche *(b)* et radius gauche *(c)* de Fontezuelas

donna respectivement 34° et 35°, dont la moyenne 34°5 est étonnamment petit; chez les indiens de la Terre de Feu, il varie suivant Martin [1]

[1] MARTIN, R., *Zur physischen Anthropologie der Feuerländer. Archiv für Anthropologie*, XXII, 1894, p. 193.

entre 49° et 59°, terme moyen 54° ; chez mes bavarois, la moyenne est de 49°7; chez les souabiens et les alemans, elle est de 45°4. Martin [1] trouva 45° pour deux os humérus Senoi et 41° pour deux femmes de la même tribu; Reinecke [2] 38° à 52° chez ses nègres de l'Afrique Orientale. Je considère la petitesse de cet angle comme un signe d'infériorité qui, peut-être, correspond au mouvement presque exclusivement antéro-postérieur de l'extrémité antérieure chez les quadrupèdes. En effet, une surface articulaire qui se rapproche davantage de la perpendiculaire à l'axe longitudinal de l'os (dans ce cas l'angle capito-diaphysique est plus ouvert), donne certainement à l'os une plus grande facilité de mouvements dans toutes les directions. Il n'existe pas, que je sache, de travaux à ce sujet, et cependant ils seraient très instructifs.

La torsion a été déterminée très approximativement, en maintenant l'os dans une position verticale sur une feuille de papier, et dirigeant alors le rayon visuel par tous les points nécessaires de l'os, on marque avec un crayon leur proyection sur le papier.

Il ne peut naturellement pas être question de mesures absolument exactes, et les deux angles varient même considérablement l'un de l'autre; la première fois l'on obtint 41° (=139°), la seconde fois 27° (=153°) et comme moyenne, par conséquent 34° (=146°). Dans tous les cas, l'on a toujours une certaine base. Ces chiffres occupent un degré inférieur dans la série de ceux calculés sur des os modernes, comme on peut le voir par les tables de Lambert [3]. L'on obtient ainsi un angle de torsion qui croît graduellement depuis les peuples inférieurs de l'échelle culturale jusqu'aux peuples supérieurs, et dont l'ouverture chez les européens indique un véritable saut entre eux et les peuples qui forment les quatre autres groupes géographiques, comme on peut le voir par les tableaux comparatifs de Lambert:

*Angle de torsion de l'humérus selon Lambert*

| | |
|---|---|
| Océaniens modernes | 141.2 |
| Africains modernes | 145.1 |
| Asiatiques modernes | 149.1 |
| Américains modernes | 149.4 |
| Européens modernes | 163.3 |

[1] MARTIN, R., *Die Inlandstämme der malayischen Halbinsel*, Jena, 1906, p. 593.

[2] REINECKE, P., *Beschreibung einiger Rassenskelette aus Afrika. Ein Beitrag zur Anthropologie der deutschen Schutzgebiete. Archiv für Anthropologie*, XXV, 1898, Sonder-Abdruck, p. 46.

[3] LAMBERT, F., *Beitrag zur Theorie der Torsion des Humerus*. Phil. Diss. Zürich, 1904.

Je profite de l'occasion pour déclarer, en faisant une rectification à la page 75, que la substitution de l'arc à pointes, par une aiguille d'acier cuadrangulaire a été non seulement décrite, mais encore inventée par moi, sans la collaboration de qui ce soit.

Je crois devoir rappeler ici que l'homme de Néanderthal (140° selon Lambert ou 145° selon Klaatsch, l. c., p. 153) trouve parfaitement sa place dans cette classification.

### RADIUS ET CUBITUS

Il n'existe plus de ces os que des fragments des diaphyses ; du radius droit une partie de la diaphyse distale et du radius gauche (fig. 19 *c*) une partie de la diaphyse médiale. Du cubitus droit il ne reste qu'un fragment sans importance et du gauche (fig. 19 *b*) un morceau de la diaphyse médiale. L'on ne peut par conséquent dire que peu de chose au sujet de ces os. En outre Fischer a publié ses études fondamentales sur ces deux os de l'avant bras [1] après mon séjour à Copenhague, et je n'ai pu m'en servir.

*Radius.* — Au sujet du radius, je notai à Copenhague même, qu'il n'est pas fort et qu'il est assez droit. Selon les recherches de Fischer (p. 161), la détermination de la grosseur de l'os dans son milieu n'a aucune valeur et l'on est obligé de la déterminer en mesurant la circonférence dans la partie la plus grêle, puis entre le milieu de l'os et l'épiphyse distale ; mais, lors de mon séjour à Copenhague, ce travail n'était pas encore publié et je mesurai à cette époque « le milieu approximatif de la diaphyse », qui, dans le cas présent, différait à peine de la circonférence minimum. Mes chiffres sont réunis dans le tableau suivant ; j'ai ajouté les chiffres que j'avais obtenus antérieurement pour les os bavarois, souabiens et alemans, uniquement dans le but de faire voir que la différence entre les côtés droit et gauche du corps, dans les fragments de Fontezuelas, est plus fortement prononcé que dans les os d'origine allemande ; nous avons constaté le même phénomène relativement à l'humérus (p. 270 de ce travail).

| Milieu approximatif de la diaphyse du Radius | Fontezuelas | | Bavarois | | Souabiens et Alemans | |
|---|---|---|---|---|---|---|
| | Droit | Gauche | Droit | Gauche | Droit | Gauche |
| Diamètre max.... | 15.5 | 12.5 | 16.1 | 15.2 | 14.5 | 14.5 |
| Diamètre min.... | 12 | 11 | 12.2 | 11.6 | 10.8 | 11.2 |
| Circonférence.... | 42 | 35 | 44.9 | 42.5 | 40.3 | 40.9 |

Malheureusement, il est impossible de déterminer l'indice longitudino-circonférentiel, et les chiffres absolus de la circonférence (42 et 35

[1] FISCHER, E., *Zur vergleichenden Osteologie der menschlichen Vorderarmknochen. Correspondenz-Blatt der Deutschen anthropologischen Gesellschaft*, XXXIV, 1903, p. 165-170. — Espèce d'étude préliminaire.

FISCHER, E., *Die Variationen an Radius und Ulna des Menschen. Zeitschrift für Morphologie und Anthropologie*, IX, 1906, p. 147-247. — Plus loin je me baserai uniquement sur ce travail.

millimètres) ne suffisent pas pour donner une idée exacte de la grosseur de l'os; cependant le chiffre absolu 42 millimètres pour le radius droit et 35 millimètres pour le gauche, représente une valeur moyenne, comme on peut s'en rendre compte par les tables du supplément de Fischer; d'ailleurs même à l'œil nu l'os n'accuse pas une puissance spéciale. «Toutes

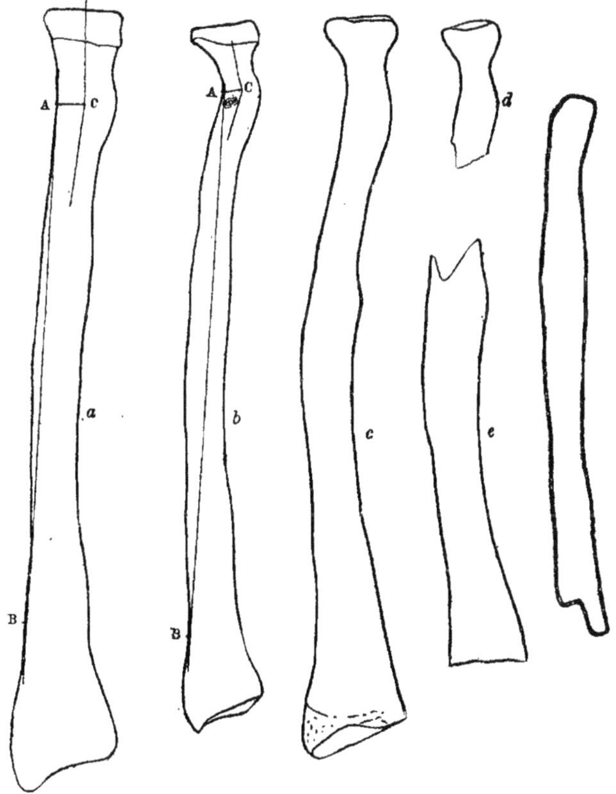


Fig. 20. — Contours des radius humains, 1/2 Gr. nat. *(a-e)* selon Fisher, l. c., p. 167; *(a)* Homme de Baden; *(b)* Homme de Neu-Mecklenburg; *(c)* Homme de Néanderthal; *(d)* Homme de Krapina; *(e)* Homme de Spy II; *(f)* Homme de Fontezuelas.

les formes naturelles des races humaines » suivant l'expression de Fischer (p. 143) ont les os plus grêles que les formes civilisées; mais le radius de l'homme de Néanderthal n'est pas dans ce cas; son indice longitudino-circonférentiel tombe dans le domaine des chiffres maximum obtenus chez l'homme (Fischer, p. 164). Les radius de Fontezuelas semblent occuper une situation intermédiaire entre les formes culturelles et les formes naturelles de nos jours.

La courbure de la diaphyse ne peut pas être déterminée exactement à cause du mauvais état de conservation des épiphyses. J'ai cependant essayé, de représenter, au moyen de la photographie et d'après la dernière méthode indiquée par Fischer (p. 169), l'indice de courbure, et j'ai obtenu une première fois 1,6, une autre fois 1,9, chiffres très inférieurs qui surpassent cependant les minimums obtenus pour les Badois (1,5) et les Indiens de la Terre de Feu (1,0). Les chiffres moyens relatifs aux groupes humains de nos jours, entre lesquels on n'observe pas de différences essentielles oscillent entre 2,5 et 3,2, tandis que le groupe Néanderthal-Spy, s'en éloigne considérablement par la courbure prononcée du radius (indice de 5,2 à 6,5). D'un autre côté, bien que les calculs basés sur la photographie ne puissent avoir qu'une importance très relative, cependant la simple inspection à l'œil nu suffit pour en déduire la faible courbure du radius de Fontezuelas. Que l'on compare le dessin ci-dessous qui représente, à côté de la reproduction de la figure 1 *a* de Fischer, p. 167, les contours du radius de Fontezuelas. Fischer n'a pas étudié le cas d'une différence éventuelle entre le côté droit et le côté gauche du corps.

La photographie du fragment de radius de Fontezuelas fait voir clairement que la saillie de la crête interosseuse, située dans la moitié proximale, et qui doit son existence à l'insertion d'une partie spéciale dans le ligament interosseux (Fischer, p. 188) que l'on pourrait appeler *pars mediana ligamenti interossei,* se présente sous la forme habituelle et n'offre aucun caractère distinctif.

*Cubitus.* — Du fragment de cubitus gauche (fig. 19 *c*) il y a malheureusement peu de chose à dire. Lors de mon séjour à Copenhague, je notai qu'il est massif, assez fort et ne paraît pas appartenir au radius récemment caractérisé. Comme dans le cas antérieur je pris également le « milieu approximatif de la diaphyse », puisque seulement à une époque postérieure Fischer démontra que cette mesure est sans valeur et doit être évaluée comme pour le radius, au moyen de la circonférence minimum.

| Cubitus gauche | Milieu approximatif de la diaphyse Fontezuelas | Milieu de la diaphyse Bavarois | Milieu de la diaphyse Souabiens et Alemans |
|---|---|---|---|
| Diamètre maximum..... | 16.5 | 16.0 | 14.4 |
| Diamètre minimum..... | 13 | 12.4 | 11.7 |
| Circonférence.......... | 47 | 45.8 | 43.4 |

La comparaison n'a certainement pas une grande valeur et démontre tout au plus que les mesures de l'os sont au-dessus de la moyenne.

Par la photographie (fig. 19 *c*), l'on voit que la crête interosseuse augmente de grosseur et forme une éminence dans sa partie proximale, mais je n'y ai pas pris de mesures.

Cette éminence forme évidemment la limite cubitale entre la partie proximale et la partie médiale du ligament interosseux (voyez Fischer, fig. 6, p. 188 et p. 275 de ce travail), tandis que l'élévation décrite plus haut de la crête du radius, paraît représenter la limite radiale entre la partie médiale et la partie distale de ce ligament. La préparation déciderait la question.

## FÉMUR

Pour l'étude des fémurs, les plus importants de tous les os longs du squelette humain, je me suis basé comme antérieurement sur mes recherches déjà mentionnées au sujet des « os longs de la population des *Reihengräber* de la Bavière méridionale », et en outre sur les travaux de Bertaux, [1] Ludewig [2] et Bumüller [3]. La dissertation de Ludewig paraît être complètement tombée dans l'oubli, et cependant elle contient un excellent résumé de tout ce qui a été écrit au sujet du fémur par les différents auteurs, jusqu'en 1893.

Des fémurs de Fontezuelas, le droit (fig. 21) est brisé irrégulièrement à son extrémité proximale; l'épiphyse proximale manque presque complètement; les condyles de l'extrémité distale sont fortement lésionnés.

Les cols et les condyles du fémur gauche sont également défectueux; il est cependant possible de déterminer sa longueur et de prendre aussi les autres mesures les plus importantes.

La longueur maximum est à gauche de 397 millimètres, tandis que M. Hansen donne 400 millimètres. La longueur maximum dans la position naturelle a été évaluée par moi à 396 millimètres, mesure certainement exagérée, à cause du mauvais état des condyles. La différence entre ces deux mesures est en général plus grande et pour cette même raison je n'insisterai pas davantage sur la dernière d'entre elles.

La longueur trochantérique absolue (Fontezuelas gauche 380 millimètres) et la longueur trochantérique dans la position naturelle (Fontezuelas gauche, environ 380 millimètres), ont été prises antérieurement pour arriver à la détermination de la longueur du fémur, et afin d'éviter les erreurs que peuvent occasionner dans l'évaluation de la longueur du

[1] BERTAUX, Th. A., *L'humérus et le fémur considérés dans les espèces et dans les races humaines selon le sexe et selon l'âge*. Diss. méd. Lille, 1891.

[2] LUDEWIG, W., *Monographie des menschlichen Oberschenkelbeins*. Med. Diss. Berlin, 1893.

[3] BUMUELLER, J., *Das menschliche Femur nebst Beiträgen zur Kenntnis der Affenfemora*. Phil. Diss. München, 1899.

corps de l'os, les variations de l'inclinaison du col. Mais il ne faut pas oublier non plus les oscillations continuelles de l'angle condylo-diaphysique (Bumüller p. 16), et par conséquent, pour déterminer la longueur exacte du corps, indépendamment des deux angles, il faut, suivant ce même auteur (p. 15, 139), au lieu de la longueur maximum, de la longueur maximum dans la position naturelle, de la longueur trochantérique et de la longueur trochantérique dans la position naturelle, mesurer avec le ruban métrique les longueurs diaphysiques (depuis l'extrémité supérieure de la ligne oblique jusqu'au milieu du bord supérieur de la surface articulaire du genou). Je n'avais pas entrepris ce travail à Copenhague, parce que le bord supérieur de la face articulaire, à cause de son mauvais état de conservation, ne pouvait être déterminé avec exactitude. Du reste, dans le cas qui nous occupe, il ne s'agit pas d'une statistique plus étendue dans laquelle on peut négliger la longueur maximum en raison de son peu d'importance, et n'attribuer de valeur qu'à la longueur diaphysique (Bumüller, p. 19). Cet auteur lui-même, dans sa table I, a réuni les mesures de 350 fémurs bavarois, d'après les longueurs maximum, les longueurs maximum dans la position naturelle et les longueurs diaphysiques. Nous pouvons par conséquent les comparer avec facilité. Les chiffres moyens de Bumüller, en ce qui a trait à la longueur maximum sont les suivants, dans lesquels il est à remarquer que chaque quantité, suit une échelle ascendante et descendante de 10 en 10.

*Longueur maximum de 350 fémurs bavarois selon Bumüller, l. c., p. 23*

| Millimètres Groupes | Millimètres Moyenne | °/o |
|---|---|---|
| X-380 | 370 | 0.57 |
| 381-400 | 390 | 3.14 |
| 401-420 | 410 | 10.29 |
| 421-440 | 430 | 18.57 |
| 441-460 | 450 | 34.57 |
| 461-480 | 470 | 22.86 |
| 481-500 | 490 | 8.00 |
| 501-X | 510 | 2.00 |

Les fémurs de Fontezuelas, comparés aux fémurs modernes européens sont donc très courts; dans les fémurs bavarois, l'on n'observe ce peu de développement en longueur, que dans 3,14 pour cent des exemplaires.

La concordance qui existe avec le fémur de Néanderthal [1] est frappante, comme on peut le voir par la table suivante :

[1] Schwalbe, G., *Der Neanderthalschädel. Bonner Jahrbücher, Heft 106,* Bonn, 1901, p. 67 ; Klaatsch, H., *Das Gliedmaassenskelet des Neanderthalmenschen,* l. c., p. 131, donne 425 au lieu de 423.

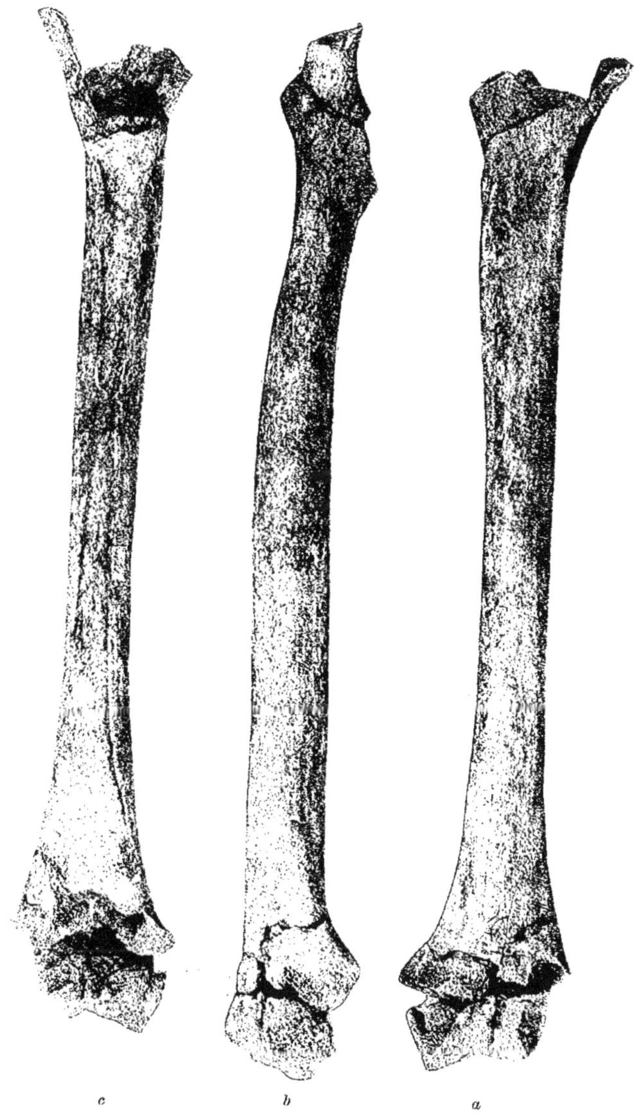


Fig. 21. — Fémur droit de Fontezuclas, vue antérieure (*a*), médiale (*b*) et postérieure (*c*)

Fig. 22. — Fémur gauche de Fontezuelas, vue antérieure (*a*), médiale (*b*) et postérieure (*c*)

| | Fontezuelas Gauche | Néanderthal Gauche |
|---|---|---|
| Longueur maximum dans la position naturelle env.. | 396 | 440.5 |
| Longueur trochantér. dans la position naturelle env. | 380 | 423 |

bien que dans le fémur de Fontezuelas, les mesures correspondantes soient un peu trop grandes (voyez ce qui a été dit plus haut).

Relativement à leur peu de longueur, les fémurs de Fontezuelas ne sont pas très gros ; la circonférence médiale mesure, à droite 80 mm., à gauche 79 mm. ; suivant les calculs de Bumüller, la circonférence moyenne de 345 fémurs bavarois est de 87,9 mm. Le côté droit du corps est donc en contradiction avec les résultats obtenus par Bumüller (p. 21) mais d'accord avec mes calculs antérieurs, le plus fort. L'on comprend cependant que ces chiffres ne sont pas d'une absolue et qu'il est nécessaire de calculer l'indice entre la longueur et l'épaisseur. Calculé selon la longueur maximum cet indice, dans le fémur gauche de Fontezuelas est de 19,899 ; calculé sur 345 bavarois (Bumüller) il est de 19,53. Les fémurs bavarois sont donc un peu plus grêles ; les variations de l'indice ne sont du reste pas notables (Bumüller, p. 21), ce dont on peut se rendre compte par la table suivante dans laquelle je réunis les principaux chiffres de Rahon, l. c., calculés sur un grand nombre d'os fémoraux et j'en ajoute quelques autres.

*Table composée selon les chiffres de Rahon*

| FÉMUR | HOMMES | | | FEMMES | | | Auteurs |
|---|---|---|---|---|---|---|---|
| | Longueur maximum en position naturelle | Circonférence minima | Indice | Longueur maximum en position naturelle | Circonférence minima | Indice | |
| Souabiens et Alemans (26 ♂, 11 ♀). | 464,0 | 87,0 | 18,0 | 403,0 | 71,8 | 17,8 | L.-Nitsche |
| Madeleine (1 ♂)................. | 445,0 | 86,0 | 19,3 | — | — | — | Rahon |
| Anciens Canariens, coll. Musée Paris (76 ♂, 33 ♀)................. | 449,0 | 87,0 | 19,4 | 407,0 | 75,0 | 18,4 | Rahon |
| Allée couv. de Mureaux (14 ♂, 5 ♀) | 445,0 | 87,0 | 19,5 | 405,0 | 77,0 | 19,0 | Rahon |
| Époque gauloise et gallo-romaine (40 ♂, 5 ♀)................. | 452,[illegible] | 88,0 | 19,5 | 401,0 | 80,0 | 20,0 | Rahon |
| Anciens Parisiens, cim. St. Germain des Prés (44 ♂, 10 ♀).......... | 450,0 | 89,0 | 19,7 | 410,0 | 82,0 | 20,0 | Rahon |
| Anciens Canariens coll. Chil (40 ♂, 90 ♀)......................... | 452,0 | 89,0 | 19,7 | 410,0 | 76,0 | 18,5 | Rahon |
| Anciens Bavarois (26 ♂, 9 ♀).... | 468,0 | 92,2 | 19,7 | 422,0 | 82,4 | 19,5 | L.-Nitsche |

*Table composée selon les chiffres de Rahon (suite et fin)*

| FÉMUR | HOMMES | | | FEMMES | | | Auteurs |
|---|---|---|---|---|---|---|---|
| | Longueur maximum en position naturelle | Circonférence minima | Indice | Longueur maximum en position naturelle | Circonférence minima | Indice | |
| Bavarois (346 ♂ + ♀) | 445,4 | 88,0 | 19,7 | — | — | — | Bumüller |
| Français modernes (62 ♂, 38 ♀) | 441,0 | 88,0 | 19,9 | 396,0 | 79,0 | 19,9 | Rahon |
| Dolmens algériens (16 ♂, 8 ♀) | 449,0 | 90,0 | 20,0 | 405,0 | 78,0 | 19,0 | Rahon |
| Cimet. français de la Marne (15 ♂) | 452,0 | 91,0 | 20,1 | — | — | — | Rahon |
| Cav. fun. dolmen. de Crecy en texin 15 ♂, 9 ♀ | 446.0 | 90,0 | 20,1 | 410,0 | 82,0 | 20,0 | Rahon |
| Anciens Parisiens, cim. St. Marcel (71 ♂, 19 ♀) | 450,0 | 91,0 | 20,2 | 413,0 | 82,0 | 19,8 | Rahon |
| Grotte d'Orrouy, néolith. (19 ♂, 10 ♀) | 438,0 | 89,0 | 20,5 | 406,0 | 80,0 | 19,7 | Rahon |
| Spy (1 ♂) | 430,0 | 95,0 | 22,3 | — | — | — | Rahon |
| Cro-Magnon (1 ♂) | 480,0 | 10,7 | 22,3 | — | — | — | Rahon |
| Solutré (1 ♂) | 452,0 | 83,0 | 22,8 | — | — | — | Rahon |
| *Fontezuelas* | — | — | —, | 396,0 | 79 [1] | 19,9 | L.-Nitsche |
| Néanderthal (droit) | 439,0 | 94 [1] | 21,4 | — | — | — | Schwalbe |
| Néanderthal (gauche) | 440,5 | 96 [1] | 21,8 | — | — | — | Schwalbe |

Le fémur de Fontezuelas nous offre donc un indice moyen qui n'est nullement en rapport avec les chiffres élevés que nous donnent les os diluviens européens; Rahon qui découvrit ce phénomène, critique cependant leur valeur absolue pour diverses raisons, de manière que l'indice entre la longueur maximum et l'épaisseur n'a pas réellement de valeur caractéristique.

Pour une comparaison plus ample, je renvoie à la table suivante de Soularue [2] qui a cependant utilisé la longueur trochantérique du fémur en position naturelle, et, comme Rahon, mesuré la circonférence minimum à la hauteur de la bifurcation supérieure de la crête. Bien que, dans le fémur de Fontezuelas, j'aie mesuré la circonférence médiale, je crois cependant pouvoir comparer les chiffres obtenus sur les uns et les autres. L'indice entre la longueur et l'épaisseur de l'homme de Fontezuelas,

[1] Circonférence diaphysique moyenne.

[2] Soularue, G. M., *Recherches*, etc., l. c., p. 334, 337, 343, 344. La table ci-dessus contient tous les chiffres de cet auteur.

que celui-ci ait appartenu au sexe masculin ou au sexe féminin, est aussi rapproché que possible de celui des américains modernes :

*Table composée des chiffres de Soularue*

| FÉMUR | HOMMES | | | FEMMES | | |
|---|---|---|---|---|---|---|
| | Longueur trochantérique en position naturelle | Circonférence minimum | Indice entre la longueur et l'épaisseur | Longueur trochantérique en position naturelle | Circonférence minimum | Indice entre la longueur et l'épaisseur |
| Nègres | 423,0 | 76,0 | 19,1 | 404,0 | 67,0 | 19,1 |
| Polynésiens | 441,0 | 83.0 | 19,5 | 406,0 | 75,0 | 19,3 |
| Arabes et Berbères | 423,0 | 82,0 | 19,6 | 400,0 | 77,0 | 20,1 |
| Asiatiques | 431,0 | 83,0 | 20,0 | 396,0 | 80,0 | 21,3 |
| Européens | 443,0 | 86,0 | 20,4 | 409,0 | 78,0 | 19,8 |
| Americains | 416,0 | 84,0 | 20,5 | 386,0 | 77,0 | 20,3 |
| *Fontezuelas* [1] | — | — | — | 380,0 | 79 [1] | 20,8 |
| Néanderthal [2] (droit) | 419,0 | 94 [1] | 22,4 | — | — | — |
| Néanderthal (gauche) | 423,0 | 96 [1] | 22,7 | — | — | — |

Le col à gauche est visiblement court ; malheureusement il n'est pas possible de prendre des mesures exactes.

Le fémur de Néanderthal lui-même me paraît suivant la jolie photographie originale de Walkhoff [3], avoir le col très court, tandis que celui de Spy me paraît à son tour relativement plus long. Nous verrons plus loin quelle valeur il faut attribuer à ces différentes longueurs du col. *A priori,* le peu de longueur du col paraît représenter un caractère inférieur.

L'angle collo-diaphysique, avec ses 132° à gauche est très ouvert, plus ouvert que l'angle moyen mesuré sur 208 fémurs bavarois (127°15', Bumüller, p. 72) et correspond en tout à une platymérie assez prononcée (à gauche l'indice mérique mesure 73,3, voyez plus loin), comme Mikulicz [4] et plus tard Hirsch [5] l'ont fait observer. Dans le groupe de

[1] Circonférence médiale de la diaphyse.

[2] Schwalbe, G., *Der Neanderthalschädel,* l. c., p. 67.

[3] Walkhoff, O., *Das Femur des Menschen und der Anthropomorphen in seiner funktionellen Gestaltung,* Wiesbaden, 1904, pl. VI.

[4] Mikulicz, J., *Ueber individuelle Verschiedenheiten am Femur und der Tibia. Mit Berücksichtigung der Plastik des Kniegelenkes. Archiv für Anatomie und Physiologie, Anatomische Abteilung,* 1878, p. 367-368. — Cité selon :

[5] Hirsch, H. H., *Ueber eine Beziehung zwischen dem Neigungswinkel des Schenkelhal-*

Néanderthal, cet angle se rapproche beaucoup plus de l'angle droit. Comparons :

| | |
|---|---|
| Néanderthal droit (Schwalbe, l. c.) | 119° |
| — gauche (Schwalbe, l. c.) | 118° |
| Spy I (Klaatsch, l. c., p. 136) env. | 120° |
| Spy II (Klaatsch, l. c., p. 136) env. | 115° |

Le diamètre supérieur diaphysique est très aplati et présente un indice transversal bilatéral platymérique de 73,3. Suivant les tables des races (voir plus loin) cet indice a toujours été considéré comme une marque d'infériorité; les recherches de Bumüller n'ont rien ajouté à ce sujet et servent plutôt à démontrer que la platymérie et l'indice pilastrique sont en relation compensatoire réciproque et moi-même j'ai éprouvé quelques doutes en présence de la grande variété existant dans les différents groupes. Les fémurs de Fontezuelas présentent de plus à un degré assez prononcé la saillie latérale si fréquemment unie à la platymérie angulaire (angulus lateralis superior d'après Klaatsch, l. c., p. 132).

*Indice mérique*

| | | Hommes | Femmes |
|---|---|---|---|
| Anciens Patagons [1] (moyenne). Sujets de grande taille | Río Negro | 74,51 | 74,93 |
| | Chubut | 75,09 | 76,07 |
| | Santa Cruz | 71,91 | — |
| Sujets de taille moyenne | Río Negro | 68,43 | — |
| | Chubut | 71,65 | 75,05 |
| | Santa Cruz | — | 70,58 |
| Sujets de petite taille, Río Negro | | 77,20 | 74,78 |
| Néanderthal [2] droit | | 85,30 | — |
| — gauche | | 80,50 | — |
| Spy [2] I droit | | 80,00 | — |
| — II gauche | | 74,40 | — |
| Krapina [3] I | | 71,8 | — |
| — II | | 70,7 | — |

La linea aspera, qui est extrêmement large dans tout son parcours, se divise à droite (à gauche elle est très défectueuse) en deux parties, l'une médiale et l'autre latérale; la partie médiale va se perdre dans la ligne

*ses und dem Querschnitte des Schenkelbeinschaftes. Anatomische Hefte*, XXXVII, 1899, p. 671-680.

[1] Verneau, R., *Les anciens Patagons*, Monaco, 1903, p. 201.

[2] Klaatsch, H., *Das Gliedmaassenskelet des Neandertalmenschen*, etc., l. c.

[3] Gorjanovic-Kramberger, R., *Der diluviale Mensch von Krapina in Kroatien. Ein Beitrag zur Paläoanthropologie*. Wiesbaden, 1906, p. 238.

intertrochantérique antérieure peu marquée; il n'y a rien à remarquer au sujet d'une ligne pectinée se dirigeant vers le petit trochanter; la partie latérale termine des deux côtés dans une large tubérosité glutéale qui s'agrandit vers le haut d'une manière peu prononcée, sans qu'on puisse parler en propres termes d'un trochanter III; entre la tubérosité et l'angle latéral supérieur il existe une excavation insignifiante qui ne mérite même pas le nom de fosse hypotrochantérique.

En avant, la région située au-dessous de la ligne intertrochantérique antérieure est profondément creusée en forme de jatte; dans le fémur droit cette excavation a une profondeur que l'on rencontre rarement.

La forme pilastrique du milieu du corps de l'os, comme j'ai pu le noter à l'œil nu, n'est pas prononcée, l'indice pilastrique accuse à droite 112,42, à gauche 112,50. Les variations de ces grandeurs sont réellement colossales : dans les 206 fémurs bavarois de Bumüller (p. 27) elles oscilent entre 72,5 et 136,73 ; mais dans les divers exemplaires préhistoriques, comme les variations entre les deux extrêmes sont inconnues, l'on ne peut considérer les mesures existantes que comme un terme moyen et dans le squelette de Fontezuelas, l'indice pilastrique comme assez élevé. Voici un petit tableau comparatif :

*Indice pilastrique*

| | | Droit | Gauche | Auteurs | |
|---|---|---|---|---|---|
| Néanderthal | | 100,0 | 101,0 | Klaatsch Gl., p. 126 | |
| | | 101,6 | 105,1 | Schwalbe, l. c., p. 67 | |
| Spy I | | 103,0 | — | Klaatsch Gl., p. 126 | |
| Spy II | | — | 101,0 | Klaatsch Gl., p. 126 | |
| Indiens Saladeros | (66 resp. 65) | 114,7 | 116,9 | Matthews [1], l. c., | p. 267, t. 72 |
| Anciens Péruviens | (16 + 16) | 106,7 | 106,9 | — | p. 266, t. 71 |
| Indiens Sioux | (24 + 24) | 112,5 | 110,3 | — | p. 271, t. 78 |
| Autres indiens nordam. | (23 + 21) | 113,0 | 111,9 | — | — |
| Nègres | (6 + 6) | 120,5 | 119,1 | — | — |

C'est M. Michel [2] qui a prouvé dernièrement que la crête du fémur est un caractère typique pour l'homme et produite par la station verticale.

La crête est du reste, comme nous l'avons déjà mentionné, extrêmement large et la lèvre externe très saillante. La jonction imparfaite des deux lèvres doit être considérée soit comme une preuve de théro-

[1] Matthews, W., *The human bones of the Hemenway collection in the United States Army Medical Museum at Washington. Memoirs of the National Academy of Sciences*, VI, 1891.

[2] Michel, R., *Eine neue Methode zur Untersuchung langer Knochen und ihre Anwendung auf das Femur. Archiv für Anthropologie*, N. F., III, 1903.

morphisme, soit comme un signe de la vigueur spéciale de l'os, suivant ce que Bumüller a noté dans ses os bavarois (p. 31 avant dernière ligne) et l'indice pilastrique élevé est d'accord avec lui; d'ailleurs l'os n'est d'aucune façon robuste.

Broca [1] lui-même trouva dans les fémurs de Cro-Magnon, la longueur et l'épaisseur de la crête très extraordinaires. Dans la planche de Walkhoff déja citée, je n'ai pu malgré tout reconnaître aucune particularité de la crête des fémurs de Spy et de Néanderthal.

Le planum popliteum existe encore en partie dans le fémur droit et est un peu concave; sa lèvre externe fait saillie extérieurement en forme d'arc et disparaît ensuite brusquement en s'applatissant (v. fig. 21 *c*), phénomène qui n'a rien de particulier et que l'on observe dans tous les fémurs.

La surface antérieure, en dessus de la ligne intercondyloïdienne est assez plane, formant ainsi contraste avec les fémurs de Spy et Néanderthal, dans lesquels Klaatsch (Gl., p. 137), a décrit une fossa suprapatellaris; dans des fragments modernes Klaatsch ne la rencontra que rarement d'une certaine profondeur.

Les os, observés de profil, sont comparables dans leurs deux tiers inférieures, à de véritables colonnes grêles qui décrivent une courbe dirigée en arrière depuis le haut de l'extrémité distale de la tubérosité glutéale et s'applatissent ensuite fortement dans le diamètre sagittal. Pour obtenir des fémurs une photographie de profil dans laquelle le bord latéral fut bien visible, je les fis placer dans une position où les bords latéral et médial de la fosse mentionnée plus haut, située sous la ligne intertrochantérique (antérieure) se recouvraient mutuellement. L'on put obtenir ainsi une épreuve approximative de la courbure du corps du fémur, sa reproduction exacte n'étant plus possible, à cause de la torsion.

Cette déviation du corps du fémur, sur la limite entre le tiers supérieur et le tiers moyen, s'observe également dans les trois cinquièmes des fémurs bavarois de Bumüller (Bumüller, p. 40 et p. 13) et, d'après les recherches de cet investigateur elle est due à un effet purement mécanique produit sur la partie mécaniquement la plus faible de tout le corps de l'os; elle représente donc un état parfaitement normal.

L'angle de courbure de Bumüller (p. 38, 44), accuse à droite 9°5, à gauche 8°. Il est donc plus ouvert à droite, d'accord avec les résultats obtenus par Bumüller sur 255 fémurs bavarois. La valeur absolue est assez élevée et correspond à l'indice pilastrique assez haut. L'angle de courbure croît en général avec la valeur de l'indice pilastrique (Bumüller, p. 38).

[1] Broca, P., *Sur les crânes et ossements des Eyzies. Bulletins de la Société d'Anthropologie de Paris*, 2e série, III, 1868, p. 362.

Comme point de comparaison nous rappelons ici la forte courbure antérieure de la totalité des fémurs de Néanderthal et de Spy, qui d'ailleurs n'a rien de commun avec le type général de l'homme actuel et de Fontezuelas [1].

Je déterminai la torsion approximativement en plaçant l'os perpendiculairement sur une feuille de papier et indiquant à peu près les points. D'exactitude absolue il ne peut être naturellement question. La première fois j'obtins un angle de torsion de 38°, la seconde fois 55°, dont la moyenne est de 46°5.

*Table des mesures des fémurs de Fontezuelas*

| | Droit | Gauche |
|---|---|---|
| Longueur maximum | — | 397 |
| — trochantérique | — | 380 |
| — maximum en position naturelle | — | 396 |
| — trochantérique en position naturelle | — | 380 |
| Largeur supérieure | — | 80 |
| Longueur épiphysique supérieure | — | 88 |
| Diamètre diaphysique supérieur sagittal | 22 | 22 |
| Diamètre diaphysique supérieur transversal | 30 | 30 |
| Indice mérique | 73.3 | 73.3 |
| Circonférence de la partie sup. de la diaphyse | 85 | 83 |
| Diamètre sagittal du milieu de la diaphyse | 27.5 | 27 |
| Diamètre transversal du milieu de la diaphyse | 24.5 | 24 |
| Indice pilastrique | 112.23 | 112.50 |
| Circonférence du milieu de la diaphyse | 80 | 79 |
| Indice longitudino-circonférentiel | | |
| *a)* Circonférence minimum : longueur maximum | — | 19.89 |
| *b)* Circonférence minimum : longueur maximum en position naturelle | — | 19.9 |
| *c)* Circonférence minimum : longueur trochantérique en position naturelle | — | 20.8 |
| Angle entre le col et la diaphyse | — | 132° |
| — de torsion | — | 46°5 |
| — de courbure | 9°5 | 8° |

TIBIA

Les deux tibias sont l'un et l'autre également mal conservés; les condyles supérieurs sont en très mauvais état et les surfaces articulaires seulement en partie conservées; les malléoles inférieurs manquent, et l'on constate en outre une foule d'autres défectuosités.

Les tibias ne présentent aucun caractère notable. Ils ne sont pas longs, fait que l'on constate du reste dans les autres os longs du squelette

[1] Walkhoff, O., l. c., pl. VI.

de Fontezuelas. D'accord avec Matiegka [1], l'os gauche est un peu plus long; le droit est au contraire un peu plus gros, comme il résulte clairement de la mesure des circonférences. D'après l'indice longitudino-circonférentiel, ils sont notablement plus gros que les tibias souabiens et alemans, que j'ai pris pour termes de comparaison; dans la table de la page 45 de mon travail j'ai calculé l'indice suivant la distance des surfaces articulaires, pour obtenir une comparaison:

| | |
|---|---|
| *1 Fontezuelas* droit | 24.0 |
| 25 Souabiens et Alemans droit et gauche ♂ | 20.15 |
| 7 Souabiens et Alemans droit et gauche ♀ | 20.06 |

Les chiffres de Rahon et de Soularue ne peuvent malheureusement pas être utilisés, par la raison que ces auteurs comprennent le malléole dans la longueur maximum.

Les tibias sont en général étirés et la courbe antérieure peu prononcée. La crête antérieure forme une saillie externe en forme de lèvre, vers le troisième quart de l'os, caractère que l'on observe fréquemment dans les tibias modernes; dans la partie située en dessous de la tubérosité tibiale, la courbe est même légèrement concave, circonstance au sujet de laquelle j'ai déjà fait mes observations en traitant des souabiens et des alemans, l. c. (p. 28).

Les tibias sont dans toute leur longueur notablement platycnèmes et occupent le degré inférieur des tables; en plus de le faire au milieu et en haut du trou nourricier comme cela s'est toujours fait jusqu'à présent j'ai déterminé les diamètres sagittal et transversal, suivant le conseil de M. Hirsch, également sur la limite entre le premier et le deuxième tiers de l'os, lequel se trouve à environ une largeur de doigt au-dessus du trou nourricier. Le point indiqué par Hirsch est en fait pour le tibia gauche celui de son plus grand aplatissement. Du reste le milieu était lui-même peu aplati comme je l'ai constaté dans les 4 cinquièmes des tibias bavarois que j'ai étudiés (voyez aussi p. 31). Le fait d'être le tibia gauche plus platycnème que le droit, est en contradiction avec mes résultats exposés plus haut [2].

J'ajoute une petite table comparative.

*Indice cnémique*

| | Droit | Gauche |
|---|---|---|
| Indiens Saladeros (44 + 46), Matthews, table 74 | 62,7 | 63,6 |
| — Sioux (24 + 24), Matthews, table 78 | 69,5 | 69,3 |
| — de l'Amérique du Nord (23 + 22), Matthews, table 78 | 66,4 | 67,5 |

[1] Matiegka, H., *Ueber Assymetrie der Extremitäten. Prager Medicinische Wochenschrift*, XVIII, 1895, p. 567-569.

[2] Hirsch, H. H., *Die mechanische Bedeutung der Schienbeinform*, Berlin, 1895, p. 93.

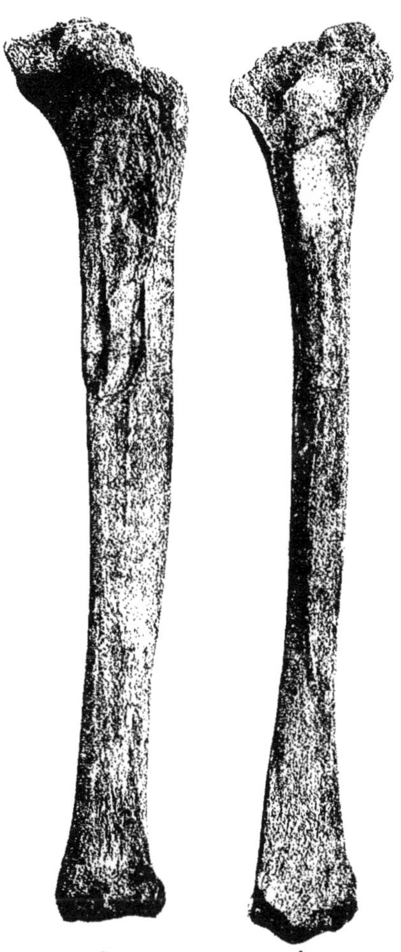

a b

Fig. 23. — Tibia droit de Fontezuelas
vue latérale (a) et antérieure (b)

Fig. 24. — Tibia gauche de Fontezuelas
vue latérale (a) et antérieure (b)

| | | Hommes | Femmes |
|---|---|---|---|
| Anciens Patagons (sujets de taille élevée ou moyenne) Verneau, l. c., p. 205... | Río Negro | 60,20 | 61,44 |
| | Chubut | 66,80 | 71,28 |
| | Santa Cruz | 63,69 | 74,20 |
| | Sus-brachycéphales | 58,87 | — |
| Araucans (sujets de petite taille) | | 72,58 | 65,11 |

Quant à l'angle de rétroversion, j'ai pu le déterminer approximativement pour le tibia droit. Je plaçai l'os sur une feuille de papier rayé, son axe parallèlement à une des lignes et adaptant autant que possible une règle à la surface articulaire du condyle interne, je traçai une ligne au crayon et mesurai l'angle formé par cette dernière avec la ligne du papier parallèlement à laquelle j'avais placé l'axe de l'os. Deux expériences suivies me donnèrent presque le même résultat. L'angle ainsi obtenu aurait été assez d'accord avec celui que l'on obtient en s'en tenant strictement à la technique de Manouvrier (voyez mon travail, p. 87-88); mais ce n'était pas possible, à cause du mauvais état de conservation de l'os. Je crois devoir comparer l'angle obtenu par le procédé si simple décrit plus haut, avec ceux indiqués dans les tables des races.

La rétroversion est en tout cas très prononcée et correspond entièrement aux degrés élevés des races inférieures.

*Rétroversion du tibia*

| | | Auteurs |
|---|---|---|
| Suisses | 7°6 | Martin [1] |
| Bavarois | 8°8 | Lehmann-Nitsche [2] |
| Anciens Parisiens, cim. St. Marcel | 9°5 | Manouvrier [3] |
| Senoi | 10°8 | Martin [4] |
| Néolithiques divers | 11°2 | Manouvrier [3] |
| Anciens Parisiens, cim. St. Germain | 12°8 | — |
| Parisiens modernes | 12°5 | — |
| Vénézuéliens, époque précolombine | 13°9 | — |
| Souabiens et Alemans | 14°2 | Lehmann-Nitsche |
| Canariens | 16°0 | Manouvrier |
| Néolithiques d'Orrouy | 16°0 | — |
| Indiens de la Terre de Feu | 20°0 | Martin [1] |
| Californiens | 20°0 | Manouvrier |
| *Fontezuelas* | 22°0 | Lehmann-Nitsche |

[1] Martin, R., *Zur physischen Anthropologie der Feuerländer. Archiv für Anthropologie*, XXV, 1894, p. 197.

[2] Lehmann-Nitsche, R., *Ueber die langen Knochen*, etc., l. c., p. 51.

[3] Manouvrier, L., *Mémoire sur la rétroversion de la tête du tibia et l'attitude humaine à l'époque quaternaire. Mémoires de la Société d'Anthropologie de Paris*, 2e série. IV, 1891.

[4] Martin, R., *Die Inlandstämme der malayischen Halbinsel*, Jena, 1905, p. 634.

*Table des mesures des tibias de Fontezuelas*

| | | | Droit | Gauche |
|---|---|---|---|---|
| Distances des surfaces articulaires | | | 325 | 327 |
| Limite entre le premier et le deuxième tiers. | Diam. transv. | | 21 | 19 |
| — | — | Diam. sagittal | 36 | 36 |
| — | — | Indice | 58.33 | 52.78 |
| — | — | Circonférence | 90 | 89 |
| Hauteur du trou nourricier. | Diam. transversal | | 21 | 19 |
| — | Diam. sagittal | | 36 | 35 |
| — | Indice | | 58.33 | 54.29 |
| — | Circonférence | | 90 | 88 |
| Moitié de la diaphyse. | Diamètre transversal | | 21 | 19 |
| — | Diamètre sagittal | | 33 | 32 |
| — | Indice | | 63.64 | 59.38 |
| — | Circonférence | | 86 | 83 |
| Circonférence minimum | | | 78 | — |
| Angle de rétroversion | | | 22° | — |

PÉRONÉ

Les deux fragments de la diaphyse médiale du péroné, seuls restes que nous possédions, sont d'une épaisseur moyenne, grêles, droits et peu cannelés. Ils n'offrent pas de particularités. Malgré le peu de valeur qu'elles puissent avoir, je donne ici mes mesures, puisque je me suis donné le travail de les prendre.

*Table de mesures des péronés de Fontezuelas*

| | | Droit | Gauche |
|---|---|---|---|
| Moitié approximative. | Diamètre maximum | 15.5 | 15.0 |
| — | Diamètre minimum | 13.0 | 11.0 |
| — | Indice | 83.87 | 73.33 |
| — | Circonférence | 44 | 43 |

Le péroné droit est donc un peu plus gros.

PROPORTIONS

De la longueur des os des extrémités, quand il est possible de l'évaluer, l'on arrive à deduire quelques indices, tels que l'indice huméro-fémoral et l'indice tibio-fémoral.

*L'indice huméro-fémoral* ne peut être calculé qu'approximativement, parceque la longueur de l'húmerus droit ne mesure qu'environ 290 millimètres. De ce chiffre et de la longueur maximum du fémur gauche dans la position naturelle (396 mm.) il résulte un indice de 73,2 qui représente une bonne moyenne si l'on compare avec la table suivante :

*Indice huméro-fémoral*

| | | Auteurs |
|---|---|---|
| *Fontezuelas* | 73,2 | Lehmann-Nitsche |
| Européens | 72,0 | selon Martin [1] |
| Européens | 72,2 | Broca [2] |
| Nègres | 71,6 | selon Martin [1] |
| Australiens | 71,4 | selon Martin [1] |
| Fuéguins | 71,3 | Martin [3] |
| Naquada | 70,5 | selon Martin [1] |
| Andamans | 69,8 | selon Martin [1] |
| Nègres | 68,9 | Broca [2] |

*L'indice tibio-fémoral,* calculé entre la longueur maximum du fémur gauche dans la position naturelle et la distance des surfaces articulaires du tibia gauche, est de 82.6, chiffre très comparable avec les données des autres auteurs :

*Indice tibio-fémoral*

| | | | Auteurs |
|---|---|---|---|
| 23 | Indiens Saladeros | 84,4 | Matthews [4] |
| 5 | Indiens sudaméricains | 84,1 | Topinard [5] |
| | Australiens | 84,0 | selon Martin [6] |
| | Fuéguins ♂ | 83,0 | Martin [6] |
| 32 | Nègres | 82,9 | Topinard [5] |
| | *Fontezuelas* | 82,6 | Lehmann-Nitsche |
| 3 | Australiens | 82,1 | Topinard [5] |
| 77 | Européens | 81,1 | Topinard [5] |
| | Fuéguins ♀ | 80,8 | Martin [6] |
| 10 | Fuéguins | 80,4 | Topinard [5] |
| 5 | Chinois | 80,2 | Topinard [5] |
| 21 | Européens | 79,7 | Topinard [5] |
| | Homme de Spy | 78,2 | Martin [6] |
| 1 | Esquimal | 78,7 | Topinard [5] |

[1] MARTIN, R., *Die Inlandstämme der malayischen Halbinsel*, Jena, 1905, p. 643.

[2] BROCA, P., *Sur les proportions relatives des membres supérieurs et des membres inférieurs chez les Nègres et les Européens. Bulletins de la Société d'Anthropologie de Paris*, 2e série, II, 1867, p. 650.

[3] MARTIN, R., *Zur physischen Anthropologie der Feuerländer. Archiv für Anthropologie*, XXII, 1895, p. 201.

[4] MATTHEWS, W., *The human bones of the Hemenway Collection*, etc., l. c., p. 258.

[5] TOPINARD, P., *Elements d'anthropologie générale*, Paris, 1881, p. 1045.

[6] MARTIN, R., *Die Inlandstämme*, etc., l. c., p. 642.

Je n'ai pas ajouté les chiffres de Soularue, parcequ'ils sont basés sur une technique différente de celle de Topinard qui cependant utilisa le même matériel des collections de Paris ! Soularue comprend le malléole du tibia dans la longueur, Topinard non ; c'est ainsi que s'expliquent les différences de 3 ou 4 unités dans les indices calculés sur le même matériel.

### TAILLE

Enfin, j'ai de plus calculé la taille, suivant la méthode de Manouvrier [1], pour le sexe masculin et le sexe féminin, en raison de ce que le sexe du squelette qui nous occupe ne peut être déterminé avec exactitude. La longueur des os des extrémités prend place exactement au milieu des chiffres calculés par Manouvrier pour le sexe ♀, tandis qu'ils occupent les extrémités supérieure et inférieure de la série des chiffres correspondant au sexe ♂ et en partie ne les atteignent même pas, d'où je conclus, selon toute vraisemblance, qu'il s'agit d'un individu du sexe féminin. Néanmoins, il ne faut pas oublier qu'on ignore absolument si les proportions du corps prises sur les Français du Sud sont applicables aux anciens américains.

Le calcul de la taille donne les résultats suivants :

| | | Millimètres |
|---|---|---|
| Humérus droit, longueur maximum, environ | | 290 + 2 = 292 |
| Fémur gauche, longueur maximum | | 396 + 2 = 398 |
| Tibia droit, distance des surfaces articulaires | 325 | 326 + 2 = 328 |
| Tibia gauche, distance des surfaces articulaires | 327 | |

| Taille calculée d'après | Hommes | Femmes |
|---|---|---|
| L'humérus | 1m553 | 1m543 |
| Le fémur | 1 552 | 1 513 |
| Le tibia | 1 564 | 1 540 |

Moyenne : 1m556 — 0,02 = 1m536 ; 1m532 — 0,02 = 1m512.

Si l'on considère le sexe de l'individu comme ♀, notre chiffre 1m512 est presque exactement d'accord avec celui de Hansen, 1m515.

[1] MANOUVRIER, L., *La détermination de la taille d'après les grands os des membres. Mémoires de la Société d'Anthropologie de Paris*, 2e série, IV, 1892, p. 347-402. Résumé sous le même titre dans la *Revue mensuelle de l'École d'Anthropologie de Paris*, II, 1892, p. 227-233.

OS DE LA MAIN ET DU PIED

Je me propose d'étudier ici uniquement les os complets, laissant absolument de côté les fragments ainsi que les phalanges terminales, à mon avis, indéterminables. J'ai prie les diverses mesures de la même manière que MM. Pfitzner [1] et Leboucq (v. son étude insérée dans le présent travail), c'est-à-dire de surface articulaire à surface articulaire, en ayant soin de placer entre parenthèses à côté de mes chiffres, comme du reste, M. Leboucq l'avait fait pour les siens, les valeurs données par M. Pfitzner dans sa deuxième série plus complète que la première; j'ai adopté en outre la forme fractionnaire, dans laquelle le numérateur représente le sexe masculin et le dénominateur le sexe féminin. La comparaison entre les os de Fontezuelas et les os européens modernes est alors très facile.

Abréviations employées dans les tables suivantes :

Mc = Métacarpien
Mt = Métatarsien
Pb = Phalange basale
Pm = Phalange médiale
Pt = Phalange terminale

*Table des mesures des os de la main de Fontezuelas*

*Main droite*

| I | II | III | IV | V |
|---|---|---|---|---|
| | P. t. 16.5 $\left(\frac{17.6}{16.0}\right)$ | P. t. 16.5 $\left(\frac{18.6}{16.7}\right)$ | P. t. — | P. t. — |
| P. t. — | P. m. 24.5 $\left(\frac{23.6}{22.2}\right)$ | P. m. 25.0 $\left(\frac{28.6}{26.9}\right)$ | P. m. 19.5 $\left(\frac{27.3}{25.5}\right)$ | P. m. 17.0 $\left(\frac{19.2}{18.1}\right)$ |
| P. b. 26.5 $\left(\frac{20.4}{27.5}\right)$ | P. b. 38.0 $\left(\frac{38.8}{36.9}\right)$ | P. b. 40.0 $\left(\frac{43.5}{41.0}\right)$ | P. b. 37.5 $\left(\frac{41.0}{38.6}\right)$ | P. b. — |
| M. c. 41.0 $\left(\frac{44.5}{41.1}\right)$ | M. c. — | M. c. 62.0 $\left(\frac{62.9}{59.4}\right)$ | M. c. 56.0 $\left(\frac{56.6}{53.6}\right)$ | M. c. 51.5 $\left(\frac{52.8}{49.8}\right)$ |

[1] PFITZNER, P., *Beiträge zur Kenntnis des menschlichen Extremitätenskelett. V. Anthropologische Beziehungen der Hand- und Fussmaasse. Morphologische Arbeiten*, II, 1892, p. 110.

*Table des mesures des os du pied de Fontezuelas*

| I | II | III | IV | V |
|---|---|---|---|---|
| *Pied droit* | | | | |
| P. b. 25.0 $\left(\frac{29.6}{27.7}\right)$ | P. b. 25.0 $\left(\frac{27.3}{25.7}\right)$ | P. b. 23.0 $\left(\frac{24.9}{23.4}\right)$ | P. b. 22.0 $\left(\frac{23.3}{21.9}\right)$ | P. b. — |
| M. t. 55.0 $\left(\frac{60.2}{57.0}\right)$ | M. t. — | M. t. — | M. t. — | M. t. — |
| *Pied gauche* | | | | |
| P. b. 25.0 $\left(\frac{29.6}{27.7}\right)$ | P. b. — | P. b. — | P. b. — | P. b. — |
| M. t. 53.5 $\left(\frac{60.2}{57.0}\right)$ | M. t. — | M. t. — | M. t. — | M. t. — |

Les métacarpiens de la main droite, à exception du pouce, correspondent par conséquent, en longueur, aux chiffres moyens calculés pour le sexe masculin; ils sont en effet très longs, mais, comme il est facile de le constater, ils sont aussi très grêles et sous ce rapport, ils répondraient au sexe féminin. Le métacarpien I est au contraire très court (41,0) et n'atteint pas la moyenne féminine qui est de 41,1.

Ces résultats sont complètement d'accord avec ceux de Pfitzner (p. 144): « Les doigts, comparés avec le métacarpe, sont relativement plus courts chez la femme que chez l'homme; au contraire le peu de longueur du pouce résulte surtout du peu de longueur du métacarpien». Si nous comparons les phalanges si courtes de Fontezuclas, nous pouvons affirmer que: la longueur de ces phalanges est réellement minime et n'atteint pas la moyenne calculée pour le sexe féminin.

La phalange basale du pouce spécialement est très courte, caractère complètement en harmonie avec le peu de longueur du métarcarpien correspondant. Le peu de longueur du pouce est, suivant Pfitzner (p. 131) un caractère féminin de toute évidence.

L'index est, au contraire, d'une longueur frappante, et répond parfaitement à la théorie de Pfitzner, qui affirme (p. 135) que chez la femme le doigt en question est relativement plus long que chez l'homme; remarquable est surtout la longueur de la phalange médiale, comme il résulte de la division des différents doigts d'après le pourcentage général (voir plus loin et aussi les tables).

La longueur extrêmement minime de la phalange médiale IV est très frappante et même inexplicable.

En égard à la grosseur des phalanges, j'ai observé qu'elles sont toutes grêles, à l'exception de la phalange médiale du doigt du milieu. Cette phalange est relativement plus grosse et plus robuste qu'elle ne le devrait, comparée avec les autres phalanges de la même main. Le même fait est mentionné par M. Pfitzner. La phalange médiale, comparée avec les deux autres, est également trop courte ; ces dernières sont donc relativement plus longues :

*Division des doigts (longueur totale = 100)*

| | II | | III | |
|---|---|---|---|---|
| | Européens | Fontezuelas | Européens | Fontezuelas |
| P. t. . | $\left(\frac{22.0}{21.3}\ \%\right)$ | 20.9 % | $\left(\frac{20.5}{19.8}\ \%\right)$ | 20.2 % |
| P. m. . | $\left(\frac{29.5}{29.6}\ \%\right)$ | 31.0 % | $\left(\frac{31.6}{31.8}\ \%\right)$ | 30.7 % |
| P. b. . | $\left(\frac{48.4}{49.1}\ \%\right)$ | 48.1 % | $\left(\frac{48.0}{48.5}\ \%\right)$ | 49.1 % |

Quant au squelette du pied l'on peut dire uniquement ce qui suit : la longueur des phalanges basales n'atteint pas absolument la moyenne féminine de Pfitzner ; le métatarse et la phalange basale du gros orteil sont relativement très courts, circonstance rarement observée dans le matériel étudié par Pfitzner et dans lequel la phalange basale I se trouvait quelquefois seulement égale en longueur à la phalange basale II (p. 155-156) ; en général le problème de la longueur relative du gros orteil dans les deux sexes n'est pas définitivement résolu (Pfitzner, p. 167).

## SAMBOROMBÓN

**1882. Squelette humain trouvé en 1882 par Enrique de Carles sur les bords du Samborombón, province de Buenos Aires, conservé au Musée de Valence.**

1884. Burmeister, H., *Bemerkungen in Bezug auf die Pampas-Formation. Verhandlungen der Berliner Gesellschaft für Anthropologie, Ethnologie und Urgeschichte,* XVI, 1884, p. 246-247, spéc. les dernières lignes.

1889. Ameghino, F., *Contribución al conocimiento de los mamíferos fósiles de la República Argentina,* Buenos Aires, 1889, p. 47, 66, 85.

1889. Roth, S., *Ueber den Schädel von Pontimelo (richtiger Fontezuelas). (Briefliche Mittheilung von Santiago Roth an Herrn J. Kollmann). Mittheilungen aus dem anatomischen Institut im Vesalianum zu Basel,* [1889], p. 9.

Réproduit à la fin de la partie anthropologique du présent travail.

1890. Vilanova, F., *L'homme fossile du Río Samborombon. Congrès international des Américanistes. Compte rendu de la VIII<sup></sup>e session tenue à Paris en 1890,* p. 351-352.

Cette découverte fut très laconiquement signalée par Burmeister et Roth lui-même n'en fait mention que très incidentellement. Ameghino raconte avec détails les circonstances dans lesquelles eut lieu cette découverte : En 1882, Enrique de Carles, naturaliste voyageur du Musée National de Buenos Aires, exhuma du pampéen supérieur du río Samborombón, province de Buenos Aires, un squelette humain presque complet. Les rives du Samborombón, un peu avant sa confluence avec l'arroyo Dulce, sont formées par un escarpement plus ou moins perpendiculaire *(barranca)* de 3 à 3$^{m}$50 de hauteur, composé de lœss pampéen supérieur intercalé de couches lacustres d'une couleur jaune-verdâtre (lacustre pampéen). C'est dans une de ces couches, d'une puissance de 40 à 50 centimètres que fut trouvé le dit squelette humain à une profondeur totale de deux mètres. Ce squelette est presque complet; du crâne il n'existe que la base, une partie de la région postérieure et la mandibule.

Les ossements conservaient encore la situation dans laquelle ils étaient articulés, malgré que le squelette était séparé en deux parties. Le tronc, portant les extrémités supérieures et le crâne était séparé du bassin et des extrémités inférieures par une distance d'un mètre environ. L'unique partie mise à découvert par les eaux était le crâne et pour cette raison il n'en reste qu'un fragment relativement petit.

On ne découvrit rien de plus dans la même couche, mais dans le lit de lœss situé en dessus et épais d'environ un mètre on trouva la base du la ramure d'un grand cerf et une mâchoire inférieure d'une espèce de *Scelidotherium.*

Toutes ces données m'ont été personnellement confirmées par M. de Carles.

Ameghino ne put voir que superficiellement ces restes humains; il fut surpris de la petitesse de cet individu probablement du sexe féminin; la colonne vertébrale avait 18 vertèbres dorso-lombaires, dont 13 dorsales, anomalie extrêmement rare chez les races modernes, mais que doit se présenter assez fréquemment chez les races primitives et constitue indubitablement un caractère constant de l'un des ancêtres de l'homme. Le sternum est perforé (Ameghino ne se souvient plus d'ailleurs à quelle hauteur de l'os, si dans le corps ou dans l'appendice), particularité très rare aussi parmi les races modernes; la mandibule est puissante et massive.

Les communications de Vilanova, qui parla de ce squelette au Congrès des Américanistes tenu à Paris en 1890, ne sont pas plus complètes. Il ne fit que repéter les indications d'Ameghino, en insistant sur la grandeur de la mandibule dont les apophyses articulaires sont un peu obliques « pour faciliter le mouvement d'avant en arrière, ce qui, avec le genre d'usure que présentent les couronnes des dents, indique le régime frugivore de l'individu. Le trou occipital occupe une position plus en arrière que chez les hommes civilisés ce qui donnerait une position quelque peu oblique au corps. »

Les données antérieures confirment d'une façon certaine : l'augmentation à six du nombre des vertèbres lombaires, aux dépens des vertèbres sacrées, circonstance considérée comme un signe réel d'infériorité [1] ; la fréquence de la perforation du sternum (comme perforation du corps) chez les indiens actuels de l'Amérique du Sud (ten Kate [2], sur 120 sternums examinés au Musée de La Plata, constata 16 cas de perforation du corps de l'os, c'est-à-dire 13,3 pour cent) ; et enfin l'usure de la couronne dentaire si commune aujourd'hui chez les indiens de l'Amérique du Sud.

Une étude complète des restes de l'homme pampéen qui sont allés s'échouer au Musée de Valence, me paraît promettre des résultats intéressants, puisque, de son âge géologique, il n'y a pas lieu de douter.

## ARRECIFES

**1888. Crâne humain, découvert en 1888, par M. José Monguillot à Arrecifes, province de Buenos Aires, sur les bords de l'arroyo Merlo, et conservé au Musée Ethnographique de la Faculté de Philosophie et Lettres de l'Université de Buenos Aires.**

1889. Ameghino, F., *Contribución al conocimiento de los mamíferos fósiles de la República Argentina,* Buenos Aires, 1889, p. 67, 85.

1906. Ameghino, F., *Les formations sédimentaires du crétacé supérieur et du tertiaire de Patagonie avec un parallèle entre leurs faunes mammalogiques et celles de l'ancien continent. Anales del Museo Nacional de Buenos Aires,* XV, 1906, p. 446-447.

1907. Lehmann-Nitsche, R., *El cráneo fosil de Arrecifes, provincia de Buenos Aires, atribuído á la formación pampeana superior. Publicaciones de la Sección Antropológica de la Facultad de Filosofía y Letras de la Universidad de Buenos Aires,* número II. — Sous presse.

Ameghino eut l'obligeance de me donner verbalement quelques ampliations au sujet des faits publiés par lui en 1889 : il me manifesta que M. Monguillot, préparateur attaché au Musée, avait trouvé un crâne humain à environ quatre lieues du bourg d'Arrecifes, à peu de distance

[1] Wiedersheim, R., *Der Bau des Menschen als Zeugnis für seine Vergangenheit,* 3. Auflage, Tübingen, 1902, p. 36.

[2] Ten Kate, H., *Sur quelques points d'ostéologie ethnique imparfaitement connus. Revista del Museo de La Plata,* VII, 1896, p. 271-272.

du lit de l'arroyo Merlo, dans un terrain appartenant à la formation pampéenne et que l'eau avait laissé à decouvert.

Ameghino ne connaît pas la localité; mais l'aspect du crâne, son état de conservation et les explications de Monguillot lui prouvèrent jusqu'à l'évidence qu'il provenait des couches supérieures de la formation pampéenne supérieure. Il reproduit également deux photographies, qui n'appellent du reste l'attention que par leur exécution primitive, et considère le crâne comme dolichocéphale et hypsostenocéphale, avec le front étroit et fuyant, les arcs sourcilliers très prononcés ainsi que les bords temporaux.

Dans une publicatión parue l'année dernière (1906), Ameghino revient sur le crâne d'Arrecifes et ajoute qu'il doit représenter le type de l'homme quaternaire et ne semble pas s'éloigner du type récent, ce qui serait très intéressant puisqu'on pourrait évidemment déduire de là qu'il est le résultat d'une évolution qui s'est effectuée dans le continent sud-américain lui-même et dont les étapes comprendraient les crânes de Fontezuelas et de La Tigra, d'un âge évidemment géologique.

Il résulte des déductions suivantes qu'Ameghino ait parfaitement le droit de croire à la similitude du crâne d'Arrecifes avec le type actuel. Quant à ses autres idées, nous y reviendrons à la fin de la partie ostéologique en résumant les conclusions du présent travail.

Après une série de pourparlers, le crâne passa des mains de madame veuve Monguillot, au Musée Ethnographique de la Faculté de Philosophie et Lettres de l'Université de Buenos Aires, dont le directeur M. Juan B. Ambrosetti eut l'obligeance de me le confier pour que je pusse en faire la description. Un travail à moi qui avait paru dans les publications du dit Musée, fut reproduit dans les pages suivantes, pour faciliter une étude comparative. Je renouvelle ici à M. Ambrosetti, l'expression de la gratitude dont je lui suis redevable pour l'offre spontanée qu'il me fit de ses services.

Nous n'avons malheureusement aucune donnée relative aux circonstances de la trouvaille, et M. Monguillot n'était déjà plus lors de mon arrivée dans la République Argentine, de manière qu'il me fut impossible d'en savoir plus long. Quant à la question de savoir si le crâne d'Arrecifes provient réellement du lœss supérieur, on peut également soutenir le pour et le contre.

En faveur du pour, nous avons la circonstance en vertu de laquelle les parties qui se trouvent dégagées des dépôts calcaires dont nous parlerons à continuation, adhèrent fortement à la langue; ces parties ont donc toute l'apparence de la fossilité, la couleur blanc-jaunâtre, la structure cassante, etc. En outre, l'intérieur du crâne est recouvert d'une enveloppe irrégulière très raboteuse de carbonate de chaux très effervescent dont l'épaisseur à la surface externe de la capsule crânienne est, dans certains endroits, supérieure à un millimètre et se compose au moins de trois couches parfaitement distinctes. Cette enveloppe diffère des dépôts calcaires connus qui recouvrent les ossements d'animaux de la formation pampéenne et ressemble à la stalactite qui recouvre les objets plongés dans les eaux fortement calcaires ou termales, celles de Karlsbad, par exemple. Nous devons noter également cette particularité, que le crâne résonne sous le coup de la percussion. Il semblerait qu'il a été brisé *in situ* par la compression et autres causes et enveloppé ensuite par le dit carbonate de chaux, qui recouvre comme un bourrelet les surfaces de cassure. La ligne de cassure s'étend depuis le ptéryon droit sur le devant du pariétal derrière la suture coronale droite, jusqu'à la suture sagittale à deux largeurs de doigts derrière le bregma; elle correspond par conséquent à la prolongation de la suture sagittale, à droite et en arrière de la suture lambdoïdale.

Contre l'opinion qui attribue le crâne au lœss, on pourrait apporter comme preuve le manque de données relatives à la trouvaille, ainsi que l'état de conservation relativement satisfaisant de la substance osseuse; mais en realité l'os a été protégé par l'enveloppe calcaire qui le recouvre. Les taches couleur chocolat visibles dans certains endroits de la lame interne, rappellent exactement la couleur des anciens crânes patagoniens du río Negro, dont il existe d'importantes series au Musée de La Plata, mais dont l'âge « quaternaire » n'est affirmé que par le seul Ameghino (1889, p. 52).

Quoiqu'il en soit, je considère, sans hésitation, le crâne comme très ancien, sans me hasarder à le califier absolument de « fossile », et je crois que le mot « subfossile » exprimerait bien l'idée de son grand âge.

*Denn eben wo Begriffe fehlen,*
*Da stellt ein Wort zur rechten Zeit sich ein!*

(Mephistophélès dans le *Faust* de Goethe.)

Il ne faut pas oublier non plus que les espaces de temps durant lesquels s'opéra la formation du lœss, furent très longs, des époques géologiques, et que nous ne savons pas exactement la différence d'âge qui existe entre les divers crânes et restes humains décrits dans ce travail; mais le crâne « subfossile » d'Arrecifes semble être le plus récent. Je suis fermement convaincu qu'il peut provenir de la formation pampéenne. Tous ses caractères indiquent qu'il est très ancien et peut être comparé avec tous les autres débris humains que nous avons étudiés dans ce travail.

PARTIE CRANIOSCOPIQUE

En raison de son mauvais état de conservation, ce que l'on peut dire du crâne est réellement peu de chose. Nous possédons de lui la calotte à laquelle il manque la base, la région du trou occipital et le nasion dont la position peut cependant être determinée approximativement. Il existe en outre quelques parties du squelette facial, c'est-à-dire de la région zygomatique et alvéolaire qui ont été réunies et remplacées partiellement par du plâtre. La restauration semble correcte et a été opérée sans

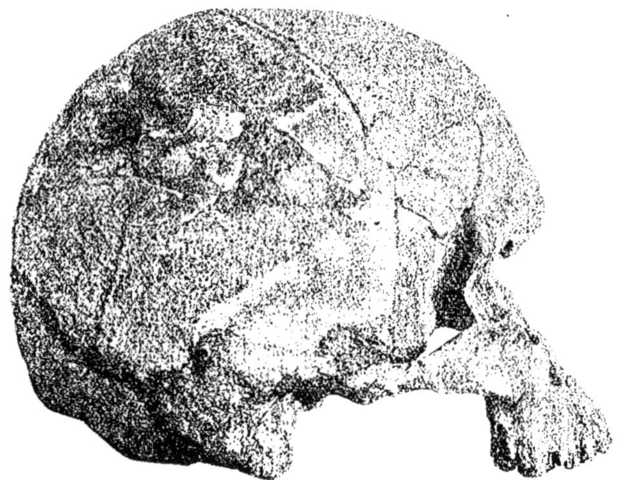

Fig. 27. — Crâne d'Arrecifes, *norma lateralis*

préjudice aucun. La croûte calcaire empèche de reconnaître certains détails, par exemple les lignes temporales, etc.; mais il est difficile et même presque impossible de l'enlever sans détruire la lame externe, et, de plus nous ne voulions pas ôter au crâne son aspect curieux.

Les sutures sont faciles à reconnaître quand elles n'ont pas été obstruées par la croûte calcaire, et leur degré de dentelure ne va pas au delà de ce que l'on observe généralement dans les crânes.

L'épaisseur des os est notable, mais la croûte dont nous avons déjà parlé, empêche de prendre des mesures.

Pour ce qui est du sexe, l'on ne peut rien affirmer de certain; l'aspect est évidemment celui d'un crâne masculin, mais cela vient en grande partie, de la couche calcaire que lui donne certaine forme grossière et rustique.

La plupart des dents manquent, à cause du mauvais état de conservation du crâne; celles qui existent encore sont usées jusqu'à la racine et la superficie de la première molaire droite forme une espèce de cuvette longitudinale assez profonde, type d'usure dentaire observé chez d'autres crânes américains.

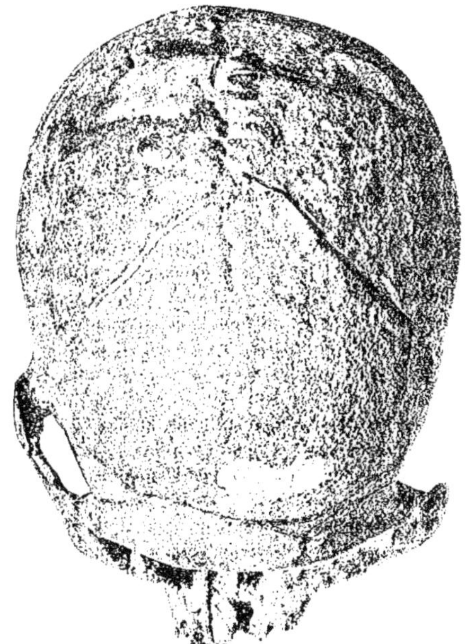

Fig. 28. — Crâne d'Arrecifes, *norma verticalis*

L'individu auquel appartenait le crâne, devait être adulte et peut-être d'un âge assez avancé.

Enfin le crâne ne présente pas le moindre indice de déformation artificielle.

*Norma frontalis.* — Le toît frontal forme une ligne convexe qui s'élève seulement vers le centre de l'os pour donner naissance à une crête peu prononcée comme celle que l'on observe dans un si grand nombre de crânes americains; cette crête existe également, mais à peine visible, dans la région post-bregmatique.

Les arcs zygomatiques sont assez saillants.

*Norma lateralis.* — Prognathisme alvéolaire relativement peu prononcé; arcades sourcilières bien marquées et saillantes; la courbe médiane totale forme une ligne convexe très homogène qui ne fait que légèrement saillie dans la région post-bregmatique; le *torus* occipital, très clairement marqué, forme une seule bosse, longue et large, dont le milieu représente l'inion non accentué comme tel. Les tubérosités pariétales sont très reconnaissables; la région prétubérale et sustubérale des os pariétaux est aplatie; elle forme sur la ligne médiane et à 3 ou 4 centimètres en arrière du bregma, une crête à laquelle nous avons déjà fait allusion.

Fig. 29. — Crâne d'Arrecifes, *norma occipitalis*

*Norma verticalis.* — La calotte cérébrale, suivant la norma de Blumenbach représente un ovale très symétrique qui se dévie un peu de sa ligne mathématique, seulement dans la région des tubérosités pariétales et, en outre, mais d'une façon à peine visible, vers la pointe frontale médiane, à cause de la saillie déjà décrite de la crête frontale. En avant de cet ovale céphalique s'appuient, comme deux guérites, les arcades sourcilières. Les arcs zygomatiques ne sont pas visibles dans la norma verticalis.

*Norma occipitalis.* — Dans la norma occipitalis, on observe avant tout l'aplatissement des os pariétaux et de la crête pariétale. Les bosses pariétales sont également très visibles; la région soustubérale est concave et, dans sa partie inférieure, elle s'élève sous la forme de crêtes susmastoïdiennes bien marquées. Les apophyses mastoïdiennes elles-mêmes sont plutôt petites; les incisures ressemblent à des coches faites avec un couteau affilé, au lieu de sillons concaves comme dans les crânes européens; les crêtes digastriques, ainsi nommées par le docteur F. Pérez, sont énormes et représentent une espèce de gros peigne; l'espace qui les sépare de la fissure occipito-mastoïdienne, destiné à l'artère occipitale, présente également la forme d'une coche, mais moins profonde et moins grande que celle dont nous avons parlé plus haut. Dans un certain nombre de crânes américains, j'ai observé fréquemment la forme caractéristique de l'incisure mastoïdienne ou digastrique, aussi bien que la crête digastrique, ce qui donnerait lieu à d'intéressantes études comparatives [1].

*Norma basilaris.* — La particularité que nous venons de décrire appartient plutôt à la norma basilaris; nous ne pouvons du reste nous livrer à aucune observation de quelque importance, en raison de l'absence de la partie basilaire du crâne.

[1] Au sujet de cette particularité, du reste peu connue, je trouve les données suivantes :

Le Double, *Traité des variations des os du crâne de l'homme et de leur signification au point de vue de l'anthropologie zoologique,* Paris, 1903, p. 335, mentionne « l'implantation sur la lèvre interne » de la rainure digastrique, « d'une éminence osseuse en forme de demi-amande à la laquelle Zoja a donné le nom d'*apophyse mastoïde surnuméraire.* Cette éminence, qui modifie singulièrement la forme de l'apophyse mastoïde, et que Zoja dit avoir rencontrée plusieurs fois, présente deux faces, dont l'une regarde en dehors et l'autre en dedans, et un sommet plus ou moins pointu dirigé en bas.

« Formée par une gaine de tissu osseux compact contenant des cellules aériennes communiquant avec celles de l'apophyse mastoïde ou avec l'antre pétreux, elle mesure, dans certains cas, 2 centimètres de longueur d'avant en arrière, 8 à 9 millimètres de hauteur et 7 millimètres de circonférence à sa base.

« Depuis 1864, époque ou Zoja a appelé l'attention des anatomistes sur cette anomalie, Legge et Humphry ont vu, le premier « l'apophyse mastoïde divisée en deux », le second « la lèvre interne de la rainure digastrique, renflée et creusée d'une cavité communiquant avec les cellules mastoïdiennes ».

Le comte Spee, F., *Handbuch der Anatomie des Menschen, herausgegeben von Karl von Bardeleben, Skeletlehre, zweite Abteilung : Kopf, von F. Graf von Spee,* Jena, 1896, p. 221, cite dans la bibliographie un travail de Corner et ajoute que ce dernier donnait le nom d' « apophyse paramastoïdienne », au bourrelet situé entre l'incisure mastoïdienne et la rainure de l'artère occipitale, en même temps qu'il changeait le nom de l'apophyse paramastoïdienne située sur l'os occipital, pour celui de « apophyse paraoccipitale ».

Dernièrement Pérez, F., *Oreille et encéphale. Etude d'anatomie chirurgicale,* Buenos Aires, 1905, p. 23, écrit ce qui suit :

« Entre la rainure digastrique et scissure occipito-mastoïdienne, on remarque une saillie de volume variable présentant tantôt la forme d'une crête, tan-

PARTIE CRANIOMÉTRIQUE

Pour prendre les différentes mesures sur le crâne d'Arrecifes, nous avons suivi la *Convention de Monaco,* adoptée par le XIII<sup>e</sup> Congrès International d'anthropologie et arquéologie préhistoriques, tenu l'année dernière dans cette ville. Comme la publication définitive des actes du dit congrès tardera quelque temps, nous prenons pour guide le compte rendu préliminaire présenté par M. v. Luschan et inséré dans un des bulletins de la société anthropologique allemande [1]. Les mesures que nous avons pu prendre, malgré le mauvais état de conservation du crâne, sont les suivantes :

| | | Millimètres |
|---|---|---|
| 1. Longueur crânienne maximum | (188) | 186 |
| 2. Largeur crânienne maximum | (142) | 141 |
| 4. — frontale minimum | (97) | 96 |
| 7. — bi-fronto-zygomatique maximum | | 110 |
| 8. — bi-zygomatique maximum | | env. 142 |
| 11. Hauteur nasio-alvéolaire | | env. 75 |
| 26. Largeur auriculaire | | 126 |
| 33. Circonférence crânienne horizontale | | 530 |
| 34. — — transversale | | 335 |
| 37. — — antéro-post. frontale | | 132 |
| 38. — — — pariétale | | 143 |
| 40. Corde antéro-postérieure frontale | | env. 115 |
| 41. — — pariétale | | 124 |
| 43. Hauteur auriculaire | | 123 |
| 47. — frontale | | 85 |
| 48. Angle frontal | | env. 49° |

tôt la forme d'une bulle : nous l'avons nommée crête ou bulle digastrique.

« Sur 120 temporaux, il apparaissait :

| | |
|---|---|
| Comme une petite crête | 20 fois |
| — crête saillante | 32 — |
| — petite bulle | 15 — |
| — grosse bulle | 40 — |
| Elle était absente | 13 — |

« Le muscle digastrique s'insère au fond de la rainure et sur la face externe de la bulle, par deux faisceaux de fibres dont le plus important est celui de la bulle. L'artère occipitale, branche de la carotide externe, creuse en dedans de la bulle digastrique le sillon du même nom. Elle irrigue par ses ramifications terminales, la région occipitale. »

Quant à nous, nous adoptons la nomenclature donnée par le docteur F. Pérez dans son magnifique atlas.

[1] von Luschan, F., *Die Konferenz von Monaco. Korrespondenz-Blatt der Deutschen Gesellschaft für Anthropologie, Ethnologie und Urgeschichte,* XXXVII, 1906, p. 53-62.

Nous complétons cette liste en y ajoutaut *a)* ces indices calculés des chiffres précédents et *b)* les mesures, indices et angles obtenus par l'intermédiaire de la courbe médiane (voyez plus loin) :

| | |
|---|---|
| *a)* Indice transverso-longitudinal (céphalique) | 75,8 |
| — auriculo-longitudinal | 59,2 |
| — fronto-pariétal | 68,09 |
| — calculé entre la circonférence antéro-postérieure frontale et la circonférense pariétale | 108,3 |
| Indice facial supérieur | env. 52,8 |
| *b)* Hauteur de la calotte | 109,0 |
| Indice de la hauteur de la calotte et de la ligne glabello-iniale [= longueur crânienne maximum] | 58,6 |
| Indice de la position du point le plus élevé de la courbe médiane | 50,54 |
| Indice de la position du bregma | 29,0 |
| Angle frontal | 88,0 |
| — bregmatique | 61,0 |

Les mesures qui ont pu être prises sur le crâne d'Arrecifes, suivant la Convention de Monaco, sont bien peu nombreuses; elles suffisent cependant pour donner une idée des caractères principaux de la dite pièce. Etant donnée l'épaisseur de la croûte calcaire qui couvre la calotte cérébrale, nous déduisons de la longueur maximum 2 millimètres, de la largeur maximum 1 millimètre et de la largeur frontal minimum également 1 millimètre pour obtenir les chiffres les plus exacts possible. Les conclusions générales sont plus ou moins les suivantes :

### CRANE CÉRÉBRAL

Le crâne est bien développé suivant ses dimensions antéro-postérieures et transversales; les chiffres absolus qui représentent la longueur maximum (186 mm.) et la largeur maximum (141 mm.) démontrent un degré satisfaisant de développement.

Dans le but de faciliter la comparaison, je reproduis un tableau synoptique de Schwalbe [1] contenant les mesures de la longueur maximum de 231 crânes humains, disposés en groupes de 5 en 5 millimètres :

[1] SCHWALBE, G., *Studien über Pithecanthropus erectus Dubois. Zeitschrift für Morphologie und Anthropologie*, I, 1899, p. 25.

| Longueur maximum en millimètres | Nombre de crânes 231 en tout | |
|---|---|---|
| 201 | 1 | |
| 198-196 | 4 | |
| 195-190 | 12 | |
| 189-185 | 31 | *Arrecifes :* 186 mm. |
| 184-180 | 53 | |
| 179-175 | 62 | |
| 174-170 | 38 | |
| 169-165 | 19 | |
| 164-160 | 6 | |
| 159-155 | 5 | |

Ils est facile de voir que le crâne d'Arrecifes, avec ses 186 millimètres de longueur maximum, est très en haut de cette échelle et passe le terme moyen.

Quant à la largeur maximum (141 mm.), elle coïncide avec le terme moyen de 140$^{mm}$5, trouvé par Mies et Bartels [1], sur 15.350 (quinze mille trois cent cinquante !) crânes humains.

La circonférence horizontale (530 millimètres) atteint de même un haut degré de développement et occupe un des premiers rangs dans le tableau suivant, établi avec les chiffres de Topinard [2].

*Circonférence horizontale crânienne*

| | Hommes | mm. | Femmes | mm. |
|---|---|---|---|---|
| Andamans (Flower) | 12 | 480 | — | — |
| Veddahs (Flower) | 7 | 486 | — | — |
| Parias d'Alipoor (Broca) | 7 | 493 | 3 | 468 |
| Boshimans et Namaquois *(Cr. Ethn.)* | 6 | 495 | — | — |
| Javanais (Broca) | 18 | 501 | 6 | 490 |
| Chinois (Flower) | 16 | 508 | — | — |
| Australiens (Broca) | 15 | 509 | 10 | 490 |
| Néo-Calédoniens (Broca) | 23 | 510 | 15 | 494 |
| Chinois (Broca) | 21 | 511 | 7 | 495 |
| Tasmaniens (Broca) | 19 | 511 | 13 | 491 |
| Javanais *(Crania Ethnica)* | 19 | 512 | — | — |
| Nègres (Broca) | 31 | 513 | 12 | 488 |
| Chinois *(Crania Ethnica)* | 18 | 513 | — | — |
| Mandingues *(Crania Ethnica)* | 10 | 514 | — | — |
| Arabes *(Crania Ethnica)* | 28 | 515 | — | — |
| Berbers *(Crania Ethnica)* | 28 | 515 | — | — |
| Polynésiens (Broca) | 22 | 515 | 15 | 496 |
| Néo-Calédoniens (Ile des Pins) | 7 | 516 | — | — |

[1] BARTELS. P., *Ueber die grösste Breite des menschlichen Hirnschädels. Zeitschrift für Morphologie und Anthropologie*, III, 1904, p. 73.

[2] TOPINARD, P., *Eléments d'anthropologie générale*, Paris, 1885, p. 675-676.

| | Hommes | mm. | Femmes | mm. |
|---|---|---|---|---|
| Papous (Mantegazza) | 50 | 517 | — | — |
| Hawaiens *(Crania Ethnica)* | 15 | 520 | — | — |
| Orolofs *(Crania Ethnica)* | 13 | 524 | — | — |
| Auvergnats (Broca) | 43 | 524 | 37 | 502 |
| Bruxellois (Hœger et Dallemagne) | 22 | 525 | — | — |
| Parisiens contemporains (Broca) | 77 | 525 | 41 | 498 |
| Taitiens *(Crania Ethnica)* | 17 | 525 | — | — |
| Hollandais (Broca) | 22 | 526 | 22 | 503 |
| Esquimaux (Flower) | 20 | 526 | — | — |
| Esquimaux (Broca) | 11 | 527 | 9 | 510 |
| *Arrecifes* | 1 | 530 | — | — |
| Hommes célèbres (Ten Kate) | 12 | 530 | — | — |
| Fidjiens (Flower) | 6 | 533 | — | — |
| Assassins de Belgique (Hœger et Dallemagne) | 29 | 548 | — | — |

A ce tableau j'en ajoute un autre qui comprend les chiffres de Martin [1] et de Verneau [2] relatifs aux anciens crânes patagoniens.

*Circonférence horizontale crânienne*

| | Hommes | mm. | Femmes | mm. |
|---|---|---|---|---|
| Patagons du Rio Negro (Martin, p. 531) | 6 | 527 | 6 | 504 |
| — type platy-dolichocéphale I (Verneau, p. 53) | 1 | 544 | — | — |
| — type platy-dolichocéphale II (Verneau, p. 59) | 2 | 535 | 3 | 516 |
| — type hypsi-dolichocéphale (Verneau, p. 81) | 17 | 521 | 7 | 493 |
| — type platy-brachycéphale (Verneau, p. 96) | 20 | 524 | 9 | 489 |
| — type sous-brachycéphale (Verneau, p. 104) | 8 | 577 | 1 | 490 |
| Araucaniens anciens du Chili (Verneau, p. 111) | 1 | 529 | 5 | 473 |
| — anciens de Patagonie (Verneau, p. 111) | 2 | 493 | 6 | 494 |
| — modernes de Patagonie (Verneau, p. 111) | 3 | 492 | 3 | 495 |
| Patagons, type méti platy-doli+hypsi-dolichocéphale (Verneau, p. 116) | 5 | 514 | 1 | 505 |
| Patagons, type méti platy-brachy+hypsi-dolichocéphale (Verneau, p. 120) | 21 | 521 | 5 | 504 |
| *Arrecifes* | 1 | 530 | — | — |

[1] Martin, R., *Altpatagonische Schädel. Vierteljahrschrift der Naturforschenden Gesellchaft Zürich*, XLI, 1896, Jubelband, p. 531.

[2] Verneau, R., *Les anciens Patagons*, Monaco, 1903, passim.

Bien que dans le crâne d'Arrecifes, il faille déduire quelque chose du chiffre élevé obtenu (530 millimètres, à cause de la croûte calcaire), sa circonférence horizontale doit correspondre aux « cephalons » (Virchow) de la Patagonie.

Suivant l'indice céphalique (75,8), calculé entre la longueur maximum et la largeur maximum, le crâne d'Arrecifes occupe le milieu entre la dolichocéphalie et la mésocéphalie, comme on pouvait déjà le supposer, au simple examen cranioscopique; mais, d'après la nomenclature en vigueur, on doit le considérer comme mésocéphale. M. Ameghino a donc admirablement évalué à première vue, l'indice céphalique, en lui attribuant « environ 75 ».

L'indice céphalique en Amérique indique peu de chose, en raison de ce que Kollmann [1], moyennant la réunions des indices de 1292 crânes américains en tableau synoptiques, a démontré « la pluralité et l'ubicuité des varietés crâniennes », distinguées d'après l'indice céphalique) dans toute l'Amérique, fait qui correspond parfaitement avec la « poikilotypie » des formes crâniennes en Amérique, comme nous [2] l'avons établi nous mêmes par un simple examen cranioscopique.

La hauteur du crâne ne peut être déterminée et calculée que suivant la hauteur auriculaire. Cette dernière mesure 123 millimètres et dépasse notablement la moyenne (116,5 millimètres) calculée sur 50 crânes suisses par Czekanowski [3].

L'indice auriculo-longitudinal résulte de 53,2, mais sa comparaison avec les chiffres respectifs des autres crânes nous offre quelques difficultés. Quand l'état de conservations du crâne le permet, l'on mesure la hauteur basilo-bregmatique et la relation de celle-ci avec la longueur maximum sert à calculer l'indice vertico-longitudinal. C'est ainsi que procèdent les anthropologues; ils ne s'occupent généralement pas des crânes privés de la partie basilaire, dont on peut mesurer seulement la hauteur auriculaire pour disposer faute de mieux de quelque chiffre relationné avec la hauteur crânienne. La corrélation entre l'indice vertico-longitudinal et l'indice auriculo-longitudinal, n'a pas encore été étudiée, et la table suivante relative au premier de ces indices :

[1] Kollmann, J., *Die Autochthonen Amerikas. Zeitschrift für Ethnologie*, XV, 1883, p. 43.

[2] Lehmann-Nitsche, R., *Tipos de cráneos y cráneos de razas. Estudio crancológico. Revista del Museo de La Plata*, XI, 1904, p. 170.

[3] Czekanowski, F., *Zur Höhenmessung des Schädels. Archiv für Anthropologie*, N. F. I., 1904, p. 257.

*Indice longitudino-vertical*

| Broca | Convention de Francfort | Terminologie |
|---|---|---|
| X-71,99 | X-70,0 | Platycéphalie |
| 72,0-74,99 | 70,1-75,0 | Orthocéphalie |
| 75,0-X | 75,1-X | Hypsicéphalie |

ne peut être appliqué tacitement à l'indice longitudino-auriculaire, ainsi que l'a manifesté dernièrement M. Martin [1].

Cet anthropologue croit que cette terminologie doit être rabaissée de 10 à 12 unités pour être applicable à l'indice longitudino-auriculaire, d'où résulterait alors la nomenclature suivante :

*Indice longitudino-auriculaire*

| Division provisoire de Martin | Terminologie |
|---|---|
| X-58 | Platycéphalie |
| 58-63 | Orthocéphalie |
| 63-X | Hypsicéphalie |

Dans le crâne d'Arrecifes, l'indice longitudino-auriculaire, comme nous l'avons déjà vu, est de 53,2 et le crâne est dans tous les cas, platycéphale. Au chiffre extrêmement élevé de la hauteur auriculaire correspond parfaitement celui, également élevé que l'on a obtenu pour la circonférence transversale (435 millimètres) ; Broca [2], par exemple, indique 312 millimètres pour 77 parisiens contemporains (hommes) et 291 millimètres pour 41 parisiennes id. Avec les autres chiffres cités de Martin et Verneau, l'on peut construire le tableau suivant :

*Circonférence transversale sus-auriculaire*

| | Hommes | mm. | Femmes | mm. |
|---|---|---|---|---|
| Parisiens contemporains (Broca) (1) .. | 77 | 312 | 41 | 291 |
| Patagons du Río Negro (Martin, p. 531). | 6 | 337 | 6 | 320 |
| — type platy-dolichocéphale I (Verneau, p. 53) ........ | 1 | 304 | — | — |
| — type platy-dolichocéphale II (Verneau, p. 59) ........ | 2 | 303 | 3 | 288 |
| — type hypsi-dolichocéphale (Verneau, p. 81) ........ | 17 | 321 | 7 | 311 |

[1] MARTIN, R., *Die Inlandstämme der Malayischen Halbinsel*, Jena, 1905, p. 479-480.

[2] TOPINARD, P., *Liste des mesures et procédés craniométriques de Paul Broca. Revue d'Anthropologie*, 2e serie, II (XI), 1882, p. 579.

| | Hommes | mm. | Femmes | mm. |
|---|---|---|---|---|
| Patagons type platy - brachycéphale (Verneau, p. 96) | 20 | 317 | 9 | 296 |
| — type sous - brachycéphale (Verneau, p. 104) | 8 | 325 | 1 | 311 |
| Araucans anciens du Chili (Verneau, p. 111) | 1 | 316 | 5 | 288 |
| — anciens de Patagonie (Verneau, p. 111) | 2 | 300 | 6 | 292 |
| — modernes de Patagonie (Verneau, p. 111) | 3 | 300 | 3 | 292 |
| Patagons, type méti platy-doli + hypsi-dolichocéphale (Verneau, p. 116) | 5 | 295 | 1 | 291 |
| Patagons, type méti platy-brachy + hypsidolichocéphale (Verneau, p. 120) | 21 | 315 | 5 | 303 |
| *Arrecifes* | 1 | 335 | — | — |

Pour compléter l'importante étude de la hauteur crânienne, nous allons tracer soigneusement la courbe médiane du crâne, avec la lame de plomb en nous en tenant aux méthodes initiées par Schwalbe dans son travail déjà cité. Dans cette courbe, nous signalons la glabelle, point le plus élevé entre les arcades sourcilières, le bregma, le lambda et l'inion ce dernier situé au milieu du trou occipital. Si, dans cette courbe, nous réunissons la glabelle à l'inion par une ligne, cette ligne mesure exactement 186 millimètres, chiffre déjà obtenu directement au moyen du compas d'épaisseur, et qui représente la base pour les opérations suivantes. La distance verticale maximum qu'atteint la courbe moyenne sur cette ligne G-I, est la «hauteur de la calotte» (C-H); sa valeur absolue se mesurera avec une règle graduée (109 millimètres dans le cas présent): sa valeur relative se détermine en calculant l'indice entre elle et la ligne basilaire G-I (58,6 dans le crâne d'Arrecifes). Nous comparons ensuite les chiffres obtenus avec les tableaux suivants de Schwalbe (p. 43 et 45) :

| Hauteur absolue de la calotte en millimètres | Nombre de crânes 107 en tout | |
|---|---|---|
| 84 | 1 | |
| 88-89 | 3 | |
| 90-94 | 10 | |
| 95-99 | 27 | |
| 100-104 | 30 | |
| 105-109 | 23 | *Arrecifes :* 109 mm. |
| 110-114 | 9 | |
| 115-117 | 4 | |

L'on voit par là que le crâne d'Arrecifes occupe un lieu assez élevé dans l'échelle que nous venons de citer, c'est-à-dire que la hauteur absolue de sa calotte est bien développée. Mais si nous calculons l'indice de cette hauteur avec la longueur maximum du crâne, elle résulte relativement basse et coïncide parfaitement avec la platycéphalie calculée antérieurement suivant l'indice longitudino-auriculaire. Voyez le tableau suivant de Schwalbe (p. 45) :

| Indice entre la hauteur de la calotte et la longueur crânienne maximum | Nombre de crânes 107 en tout | |
|---|---|---|
| 52-54 ........................ | 12 | |
| 55-59 ........................ | 43 | *Arrecifes :* 58,6 |
| 60-64 ........................ | 41 | |
| 65-68 ........................ | 11 | |

Calculons enfin la position que le point le plus élevé de la courbe mé-

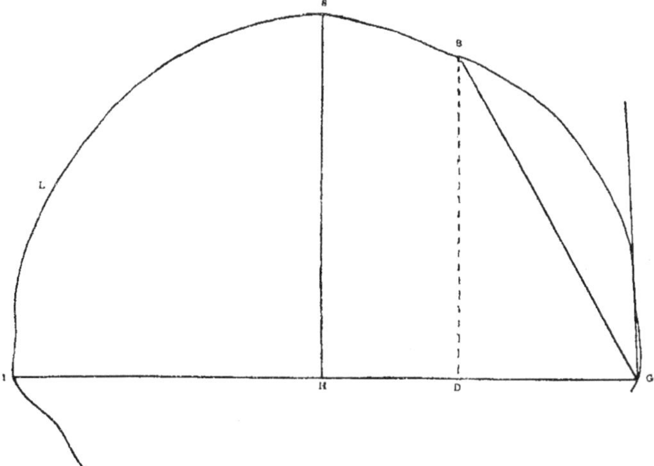


Fig. 30. — Courbe médiane du crâne d'Arrecifes

diane (C) occupe au dessus de la ligne glabello-iniale (G-I), ou, en d'autres termes, calculons la proportions G-H : G-I. La position du dit point varie dans les différents crânes ; mais, d'après les études de Schwalbe (p. 55) l'on ne peut déterminer exactement les limites entre les diverses races humaines. En tout cas, l'indice respectif obtenu pour le crâne d'Arrecifes (50,54) indique que le point de hauteur crânienne maximum est situé un peu plus en avant qu'il ne l'est en général, comme le cas en est spécialement chez l'Européen. Voyez le tableau suivant dressé d'après les études de Schwalbe (p. 55) :

| Point de la hauteur maximum situé dans la ligne glabello-iniale | Nombre de crânes 48 en tout | |
|---|---|---|
| 1, dans la moitié antérieure de la ligne glabello-iniale | 2 | |
| 2, au milieu | 4 | |
| 3, dans la moitié postérieure, indice 50-55 | 13 | *Arrecifes:* 50,54 |
| 4, — — — 56-59,9 | 16 | |
| 5, — — — 60-64,9 | 12 | |
| 6, — — — 65-66,9 | 1 | |

Pour compléter l'analyse métrique de la calotte cerébrale du crâne d'Arrecifes, il nous manque encore l'étude de la largeur frontale minimum et de l'indice que donne celle-ci avec la largeur crânienne maximum.

La largeur frontale minimum dans le crâne d'Arrecifes est de 96 millimètres, chiffre un peu en dessus de la moyenne humaine, si nous le comparons avec le tableau suivant dressé par Schwalbe (l. c., p. 78) et basé sur 352 crânes humains :

| Largeur frontale minimum en millimètres | Nombre de crânes 352 en tout | |
|---|---|---|
| 80-84 | 7 | |
| 85-89 | 42 | |
| 90-94 | 122 | |
| 95-99 | 115 | *Arrecifes :* 96 mm. |
| 100-104 | 54 | |
| 105-109 | 7 | |
| 110-114 | 3 | |
| 115-116 | 2 | |

Nous suivrons également Schwalbe, pour faire l'étude comparative de l'indice fronto-pariétal qui, dans le crâne d'Arrecifes, est de 68,09. Nous reproduisons ci-dessous une partie de sa table XIV (p. 82), en y ajoutant la terminologie proposée par cet auteur :

*Indice fronto-pariétal*

| | Europe | Asie | Afrique | Australie et Océanie | Amérique |
|---|---|---|---|---|---|
| | | | *Microsémie* | | |
| 60 | — | — | — | — | — |
| 61 | — | — | — | — | Ind. d'Alaska |
| 62 | — | Chinois | — | — | — |
| 63 | — | Calmoucks | — | — | — |
| 64 | Tchèques | — | — | — | — |

*Indice fronto-pariétal (suite et fin)*

| | Europe | Asie | Afrique | Australie et Océanie | Amérique |
|---|---|---|---|---|---|
| | | | *Mésosémie* | | |
| 65 | Norvégiens | Batta | — | — | — |
| 66 | Alsaciens ♂ Étrusques | — | Guanches | — | Ind. sudamér. |
| 67 | Peuple Davos Alsaciennes ♀ | Aino Japonais | — | — | — |
| 68 | — | — | — | — | Seminoles *Arrecifes* |
| 69 | — | — | Anc. Égyptiens | Australiens (minimum) | I. Barbara (Cal) Iroquois, Fuég. |
| | | | *Mégasémie* | | |
| 70 | Suédois | — | Boshimans | Arch. Bismarck | Carayes |
| 71 | — | Veddahs Singalais | Hottentots | — | Shoshones |
| 72 | — | Tamiles Dayak | — | — | — |
| 73 | — | — | Dschagga (moyen) | — | — |
| 74 | — | Peuple de Palmyre | — | — | — |
| | | | *Hypermégasémie* | | |
| 75 | — | — | — | — | — |
| 76 | — | — | — | — | — |
| 77 | — | — | — | Australiens (moyen) | — |
| 78 | — | — | Dschagga (maximum) | — | — |
| 79 | — | — | — | — | — |
| | | | *Ultramégasémie* | | |
| 80 | — | — | — | — | — |
| 81 | — | — | — | — | — |
| 82 | — | | — | — | — |
| 83 | — | — | — | — | — |
| 84 | — | — | — | — | — |
| 85 | — | — | — | — | — |
| 86 | — | — | — | Australiens (maximum) | — |

Il résulte de ce tableau, comme l'explique amplement Schwalbe (p. 91) que la population autoctone de l'Amérique a le front mesosème, sauf les indiens d'Alaska, notables par leur microsémie; que, généralement, les peuples civilisés sont mésosèmes, les peuples primitifs et inférieurs mégasèmes et même parfois ultra-mégasèmes, exception faite toutefois des indiens américains, mésosèmes comme les peuples civilisés.

Le crâne d'Arrecifes, 68,09, est donc mésosème, et son indice répond à la majeure partie des autres crânes américains (voyez le tableau antérieur).

Nous terminerons l'analyse de la région frontale par l'étude des angles que l'on peut construire dans la courbe médiane. Réunissons, comme Schwalbe (p. 142 et suiv.), le point G (glabelle) avec le point B. (bregma) et l'angle B-G-I sera l'angle bregmatique; tirons du point G une ligne au point le plus saillant du front, et l'angle X-G-I sera l'angle frontal. C'est ainsi que l'on détermine mathématiquement le degré d'inclinaison et de convexité de l'os frontal, par rapport à la ligne basale glabello-iniale. De la comparaison des dits angles, déterminés sur des crânes de différentes races humaines (voyez le tableau suivant qui contient les chiffres moyens de Schwalbe) il résulte, comme le dit le même auteur (p. 145 et 146) que, étant donné le petit nombre de crânes étudiés jusqu'à présent, l'angle frontal servira peut-être un jour à caractériser les diverses races humaines actuelles, tandis que l'angle bregmatique qui varie beaucoup moins que l'antérieur, sera, pour ce même motif presque inutile pour la classification des races actuelles. Les deux angles ont plutôt une grande signification zoologique, en raison de ce qu'ils indiquent les étapes qui existent entre les anthropoïdes, le *Pithecanthropus,* l'*Homo primigenius* (groupe Néanderthal) et l'*Homo sapiens.* Chez le crâne d'Arrecifes, les deux angles rentrent dans la catégorie de l'homme actuel.

| Tribu | Angle frontal | Angle bregmatique |
|---|---|---|
| 24 Alsaciens (♂) | 91,4 | 60,0 |
| 16 Alsaciennes ♀ | 93,7 | 59,8 |
| 24 Nègres Dschagga | 100,3 | 58,6 |
| 4 Kalmoucks | 85,2 | 56,6 |
| 7 Indigènes océaniens | 89,1 | 60,3 |
| *Arrecifes* | 88,0 | 61,0 |

La position du bregma et sa variation quant à la direction antéro-postérieure, est intimement liée à l'inclinaison du front en arrière; si le front est fuyant, le bregma sera situé plus en arrière, et viceversa. L'on détermine alors avec Schwalbe (p. 149 et suiv.) la distance entre le point G (glabelle) et le point D (projection verticale du bregma), laquelle dans le cas présent mesure 54 millimètres; l'on calcule ensuite l'indice entre G-D et G-I, la ligne fondamentale glabello-iniale (186 mm.). Cet indice sera d'autant plus petit que le front se rapprochera davantage de la verticale. Dans le crâne d'Arrecifes, il est de 29,0, chiffre un peu supérieur à celui des moyennes données par Schwalbe pour diverses races humaines. Le front du crâne d'Arrecifes est, par conséquent moins élevé que ne le sont, en moyenne, les crânes réunis dans le tableau suivant (Schwalbe, p. 150-152) :

*Indice de la position bregmatique*

| | |
|---|---|
| *Arrecifes* | 29,0 |
| 19 Alsaciens ♂ | 30,4 |
| 16 Alsaciennes ♀ | 30,5 |
| 24 Nègres Dschagga | 32,1 |
| 4 Kalmoucks | 32,8 |

Il n'est pas possible d'étudier les autres particularités de la convexité frontale, à cause de la croûte calcaire qui fait disparaître tous les détails. Je m'occuperai donc immédiatement de la longueur des os frontal et pariétal, c'est-à-dire des leurs circonférences antéro-postérieures mesurées sur la ligne médiane. Les études de Schwalbe à ce sujet (p. 185 et suiv.) ont donné les résultats suivants : chez les lémures, les singes, les anthropoïdes et le pithecanthropus, le frontal est toujours plus long que le pariétal; dans la variété humaine de Spy et Néanderthal, cette proportion varie : le frontal est quelquefois plus long que le pariétal, mais quelquefois aussi l'on constate le contraire. Chez les races humaines actuelles la dite proportion oscille encore d'un côté à l'autre, comme le démontre le tableau suivant de Schwalbe (p. 190) établi sur la base de 208 crânes de races diverses :

| | Pour cent |
|---|---|
| Frontal plus long que le pariétal | 50,0 |
| Frontal égal au pariétal | 7,2 |
| Frontal plus court que le pariétal | 42,8 |

D'où il résulte que le type I est pithécoïde ou inférieur et le type III *exclusivement humain.*

Nous trouvons ce dernier type dans le crâne d'Arrecifes dont la circonférence frontale moyenne, de 132 millimètres, est beaucoup plus courte que la pariétale avec 143 millimètres. La proportion entre ces deux circonférences, se calcule au moyen d'un indice qui, suivant la formule : courbe frontale : courbe pariétale = 100 : $x$, résulte être de 108,3. Cet indice, comme le fait déjà supposer le tableau ci-dessus de Schwalbe, varie suivant les races humaines à un assez haut degré, c'est-à-dire de 83,3 à 119,1 et dans le crâne d'Arrecifes occupe une position favorable, avec 108,3.

De la notable longueur du crâne, de sa largeur qui représente exactement la moyenne humaine, et de sa hauteur très développée, l'on peut déduire une capacité crânienne bien encéphale; l'état de conservation du crâne ne permet pas de la déterminer au moyen du cubage. Le calcul efectué selon la méthode de Welcker [1], confirme complètement notre supposition. Cette méthode consiste (p. 71) à additionner la longueur maximum, la largeur maximum et la hauteur basilo-bregmatique, et chercher dans une table composée par M. Welcker, la capacité crânienne qui correspond à la somme obtenue (le module); ce même anthropologiste (p. 82) évalue la différence entre la hauteur basilo-bregmatique et la hauteur auriculaire à 14 millimètres comme moyenne. En opérant suivant cette méthode nous trouvons :

Longueur (186) + largeur (141) + hauteur (123 + 14) = 464, et la capacité correspondante de 1481 centimètres cubes.

La dernière méthode pour calculer la capacité crânienne selon les mesures linéales est due à Beddoe. Voici cette méthode suivant l'analyse de Fischer [2] : « L'on multiplie un tiers de la circonférence horizontale par le tiers de l'arc nasio-inial y la moitié de l'arc vertical, mesuré d'une ouverture auriculaire à l'autre en passant sur le bregma. Du produit obtenu l'on retranche 0,3 pour cent pour chaque 1,0 de l'indice céphalique, quand celui-ci est inférieur à 80; l'on augmente au contraire de la même quantité, quand l'indice passe de 80. L'on divise finalement le résultat obtenu par 2000. » Quant au crâne d'Arrecifes, nous faisons le calcul suivant :

| | | | |
|---|---|---|---|
| Circonférence horizontale ......... | 530 millimètres ; | $^1/_3$ = | 176,7 |
| — nasio-iniale ......... | 275 — | $^1/_3$ = | 91,7 |
| — transversale......... | 335 — | $^1/_2$ = | 167,5 |

176,7 × 91,7 = 16203,39 × 167,5 = 2714067,825.
Indice céphalique = 75,8 ; 4 × 0,3 = 1,2 ; 2714067,825 × 1,2 = 3256880,39 . 2714067,825 — 32568,8039 = 2681499,0211 ÷ 2000 = 1340,7495.

En chiffres ronds : *1341 centimètres cubes.*

Il y a, comme on le voit, une différence notable entre les résultats ob-

[1] WELCKER, H., *Die Capacität und die drei Hauptdurchmesser der Schädelkapsel bei den verschiedenen Nationen. Archiv für Anthropologie,* XVI, 1886, p. 27, 81, 82, 104.

[2] BEDDOE, J., *A Method of estimating Skull Capacity from Peripheral Measures. Journal of the Anthropological Institute of London,* XXXIV, 1905, p. 266-283. Analysé par : FISCHER, E., *Jahresbericht der Literatur über physische Anthropologie im Jahre 1905. Schwalbe's Jahresberichte der Anatomie und Entwichlungsgeschichte.* N. F. XI, 1907, p. 921.

tenus par les deux méthodes employées et je ne sais s'il faut ajouter foi plutôt à l'un qu'à l'autre.

Je ne sais pas non plus si cette valeur calculée approximativement peut être comparée avec les chiffres de Martin et Verneau (voyez les travaux déjà cités), et de Welcker, lesquels ont déterminé la capacité crânienne par une méthode directe, en remplissant la cavité crânienne avec du plomb, etc.; dans tous les cas, le crâne d'Arrecifes résulte inférieur en comparaison des crânes de Patagons et se rapproche du type féminin, caractérisé par la petitesse relative de la cavité crânienne.

*Capacité crânienne*

| Tribu | Hommes | cm³ | Femmes | cm³ |
|---|---|---|---|---|
| Patagons du río Negro (Martin p. 531) | 6 | — | 6 | — |
| — type platy-dolichocéphale I (Verneau, p. 53)........ | 1 | 1665 ? | — | — |
| — type platy-dolichocéphale II (Verneau, p. 59)........ | 2 | 1672 | 1 | 1490 |
| — type hypsi-dolichocéphale (Verneau, p. 81)........ | 17 | 1619 | 7 | 1355 |
| — type platy-brachycéphale (Verneau, p. 96)........ | 20 | 1600 | 9 | 1367 |
| — type sous-brachycéphale (Verneau, p. 104)....... | 8 | 1516 | 1 | 1410 |
| Araucans anciens du Chili (Verneau, p. 111)................ | 1 | — | 5 | — |
| — anciens de Patagonie (Verneau, p. 111).......... | 1 | 1440 | 3 | 1409 |
| — modernes de Patagonie (Verneau, p. 111)...... | 3 | 1390 | 3 | 1227 |
| Patagons, type méti platy-doli+hypsi-dolichocéphale (Verneau, p. 116)................ | 5 | 1512 | 1 | 1350 |
| — type méti platy-brachy+hypsi-dolichocéphale (Verneau, p. 120)...... | 21 | 1536 | 5 | 1420 |
| Patagons et Araucaniens (Welcker, p. 104)......................... | 9 | 1402 | — | — |
| *Arrecifes* ....................... | — | — | — | — |

## CRANE FACIAL

L'on ne peut dire que peu de chose au sujet du crâne facial, à cause de son mauvais état de conservation. La largeur bi-zygomatique est d'environ 142 millimètres; elle équivaut donc plus ou moins à la largeur maximum du crâne cérébral. La hauteur nasio-alvéolaire mesure près de

75 millimètres et l' « indice facial supérieur » (de Kollmann) calculé suivant la formule 100×75÷142 résulte de 52,8. Si nous prenons pour base les études de Weissenberg [1], qui a reconnu qu'il suffit de calculer les indices faciaux suivant la méthode de Kollmann, c'est-à-dire suivant la formule: « Hauteur faciale [nasio-mentonnière ou nasio-alvéolaire, respectivement]: largeur bi-zygomatique = 100 : x », et proposa, pour l'indice facial supérieur, calculé suivant la hauteur nasio-alvéolaire et la largeur bizygomatique, le chiffre 55,0 comme limite entre camé et leptoprosopie, nous classerons le crâne d'Arrecifes entre les *caméprosopes*. Si nous intercalons l'indice 52,8 dans les tableaux suivants empruntés à l'ouvrage de l'expedition Hemenway [2] il en résulte qu'il occupe une position intermédiaire entre les races humaines en général et les tribus américaines en particulier :

*Indice facial supérieur. — Différentes races humaines*

| | |
|---|---|
| 2 Chuckches | 55,17 |
| 10 Esquimaux | 54,09 |
| — Veddahs | 53,80 |
| 2 Chinois | 53,74 |
| 6 Nègres | 53,22 |
| 14 Européens | 53,06 |
| *Arrecifes* | env. 52,80 |
| 1 Fidjien | 52,77 |
| — Botocudos | 52,60 |
| 2 Japonais | 52,58 |
| 27 Indiens Saladeros (Amérique du Nord) | 52,48 |
| 42 Autres indiens de l'Amérique du Nord | 51,69 |
| 6 Indigènes des Iles Sandwich | 50,35 |
| 3 Australiens | 50,23 |
| — Malais | 48,60 |
| 4 Indigènes de la Nouvelle-Zélande | 48,54 |
| 4 Lagoa Santa | 47,00 |

*Indice facial supérieur. — Différentes tribus de l'Amérique du Nord*

| | |
|---|---|
| 1 Seminote | 58,33 |
| 2 Minnetarees | 58,05 |
| *Arrecifes* | env. 52,80 |
| 10 Californiens | 52,62 |

[1] WEISSENBERG, S., *Ueber die verschiedenen Gesichtsmaasse und Gesichtsindices, ihre Eintheilung und Brauchbarkeit. Zeitschrift für Ethnologie*, XXIX, 1897, p. 41-58.

[2] MATTHEWS, W., *The human bones of the Hemenway collection in the United States Army Medical Museum at Washington. Memoirs of the National Academy of Sciences*, VI, 1891, p. 193.

| | |
|---|---|
| 27 Saladeros | 52,48 |
| 7 Pah Utes | 52,03 |
| 2 Pawnces | 51,29 |
| 4 Sioux | 51,18 |
| 4 Navajos | 50,90 |
| 4 Poukas | 50,61 |
| 6 Apaches | 49,55 |
| 1 Cheyenne | 47,65 |
| 1 Chippeway | 47,40 |
| 1 Crâne de Rock Bluff | 47,40 |
| 1 Crâne de Calaveras | 42,60 |

Ce tableau met fin à la partie craniométrique déjà un peu étendue. Je m'abstiendrai de m'occuper de quelques autres mesures qui ont pu être prises d'accord avec la convention de Monaco et qui figurent dans la liste pour faciliter des comparaisons futures.

## CONCLUSIONS GÉNÉRALES

1. Le crâne d'Arrecifes appartient aux plus anciens de la République Argentine, bien qu'on ne puisse l'attribuer en toute sécurité à la formation pampéenne.

2. La longueur de la partie cérébrale passe la moyenne humaine; la largeur équivaut exactement à cette moyenne; l'indice céphalique est mésocéphale; la hauteur, absolument grande, présente, par rapport à la longueur, un chiffre plutôt relativement réduit (platycéphale).

3. La largeur du front répond absolument à la moyenne; relativement (à l'egard de la largeur transversale crânienne), elle correspond au type américain. Les angles frontaux et bregmatiques, qui indiquent l'inclinaison du front en arrière, rentrent dans la catégorie de l'homme actuel.

4. La partie faciale du crâne est plus ou moins caméprosope; l'indice occupe une position intermédiaire entre les races humaines en général et entre les différentes tribus américaines en particulier.

5. Les arcades sourcilières sont bien marquées et saillantes; les crêtes susmastoïdiennes sont bien marquées; l'incisure mastoïdienne a la forme d'une coche (type américain); la crête digastrique, celle d'un gros peigne; la rainure destinée à l'artère occipital également celle d'une coche. Le torus occipital est très bien marqué et forme une seule bosse longue et large.

6. De son étude il résulte que le crâne d'Arrecifes appartient au type humain actuel et spécialement au type américain.

## CHOCORÍ

**Crâne humain et restes d'ossements, découverts vers 1888 par Francisco Larrumbe dans la proximité de Mar del Sud, entre l'arroyo Chocorí et l'arroyo Seco, province de Buenos Aires; conservés au Musée de La Plata.**

Il n'existe jusqu'à présent dans la littérature aucune donnée au sujet de cette trouvaille, et c'est ici la première fois que des détails à son égard seront données à la publicité.

Vers l'année 1888, Francisco Larrumbe, employé du Musée, découvrit dans les environs du petit village de Mar del Sud, situé sur le bord de la mer, au sud de la province de Buenos Aires, abandonné à la superficie du sol au milieu de la campagne entre l'arroyo Chocorí et l'arroyo Seco, à environ 100 mètres du rivage de la plage, la boîte crânienne d'un homme avec quelques restes des os correspondants. L'arroyo Chocorí forme la limite entre les distrits *(partidos)* de General Alvarado et Lobería et se jette dans l'océan Atlantique, tandis que l'arroyo Seco se perd dans la Pampa. Ces ossements avaient été presque entièrement recouverts de sable durci; mais le vent et la pluie avaient enlevé partiellement la couche qui les recouvrait et le crâne avait été mis à nu, sur une étendue de quelques centimètres. C'est dans cette position que le découvrit Larrumbe avec les autres restes d'ossements qu'il apporta également avec lui. Je tiens ces détails de l'employé lui-même qui fit la découverte.

La fossilité des os n'est pas douteuse; leur caractère est complètement identique à celui des os d'animaux fossiles de la formation pampéenne. Le crâne est d'une couleur qui varie entre blanchâtre et jaunâtre; quelques parties sont imprégnés d'une substance noirâtre; dans les points où l'on peut séparer les incrustations calcaires, sans enlever en même temps les lames supérieures de la surface osseuse, celle-ci apparaît jaunâtre avec quelques lignes legèrement brunâtres, comme par exemple derrière la tubérosité pariétale droite. La lame externe a été détruite par l'intempérie dans presque toute son étendue, de telle sorte que la superficie du crâne est devenue rugueuse, et paraît profondément rongée dans les endroits où la destruction a pénétré davantage dans le tissu spongieux. Dans les endroits non attaqués par le travail destructeur, c'est-à-dire sur de petits points irrégulièrement disséminés et des plaques plus étendues dans toute la région post-coronale du crâne, la lame externe est recouverte de concrétions calcaires très dures et que l'on ne peut enlever qu'avec difficulté sans attaquer en même temps la couche supérieure de la dite lame externe. Je les ai donc laissées intactes, puisque leur présence ne modifie en rien la forme de la capsule crânienne.

## CRANE

Abstraction faite de la moitié gauche de la mandibule et de deux fragments isolés, le palatin et l'apophyse orbitale de l'os jugal, il ne reste que la capsule crânienne, très endommagée du reste, mais dont les morceaux avaient été rassemblés aussi bien que possible par l'habile main du préparateur de la section paléontologique, M. Gabriel Garachico, antérieurement à l'époque où je fus nommé chef de la section anthropologique du Musée de La Plata. A peine entré en fonctions et ayant à ma disposition le dit crâne, ainsi que les autres fragments d'os correspondants, je m'empressai de demander tous les renseignements relatifs aux circonstances de leur découverte, à la personne à laquelle elle était due et qui à cette époque était encore employé du Musée. M. Garachico, étant un travailleur consciencieux, chargé depuis nombre d'années, de la préparation des os d'animaux fossiles, spécialement de la formation pampéenne, l'on peut avoir pleine confiance en la reconstruction opérée par lui, malgré les nombreuses parties de la couronne et de la région bregmatique qui ont dû être complétées pour rendre possible l'étude de l'ensemble du crâne. Bien qu'il ne soit plus possible actuellement de reconnaître avec certitude quelles sont les parties complétées et que parfois certaines parties intactes soient recouvertes de mastic pour plus de solidité, je suis pleinement convaincu de l'exactitude de la reconstruction, surtout que les travaux de M. Garachico me sont depuis longtemps connus.

Il ne reste donc du crâne, en plus des fragments énumérés plus haut, que la capsule cervicale et une partie de la base. La cassure passe transversalement en travers du trou occipital; les deux condyles et la partie basale de l'occiput n'existent plus, la surface inférieure du rocher est en très mauvais état et les deux temporaux manquent sur une grande étendue. Dans la région antérieure les apophyses de l'arc jugal du frontal ont disparu, ainsi que la face orbitale, de façon que les deux cavités frontales sont accessibles par de grandes ouvertures. Des os nasaux, il ne reste plus que les parties adhérentes au frontal, mais fortement endommagées.

La surface interne du crâne paraît recouverte de sable en poudre, les particules de lœss en contact avec elle ayant été fixées par des infiltrations calcaires. Il n'est donc plus possible de les séparer par le nettoyage simple.

A cause de l'état extraordinaire de destruction de la face supérieure du crâne, sa description doit se limiter à des caractères généraux et à quelques mesures seulement. Quant aux détails, ils ne sont plus reconnaissables.

Les sutures, autant que l'on peut en juger par l'état de la surface interne, sont complètement effacées. L'on n'en reconnaît plus que quelques traces sur la branche droite de la suture lambdoïdale et dans la région de l'astérion gauche. Ce dernier, ainsi que l'usure assez profonde de la surface des molaires de la mandibule indiquent un individu âgée de 40 à 50 ans; mais à cela je pourrais opposer que la courbure prononcée des bosses pariétales qui ont conservé le caractère de l'enfance, forme dans tous les cas un contraste marqué avec les signes antérieurs.

Quant au sexe je ne suis arrivé que tardivement à me former une opinion. Bien que la saillie prononcée des bosses pariétales ne constitue qu'un caractère féminin tout à fait secondaire, le crâne produit par ses autres caractères pour le moins l'impression d'un crâne de femme et, dans tous les cas, nous pouvons avec grande vraisemblance le considérer comme tel.

L'épaisseur des os n'offre rien de particulier; dans le haut du sommet elle est d'environ 4 millimètres; avant l'œuvre de destruction de la surface elle pouvait avoir $1^{mm}5$ à 2 millimètres de plus.

Pour la représentation des formes générales, nous considérerons en premier lieu les mesures absolues et relatives, puis nous donnerons les mesures de quelques angles, d'après la méthode inventée par Schwalbe et basée sur le diagramme. En général les points relevés par Schwalbe pour l'examen comparatif de la forme du crâne conviennent d'une façon spéciale dans un travail comme celui que nous offrons ici.

Malheureusement la comparaison exacte n'est pas praticable dans tous les points. La région bregmatique est entièrement détruite et recomplétée avec du mastic; lambda et la suture lambdoïdale ne sont reconnaissables qu'en raison de la saillie prononcée de l'écaille supérieure de l'occipital; la détermination du lambda ne peut donc être qu'approximative.

Nous reproduisons dans les tables suivantes les mesures du crâne qui à cause de l'état de destruction de la surface environ accusent 2 millimètres en moins.

*Table des mesures du crâne de Chocorí*

|  | |  |
|---|---|---|
| Longueur maximum (glabelle-inion) | | 194 |
| — (nasion-inion) | | 190.5 |
| Largeur maximum entre les bosses pariétales | | 138 |
| — entre les bases des racines de l'apophyse zygomatique | | 137 |
| Largeur maximum entre les apophyses mastoïdiennes | | 126 |
| Largeur frontale minimum | ± | 86 |
| — interorbitale | | 21 |
| Hauteur du trou auditif | | 120 |
| Circonférence horizontale | ± | 530 |
| — transversale | ± | 345 |
| — sagittale, nasion-lambda | ± | 275 |
| — — nasion-inion | ± | 352 |
| — — nasion-opisthion | ± | 410 |

Dans l'étude de ces mesures nous prendrons pour base, la forme qui résulte de la considération des diverses *normas* crâniennes en y ajoutant la description des caractères particuliers des différents os.

La *norma frontalis* n'offre pour ainsi dire aucun caractère notable. Le front paraît petit, d'où il résulte le chiffre peu élevé qui représente la largeur frontale minimum et que l'on peut évaluer à 86 millimètres environ. Si nous ajoutons 2 millimètres pour le déchet occasioné par la destruction, nous obtenons 88 millimètres, largeur qui reste encore en dessous des degrés inférieurs de l'échelle des variations chez l'homme.

Fig. 31. — Crâne de Chocori, *norma verticalis*

La largueur interorbitale, de 21 millimètres environ, répond à la largeur frontale minimum et n'a pas d'importance. Les os qui forment les arcs sourcilliers ont une courbure très peu prononcée; au contraire la partie supraorbitale du frontal sur laquelle ils s'appuient, est assez arquée ce dont on peut se rendre compte plus facilement dans la vue de profil. Les bourelets sourcilliers osseux proprement dits ne s'étendent latéralement que jusqu'à la moitié du bord orbital supérieur dont ils suivent la pente pour se réunir au milieu du frontal en dessus du nasion, point où nous plaçons la glabelle, d'accord avec Schwalbe [1]. Les tubérosités frontales sont palpables, mais ne forment que des protubérances très faibles et à

[1] Schwalbe, G., *Der Neanderthalschädel*, l. c., p. 23.

peine visibles. Le milieu du frontal est très peu élevé dans la direction sagittale, ce que l'on constate facilement au toucher. Plus haut un défaut de l'os empêche de la reconnaître ; il en est de même de la limite coronale; l'on ne distingue plus de trace de la suture coronale et la région bregmatique a été reconstruite artificiellement avec du mastic, sur une largeur de deux à trois doigts. Au contraire dans la vue de face, l'on est frappé du développement considérable des bosses du pariétal. Le sinus frontal gauche est bien développé; ils est un peu plus grand et plus concave que le droit. Sur la face intérieure du frontal s'étend une crête frontale interne jusqu'à la moitié de l'os.

Dans la *norma verticalis* la capsule crânienne se présente sous la forme ovale, arrondie vers ses extremités, plus fortement vers l'extrémité an-

Fig. 32. — Crâne de Chocori, *norma occipitalis*

térieure (courbe du frontal), moins fortement vers l'extrémité postérieure (courbe de la région occipitale), et dont la courbe latérale termine en saillie, formant presque une bosse, sur la limite entre le second et le troisième tiers (formation prononcée des tubérosités pariétales) ce que l'on reconnaît très facilement dans la figure 31. La longueur maximum de 194 millimètres est très significative ; pour s'en convaincre, il suffit de passer en revue un catalogue craniologique quelconque ou les tables de Schwalbe (l. c. p., 25) que nous avons reproduites page 307 du présent travail. Ce chiffre occupe le degré supérieur de l'échelle oscillatoire des longueurs chez l'homme, tandis que la largeur maximum de 138 millimètres est petite et il faut la chercher entre le milieu et le pied de la même échelle. L'on calcule ici un indice de 71,1 ; c'est donc un exemple de dolichocéphalie prononcée. L'indice fronto-pariétal de

61,0 est très petit; mais suivant les recherches de Schwalbe (l. c., p. 79) cet indice ne lui paraît avoir qu'une valeur relative pour la classification des diverses races humaines et nous insisterons plus tard nouvellement sur ce fait.

La *norma occipitalis* est d'une forme assez prononcée, presque celle d'un pot à fleurs avec un chapeau de terre de la même grandeur: en d'autres termes, les bords latéraux de la figure convergent vers le bas pour former avec la base un angle obtus, et continuer suivant une ligne presque droite qui, seulement un peu en dessous de sa moitié forme une saillie irrégulière (racine postérieure de l'arc jugal). L'extrémité supérieure des bords latéraux de la figure forme le centre des bosses pariétales à partir desquelles se déploie en forme d'arc de cercle la courbe transversale de la voûte crânienne, constituant la limite supérieure (v. fig. 32).

L'occipital n'offre pas de particularités anatomiques. Comme nous l'avons déjà dit, le lambda ainsi que la suture lambdoïdale, jusqu'aux moindres traces de cette dernière, ne sont reconnaissables qu'en ce que c'est à partir de là que l'écaille supérieure de l'occipital commence à se voûter en forme de soufflet. La détermination du point lambdoïdal n'est donc pas absolument exacte, bien que l'on approche assez de la réalité. La position de l'inion est plus difficile à déterminer. L'on ne peut constater avec plus de précision l'existence d'un torus occipital quelconque. Le côté gauche est, il est vrai, érodé, mais le côté droit, malgré des incrustations calcaires, est suffisamment conservé pour qu'on puisse le reconnaître. Le lieu d'union des lignes nucales suprêmes ainsi que, à un centimètre plus bas, le lieu d'union des lignes nucales supérieures sont indiqués l'un et l'autre par une légère rugosité et l'on distingue clairement le commencement de la ligne nucale moyenne, à partir du dernier point. Le lieu d'union des lignes nucales inférieures n'est pas reconnaissable, comme cela a lieu dans tous les crânes; la ligne en question elle-même, est fortement érodée dans le cas qui nous occupe. Je prends donc pour l'inion, d'accord avec Schwalbe (l. c., p. 24), le point d'union de la ligne nucale suprême, c'est-à-dire un point aussi élevé que possible dans le but de placer, dans la détermination de la hauteur de la voûte crânienne, la ligne basale glabelle-inion plutôt trop haut que trop bas et faire bien ressortir ainsi la grande hauteur du crâne.

Enfin, pour donner une idée nette des autres particularités de l'occipital que l'on peut encore reconnaître, nous nous transporterons à l'intérieur du crâne. A environ une largeur de doigt du sommet de l'angle lambdoïdal et dans l'axe médial du crâne, l'on commence à distinguer une crête sagittale qui se prolonge vers le bas en ligne droite, devenant à chaque pas de plus en plus prononcée; mais elle conserve la direction rectiligne bien qu'elle se dévie vers la droite du milieu de la ligne. C'est le bord gauche du sillon sagittal. A une largeur de doigt de la hauteur extrême de l'inion, et à sa droite, commence à l'accompagner le bord droit du même sinus, pour former avec lui un sinus sagittal en forme de rainure, qui se dirige sous la forme d'un bel arc directement à droite et constitue le sinus transversal droit qui s'aplatit bientôt et finit par disparaître. Dans la hauteur des lieux d'union des lignes nucales supérieures mais à une largeur de doigt vers la droite du point proprement dit, se sépare du bord gauche du sillon longitudinal une empreinte vivement marquée qui forme vers la gauche le bord inférieur du sillon transversal gauche, dont le bord supérieur n'est pas marqué. De ce bord

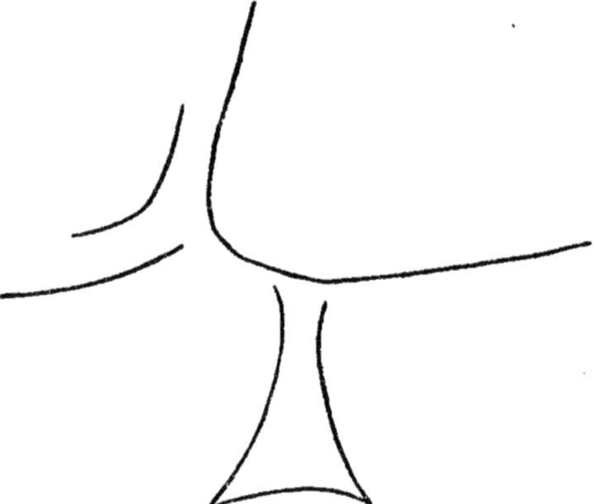

Fig. 33. — Dessin schématique de l'intérieur de l'occipal du crâne de Chocorí

inférieur du sinus gauche transversal, la crête occipitale interne passe alors dans la ligne médiale, se dirigeant en bas vers le foramen magnum. Cette crête est très épaisse et, un peu en dessous de son milieu, elle s'élargit en s'applatissant pour former le plan triangulaire de la crête occipitale. Il s'agit donc ici de la forme « normale » des auteurs, ou tout au moins de la forme la plus fréquente, que l'on observait dans la moitié des cas du matériel de Königsberg (plus de 2000 crânes) [1]. Quant à la fossule occipitale médiane de Lombroso, si souvent mentionnée, ou à la fossette vermienne d'Albrecht, pour n'employer que la nomenclature de ces deux auteurs, on n'en voit pas la moindre trace. Les fosses cérébrales sont très profondes, ce qui est extrêmement remarquable.

[1] HILLER, A., *Ueber die Fossula vermiana des Hinterhauptsbeines (Fossa occipitalis mediana)*. Med. Diss. Königsberg, 1903, p. 8-9.

Ce passage du sinus sagittal en sinus transversal est évidemment le cas le plus fréquent. Le comte Spee [1] l'a rencontré dans 68 pour cent des crânes du musée de Kiel et Sturmhöfel [2] dans 58 pour cent de ceux de la collection de Koenigsberg. Il n'a donc pas une importance spéciale.

La *norma basilaris* n'offre rien de particulier; les os basaux sont trop défectueux. Le contour a été décrit en nous occupant de la norma verticalis

Du foramen magnum, on peut uniquement dire qu'il est très petit et qu'il devait être étroit, la partie postérieure est seule conservée. A cause de la restauration effectuée, il n'est pas possible de prendre les mesures. L'éminence mamillaire est petite et de forme élégante; les incisures mastoïdiennes sont également cannelées et ne forment pas d'entaille. Dans le fragment isolé du palatin on reconnaît avec securité que la surface palatine était très plane, qu'elle n'était pas voûtée et qu'il n'existe aucune trace d'un foramen sagittal ou transverse. Le foramen incisif est extrêmement grand, le diamètre sagittal de son ouverture du coté palatin mesure 6$^{mm}$5, le diamètre transversal 5 millimètres. La lumière ellemême mesure 3$^{mm}$5 suivant son diamètre transversal minimum et 3 millimètres suivant le diamètre sagittal minimum.

Dans la *norma lateralis* l'on reconnaît immédiatement que les arcs sourcilliers osseux sont un peu arqués en avant; le nasion est assez profondément enfoncé et forme comme une entaille. La courbe frontale est assez peu prononcée et forme dans son ascension une voûte aplatie dont la régularité est interrompue uniquement à la hauteur des bosses frontales qui sont peu saillantes. Décrivant toujours une courbe régulière la ligne de profil continue vers l'arrière où l'occipital fortement saillant forme une voûte également dirigée en arrière. Les bosses pariétales s'élèvent en forme de dos.

Cependant nous n'arrivons à l'intelligence exacte de la forme du crâne que par l'examen attentif de la courbure sagittale, au moyen duquel Schwalbe a obtenu de si brillants résultats. Malheureusement je ne disposais pas d'un appareil *ad hoc* pour prendre exactement les mesures des courbes et j'ai dû m'en rapporter à la photographie. Le grand appareil Steinheil du musée permet de prendre les mesures en grandeur naturelle et les courbes dessinées en conséquence, après avoir marqué sur le crâne lui-même, avant de le photographier, les points nécessaires, lambda, inion et opisthion, au moyen d'aiguilles à tête de cire piquées, qui ont pu ainsi sans plus de frais figurer dans l'épreuve photographique.

[1] Graf Spee, F., *Skeletlehre, Abteilung II, Kopf*, Jena, 1896, p. 103 (*Handbuch der Anatomie des Menschen, herausgegeben von Karl v. Bardeleben*, 1 Bd. 2 Abt.)

[2] Sturmhoefel, O., *Ueber die Eminentia cruciata des Hinterhauptbeines*. Med. Diss. Königsberg, 1903, p. 18.

Je n'ai pas besoin de dire que le plan sagittal du crâne avait été placé perpendiculairement à la direction de l'objectif et que celui-ci avait été braqué sur le centre de l'objet; l'opération se fit en ma présence par les soins de M. Charles Bruch, qui a bien voulu se charger des travaux photographiques qui m'étaint nécessaires et elle est absolument exacte. Par exemple, si nous comparons la longueur glabello-iniale mesurée directement sur le crâne, avec la même distance prise de la photographie, nous trouvons pour cette dernière 1 millimètre de plus, résultat d'une exactitude surprenante, comme peut en juger quiconque s'est donné la peine de comparer lui-même une seule fois la réduction photographique avec les indications d'une échelle donnée.

Fig. 34. — Crâne de Chocori, *norma lateralis*.

Enfin, je dois encore observer que les aiguilles piquées sur la courbe sagittale avaient été situées de manière à dessiner exactement la forme de cette courbe. Je ne crois pas que la mesure d'une courbe crânienne, dans sa grandeur primitive, avec un instrument quelconque et sa réduction ultérieure suivant une échelle déterminée puisse résulter plus juste que les mesures obtenues par nous, dans le cas présent, au moyen de la photographie.

Les mesures et les angles de la courbe ne peuvent malheureusement être prises que celles qui n'ont rien à voir avec le bregma; mais elles suffisent parfaitement pour attribuer au crâne le lieu qui lui appartient dans l'échelle des variations humaines. Nous voyons dès lors que la hauteur du trou auditif obtenue par la méthode de Frankfort, indique la très grande hauteur du crâne (120 millimètres); de plus, que la hauteur absolue de la calotte crânienne déterminée sur la courbe sagittale ($109^{mm}5$) est très importante et considérablement élevée (v. Schwalbe, l. c., p. 43, et p. 311 du présent travail), et que par conséquent l'indice de cette même hauteur, calculé à 57,0, occupe également un degré très élevé, comparé aux indices analogues de la série humaine. Pour établir cette comparaison, nous renvoyons le lecteur à la table p. 312 du présent travail.

La courbure du frontal ne peut être représentée par l'évaluation des mesures et des angles relationnés avec le bregma, à cause de la defectuosité de la région bregmatique entière; mais, dans tous les cas, l'arc qui s'étend entre la glabelle et le haut de la calotte est surbaissé et répond exactement à un arc de cercle; en réalité la hauteur de la calotte et la partie antérieure de la ligne glabello-iniale depuis le point glabellaire jusqu'au pied de la hauteur sont presque égales en longueur, et si, prenant cette longueur pour rayon, et pour centre le pied de la hauteur, l'on trace un arc au compas, cet arc sera presque parallèle à la partie antérieure de la courbe sagittale du crâne. La section du diagramme crânien située en avant de la hauteur de la calotte, limitée par la courbe sagittale, la hauteur de la calotte et la section antérieure de la ligne glabello-iniale, a donc la forme d'un secteur de cercle presque mathématique dans lequel est moins prononcé l'enfoncement existant entre la partie glabellaire et la partie cérébrale du frontal. L'on peut, au contraire, déterminer exactement les mesures correspondantes aux parties situées derrière la hauteur de la calotte comme l'a fait M. Klaatsch [1]; l'angle lambda-glabello-iniale mesure de 17,5° à 18°, il est donc peu ouvert pour un être humain; chez l'homme II de Spy, cet angle est de 16°, chez l'homme de Néanderthal 15°, chez le Pithecanthropus 10°. L'angle lambda-inio-glabellar mesure 81°, l'angle opisthial est de 34,5°, ces deux grandeurs sont extrêmes au point de vue humain; chez l'homme II de Spy nous trouvons 70° et 46°, chez l'homme de Néanderthal, 67° et 57°, chez le Pithecanthropus 66° et 64° respectivement. La valeur de tous ces angles dans l'échelle des variations crâniennes de l'homme actuel, n'est pas encore connue; c'est pour ça que je renonce d'y communiquer des tables comparatives de M. Klaatsch.

La capacité du crâne de Chocorí, calculée selon la méthode de Welcker (l. c.), est de 1528 $cm^3$. J'ai bien expliqué au chapitre précédent mes doutes quant à la valeur de telles méthodes.

[1] Klaatsch, H., *Bericht über einen anthropologischen Streifzug nach London und auf das Plateau von Süd-England. Zeitschrift für Ethnologie*, XXXV, 1903, p. 889-890.

MANDIBULE

La mandibule n'est pas très bien conservée; plusieurs de ses parties ont été recollées et elle est tellement érodée et si fragile qu'elle tombe en morceaux rien que de la toucher. Il manque complètement la partie postérieure de la moitié droite en arrière de la 3$^{me}$ molaire, quelques parties de la moitié droite à l'endroit où l'os avait été brisé et a été recollé avec du mastic, quelques parties de l'angle mandibulaire gauche, l'apophyse coronaire et la portion externe de l'apophyse mandibulaire gauche. Le degré de décomposition est tel que c'est à peine si la surface proprement dite blanc-jaunâtre de l'os existe dans un petit nombre d'endroits (bord interne inférieur à la hauteur de la première molaire et face

Fig. 35-36. — Mandibule de Chocori : *a*, *norma verticalis* et *b*, *norma lateralis*

interne de la branche ascendante gauche). Là où elle n'est pas attaquée par la décomposition la surface est recouverte d'incrustations calcaires blanc-verdâtre adhérentes, qui s'éténdent à la superficie tantôt sous forme de petites particules, tantôt sous forme de plaques qui ne peuvent se séparer sans enlever avec elles la lame supérieure de l'os. La surface attaquée est fréquemment imprégnée d'infiltrations noirâtres.

La mandibule est d'un caractère humain très prononcé et appartient à peu près surement à un individu du sexe féminin. Cette opinion se base sur la gracilité du corps mandibulaire proprement dit et spécialement sur celle de la portion alvéolaire dans la région des molaires postérieures où le gonflement habituel n'existe pas, sur l'étroitesse de la branche ascendante (33,5$^{mm}$), sur la petitesse des dents, de plus, suivant moi, l'angle assez ouvert (50°) que le bord postérieur de la branche ascendante forme avec la branche inférieure du corps mandibulaire. En raison de la grande variabilité de cet angle chez l'homme, on ne peut d'ailleurs lui attribuer qu'une importance relative [1].

Abstraction faite de ces caractères sexuels, la mandibule est notable par la saillie prononcé du menton. Le tubercule mentonnier droit (le gauche est défectueux) forme une saillie angulaire apparente et les fosses mentonnières sont bien marquées. Le foramen mental est situé entre la 1re et la 2me prémolaire; la ligne oblique externe ne présente pas de particularités; le relief interne est également peu accentué. L'épine mentonnière interne est située extrêmement haut, c'est-à-dire un peu au dessous de la cloison symphysique (hauteur de cette dernière, environ 32 millimètres, hauteur de l'épine au-dessus du bord inférieur 14 millimètres); elle présente deux parties bien distinctes, dont la droite forme une petite bosse pointue (la surface de cassure passe malheureusement à travers la partie gauche); la forte usure empêche d'en reconnaître davantage. La ligne oblique interne, sive mylohyoidea est extraordinairement faible; le sillon mylohyoïdien, dans sa partie postérieure est large et bien excavé; le trou mandibulaire est grand et débouche dans une fosse grande et profonde (sillon ou mieux fosse du trou mandibulaire); la lingule est pointue.

Dans la courbe du corps mandibulaire je n'ai découvert rien de particulier. Elle forme une parabole régulière très ouverte, produite par les apophyses articulaires très distantes l'une de l'autre (v. fig. 28). Elle représente absolument le type récent européen et n'a rien à faire avec la courbe étroite et théroïde des Australiens ou des anciens Européens de l'époque paléolithique, comme l'a fait voir dernièrement M. Gaudry [2].

Les dents sont, ou bien décomposées et détruites ainsi que les alvéoles auxquelles elles adhèrent, ou bien très mal conservées et profondément érodées; elles se défont dans la main si l'on ne prend pas les plus grandes précautions. Quelques unes d'entre elles présentent encore des restes de leur couronce érodée; d'autres, à cause de la destruction des parties osseuses du côté externe de la mandibule, ont leurs racines à découvert; mais les trois molaires gauches permettent malgré tout de reconnaître du moins la constitution primitive de la surface coronaire, bien que celle-ci soit couverte d'incrustations calcaires. Les couronnes de ces trois molaires sont très profondément usées et il n'existe plus rien de l'émail des parties supérieures. Cette usure, ainsi qu'une certaine gracilité du corps qui produisent l'impression d'un commencement d'atrophie sénile, permettent de supposer un individu âgé, bien que la détermina-

[1] von Török, A., *Ueber Variationen und Correlationen der Neigungs-Verhältnisse am Unterkiefer. Zeitschrift für Ethnologie*, XXV, 1898, p. 125-182.

[2] Gaudry, A., *Contribution à l'histoire des hommes fossiles. L'Anthropologie*, XIV, 1903, p. 7.

tion de l'âge dans les crânes américains soit très difficile, par la raison que les dents sont souvent profondément usées à un âge relativement peu avancé. La petitesse des dents est en rapport avec le peu de grandeur de la mâchoire et le sexe ; mais les mesures seraient tout à fait défectueuses à cause de l'érosion des couches externes.

*Table des mesures de la mandibule de Chocorí*

| | Millimètres |
|---|---|
| Distance du condyle gauche (moitié postérieure) au point alvéolaire médial supérieur | 117 |
| Condyle (à gauche), diamètre sagittal | 10 |
| Branche ascendante de la mandibule, hauteur prise dans l'incisure, de sorte que la ligne mesurée soit autant que possible parallèle au bord postérieur de la branche | 50 |
| Largeur (parallèlement à la mesure ci-dessus) | 33 |
| Symphyse (hauteur sans les dents) | 32 |
| Epaisseur maximum (sans l'épine mentonnière interne) | 16 |
| Distance d'une des pointes de l'épine mentonnière interne au bord supérieur de la symphyse (mesurée en projection) | 14 |
| Angle entre le bord inférieur de la branche ascendante et le bord inférieur du corps | 51° |

## OS LONGS

Au crâne que nous venons de décrire appartiennent encore un certain nombre de fragments d'os plus ou moins érodés et quelques restes des os longs : ce sont des morceaux des diaphyses médiales de l'humérus droit, du radius et du fémur gauche, ainsi que l'extrémité distale d'une côte droite. Malheureusement il y a peu de chose à dire de ces ossements.

*Humérus.* — Le fragment de l'humérus droit est robuste; la partie supérieure avec les points d'insertion des muscles pectoral et deltoïde bien modelée, le sillon intertuberculaire est bien excavé, tandis que la partie distale en dessous du V deltoïde se rétrécit et est comme ratatinée. Sa circonférence en cet endroit mesure 69 millimètres, le diamètre maximum est de 25 millimètres, le diamètre minimum de 18 millimètres, l'indice de 72,0. La face interne de l'os forme une superficie légèrement recourbée en direction longitudinale.

*Radius.* — Le fragment du radius droit est assez puissant, peu mais régulièrement courbé; la crête interosseuse est peu saillante et ne forme qu'une faible courbe. Les mesures rien de particulier.

*Fémur.* — Il y a peu à faire avec le fragment du fémur gauche, en raison de ce que la superficie est presque entièrement corrodée. Malgré tout, la circonférence médiale mesure 80 millimètres, le diamètre sagittal est de 28 millimètres, le diamètre transversal de 24 millimètres, l'indice pilastrique par conséquent de 116,7. Il est donc assez élevé et en rapport avec l'indice également élevé du squelette de Fontezuelas (112,5). Mais il n'existe en realité pas de pilastre proprement dit dans le fragment du fémur du Chocorí, l'os n'est que relativement petit.

*Côtes.* — Le fragment de côte n'offre rien de particulier, sa constitution indique un individu d'une taille au-dessus de la moyenne et assez vigoureux.

*Table des mesures des os longs de Chocorí*

| Vers le milieu | Humérus | Radius | Fémur |
|---|---|---|---|
| Diamètre maximum..... | 25.0 | 16.5 | 28.0 |
| Diamètre minimum...... | 18.0 | 12.5 | 24.0 |
| Indice.................. | 72.0 | 75.76 | 116.67 |
| Circonférence........... | 69.0 | 42.0 | 80.0 |

## LA TIGRA

**Ossements humains trouvés vers l'année 1888 par André Canesa, dans les environs de Mar del Sud, entre l'arroyo La Tigra et l'arroyo Seco, province de Buenos Aires ; conservés au Musée de La Plata.**

1898. Ameghino, F., *Sinopsis geológico-paleontológica.* Dans *Segundo censo de la República Argentina, mayo 10 de 1895*, Buenos Aires, 1898, tomo I, p. 148, fig. 15.

1900. Sievers, P., [*Analyse du travail précédent*]. *Petermanns Mittheilungen*, XLVI, 1900, Litteraturbericht nº 248, p. 72.

1900. Lehmann-Nitsche, R., *(idem). Centralblatt für Anthropologie, Ethnologie und Urgeschichte*, V, 1900, p. 112-113.

Au sujet du crâne ont été déjà publiées quelques notices dans la littérature. Ameghino dans sa *Sinopsis geológico-paleontológica sobre la Argentina* s'occupe brèvement de ce crâne et reproduit (fig. 15), dans un cliché horriblement mauvais un dessin lithographique absolument faux qui, longtemps avant mon incorporation au Musée, avait été exécuté en vue d'une publication ultérieure eventuelle du crâne, et de laquelle il avait obtenu une épreuve. Le dessin est faux parceque la portion alvéolaire de la mâchoire supérieure et la mandibule unies ensemble par des concrétions, formaient un block compact et se joignaient *trop haut* et *trop en avant* avec la partie conservée du corps maxillaire; de cette manière la partie faciale du crâne est trop basse et il existe un prognathisme « artificiel » qui doit produire une impression durable sur certains lecteurs mal préparés de la *Sinopsis* de M. Ameghino; il ressort en effet du cours de ce chapitre que le crâne de La Tigra ne présente aucun caractère d'infériorité. Voici littéralement le texte d'Ameghino au sujet de la figure 15.

« Figure 15. Cráneo humano fósil, procedente del pampeano inferior (plioceno) de Miramar sobre la costa del Atlántico al sur de Mar del Plata, visto de lado, á mitad del tamaño natural. Es el cráneo humano geológicamente más antiguo que se conozca. Se conserva en el Museo de La Plata ».

(Fig. 15. « Crâne humain fossile, provenant du pampéen inférieur (pliocène) de Miramar sur la côte de l'Atlantique, au sud de Mar del Plata, vu de profil, moitié de la grandeur naturelle. C'est le crâne humain géologiquement le plus ancien que l'on connaisse ».)

L'on était menacé du danger que cette notice erronée passat dans la littérature scientifique; déjà Sievers, à l'occasion d'un article relatif au cens publié dans *Petermanns Mitteilungen*, avait dit ce qui suit :

« Le travail complet est une excellente sinopsis de l'état des importantes découvertes de mammifères réalisées dans le sud de l'Argentine, ainsi que d'os humains travaillés de la formation pampéenne supérieure et d'un prétendu crâne humain trouvé dans la formation pampéenne inférieure, répondant au pliocène, suivant l'auteur évidentemment le crâne humain le plus ancien que l'on connaisse ».

Je me hâtai donc de protester aussitôt, en écrivant au sujet de l'article d'Ameghino un référé qui dit entre autres choses :

Le lieu où le dit crâne fut découvert par un travailleur « fut visité en 1896 par MM. Moreno, Roth, Otto Nordenskjöld et Lahitte qui y trouvèrent en outre des os de *Scelidotherium* et d'autres animaux fossiles. Mais la couche en question est indubitablement suivant M. Roth le pampéen supérieur, que, de son côté Ameghino attribue au pliocène, tandis que Roth et d'autres le considèrent comme quaternaire. C'est un fait connu qu'Ameghino atribue toujours une trop grande antiquité à toutes les couches. Dans aucun cas le crâne ne provient du pampéen inférieur et par conséquent l'on ne doit pas lui attribuer une aussi haute antiquité; il est certain *que ce crâne est fossile dans le sens propre du mot et provient du pampéen supérieur,* dans lequel on connaît déjà d'autres restes humains.

« Nous avons lieu de nous surprendre qu'Ameghino ait pu donner une aussi atroce représentation du crâne de Miramar [Miramar est situé non loin de Mar del Sud], quand celui-ci n'avait pas encore été livré à la publicité! En attendant, il faut se contenter de cette rectification de l'erreur fondamentale d'Ameghino, d'autant plus grave en raison de la réputation dont jouit en Europe cet investigateur » (v. Globus, 1891, n° 9, p. 135).

Pendant que ces lignes étaient sous presse, M. Ameghino publiait un mémoire de 568 pages sur les formations sédimentaires du crétacé supérieur et du tertiaire de Patagonie. La figure déjà mentionnée du crâne y est encore reproduite. Mais cette fois, Ameghino s'en étonne et dit dans une note : « Cette figure est la copie exacte du dessin d'une planche lithographique exécutée au Musée de La Plata il y a déjà long temps. Il me paraît évident que la reconstruction du maxillaire ne doit pas être exacte : maxillaire et mandibulaire me paraissent placés trop en avant de leur position naturelle ».

Quant aux affirmations d'Ameghino, suivant lesquelles le crâne de La Tigra doit appartenir à une espèce particulière du genre *Homo, Homo pampaeus* Am., j'y reviens à la fin de la partie ostéologique de ce travail; mais afin d'éviter au lecteur une perplexité inutile, j'ai voulu dès maintenant démontrer l'absurdité de la manière de voir d'Ameghino.

Voici les notices publiées dans la littérature. Une fois incorporé au Musée de La Plata, mon premier soin fut de m'informer des circonstances exactes dans lesquelles avait été faite cette trouvaille. Dans la même région où avait été trouvé le crâne du Chocorí, Emile Beaufils, préparateur du Musée, chargé de collectionner des fossiles pampéens, avait découvert, entre autres, dans un parage voisin des falaises qui bordent la mer, non loin de Mar del Sud, entre l'arroyo La Tigra et l'arroyo Seco, déjà mentionné à l'occassion de la trouvaille du Chocorí, près du lieu où les autres restes avaient été découverts, une carapace de *Glyptodon* dont quelques parties étaient exposées à l'air libre ; cette carapace fut déterrée et envoyée au Musée. Un mois plus tard, André Canesa, également chargé de réunir des fossiles pour le Musée, pensa que, dans le même point, qui était encore très reconnaissable aux éminences de terre qui le couvraient, l'on pourrait encore trouver un plus grand nombre de fossiles. Il creusa dans les environs et découvrit un crâne humain. De mon temps, Canesa n'était plus employé au Musée, mais M. Beaufils m'a raconté en détail ce qui s'était passé. Enfin, comme je l'ai déjà dit, le parage en question fut également visité en 1896, par MM. Moreno, Roth, Otto Nordenskjöld et Lahitte qui y recontrèrent des os de *Scelidotherium* et autres animaux fossiles.

J'ai déjà dit que la formation géologique en question est le pampéen supérieur. La fossilité du crâne, est aussi peu douteuse que celle du crâne du Chocorí. Il reste collé à la langue et présente la même constitution caractéristique que présentent en général les ossements de la faune vertébrée qui font la réputation du Musée de La Plata. Sa superficie est jaune blanchâtre, ou blanchâtre, décomposée dans quelques points et comme corrodée; dans d'autres points elle est recouverte de concrétions calcaires externes, compactes. Les mêmes concrétions recouvrent complètement aussi la face interne du crâne, où elles sont extrêmement adhérentes et s'enlèvent au couteau en petites plaques qui entraînent avec elles la partie correspondante de la couche supérieure de la lame interne.

Le crâne était brisé en plusieurs morceaux, qui ont pu être réunis artistement avec du mastic. Entièrement reconstituée avec du mastic, ce crâne présente un grand défaut, de forme irrégulière oblongue, de 13 centimètres de long sur une largeur de 2 à 4 doigts, qui part en direction sagittale de la moitié droite du frontal, derrière l'arc sourcillier osseux, continue vers l'arrière en s'élargissant et s'étend jusqu'à la moitié de l'os pariétal droit. La limite médiale de ce défaut correspond plus où moins à la région de la suture sagittale; la limite latérale passe très irrégulièrement au dessus de la crête temporale, avec laquelle parfois elle se confond. Ce défaut est restauré et n'empêche en rien l'étude de la forme crânienne.

Du reste il manque un grand nombre de parties du crâne. La boîte cervicale n'est qu'une *calvaria*. La base manque totalement. En arrière la ligne de cassure court transversalement à travers l'occipital, en dessous de l'éminence occipitale et continue à la même hauteur en avant et à gauche, en s'éloignant de l'apophyse mamillaire gauche à travers le conduit auditif externe, jusque sous la fosse articulaire, du reste bien conservée du condyle mandibulaire gauche; à droite, l'éminence mamillaire et le conduit auditif externe sont bien conservés, ainsi que la fosse où s'articule le condyle mandibulaire droit; les apophyses des arcs jugaux existent encore dans leur partie postérieure. En avant, la ligne de cassure traverse le nasion, ouvre les sinus frontaux, détruit entièrement le toit des deux orbites et traverse les temporaux en décrivant une ligne irrégulière.

Du squelette de la face il existe l'os jugal gauche, correspondance à l'éminence jugale du frontal avec laquelle elle a été soudée. En outre l'on retrouve la plus grande partie de la mâchoire supérieure munie de ses dents; malheureusement, il n'y a pas ici de reconstitution possible, point sur lequel nous reviendrons plus tard.

La mandibule est complète jusqu'à l'apophyse coronale droite et l'apophyse articulaire gauche.

Je répète encore une fois que la surface de la mandibule et les dents sont très deteriorés et ne permettent plus de reconnaître que quelques particularités.

Le crâne de La Tigra présente deux espèces de déformations qui portent préjudice à sa forme primitive.

Premièrement il a souffert une certaine déformation posthume. Du côté droit toute la région en dessous de la ligne temporale a été soumise à une compression posthume qui commence en avant précisément au-dessous du point où l'on mesure la largeur frontale minimum; dans cet endroit, l'os est à demi brisé et les fêlures s'étendent transversalement même au travers des quelques restes du toit orbital droit. La fissure est remplie d'une masse calcaire extrêmement dure. Plus ou moins dans la région de la suture sphéno-temporale (aucune des sutures n'est plus reconnaissable!) part de cette fissure une ligne de cassure qui se dirige de haut en bas, tandis que la fissure elle-même continue son chemin vers l'arrière toujours exactement en dessous de la ligne temporale; de là elle continue dans le prolongement de la dite ligne, mais plus ouverte, quoique toujours comblée de substance calcaire, se dirigeant en arrière jusqu'à une largeur de deux doigts de la bosse pariétale droite. A cause de cette compression, les parties antérieures du petrosum avec la fosse articulaire destinée au condyle mandibulaire droit ne sont pas dans une position entièrement normale par rapport à la fosse articulaire gauche correspondante, c'est-à-dire qu'elle se trouve un peu bas. Quoi qu'il en soit cette déformation posthume n'altère pas la configuration générale du crâne, et l'on peut prendre sans exception toutes les mesures respectives.

L'autre altération essentielle, et qui affecte la forme du crâne est artificielle. C'est une déformation frontale et surtout occipitale. Un crâne réellement fossile, avec une déformation réellement artificielle! Ce fait a lieu de nous surprendre et cependant il est indiscutable!

Dans la région frontale, l'aplatissement n'est pas très important, quoiqu'il s'étende jusqu'à la région bregmatique. L'aplatissement de la région occipitale doit au contraire appeler notre attention. Dans la norma latérale on voit déjà que l'aplatissement commence à une largeur de deux doigts environ au-dessus du lambda et s'étend jusqu'à la région de l'inion. La portion occipitale aplatie a une largeur de 3 à 4 doigts environ et se cambre tout en direction transversale qu'en direction sagittale. Mais l'écaille supérieure est ici bien reconnaissable tandis que la suture lambdoïdale est relativement profonde; la fameuse expérience d'équilibre (position d'un crâne reposant sur la région occipitale, pour se rendre compte si la partie postérieure est ou non défigurée; dans le premier cas, le crâne reste en équilibre, dans le second cas il tombe) donne ici un résultat négatif, que je m'explique de la manière suivante: le crâne, dans la jeunesse, a été soumis à une pression fronto-occipitale, dont il avait été eximé avant le terme de sa croissance, de façon que les effets de la compression antérieure s'effacèrent partiellement par l'effet de la continuation de la croissance.

Les sutures ont entièrement disparues. Celles qui unissent les écailles temporales avec les os voisins sont les seules que l'on peut encore quelque peu reconnaître. A la place de la suture lambdoïdale, on distingue une légère dépression, au sujet de laquelle nous avons déjà fait nos observations, d'où il résulte que l'on peut fixer avec une exactitude très approchée la situation du point lambdoïdal.

L'épaisseur des parois ne présente rien de particulier; dans le voisinage du sommet, elle mesure de 3 à 4 millimètres. A cause de l'érosion de la surface il n'est plus possible de prendre des mesures exactes.

Je ne crus pas pouvoir déterminer de prime abord avec exactitude le sexe du dit crâne; mais je m'incline maintenant en faveur du sexe masculin. Les bosses pariétales sont, suivant moi, assez fortement prononcées; mais la branche ascendante de la mandibule est très large et forme en montant un angle droit avec la base du corps de l'os. Malheureusement l'on ne sait absolument rien de certain au sujet du degré qu'atteignait la déformation artificielle dans les deux sexes, quoiqu'il me semble qu'elle devait être moins accentuée dans le sexe masculin que dans le sexe féminin.

L'état des sutures et la grande usure des dents indiquerait un individu d'un âge assez avancé, peut-être de 50 à 60 ans.

Nous donnons à continuation une table des différentes mesures, et dans le cas présent, elles sont également trop petites de 1 millimètre à 1$^{mm}$5 à cause de l'état de destruction de la surface; la région glabellaire a bien une profondeur de 2 millimètres; le bregma en général n'est pas reconnaissable; on distingue au contraire avec assez de certitude le lambda et l'inion.

*Table des mesures du crâne de l'arroyo La Tigra*

| | Millimètres |
|---|---|
| Longueur maximum entre la glabelle et l'inion | 191 |
| Longueur maximum entre le nasion et l'inion | 185 |
| Largeur maximum entre les bosses pariétales | 131 |
| Largeur maximum entre les crêtes sus mastoïdiennes. | |
| Largeur frontale minimum | 91 |
| Largeur interorbitale | ± 25 ? |
| Hauteur du conduit auditif | 123 |
| Circonférence horizontale | 505 |
| Circonférence transversale | 315 |
| Circonférence sagittale, nasion-inion | 315 |
| Circonférence sagittale, nasion-lambda | 245 |

Considérons maintenant le crâne suivant ses diverses normas.

De la *norma frontalis* il y a bien peu de chose à dire. Le frontal est aplati régulièrement, par un procédé artificiel, tandis que les pariétaux aplatis par la même raison s'unissent en forme de toit dans la région de la suture sagittale; mais cette forme n'a pas d'importance. La région glabellaire est défectueuse; en tout cas, les arcs sourcilliers osseux étaient minces. La concavité du sinus frontal me paraît petite.

Eu égard à la *norma verticalis* la longueur absolue maximum du crâne me paraît frappante. La déformation occipitale artificielle n'exerce ici qu'une faible influence, puisque la longueur glabello-iniale mesure encore malgré tout 191 millimètres, ce qui fait que la capsule crânienne se présente dans le dessin sous la forme d'un ovale très allongé. La largeur frontale minimum, avec ses 91 millimètres, est très petite; les bosses pariétales sont bien marquées, mais je ne crois pas que ceci soit le résultat de la pression artificielle exercée sur l'occipital, puisque dans le crâne du Chocorí qui n'a pas souffert de déformation artificielle, les bosses pariétales sont également très prononcées. Il me semble donc que

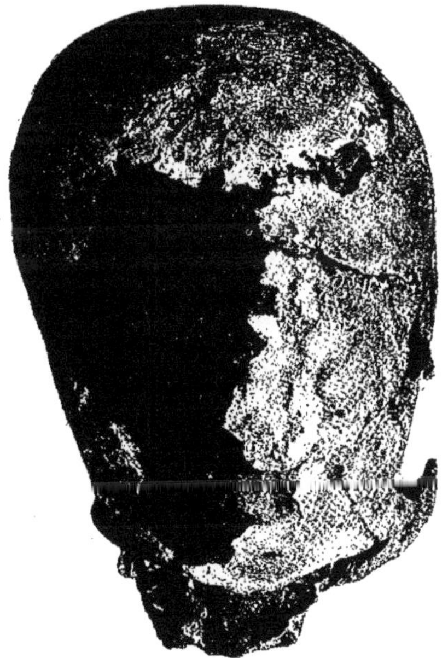

Fig. 37. — Crâne de La Tigra, *norma verticalis*

la largeur maximum du crâne, évaluée à 131 millimètres entre les tubérosités pariétales n'a pas été influencée par la déformation artificielle. Ce chiffre est extraordinairement petit et se maintient sur la limite inférieure de l'échelle des variations de la largeur dans l'espèce humaine.

L'indice céphalique ne reproduit naturellement pas les proportions primitives. Cependant, si, comme il paraît, la déformation artificielle a commencé au dessus de l'inion (v. plus haut), la situation primitive de ce point aurait été peu altérée, et en particulier il n'aurait pas été repoussé en avant. La longueur glabello-iniale, telle que nous l'obtenons actuellement, diffère donc très peu de celle que nous mesurons dans le crâne non déformé. La longueur de 191 millimètres est donc assez grande et place le crâne en question au sommet de l'échelle (voir la table plus haut p. 307).

Ainsi donc les mesures 191 et 131 millimètres nous donnent un indice de 68,59 qui dénote un crâne dolichocéphale au suprême degré.

L'indice fronto-pariétal, calculé sur 91 et 131 millimètres est de 69,47, par conséquent mésosème suivant la nomenclature de Schwalbe (65.0 à 69,9). La valeur de cet indice n'est pas encore bien clairement établie.

La *norma occipitalis* permet de reconnaître les caractères suivants : les pariétaux sont régulièrement arrondis; leurs limites extrêmes for-

Fig. 38. — Crâne de La Tigra, *norma occipitalis*

ment les tubérosités. De l'aplatissement non artificiel en vertu duquel les deux pariétaux forment une espèce de toit et qui est visible dans la norma frontalis, il n'y a pas la moindre trace dans la norma occipitalis, puisque le dit aplatissement s'étend seulement jusqu'à la région des tubérosités pariétales. Ces dernières font une forte saillie d'arrière en avant, de manière que le contour latéral de la figure de la norma s'efface légèrement un peu au-dessous d'elles, pour se relever fortement, plus bas, dans la région susmastoïdienne et spécialement dans celle des arcs correspondants. En réalité le diamètre transversal qui est de 128 millimètres dans ce point inférieur, ne diffère pas beaucoup de celui pris dans la région des bosses pariétales, où il mesure 131 millimètres.

Les particularités de l'occipital ont été indiquées, quand nous avons décrit la déformation artificielle du dit os. Cette déformation a effacé en grande partie toute espèce de relief et de plus la cassure s'etend à l'os entier. Cependant on reconnaît que l'espace compris entre la ligne nucale suprême et la supérieure forme encore un relief peu prononcé mais qu'il n'y a plus absolument de torus, et que la ligne suprême est bien arquée de chaque côté, les deux lignes représentant une espèce de ⌒⌒. Leur point de jonction, non plus que celui des lignes nucales supérieures, n'est pas complètement intact; on peut seulement indiquer le point où était situé l'inion, mais non la forme de son relief. Au-dessous des lignes supérieures, l'occipital est légèrement rabaisé vers l'avant, d'où il résulte que la limite inférieure de l'espace compris entre les lignes suprême et supérieure forme une sorte de gibosité.

La configuration interne de l'occipital est difficile à reconnaître, à cause des incrustations épaisses qui la recouvrent; de plus la ligne de cassure passe précisément par les sillons transverses.

La *norma basilaris* n'est pas beaucoup plus reconnaissable, puisque la base manque absolument. Cependant l'on peut encore se rendre compte des détails suivants. Le tubercule articulaire antérieur n'offre rien de particulier, quant à la forme et à la grandeur. La fosse mandibulaire est dans son entier grande et plate. Sa paroi antérieure et spécialement son bord inférieur, c'est-à-dire le bord postérieur de l'apophyse jugale est assez concave dans la direction transversale. Le fond proprement dit de la fosse est bas et petit spécialement dans la partie latérale, où la dite fosse est limitée en arrière par le tubercule articulaire. Ce dernier est, il est vrai, petrifié, mais il ne semble pas très déformé.

A la formation de la partie postérieure de la fosse, participe également l'os tympanique. La partie squameuse de la paroi postérieure de la fosse forme une faible dépression et remonte peu à peu jusqu'à la fissure (latéralement; la partie médiane présente d'épaisses incrustations et bon nombre de défauts). La fissure elle même est entièrement consolidée. Le côté inférieur même de l'os tympanique, c'est-à-dire celui du conduit auditif osseux est légèrement concave. Les deux cavités sont situées dans un même plan et forment une seule fosse peu profonde et assez étendue dont le fond est divisé en deux compartiments par la légère élévation du bord squameux de la fissure. La position de la paroi postérieure n'est pas verticale comme chez les européens, mais bien, oblique et dirigée en arrière.

Les particularités que nous venons d'indiquer correspondent exactement à celles observées par Martin [1] dans les crânes anciens de la Patagonie. La fosse mandibulaire étant, dans tous, en premier lieu « extraordinairement spacieuse, considérablement prolongée dans la direction sagittale et en général peu profonde ». En particulier Martin trouvait les

[1] Martin, R., *Altpatagonische Schädel*, etc., l. c., p. 519.

deux types suivants. Deux crânes présentaient une véritable fosse tympano-stylomastoïdienne (Martin, fig. 2, p. 519). « L'os tympanique, dit-il, qui forme la paroi postérieure de la cavité articulaire, n'occupe pas une position verticale; il s'incline, au contraire, fortement en arrière et forme, là où il se courbe pour prendre la position horizontale, au lieu d'un bord taillé à vif, seulement une saillie osseuse à peine visible. De là résulte, dans deux crânes, une cavité secondaire placée sous le porus acusticus externus, sur le côté latérale du processus styloïde, et très caractérisée des deux côtés: c'est une fosse tympano-stylomastoïdienne, suivant le nom que lui a donné Thieme. Mais dans les autres cas, la courbure horizontale manque complètement; la face antérieure articulaire (mandibulaire) de l'os tympanique descend obliquement en se dirigeant vers l'arrière, ou bien se rapproche de l'apophyse mastoïdienne, de telle façon que la cavité articulaire s'étend jusque sous le conduit auditif externe. Par conséquent, d'un coté le pore acustique externe est comprimé inférieurement et antérieurement c'est-à-dire qu'il prend la forme d'une ovale allongée, mais d'autre part la formation d'une fosse tympano-stylomastoïdienne est impossible ».

Toutes ces particularités du crâne de La Tigra, correspondent assez exactement au premier type de Martin. Dans le premier, les deux dépressions déjà décrites se notent dans la paroi postérieure de la fosse, mais elles sont tellement insignifiantes qu'elles n'altèrent en rien l'aspect général de la paroi. Le méat acustique externe est très legèrement comprimé en avant et en bas par la dépression peu profonde du tympan. L'os tympanique se recourbe vers le bord inférieur du conduit auditif osseux, en direction latérale, toujours visible, mais par la même surtout prononcé vers l'orifice du méat auditif *(Tuberculum tympanicum* de Bartels [1]), en arrière et un peu en haut. Ce point de courbure forme donc une crête latérale de plus en plus marquée qui correspond évidemment à la crista stylotympanica de Bartels, malgré l'absence de l'apophyse styloïde et l'état de destruction de toute la région où elle est implantée. La crête pétreuse elle-même est brisée à la base. Les régions postérieure et inférieure de l'éminence mamillaire sont également erodées et les cellules mastoïdiennes sont à découvert; mais on reconnaît encore vaguement la fissure tympano-mastoïdienne. Dans tous les cas, l'espace situé derrière la crête stylo-tympanique jusqu'à l'éminence mamillaire est très petit; son diamètre sagittal est d'environ 3 à 4 millimètres; il ne peut s'agir ici d'une fosse sinon peut-être d'une région tympano-stylomastoïdienne.

L'eminence mamillaire, dans son état normal, doit être assez grande, massive et dirigée en avant; elle doit avoir été unie en avant avec l'os

[1] BARTELS, P., *Ueber Geschlechtsunterschiede am Schädel.* Med. Diss. Berlin, 1900.

tympanique, n'offrant par conséquent que peu de différence avec le type européen des livres de texte. L'incisure, au contraire, me paraît plus large, plus plate et moins vivement échancrée.

D'accord avec les explications antérieures, le crâne de La Tigra occupe donc une place intermédiaire entre les deux types de Martin, plus rapproché cependant du premier que du second.

Paul Bartels a publié également sur l'anatomie de la région récemment décrite, des études, animé par Thiem, qui prétendait avoir découvert dans sa fosse tympano-stylo-mastoïdienne un caracètre du sexe féminin. Pour ce qui est des détails je m'en suis rapporté à ses conclusions. Il cite, il est vrai, Martin, mais il ne s'occupe pas des points étudiés par lui. Bartels appelle le lieu où l'os tympanique se courbe en arrière, en cas qu'elle existe, crista stylotympanica et l'utilise pour établir deux types principaux, I sans et II avec cette crête; son type III n'est qu'une forme de transition. La première forme de Martin correspond donc au type II et en partie au type III de Bartels; sa seconde forme correspond au type I. Suivant la dernière nomenclature, l'os temporal du crâne de La Tigra correspondrait au type II ou III, ou à un type intermédiaire entre II et III de Bartels, problème qu'il n'est plus possible de résoudre exactement.

Mais ce n'est pas là la question. Les types décrits ne forment qu'une petite partie, c'est-à-dire la partie postéro-inférieure extrême de la cavité articulaire. Il faudrait savoir si ces types sont caractéristiques de certaines races, ce qui est douteux *a priori*. Quant à la cavité articulaire dans sa totalité, c'est autre chose. Martin a fait observer la grande différence de ce caractère dans les crânes patagoniens et les crânes européens, et pour les premiers il a fait ressortir l'aplatissement et la largeur dans la direction sagittale. Il est certain qu'une étude comparative basée sur des mesures auxiliaires prises sur un grand nombre de crânes serait d'un immense intérèt; mais Bartels (l. c., p. 26) a déjà démontré la quasi impossibilité de prendre exactement de semblables mesures et moi-même je n'ai pas connaissance de travaux de cette catégorie. J'ai passé en revue une partie des crânes qui forment la collection de notre Musée de La Plata, et je puis confirmer absolument les donnés de Martin relatives à l'aplatissement et à la grandeur sagittale de la fosse. Obéissant à l'impression qu'à laissée en moi cette étude, je m'incline à considérer cette particularité de la fosse articulaire comme caractéristique des crânes américains, entre lesquels figure le crâne fossile de La Tigra.

Je ne puis découvrir aucun autre sens aux dites propriétés de ce crâne. Elles ne sont certainement pas pithécoïdes, puisque chez les singes, au contraire, l'os tympanique a la forme d'un tuyau et la fosse articulaire est fermée en arrière par le tubercule articulaire postérieur (processus postglenoïdalis), comme par un crochet.

Notre forme de crâne n'a absolument rien à voir avec le type Néanderthal-Spy-Krapina. Je mets en relief uniquement les points principaux formant précisément le constraste avec notre temporal fossile qui présente des caractères tout à fait modernes. Dans le type Spy-Krapina, l'éminence mamillaire est petite; sa face antérieure est dirigée en arrière et isolée de l'os tympanique; ce dernier est libre dans sa partie postéro-inférieure et se rapproche par là de la forme cylindrique observée chez les anthropoïdes. Son bord externe présente des rugosités; il est extraordinairement épais. Ces formes sont tellement différentes que l'on peut à peine se permettre une comparaison avec les types modernes établis par Bartels, suivant la forme de la crête stylo-tympanique.

La direction de la suture sphéno-temporale a été proposée par Klaatsch [1] comme caractère différentiel. Suivant cet auteur, la dite suture, chez les races actuelles, va du côté postéro-intérieur vers le côté antéro-extérieur, tandis que dans le crâne de Spy sa direction est presque sagittale. Dans le crâne de La Tigra et à gauche dans celui du Chocorí, sa direction est la même que dans les crânes modernes; c'est aussi le cas pour la fissure de Glaser qui forme un angle droit avec la suture antérieure. (Dans le crâne de La Tigra, la cassure transverse précisément la suture sphéno-temporale; dans celui du Chocorí l'on ne reconnaît plus aucune particularité, en dehors de celles que nous venons d'exposer).

Dans le même travail, Klaatsch fait ressortir la ténuité de la partie latérale du toit de la fosse glenoïdale chez les races modernes, et son épaisseur dans les fragments de Spy. Dans le premier cas, l'épaisseur est de 4 à 3 millimètres plus ou moins jusqu'au point de permettre vaguement le passage del rayons lumineux; dans la crâne de Spy les chiffres oscillent entre 9 et $10^{mm}5$. Dans celui de La Tigra, je trouve à droite et à gauche $5^{mm}0$, et je crois avoir pris les mesures dans la même endroit que Klaatsch.

Pour en finir d'une fois avec les points sur lesquels cet investigateur appelle l'attention, je remarque que la crête sus-mastoïdienne est vigoureusement constituée, que si l'on regarde le crâne par derrière, elle forme une saillie prononcée; mais que ce caractère devient en grande partie pour ainsi dire négatif, par la raison que la partie osseuse qui lui est superposée est concave, en d'autres termes, légèrement excavée en forme de rainure, phénomène parfaitement en rapport avec l'opinion de M. Blaschy [2] qui ne considère pas cette crête comme exclusivement muscu-

[1] Klaatsch, H., *Occipitalia und Temporalia der Schädel von Spy verglichen mit denen von Krapina. Verhandlungen der Berliner Gesellschaft für Anthropologie, Ethnologie und Urgeschichte*, XXXIV, 1902, p. 392-409.

[2] Blaschy, R., *Ueber die Crista supramastoide des Schläfenbeins.* Med. Diss. Königsberg, 1896, p. 44.

laire. De la même façon la rainure entre l'apophyse zygomatique et l'écaille temporale est très notable, plus prononcée à gauche qu'à droite, bien que d'ailleurs rien ne prouve un développement spécial du muscle temporal.

La crête sus-mastoïdienne elle-même est peut-être un peu plus dirigée en arrière et en haut que dans les crânes européens avec lesquels il m'a été donné d'établir la comparaison.

De la statistique établie par Matiegka [1] au sujet de la forme de la crête sus-mastoïdienne dans diverses races, il résulte qu'elle est bien marquée dans 10 °/₀ des cas chez les Européens, 20 à 35 °/₀ chez les Asiatiques et Africains, 30 °/₀ chez les Américains, 30 à 40 °/₀ chez les Sudaméricains et 70 °/₀ chez les Australiens ; et ce même auteur a parfaitement raison de dire que l'opinion individuelle a devant elle un vaste champ ouvert.

Quant au fragment de la mâchoire supérieure j'ai simplement observé que le palais est extraordinairement surbaissé et que ni la suture sagittale, ni la suture transversale encore contenue dans le fragment ne sont nullement prononcées. Le trou incisif est assez grand, le diamètre sagittal de l'ouverture du côté du palais mesure $4^{mm}5$ et le diamètre transversal $5^{mm}0$.

Les dents sont fortement décomposées et usées par le frottement. Les quatre incisives manquent complètement. Les canines ainsi que les prémolaires sont usées jusqu'à la racine. Les molaires gauches sont usées obliquement d'avant en arrière, la $1^{re}$ jusqu'à la racine, la $2^{me}$ jusqu'à la moitié, la $3^{me}$ est intacte. La direction de la surface usée est oblique en direction transversale, de telle façon que le bord externe est plus haut que le bord interne. Il en est de même des molaires droites avec cette différence que, de ce côté, la $3^{me}$ molaire est également très usée.

L'unique point de comparaison est donc la $3^{me}$ molaire, bien que sa surface coronale soit en plus erodée. Je constate également que la couronne est très sillonnée; mais quand une fois l'on a examiné sous tous les points de vue la valeur anatomique comparée de cette particularité, il ne reste plus rien à faire avec elle. L'épaisseur de la couronne est très considérable ($14^{mm}5$) ; la largeur est de $11^{mm}0$. Ces chiffres sont très considérables et se trouvent à la tête de la table comparative de M. de Terra [2] ; les moyennes des chiffres maximum de cet auteur sont $12{,}2^{mm}$ pour l'épaisseur et $9{,}9^{mm}$ pour la largeur de la $3^{me}$ molaire supérieure.

[1] MATIEGKA, H., *Ueber die an Kammbildungen erinnernden Merkmale des menschlichen Schädels. Sitzungsberichte der Kaiserlichen Akademie der Wissenschaften in Wien*, Mathemnations. Klasse, CXV, 3, 1906, p. 18-19.

[2] DE TERRA, M., *Beiträge zu einer Odontographie der Menschenrassen*. Phil. Diss. Zürich, 1905, p. 126.

Passons maintenant à la considération de la *norma lateralis*. Nous terminerons en premier lieu la description de la région temporale et de la région zygomatique. A droite, il nous reste un fragment, long d'un pouce environ, de l'apophyse zygomatique du temporal, brisée vers l'extrémité inférieure de la suture d'union avec l'os malaire. Malgré son état profond de décomposition, l'on voit encore qu'il est très puissant et que son bord intérieur, vers le point d'insertion du masseter est très profondément échancré. A gauche, il nous reste de la dite région un fragment de la même apophyse, long d'un centimètre à peu près, et en plus l'os zygomatique en entier. Ce dernier est brisé en arrière de l'apophyse temporale vers la région où elle s'unit à l'apophyse jugale du temporal; en haut, le processus sphéno-frontalis est rompu en plusieurs morceaux qui ont pu cependant être réunis avec précision; la continuité avec l'apophyse jugale du frontal n'est pas interrompue; la crête zygomatique de l'os sphénoïde, dont quelques parties confondues avec la région correspondante de l'os jugal, existent encore, est brisé suivant une ligne de cassure irrégulière. Le margo temporalis est défectueux et l'existence ou la non existence d'un processus marginalis n'est plus reconnaissable. Les parties antérieures de cet os sont aussi profondément confondus avec les fragments du maxillaire. Des sutures correspondantes on retrouve, il est vrai, quelques traces, mais elles sont effacées.

Fig. 39. — Crâne de La Tigra, *norma lateralis*

D'après les parties du côté gauche encore existantes, l'on peu donc parfaitement reconstruire la forme générale de l'arc jugal, principalement avec l'aide du processus zygomatique droit de l'os temporal, conservé presque dans son entier. Le parcours de la ligne de reconstruction correspond en réalité à la ligne très ondulée vers laquelle Klaatsch a dirigé son attention, dans son travail antérieurement cité (p. 404-405).

Du squelette de la face, il reste en plus la partie alvéolaire de la mâchoire supérieure avec les dents correspondantes et les parties voisines de l'os palatin, le tout très profondément érodé. L'union de la section gauche de la partie alvéolaire avec le processus zygomatique, dont certaines parties, comme nous l'avons déjà dit se confondent complètement avec l'os jugal, n'existe plus; il a donc fallu la compléter artificiellement. Cette reconstruction n'est pour cette raison même qu'approximative et il est impossible de décider avec une certitude absolue si la partie alvéolaire opérait sa jonction, plus ou moins haut ou plus ou moins bas, plus ou moins en arrière ou plus ou moins en avant, si son inclinaison correspondait exactement à l'axe sagittal du crâne. Cette différence peut, d'ailleurs, n'avoir qu'une valeur insignifiante et ne pas mériter qu'on en tienne compte. Il est vrai que la tubérosité malaire, située en haut, entre les 1^er^ et 2^me^ molaire, forme un point de repère très suffisant, si non relativement à la direction verticale et à l'inclinaison de l'axe sagittal, au moins relativement à la direction sagittale.

Nous pouvons également appeler à notre aide la mandibule dont les condyles manquent, il est vrai, mais dans laquelle le bord postérieur de la branche ascendante nous fournit une base, en raison de sa direction vers la fosse mandibulaire.

Dernièrement, M. Fraipont [1] a trouvé un moyen d'établir la position des mâchoires, dont il rendit compte au Congrès Anatomique de Liège en avril 1903. Les diagrammes crâniens des races inférieures, que Klaatsch lui avait remis, inspirèrent à Fraipont l'idée d'abaisser une perpendiculaire de la ligne glabello-lambdoïdienne au point glabellaire et de noter la dent par laquelle passait cette ligne. « Je trouvai, dit M. Fraipont, que chez les Australiens observés par moi, c'est le plus souvent la deuxième prémolaire qui est atteinte. Quelquefois la perpendiculaire passe entre la première molaire et la deuxième prémolaire, ou bien entre la première et la deuxième prémolaire. Ayant fait la même construction sur la projection du crâne de Spy n° 1 (reconstitution de 1889), la perpendiculaire tomba en dehors et en avant de l'arcade dentaire. Je soumis à la même construction géométrique que je viens d'ex-

[1] FRAIPONT, J., *Essai de reconstruction des rapports de la face avec le crâne chez l'homme fossile de Spy. Comptes rendus de l'Association des Anatomistes*, 5^me^ session, Liège, 1903, p. 11-13, fig. 1.

poser une série de projections crâniographiques du crâne ancien et moderne appartenant à différentes races. Je vis la perpendiculaire passer entre les limites de la première molaire à la canine, mais jamais en avant des incisives et encore moins en dehors, même chez les Européens les plus orthognathes. Ma reconstitution de 1889 était donc fautive. »

« Il résulte alors, dit M. Klaatsch [1], que, dans toutes les races, cette perpendiculaire, avec une constance qui a lieu de nous étonner, tombe à l'intérieur, de l'arc dentaire, presque toujours dans la région des prémolaires, quelquefois aussi entre celles-ci et la première molaire; mais elle ne sort jamais du bord de la mâchoire ». Ce serait un travail méritoire d'étudier sur un matériel plus considérable la position du maxillaire et spécialement son inclinaison, en établissant un plan horizontal de la capsule crânienne. L'on pourrait peut-être prendre pour direction la ligne alvéolaire vue de profil.

Dans le profil reconstruit du crâne de La Tigra nous constatons une très forte prognathie, dont je m'abstiendrai cependant de donner les mesures; dans la mandibule nous sommes également surpris de la forte saillie du menton, sur laquelle nous reviendrons, du reste, quand nout ferons la description de cet os.

Du reste, dans la courbe de profil, l'on voit les changements produits par la déformation artificielle et que nous avons déjà décrits; l'inclinaison de l'occiput et l'aspect fuyant du front sont également des caractères très frappants.

Pour le même motif, nous renonçons représenter graphiquement la hauteur de la calotte et les angles à relever dans le profil, parceque les altérations artificielles du crâne ne permettent pas une comparaison complètement indiscutable; du reste, relativement à la hauteur et capacité du crâne chez les races d'hommes actuellement existantes il ne peut y avoir aucun doute. Ainsi, par exemple, en raison de la modification artificielle, et à cause de la pression en arrière la grandeur du crâne est exagérée.

La capacité du crâne de La Tigra, calculée selon la méthode de Welcker (l. c.), est de 1464 centimètres cubiques.

Les dents de la mâchoire supérieure sont malheureusement très érodées, frêles et cassantes. Il manque les deux incisives inférieures ainsi que la 2$^{me}$ prémolaire droite, dont l'alvéole est précisement traversée par une ligne de cassure. D'ailleurs la denture est complète. Les couronnes sont tellement usées qu'on ne peut distinguer absolument rien de la forme de celles des dents molaires.

[1] Klaatsch, H., *Die Fortschritte der Lehre von den fossilen Knochenresten des Menschen in den Jahren 1900-1903. Ergebnisse der Anatomie und Entwickelungsgeschichte*, XII, 1902, p. 600.

Les deux incisives externes sont petites, ainsi que les canines et les deux prémolaires gauches; je m'abstiens des mesures à cause du mauvais état de conservation des os. La 2me prémolaire gauche, est un peu plus en arrière que sa compagne de droite; les deux ont beaucoup de jeu, en raison de ce que, à gauche il n'existe plus que deux molaires (à droite il y a les trois). Les deux courbes dentaires sont, pas conséquent asymétriques. La 1re molaire gauche est située beaucoup plus en arrière que la molaire droite correspondante; la 2me molaire gauche est plus retirée en arrière que sa compagne de droite, des trois quarts environ de la longueur d'une dent et son bord postérieur se trouve dans la même ligne que la limite entre le premier et le troisième tiers de la 3me molaire droite. Rien n'indique que la molaire gauche ait jamais existé; il n'y a aucune trace d'alvéole même atrophié et la crista buccinatoria est bien marquée.

Les molaires son assez grandes, bien que leurs dimensions ne soient pas extraordinaires. A gauche elles sont considérablement erodées; mais à droite il est encore facile de voir que l'usure des couronnes augmente d'arrière en avant. Dans la 3me molaire droite, le bas du relief coronal est visiblement conservée, mais, à cause de l'érosion tellement confus qu'il est impossible de rien en conclure. La couronne de la 1re molaire droite a presque entièrement disparu par l'usure.

Je crois que l'on peut en toute confiance mesurer la couronne de la dent de sagesse droite. Sa largeur est de 13mm5, son épaisseur linguolabiale de 13mm0, chiffres, comme on le voit, réellement élevés. M. de Terra (l. c.) indique comme chiffres moyennes du groupe maximum 9,9mm pour la largeur et 12,2mm pour l'épaisseur; les mesures trouvées chez la mâchoire supérieure de La Tigra se trouvent à la tête de sa table comparative.

Enfin, j'observe encore que les dents et la mâchoire paraissent offrir entre elles des relations exactes de grandeur.

## MANDIBULE

La mandibule est fortement corrodée. A droite, les apophyses coronaire et articulaire sont par là même complètement détruites, et l'angle mandibulaire très endommagé. A gauche, la même région est, au contraire, bien conservée, bien que l'apophyse articulaire soit brisée à la hauteur de l'incisure. De plus, la mâchoire était brisée en plusieurs fragments, mais on a pu les réunir avec perfection pour reconstituer l'os. La destruction s'étend à toute la face supérieure qui n'est absolument intacte que dans deux endroits, spécialement du côté intérieur couvert de nombreuses incrustations calcaires en forme de lames fines, que l'on peut par endroits détacher facilement.

Les caractères de cette mandibule, suivant moi, indiquent un individu ♂, spécialement le bord postérieur de la branche ascendante, qui remonte dans une direction presque verticale.

L'usure assez prononcée des couronnes dentaires, sur laquelle nous reviendrons encore, ainsi que l'atrophie peut-être déjà initiée de la substance osseuse indiquent que cet individu avait passé le milieu de la vie, affirmation parfaitement en armonie avec la disposition de la capsule crânienne.

Les caractères principaux de la mandibule sont en général les suivants :

Le relief extérieur de la région de l'angle mandibulaire est bien for-

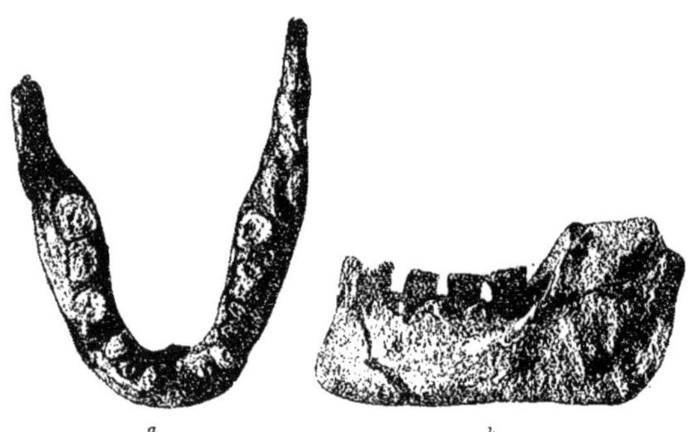


Fig. 40-41. — Mandibule de La Tigra : *a, norma verticalis* et *b, norma lateralis*

mé, l'angle lui-même est bien régulièrement arrondi. Le bord postérieur de la branche ascendante est perpendiculaire au bord inférieur du corps; la branche ascendante elle-même est d'une largeur surprenante, au moins 40 millimètres, en comptant les parties qui manquent. Je considère cette énorme largeur comme caractéristique des américains et j'ai pu m'en convaincre par l'examen des nombreuses mandibules que nous possédons dans notre collection.

Le relief interne de la région de l'angle mandibulaire est admirablement formé, avec quatre côtes rayonnant vers l'arrière comme les branches d'un éventail, pour l'insertion des muscles. Quant aux particularités du sillon, ou *fossa foraminis mandibularis* et à la région où elles se trouvent, les incrustations ne permettent de rien reconnaître avec exactitude; il était évidemment peu profond. La lingule a la forme d'une écaille de pomme de pin; le sillon mylohyoïdien est rempli d'incrustations; la fovea submaxillaris est facilement reconnaissable. La ligne oblique interne ou mylohyoïdienne est extrêmement marquée dans la région des dernières molaires, mais seulement d'une manière indirecte, parceque le corps, en armonie avec le puissant développement des molaires est très large dans cet endroit et la ligne mylohyoïdienne est en conséquence très élevée. Pour le même motif, la ligne oblique externe, dont à dessein nous n'avons pas encore parlé, est très remarquable, ce qui n'a lieu dans aucun autre cas. La largeur du corps mandibulaire, dans la région des dernières molaires, avec ses $21^{mm}5$ à droite et $21^{mm}0$ à gauche, mesurée en projection transversale perpendiculairement au plan du corps mandibulaire droit ou gauche, est réellement considérable et surpasse de plusieurs millimètres la mesure analogue prise sur différentes mâchoires européennes même fortement développées. Derrière la dernière molaire, le corps diminue immédiatement.

Le trou mentonnier est située (à gauche) entre la dernière prémolaire et la première molaire; à droite le point correspondant est défectueux.

Pour l'étude de la région mentonnière, je m'en suis tenu principalement aux monographies de Virchow [1] et de Topinard [2], qui se complètent en partie l'une et l'autre.

Le relief de toute la région mentonnière [3] est très bien conservé et bien dessiné. Le trigone mentonnier est bien prononcé et par là même nettement triangulaire; il est cintré et s'étend en haut jusqu'au bord alvéolaire. Son milieu, c'est-à-dire la protubérance mentonnière des textes anatomiques, vu de côté est très saillant; il s'agit donc d'un menton absolument humain; mais Topinard a déjà mis en doute la détermination indiscutable d'un « angle mentonnier ou symphysien » (l. c., p. 413-415) et nous nous en abstiendrons à plus forte raison, à cause du mauvais

[1] VIRCHOW, R., *Der Kiefer aus der Schipka-höhle und der Kiefer von La Naulette. Zeitschrift für Ethnologie,* XIV, 1882, p. 277-310.

[2] TOPINARD, P., *Les caractères simiens de la mâchoire de La Naulette. Revue d'Anthropologie,* (3), I (XV), 1886, p. 385-431.

[3] J'adopte la dénomination de Topinard (l. c., p. 409) « triangle mentonnier » dans la forme latine *trigonum mentale,* dont la moitié formant fréquemment une crête verticale, représente la protubérance mentonnière, protuberantia mentalis et dont les deux angles inférieurs représentent le tubercule mentonnier (tuberculum mentale) droit et gauche respectivement. En dehors des côtés presque toujours un peu concaves de ce triangle sont situées les fosses mentonnières laterales, en latin par conséquent les *fossae mentales laterales* (Topinard, *ibidem*). La forme triangulaire n'est apparente que dans les mandibules massives, par exemple dans beaucoup de mandibules américaines; chez les européens les côtés du triangle équilateral sont souvent tellement concaves que, si on le compare avec les lettres de l'alphabet grec, le nom d'*oméga mental* serait le plus en rapport avec sa forme. L'on peut également considérer la protubérance mentale comme une forme intermédiaire, dont le trigonum mentale et l'*oméga mental* représentant les extrémités chacun de leur côté.

état de conservation du bord alvéolaire. Les deux côtés du trigone sont concaves et les fosses mentonnières (latérales) bien marquées. Les bosses mentonnières sont aussi très prononcées et regardées par en bas elles sont clairement visibles.

Quant à l'aspect basique de la région mentonnière nous reproduisons premièrement les propres déclarations de Virchow au sujet de la mandibule de Schipka (p. 288) : « Tandis que la mandibule humaine, quelle que soit du reste sa forme, termine à sa base par un bord derrière lequel la surface postérieure s'élève tantôt perpendiculairement, tantôt obliquement, la mandibule de Schipka présente derrière le bord une surface inférieure spéciale limitée à son tour, en arrière, par un bord, et c'est seulement de ce second bord que s'élève la surface postérieure. Au lieu d'un bord nous avons donc ici une surface à deux bords, conformation complètement anomale. » La même conformation anomale s'observe non seulement dans la mandibule de La Tigra, mais aussi *dans un grand nombre de mandibules américaines* que j'ai eu le loisir d'étudier.

En général les oscillations individuelles et génériques et la transition d'un bord inférieur arrondi à une surface plus au moins large sont assez fréquents et apparentes proportionnellement à l'épaisseur du corps mandibulaire, laquelle est très considérable tant dans les mandibules modernes que dans les mandibules fossiles américaines. Dans la mandibule de La Tigra, la symphyse inférieure est au contraire aplatie et son côté antérieur s'élève obliquement en haut pour former le trigone mentonnier légèrement convexe; en arrière elle termine en une pointe linguiforme, que Virchow (p. 289) [1] considère comme une « épine mentonnière anomale » et que Topinard (p. 390), appelle le « bec du menton »; le nom de « bec postérieur » conviendrait peut-être mieux. Les fosses digastriques situées de chaque côté sont très prononcées dans la mandibule de La Tigra. Le développement d'une superficie basique munie de fosse digastrique est précisément « antipithécoïde » (Virchow, p. 304) et Virchow (ibid.) le considère dans l'ostéologie humaine comme une grande rareté; il existe cependant, quoique rarement, des rapprochements, aussi complets que possible chez les mélanésiens (p. 305) et l'on constate des transitions vers cette forme même dans les races supérieures. « Il faut donc, dit-il, les considérer comme une exagération d'une conformation exclusivement humaine. » Des desseins diagraphiques pourraient nous procurer une synopsis statistique au sujet de cette intéressante superficie basique.

De ce que dit Virchow relativement à l'épine mentale interne, nous mentionnerons seulement que sa hauteur, c'est-à-dire son degré d'éléva-

[1] Dans Virchow, l. c., p. 289, ligne 1, il faut évidemment lire « postérieure » au lieu d' « antérieure ».

tion au-dessus de la surface est sujette aux plus grandes variations, de même que le contour de sa base et sa forme.

La région de l'épine mentale interne a été suffisamment étudiée par Topinard sur diverses mandibules humaines et les variantes principales ont été représentées graphiquement par lui.

Il décrit cette région dans les termes suivants (p. 309, etc.) : « La ligne oblique interne disparaît à mi-hauteur de la face interne de la mâchoire, au niveau de la première grosse molaire, rarement de la deuxième petite molaire... Quelquefois cependant elle projette en bas un petit prolongement ou est continuée par un léger renflement, jusqu'à la ligne médiane qu'elle coupe dans sa région géni inférieure... Quoiqu'il en soit, de son côté supérieur vers la première grosse molaire se détache, chez les nègres surtout, un relief horizontal qui partage la face postérieure du maxillaire, sur la ligne médiane en deux parties : l'une supérieure, inclinée chez ces nègres et qui constitue leur prognathisme interne ; l'autre inférieure qui commence par une *chute* verticale, se continue dans tout l'espace compris entre deux trous vasculaires que j'appellerai *trou géni supérieur* et *trou géni inférieur* et formant la *surface génienne,* et aboutit au *bec* du menton. »

Et à la page 416, il dit : « J'ai appelé région génienne l'espace compris sur la ligne médiane et de chaque côté immédiat entre les deux trous étant inclus dans la région. C'est dans son aire que se trouvent les apophyses géni supérieures servant d'insertion aux muscles génio-glosses et les apophyses géni inférieures servant d'insertion aux muscles génio-hyoïdiens. Ces apophyses qui ont fait tant de bruit n'ont cependant jamais été étudiées avec soin. »

Topinard a fait ce que n'ont pas fait ses devanciers, il commence la description de son type classique dans les termes suivants que nous reproduisons textuellement ici, parcequ'ils s'appliquent quasi directement à la mâchoire de La Tigra :

« En haut deux petites crêtes osseuses, verticales, parallèles, plus ou moins écartées de 1 à 6 millimètres ; au milieu une surface lisse de 1 à 2 millimètres ; en bas deux petites crêtes également verticales et parallèles que sépare simplement un sillon, vestige de la séparation primitive de la mandibule en deux moitiés. Le plus souvent pourtant ce sillon est peu visible, les deux crêtes inférieures sont réunies en une et l'on a ce qui constitue la règle : une seule apophyse inférieure médiane et deux apophyses supérieures latérales. Fréquemment en même temps les deux crêtes supérieures s'écartent en V, l'intervalle au-dessous disparaît et les trois apophyses, deux en haut et une en bas, se rencontrent et donnent la forme en Y. »

Il insiste plus loin (p. 419) sur la grande variabilité des diverses formes dans chaque race, variabilité qui, naturellement, fait perdre à ces formes leur valeur diagnostique, et les anthropoïdes eux-mêmes présentent les formes les plus bariolées. A la page 425 il résume les différences principales : « Le type de la surface génienne des anthropoïdes est tout différent, l'apophyse géni inférieure est le plus souvent très accusée, les apophyses géni supérieures sont remplacées par une fosse profonde (= fosse génienne, p. 393) qui s'éloigne prodigieusement de toutes les variantes de détail qui peuvent fortuitement se trouver rassemblées d'une façon minuscule chez l'homme ». En outre, d'après Topinard, chez les anthropoïdes, le trou géni supérieur et inférieur (les points d'orientation et l'espace compris entre le trou géni supérieur et le bord alvéolaire) est divisé en deux parties par un relief horizontal, « l'une supérieure inclinée... qui constitue le prognathisme interne, l'autre inférieure qui commence par une chute verticale », conduisant. au trou géni supérieur (p. 390 et fig. 2, p. 393).

Enfin, Topinard s'occupe du *bourrelet transverse* décrit par Pruner Bey ; ce bourrelet prend naissance dans le haut de l'apophyse géni (grandes variations) et s'étend vers l'arrière en direction plus ou moins transversale, ce qui donne lieu encore à de grandes différences (voir les détails dans Topinard, p. 425-428); on le trouve également chez les anthropoïdes à différents degrés de perfection et Topinard (p. 428) le considère comme « caractère simien, pouvant se recontrer dans toutes les races, en tout cas présent dans la mâchoire de la Naulette ».

Topinard prenant les trous géni supérieur et inférieur comme points d'orientation, doit les avoir toujours trouvés dans son matériel, bien qu'il ne mentionne par le trou inférieur dans la mâchoire de la Naulette (p. 757); il n'a pas toujours trouvé l'inférieur chez les anthropoïdes (p. 419). Virchow ne parle également, dans toutes les mâchoires humaines et même dans celles de Schipka et la Naulette que du trou supérieur; il remarque qu'il est situé quelquefois au fond d'une fosse appelée par lui *fossula supraspinata* (p. 306) et qu'il ne faut pas confondre avec la fosse que l'on trouve chez les anthropoïdes au lieu de l'épine mentonnière interne (ou plus exactement de l'apophyse géni supérieure, Topinard, p. 420) et par conséquent avec la fosse génienne de Topinard. Topinard a observé aussi quelquefois dans des mâchoires humaines « un infundibulum produit par l'évasement du trou géni supérieur », tandis que chez les anthropoïdes le trou supérieur vient parfois se situer dans la fosse génienne (p. 393). Dans les mandibules américaines, je n'ai trouvé que rarement les deux trous.

Voilà pour l'orientation des caractères ostéologiques de cette région si déplorablement négligée dans les manuels d'anatomie. Examinons maintenant la mandibule de La Tigra dans la direction de bas en haut. Le trou inférieur existe et forme le fond d'un petit entonnoir large de 1 millimètre. L'apophyse géni inférieure est formée de deux filets parallèles verticaux séparés l'un de l'autre par une fente presqu'imperceptible. L'apophyse géni supérieure est formée de deux bourrelets parallèles verticaux séparés par une fente dont la largeur, bien que double de celle du premier, atteint à peine 1 millimètre. Il s'agit donc ici du type humain le plus fréquent suivant Topinard. De l'extrémité inférieure de l'apophyse géni supérieure s'étend à droite en direction transversale une protubérance large et peu élevée (bourrelet transversal de Pruner) qui n'est pour ainsi dire pas reconnaissable à gauche. Le trou supérieur se trouve dans le fond et dans la moitié droite d'une fossula supraspinata coupée en deux par une fine crête verticale. Vers le haut de ce trou jusqu'au bord alvéolaire, la surface osseuse est en général légèrement convexe et, sur la ligne médiane, en dessous du bord alvéolaire, l'on distingue encore une fente symphysique de 7 millimètres de long; il y a ici ni « prognathisme interne », ni formations de cette espèce.

Les caractères de la région génienne de la mâchoire de La Tigra appartiennent donc au type humain commun.

Indépendemment des travaux de Virchow et Topinard auxquels j'ai fait allusion, je fus frappé de la hauteur relative de l'apophyse géni supérieure. La hauteur de la symphyse, mesurée intérieurement par moi, est de 32 millimètres et la limite supérieure de cette apophyse se trouve exactement à 15 millimètres au-dessus du bord inférieur en projection verticale. J'ai déjà dit que Virchow parle d'une façon générale des oscillations dans la hauteur de l'épine mentonnière (p. 305), sans y insister davantage; Topinard n'en parle pas.

La courbe du corps de l'os, vue d'en haut, est formée pour ainsi dire de deux sections, produites par l'énorme développement de la partie alvéolaire du corp mandibulaire. Ce dernier forme une ellipse et la courbe des branches est longue et étroite, en raison de ce que les condyles sont peu séparés l'un de l'autre.

Au contraire de ce qui a lieu pour Chocorí, la courbe de la mâchoire de La Tigra rapelle notablement la forme théroïde primitive en U de la mandibule de la double sépulture de Monaco que Gaudry [1] a représentée; sa similitude avec les Australiens actuels est indéniable, tandis que chez les Européens modernes, la mandibule présente une courbe ouverte. En même temps les amples variations de ce caractère dans la variété américaine ressort d'un simple examen superficiel d'un certain nombre de mâchoires [2], et il serait intéressant de se livrer à leur sujet à des re-

[1] GAUDRY, A., *Contribution à l'histoire des hommes fossiles. L'Anthropologie*, XIV, 1903, p.

[2] MATTHEWS, W., *The human bones of the Hemenway Collection in the United States Army Medical Museum at Washington. Memoirs of the National Academy of Sciences*, VI, 1891, pl. 52-54; TEN KATE, H. F. C., *Anthropologie des anciens habitants de la région Calchaquie. Anales del Museo de La Plata, Sección antropológica*, I, 1895, pl. VII.

cherches spéciales; même dans les mandibules fossiles européennes l'on ne constate pas la moindre concordance; celle de Spy I [1] et certainement aussi celle de Ochos [2] me semble beaucoup plus ouverte que celle déjà citée de la Double Sépulture. Il vaut mieux s'abstenir de prendre des mesures; Topinard lui-même dit (l. c., p. 394) : « De bonnes mesures exprimant bien ses degrés sont encore à trouver : l'œil a peut-être plus de perspicacité ici que les instruments. Faut-il se guider sur la lèvre externe ou sur la lèvre interne, ou encore sur l'axe même des alvéoles et des dents? »

Ce qui surprend dans la mâchoire de La Tigra, c'est sa grande épaisseur. Topinard s'est livré à de recherches préparatoires et nous pouvons nous en fier à lui (l. c., p. 391-392). Il insiste sur les grandes oscillations individuelles qui diminuent la valeur des chiffres moyens par séries; mais l'épaisseur surprenante de la mâchoire de La Tigra ne perd rien au calcul de l'indice de la hauteur et épaisseur. Nous mesurons comme Topinard, « l'os étant compris entre les deux branches du compas glissière ».

| Mandibule de La Tigra | Hauteur | Epaisseur | Indice |
|---|---|---|---|
| Symphyse | 32 | 10 | 56.3 |
| Entre la canine et la première prémolaire | 35 | 13 | 37.1 |
| Au trou mentonnier | 30 | 13.5 | 45.0 |
| A la deuxième molaire | 30 | 16 | 53.3 |
| A la troisième molaire | 30 | 24 | 70.0 |

Nous ajoutons ici les chiffres communiqués par Topinard (p. 392) pour la mandibule de La Naulette :

| Mandibule de La Naulette | Hauteur | Epaisseur | Indice |
|---|---|---|---|
| Symphyse | 31 | 14 | 45.1 |
| A la canine | 28 | 14.5 | 51.8 |
| Au trou mentonnier | 26 | 15 | 57.7 |
| A la 2me grosse molaire | 23 | 16 | 69.5 |

La mandibule de La Tigra est alors très grosse à la symphyse et se retrécit à la hauteur de la canine pour redevenir très grosse en arrière. Elle atteint son épaisseur maximum à la hauteur de la 3me molaire. La mandibule de l'*Homo primigenius* n'est pas si étroite à la hauteur de la

[1] Fraipont, J., et Lohest, M., *La race humaine de Néanderthal ou de Canstadt en Belgique. Recherches ethnographiques sur des ossements humains, découverts dans des dépôts quaternaires d'une grotte à Spy et détermination de leur âge géologique. Archives de Biologie*, VII, 1891, pl. XIX.

[2] Rzehak, A., *Der Unterkiefer von Ochos. Correspondenzblatt der deutschen Gesellschaft für Anthropologie, Ethnologie und Urgeschichte*, XXXVI, 1905, p. 87;

Id., *Der Unterkiefer von Ochos. Ein Beitrag zur Kenntnis des altdiluvialen Menschen. Verhandlungen des naturforschenden Vereins in Brünn*, XLIV, 1906, Sonderabdruck, 26 pp.

canine et son épaisseur augmente, par conséquent, d'avant en arrière, d'une manière convergente. Les chiffres absolus démontrent aussi l'augmentation de l'épaisseur dans les deux mandibules, tandis que la hauteur diminue plutôt dans la mandibule de La Naulette que dans celle de La Tigra.

Pour comparer les dimensions à la hauteur du trou mentonnier, nous reproduisons la table de Topinard (p. 391) en y ajoutant les chiffres correspondants de la mandibule de La Tigra :

| Mandibules diverses | Hauteur | Epaisseur | Indice |
|---|---|---|---|
| 10 parisiens ............ | 31.2 | 12.7 | 40.8 |
| 10 néo-calédoniens ...... | 32.9 | 13.8 | 40.9 |
| 10 nègres d'Afrique ..... | 31.8 | 13.4 | 42.1 |
| 1 La Tigra ............. | 30.0 | 13.5 | 45.0 |
| 4 orangs ............... | 43.7 | 22.2 | 50.8 |
| 4 gorilles.............. | 42.7 | 21.5 | 50.3 |
| 1 La Naulette........... | 26.0 | 15.0 | 57.7 |

Les mesures absolues de la mandibule de La Tigra se trouvent alors au milieu de la récente série humaine, à l'exception de l'épaisseur relativement forte dont nous avons déjà parlé. La mandibule de La Naulette appartient à une catégorie tout à fait différente; voir aussi la table de M. Gorjanovic-Kramberger [1] que nous reproduisons :

| Mandibules diluviales | Symphyse | | À la 2me molaire | |
|---|---|---|---|---|
| | Hauteur | Epaisseur | Hauteur | Epaisseur |
| Malarnaud ............... | 26.0 | 13.0 | 22.0 | 15.0 |
| Arcy.................... | 28.0 | 15.5 | 24.0 | 17.0 |
| La Naulette ............. | 31.0 | 14.0 | 23.0 | 16.0 |
| Spy I................... | 38.0 | 15.0 | 33.0 | 14.0 |
| Ochos .................. | — | 18.0 | — | — |
| Krapina D............... | 33.0 | 13.6 | env. 28.0 | — |
| — E.............. | 35.0 | 13.1 | 24.1 | — |
| — F.............. | env. 31.0 | 14.5 | — | — |
| — G.............. | 31.5 | 14.4 | 28.0 | 14.9 |
| — H.............. | 40.0 | 15.4 | 34.3 | — |
| — I.............. | 42.3 | 15.0 | 32.3 | — |
| La Tigra................ | 32.0 | 18.0 | 30.0 | 16.0 |

*Table des mesures de la mandibule de La Tigra*

(Voir aussi p. 357)

| | Millimètres |
|---|---|
| Branche ascendante, hauteur (du bord inférieur à la moitié de l'incisure, parallèlement au bord postérieur)................................ | ± 59 |
| Branche largeur perpendiculairement à la mesure antérieure........... | ± 50 |

[1] Gorjanovic-Kramberger, K., *Der diluviale Mensch von Krapina in Kroatien. Ein Beitrag zur Paläoanthropologie,* Wiesbaden, 1906, p. 167.

| | Millimètres |
|---|---|
| Symphyse, hauteur (sans dents) | 32 |
| Épaisseur (sous l'épine menton. interne) | 18 |
| Distance du sommet de l'épine menton. interne au bord inférieur de la symphyse (mesurée en projection) | 12 |
| Angle formé par le bord postérieur de la branche ascendante et le bord inférieur du corps | ± 85° |

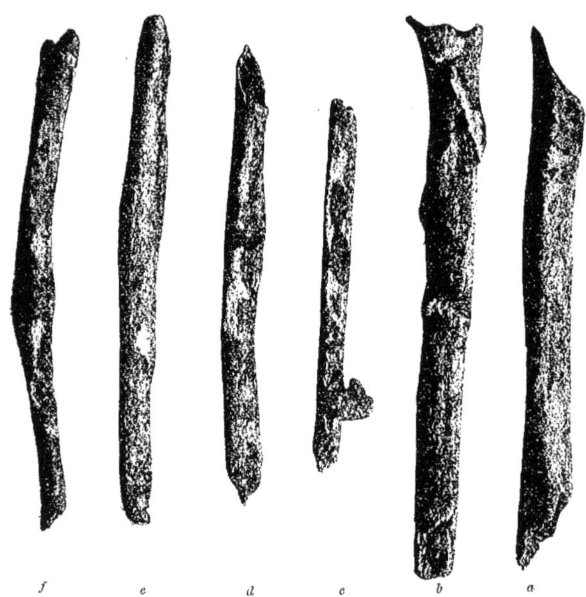


Fig. 42. — Os longs de La Tigra : *(a)* humérus droit, *(b)* humérus gauche, *(c)* radius droit *(d)* radius gauche, *(e)* cubitus droit, *(f)* cubitus gauche

OS LONGS

Au crâne de La Tigra correspondent le plus grand nombre des os longs, dans un état de conservation relativement bon, et même tout à fait bon si l'on tient compte de ce que ces os proviennent de la formation pampéenne. Ils présentent en effet un aspect blanc-jaunâtre dans les quelques points où la surface est intacte. Cette surface, ou bien porte l'empreinte d'un réseau à mailles fines comme celles que laissent derrière elles les radicules végétales; dans d'autres points elle est comme rongée ou bien couverte de concrétions calcaires solides, espèces de stalactites qui cachent complètement le relief externe. A l'extrémité proximale de l'humérus gauche il se trouve de petits fragments d'autres os, de côtes peut-être, fixés au moyen d'une pâte calcaire compacte, et à l'extrémité distale du radius gauche, des restes de petits os longs (peut-être des carpiens, peut-être des métacarpiens, etc.). Dans certains endroits la substance de l'os est parsemée de taches noirâtres manganiques ou ferrugineuses qui la font ressembler d'une manière frappante à la surface de section d'un fromage de Roquefort.

Les os sont très fragiles et adhèrent fortement à la langue; ils ne contiennent plus qu'une petite quantité de matières organiques, si toutefois ils en contiennent encore.

### HUMÉRUS

Les deux épiphyses manquent tant dans l'humérus droit que dans le gauche et les cavités médullaires distales sont remplies de concrétions calcaires compactes. Les os sont plutôt grêles; le V deltoïdien est faible; la surface interne, presque dans toute l'étendue de la diaphyse, mais surtout dans sa partie proximale antérieure, forme une large surface; le sillon radial est très peu apparent. Quant aux mesures, l'on ne peut en prendre qu'un très petit nombre.

*Table des mesures de l'humérus de La Tigra*

| | Droit millimètres | Gauche millimètres |
|---|---|---|
| Milieu de la diaphyse, diamètre maximum | 24,50 | 22,50 |
| — — diamètre minimum | 18,00 | 17,00 |
| — — indice | 73,43 | 75,56 |
| — — circonférence | 67,00 | 62,00 |
| Circonférence minimum | 65,00 | 59,00 |

Ce ne sont pas là des chiffres insignifiants, si on les compare avec ceux obtenus sur un matériel européen :

*Humérus bavarois* [1]

| | Droits (53) millimètres | Gauches (57) millimètres |
|---|---|---|
| Milieu de la diaphyse, diamètre maximum | 22,6 | 22,1 |
| — — diamètre minimum | 18,1 | 17,9 |
| — — indice | 80,1 | 81,0 |
| — — circonférence | 66,2 | 65,3 |
| Circonférence minimum | 62,0 | 61,5 |

[1] LEHMANN-NITSCHE, R., *Ueber die langen Knochen*, etc., l. c., p. 7.

Le diamètre maximum du milieu de la diaphyse, surtout de l'humérus droit fossile de La Tigra, est notablement grand, tandis que le diamètre minimum accuse presque les mêmes chiffres que dans les humérus bavarois. La circonférence du milieu et la circonférence minimum dans l'os droit de La Tigra sont plus considérables que dans 53 bavarois.

A gauche les grandeurs sont proportionnellement inverses ; dans l'humérus gauche de La Tigra les mesures sont plus petites que chez les bavarois (seulement le diamètre maximum est un peu plus grand).

La différence de grosseur entre le côté droit et le côté gauche du corps est donc plus prononcée dans les humérus sudaméricains que dans leurs congénères de l'ancienne Bavière.

### RADIUS

Des radius il ne reste que des fragments assez longs du milieu de la diaphyse, dont la surface est fortement corrodée dans la forme décrite plus haut. Les mesures ne peuvent être prises qu'approximativement au milieu du corps de l'os :

| Milieu approximatif de la diaphyse du radius | LA TIGRA | | 38 BAVAROIS | | 29 SOUABIENS ET ALEMANS | |
|---|---|---|---|---|---|---|
| | Droit | Gauche | Droit | Gauche | Droit | Gauche |
| Diamètre maximum.. | 17 | 14 | 16,1 | 15,2 | 14,5 | 14,5 |
| Diamètre minimum.. | 13 | 13 | 12,2 | 11,6 | 10,8 | 11,2 |
| Circonférence ....... | 44 | 44 | 44,9 | 42,5 | 40,3 | 40,9 |

Les chiffres sont donc, en général, un peu plus élevés à droite, à gauche un peu plus faibles que dans les tribus correspondantes de l'acienne Allemagne. La différence entre le côté droit et le côté gauche du corps est aussi plus prononcée chez l'homme de La Tigra.

La détermination de la courbure du corps de l'os, suivant la méthode de Fischer [1] est très hasardée, vu le mauvais état de conservation. Dans aucun cas cependant la courbure du radius n'est aussi marquée que dans le groupe Spy-Néanderthal.

La crête interosseuse n'offre rien de remarquable.

### CUBITUS

Il ne reste qu'un fragment assez long du milieu de la diaphyse du cubitus gauche, lequel n'offre du reste anatomiquement rien de remarqua-

[1] FISCHER, E., *Die Variationen an Radius und Ulna des Menschen. Zeitschrift für Morphologie und Anthropologie*, IX, 1906, p. 169.

ble ; les incrustations calcaires qui le couvrent sont très épaisses et les diamètres ne peuvent être mesurés, en raison de l'affection pathologique dont nous allons parler. La pièce est très intéressante, elle porte les traces d'une fracture réduite située un peu au-dessous du milieu de l'os, qui avait été cassé dans une direction très oblique, comme en bec de flûte. La fracture a parfaitement guéri, la callosité est peu apparente et la ligne de fracture originale n'est pour ainsi dire plus reconnaissable. Vraisemblablement cependant la pointe du bec de flûte du fragment distal formait la crête interosseuse ; celle du fragment proximal formait les bords palmaires et dorsaux ; on ne peut d'ailleurs se rendre compte si la pointe proximale était simplement doublée ou entièrement séparée. La guérison s'opéra accompagnée d'une dislocation longitudinale de manière que la face médiale ne formait déjà plus la ligne convexe régulière des os normaux, mais bien un angle obtus. Dans la réduction de la fracture il n'y a pas eu d'autre déplacement ; si l'on regarde d'en haut perpendiculairement la face médiale on voit que les bords palmaires et dorsaux ne sont pas sortis de leur direction. La fracture paraît avoir été produite par traumatisme, peut-être par un coup donné sur l'avant bras gauche en position de parade. Le radius gauche ne fut pas atteint. La guérison s'opéra peut-être sans l'entremise du patient, et par l'action des muscles fléchisseurs des doigts fut accompagnée de la dislocation décrite.

Une particularité observée par Verneau [1] dans les cubitus des anciens Patagons et appelée par lui «platolénie» c'est-à-dire l'aplatissement du corps cubital immédiatement au-dessous de la petite cavité sigmoïdienne, dont je pourrais à mon tour désigner la forme habituelle sous le nom de « eurolénie » n'est malheureusement plus à cause du mauvais état de conservation de la pièce.

### FÉMUR

Les condyles du fémur droit sont fortement endommagés et de l'épiphyse proximale il manque toute la partie qui s'étend jusqu'à l'insertion du col. Du fémur gauche il manque les condyles et l'épiphyse proximale tout entière. Quoiqu'il en soit, par la comparaison du fémur droit avec les fémurs modernes, on pourra obtenir une base approximative pour en calculer la longueur, ce qui n'était pas possible pour les os jusqu'ici décrits. Dans les deux fémurs la surface est très érodée, et si ce n'était précisément ce mauvais état de conservation, on aurait pu obtenir avec ces os des résultats plus satisfaisants.

Au moyen de la comparaison avec des os modernes à laquelle j'ai fait allusion, j'ai obtenu pour le fémur droit dans la position naturelle une

[1] VERNEAU, R., *Les anciens Patagons*, Monaco, 1903, p. 193.

longueur maximum approximative de 450 millimètres. L'os est en si mauvais état qu'il n'est possible de déterminer que d'une façon approximative la longueur diaphysique, soit par ma méthode, c'est-à-dire « entre le milieu de la ligne intercondyloïdienne antérieure et le tubercule dans lequel la ligne oblique termine sur le côté antérieur du fémur et que Waldeyer appelle *tuberculum lineae obliquae superius* » [1] soit par la méthode de Bumüller [2], c'est-à-dire « entre le bord supérieur de la surface articulaire du genou »; ces deux méthodes sont, comme on le voit, quasi identiques. J'obtins une longueur d'environ 38,5 millimètres, résultat d'après lequel on peut calculer, suivant les recherches de Bumüller (p. 17-18), la longueur maximum dans la position naturelle, en ajoutant 16 °/₀ à la longueur de la diaphyse, ce qui nous donne pour le fémur droit de La Tigra 446,6 millimètres et, par conséquent, une différence tout à fait insignifiante avec la longueur totale dans la position naturelle, comme nous l'avons calculée antérieurement (450 : 446,6 millimètres).

La longueur du fémur de La Tigra concorde d'une manière surprenante avec les chiffres calculés par Bumüller pour 340 fémurs bavarois, chez lesquels la longueur maximum dans la position naturelle est de 445 millimètres, la longueur diaphysique de 384,8 millimètres. L'épaisseur, au contraire, est un peu moindre; la circonférence médiale doit être pour La Tigra, des deux côtés, 85 millimètres, et pour 345 fémurs bavarois, 87,9 millimètres. Pour ce qui est de La Tigra, la dite mesure, à cause de l'état de destruction de la surface de l'os, est un peu petite (les diamètres correspondants pourraient être déterminés plus exactement); l'indice longitudino-circonférentiel de 22,08, calculé suivant la longueur diaphysique se rapproche dans tous les cas beaucoup de la moyenne 22,84 calculée par Bumüller pour 345 fémurs bavarois. A cause de l'absence du trochanter, les chiffres de Soularue ne sont malheureusement pas applicables, et le calcul de l'indice d'après la longueur maximum dans la position naturelle n'est pas indiscutable; le quotient obtenu, 18,8, est très bas, probablement trop bas et se maintient au commencement de la table des races, à laquelle servent de base principale les chiffres de Rahon (voir p. 280 de ce travail).

Les deux fémurs sont expressément platymères, ce que l'on reconnait à l'indice du diamètre supérieur de la diaphyse, aussi bien qu'à la saillie latérale. Le premier accuse à droite 75,0, à gauche 67,6, valeurs tout à fait extraordinaires. La saillie est très visible à l'œil nu. A cause de la forte érosion, on ne peut plus que soupçonner l'existence d'une fosse

[1] LEHMANN-NITSCHE, R., *Ueber die langen Knochen*, etc., l. c., p. 79.

[2] BUMUELLER, *Das menschliche Femur nebst Beiträgen zur Kenntniss der Affen-Femora*, Phil. Diss. München, 1899, p. 139.

Fig. 43. — Fémur droit de La Tigra, vue antérieure (*a*), médiale (*b*) et postérieure (*c*)

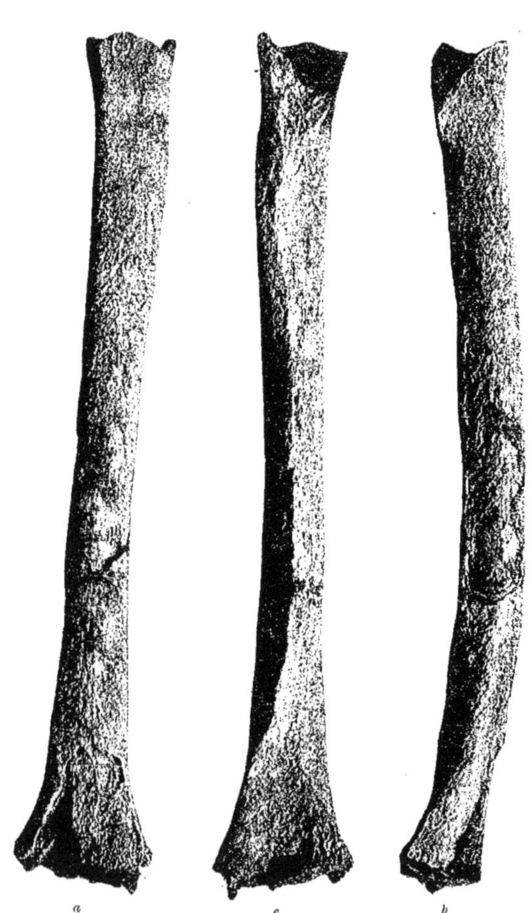

Fig. 44. — Fémur gauche de La Tigra, vue antérieure (a), médiale (b) et postérieure (c)

hypotrochantérique. Mais l'on constate clairement dans les deux fémurs un caractère particulier à la surface proximale et ventrale de la diaphyse. Dans les fémurs très platymères il n'existe dans la dite région proximale, en général, que deux surfaces, l'une antérieure et l'autre postérieure, séparées entre elles par deux bords, l'un interne et l'autre externe. comme Manouvrier le fait observer dans son travail original sur la platymérie [1]. Les fémurs de La Tigra ne présentent également dans la région platymérique qu'une surface antérieure et une postérieure, séparées entre elles par un bord tranchant interne et externe, et la surface ventrale laisse voir une éminence longitudinale en forme de toit située assez exactement sur la ligne médiale. Cette éminence s'étend du tubercule trochantérique antéro-inférieur vers le bas et va se perdre au milieu de la diaphyse. Les plans inclinés interne et externe respectivement de cette éminence sont très peu évidés. Ils sont évidemment destinés à séparer l'une de l'autre les régions d'insertion du M. vastus intermedius (sive medius, sive cruralis) et du M. vastus medialis; l'on reconnaît donc chez le fossile sud-américain une plus grande indépendance de ces deux muscles, qui dans le matériel anatomique européen sont quelquefois intimement réunis.

Dans son travail déjà cité, Manouvrier ne fait pas mention de cette espèce de toit; mais dans un travail postérieur [2] il décrit un cas ambigu de platymérie qu'il observa sur un fémur néolithique de Châlons; il y avait ici sur la face antérieure « une large facette très nettement dessinée qui indique évidemment la place d'insertion supérieure du crural » (il s'agit donc ici de l'évidure latérale mentionnée plus haut); dans le diagramme adjoint l'on reconnaît parfaitement l'éminence en question; elle forme dans le cas de Châlons un angle obtus.

Bumüller a observé également cette éminence sur son matériel bavarois, mais sans s'occuper des cas cités par Manouvrier. Un certain nombre des fémurs étudiés par lui semblaient franchement platymères, « ils présentent (p. 52) d'ordinaire applatissement, crête et fosse ou tubérosité; leur surface ventrale est ample, mais reliée en forme d'angle sur le côté latéral. L'aspect de l'ensemble ferait croire à un os platymère qui aurait été après coup recourbé ou replié, suivant sa surface ventrale. Je désigne ce cas sous le nom de « platymérie repliée ». Le bord latéral qui en résulte peut, dans les cas extrêmes former un angle droit. Il

[1] MANOUVRIER, L., *La platymérie. Congrès international d'anthropologie et d'archéologie préhistoriques*, Paris, 1891, p. 363-382.

Il existe un résumé de ce travail :

MANOUVRIER, L., *La platymérie. Revue mensuelle de l'Ecole d'Anthropologie de Paris*, II, 1892, p. 121-125.

[2] MANOUVRIER, L., *Étude sur les variations morphologiques du corps du fémur dans l'espèce humaine. Bulletin de la Société d'Anthropologie de Paris*, 4e série, IV, 1893, p. 134-137.

s'est opéré évidemment en même temps un fort développement supérieur du M. cruralis et du vastus médial. Le crural, malgré sa force, ne peut, en réalité, faire agir sur le côté médial sa tendance à comprimer latéralement la diaphyse, puisque dans ce cas il rencontrerait la résistance du puissant vastus medialis. Sur le côté latéral, au contraire, il lui est possible de produire un grossissement par la compression, et comme le côté médial de la surface ventrale dans la platymérie est plat, il correspond à ce point où se joignent les surfaces latérales et ventrale, un bord plus ou moins tranchant. Il est clair que ce « reploiement » doit être le résultat de l'action conjointe des muscles médial et crural.

Les diamètres sagittal et transversal du milieu de la diaphyse ne pouvaient être pris dans ce milieu même, en raison du mauvais état de l'os; les mesures ne sont donc pas absolument irréprochables et donneront plutôt une idée approximative de la forme pilastrique.

A cause du mauvais état de conservation des pièces, l'on ne peut pas établir non plus la différence entre les deux côtés du corps. Le pilastre est encore parfaitement reconnaissable et l'indice assez élevé (107,4 des deux côtés) est bien en rapport avec lui. D'ailleurs, dans les deux fémurs, la section médiale de la surface dorsale est un peu concave et la section latérale est plane ou moins concave que l'autre, combinaison assez rare (Bumüller, p. 32); cette concavité de la section médiale fait bien ressortir la saillie du pilastre, quoique les lèvres de la crête me semblent plus séparées qu'on ne le constate d'habitude sur le matériel européen. L'indice pilastrique, assez élevé, est en rapport avec la convexité régulière assez apparente de la surface antérieure. Bumüller dit, p. 34 : « Dans la plupart des cas, à la convexité antérieure correspond un indice pilastrique élevé qui, presque dans la moitié des cas, dépasse 110 ». Le même indice est de plus en rapport avec la congruence de la surface dorsale de l'os (Bumüller, p. 36) : « Dans la congruence des deux superficies dorsales, la tendence à un indice pilastrique élevé est notablement plus grande ». La courbure antérieure de la diaphyse s'étend très régulièrement de haut en bas, sans que la déviation proximale ou reploiement existe, à moins que, suivant l'expression de Bumüller, p. 41, elle ne soit effacée par la forte torsion du corps de l'os qui n'est malheureusement pas mesurable; à cause de la régularité de la courbure il est également impossible de déterminer l'angle de torsion, tout à fait en rapport avec ce que dit Bumüller p. 140 : « Les fémurs dont la partie de la diaphyse est fortement courbée, ne peuvent être mesurés ».

L'extrémité distale de la diaphyse, dans $^1/_{10}$ des longueurs diaphysiques, offre absolument les proportions moyennes dont nous devons la connaissance à Bumüller. La partie latérale est notablement plus prononcée dans leur diamètre sagittal que la partie médiale, ce qui représente un caractère véritablement humain, et pour mesurer le diamètre sagittal de l'extrémité diaphysique inférieure, j'ai dû par conséquent opérer sur le diamètre médian. Le chiffre obtenu donne, avec la même mesure prise dans la région pilastrique, un indice de 111,54, par conséquent une valeur habituelle, puisque dans les deux tiers de son matériel Bumüller obtenait un indice de 110 et au-dessus. Il n'est pas question de la théromorphie du fémur [1] (fémur en trompette) et l'indice transversal inférieur, qui exprime le rapport entre le diamètre transversal de la région pilastrique et le diamètre transversal inférieur de la diaphyse est 144,44, chiffre qui prend place exactement au milieu des tables de Bumüller, p. 64.

Le plan poplité présente tous les caractères humains que Bumüller a relevés (p. 65), le maximum latéral, la forme déliée et carnée de l'angle médial et ce que l'on appelle le biais du plan poplité. La lèvre latérale de la crête forme même une saillie très prononcée, tandis que la lèvre médiale s'efface presque entièrement et, en conséquence, les particularités du plan poplité, légèrement concave, si caractéristiques chez l'homme, s'accentuent notablement. L'indice poplitéen de 66,66, qui indique le rapport entre les diamètres sagittal et transversal de la région poplitée, est donc intérieur à la moyenne (79) et même au minimum (68,2) de Bumüller, puisque le bord latéral du plan est tellement saillant que le diamètre sagittal mesuré sur la ligne médiale est compensatoirement très rappetissé et, plus encore, comme il est naturel, le diamètre compris entre les limites médiales du plan poplité, ce qui rend la concavité encore plus prononcée. Bumüller (p. 67) a démontré, du reste, sur son matériel, que la concavité du plan est causée par le développement des lèvres inférieures.

A titre de comparaison, j'ajoute ici les données de Verneau (l. c., p. 263) au sujet de l'indice poplité des anciens Patagons, tout en faisant observer que Verneau se contente de répéter simplement cet indice et dit seulement que chez les individus de haute et moyenne stature du Río Negro il est plus petit que chez les individus des autres régions.

*Indice poplitéen, selon Verneau, Les anciens Patagons, p. 203*

| | |
|---|---|
| Anciens Patagons du río Negro | 72,04 |
| — — Chubut | 77,84 |
| — — Santa Cruz | 77,87 |
| Araucaniens | 92,30 |

Enfin, l'on peut aussi déterminer l'angle condylo-diaphysique, et pour ce, je choisis comme précédemment, suivant la méthode de Bumüller

[1] Comparer les photographies originales des fémurs de Spy et de Néanderthal, dans Walkhoff, O., *Das Femur des Menschen und der Anthropomorphen in seiner funktionellen Gestaltung*, Wiesbaden, 1904, pl. VI.

(p. 71) l'angle formé par l'axe diaphysique et une ligne perpendiculaire au plan condyloïdien. Il mesure 9° à droite et se maintient, par conséquent en dessous des chiffres de Bumüller calculés sur 120 fémurs droits : 10°15′; sur 225 droits et gauches, sans distinction : 9°50′.

Je déterminai la torsion collo-condylienne du côté droit, obtenant à l'aide du tropomètre un chiffre approximatif de 8°, qu'on peut considérer comme une valeur moyenne ; quant à la torsion du corps de l'os, elle est, comme je l'ai déjà dit, notablement plus accentuée. Le mauvais état de conservation de l'os m'empêche de m'étendre plus longuement à son sujet.

*Table des mesures des fémurs de La Tigra*

| | Droit millimètres | Gauche millimètres |
|---|---|---|
| Longueur maximum dans la position naturelle, environ.. | 450,00 | — |
| — diaphysique | 385,00 | — |
| Diamètre diaphysique sagittal supérieur | 27,00 | 25,00 |
| — — transversal supérieur | 36,00 | 37,00 |
| Indice mérique | 75,00 | 67,60 |
| Circonférence de la partie supérieure de la diaphyse | 94,00 | 93,00 |
| Diamètre sagittal du milieu de la diaphyse | 29,00 | 29,00 |
| — transversal du milieu de la diaphyse | 27,00 | 27,00 |
| Indice pilastrique | 107,41 | 107,41 |
| Circonférence du milieu de la diaphyse | 85,00 | 85,00 |
| Indice longitudino-circonférentiel : Circonférence : longueur maximum dans la position naturelle, env. | 18,80 | — |
| Indice longitudino-circonférentiel : Circonférence : longueur diaphysique, environ | 22,08 | — |
| Diamètre diaphysique sagittal inférieur | 26,00 | — |
| — — transversal inférieur | 39,00 | — |
| Indice poplitéen | 66,66 | — |
| — pilastro-poplitéen sagittal | 111,54 | — |
| — — transversal | 144,44 | — |

TIBIA

Les deux tibias ont leurs épiphyses très endommagées ; dans le droit, l'épiphyse proximale manque complètement ; dans le gauche, il manque l'épiphyse distale. Cependant, au moyen d'une combinaison, on peut obtenir comme longueur moyenne (distance entre les surfaces articulaires) 350 millimètres.

Sous le point de vue descriptif, on peut dire peut-être ce qui suit : la tubérosité tibiale ne paraît pas avoir été très développée. La crête antérieure est arrondie et présente dans son milieu un bourrelet dirigé en dehors en forme de lèvre. La face médiale est très arrondie, la face latérale évidée comme avec un rabot. La crête antérieure, vue de profil, se

a b c

Fig. 45. — Tibia droit de La Tigra, vue antérieure *(a)*, médiale *(b)* et postérieure *(c)*

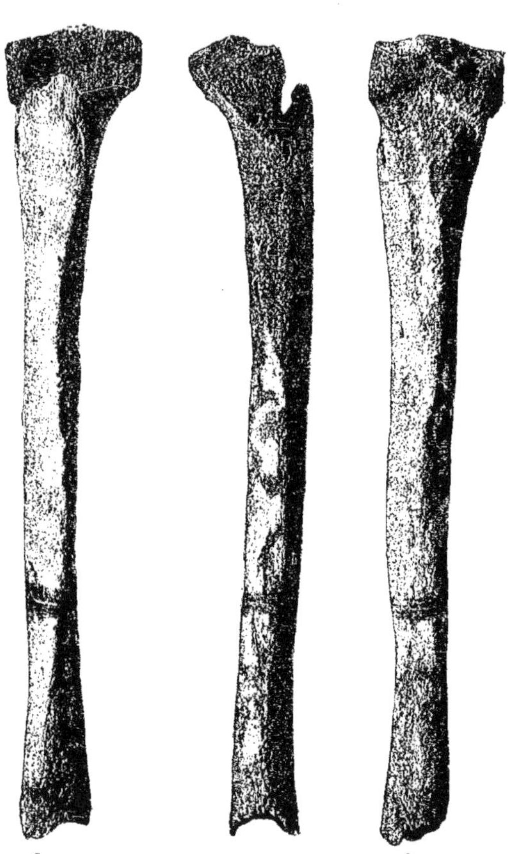


Fig. 46. — Tibia gauche de La Tigra, vue antérieure *(a)*, médiale *(b)* et postérieure (c)

dirige assez directement en bas et se recourbe un peu en dehors seulement dans son troisième tiers. Vue par derrière, elle appelle notre attention par la saillie prononcée de la ligne poplitée que l'on pourrait presque considérer comme une *crête poplitée*. En outre, la limite qui se ramifie de son extrémité distale vers le bas et les côtés, formant la séparation entre la région d'insertion des MM. tibial postérieur et long fléchisseur des doigts, est également caractérisée par son élévation en forme de toit, d'où descendent obliquement les deux régions d'insertion que nous venons de mentionner; Manouvrier [1] lui a donné le nom de *crête tibiale postérieure*. La partie latérale, destinée au M. long fléchisseur des doigts, est même légèrement évidée. La marge médiale est assez arrondie, surtout en haut; la crête interosseuse est relativement vive. La section transversale de la diaphyse tibiale dans le tiers supérieur est

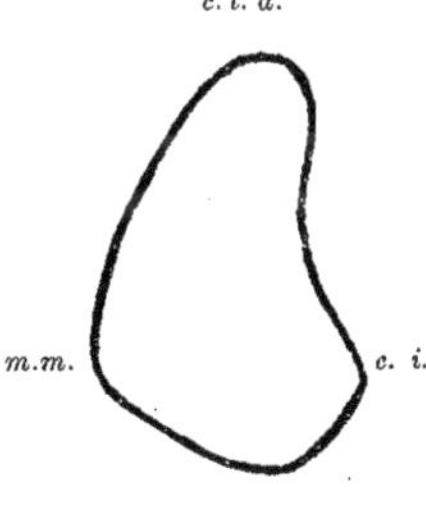


Fig. 47. — Coupe transversale du tibia droit, pratiquée, à cause du mauvais état de conservation, à deux doigts en dessous du trou nourricier, c'est-à-dire où l'aplatissement a presque disparu. *c. t. a.* = crête tibiale antérieure; *c. i.* = crête interosseuse; *c. t. p.* = crête tibiale postérieure; *m. m.* = marge médiale.

donc quadrangulaire (fig. 47) et représente ainsi la forme humaine typique, tandis que chez le gorille et quelques chimpancés, les surfaces d'insertion du M. tibial postérieur et du M. long fléchisseur des doigts se trouvent contiguës du même côté du tibia, le côté postéro-externe et le côté postéro-interne disparaît presque complètement. Cette forme anthropoïde se rencontre fortuitement aussi chez l'homme, mais sans distinction de race [2]. Dans les tibias de La Tigra, le diamètre sagittal supérieur est très augmenté aux dépens du diamètre transversal; la platycnémie prononcée est donc, à mon avis, le résultat de l'action combinée de plusieurs groupes de muscles, surtout des fléchisseurs. Elle mesure tant à droite qu'à gauche 65,79, si l'on considère l'indice obtenu sur la limite entre le tiers moyen et le tiers supérieur, comme le propose

[1] Manouvrier, L., *Mémoire sur la platycémie chez l'homme et chez les anthropoïdes. Mémoires de la Société d'Anthropologie de Paris*, 4e série, III, 1888, p. 532.

[2] Manouvrier, L., l. c. p. 532, 542-543.

Hirsch. Le trou nourricier est situé à un doigt *au-dessus* du point mentionné ci-dessus et l'aplatissement, avec son maximum de 64,10 des deux côtés, se rapproche par conséquent des chiffres les plus bas que l'on connaisse. Tandis que dans la moitié proximale, les indices entre les deux côtés de l'os ne diffèrent pas, la platycnémie au milieu de la diaphyse est plus prononcée *à gauche*, ce qui n'a pas lieu chez les bavarois. Il s'agit ici certainement de variations individuelles. Le tibia gauche est également plus fort que le droit, si l'on en juge par la circonférence du milieu et la circonférence minimum. Insister sur l'indice longitudino-circonférentiel serait une erreur, puisque la longueur n'a pu être déterminée qu'approximativement.

J'ai mesuré l'angle de rétroversion sur le tibia gauche, quoiqu'il n'existe plus que la moitié postérieure de la surface articulaire condylienne, afin d'avoir au moins un point de repère. J'obtins la première fois 22°, la seconde fois 20°5, en moyenne 21°, chiffre très élevé qui passe d'environ 1° les chiffres les plus élevés connus jusqu'ici (fuégiens et californiens).

*Table des mesures des tibias de La Tigra*

| | Droit millimètres | Gauche millimètres |
|---|---|---|
| Distance des surfaces articulaires, environ | 350,00 | |
| Hauteur du trou nourricier, diamètre transversal | 25,00 | 25,00 |
| — — — sagittal | 39,00 | 39,00 |
| — — indice | 64,10 | 64,10 |
| — — circonférence | 99,00 | 99,00 |
| Limite entre le 1er et le 2me tiers, diamètre transversal | 25,00 | 25,00 |
| — — — sagittal | 38,00 | 38,00 |
| — — indice | 65,79 | 65,79 |
| — — circonférence | 95,00 | 95,00 |
| Milieu de la diaphyse, diamètre transversal | 24,00 | 23,00 |
| — — sagittal | 31,00 | 32,00 |
| — indice | 77,42 | 71,88 |
| — circonférence | 85,00 | 87,00 |
| Circonférence minimum | 78,00 | 79,00 |

## PÉRONÉ

Le fragment, long de 23 centimètres, du péroné droit est intéressant par son degré de fossilisation. Le canal médullaire est complètement comblé de calcaire dur, qui a rempli également une fente longitudinale de deux à trois millimètres de largeur.

Je me suis abstenu de prendre des mesures; mais dans tous les cas le péroné est relativement gros.

PROPORTIONS

Il est douteux que l'on ait pu calculer l'indice tibio-fémoral par la simple appréciation de la longueur du tibia. L'indice de 77,7 occupe le point le plus extrême de la table des races (voyez p.        du présent travail), il vaut mieux n'en pas parler.

TAILLE

L'évaluation de la taille, pour la même raison, n'est possible que sous certaines restrictions : l'on obtient les chiffres suivants, selon la table de Manouvrier :

| | |
|---|---|
| Fémur droit, maximum dans la position naturelle.. | 450 mm. + 2 = 452 mm. |
| Tibia, valeur moyenne, distance articulaire, environ. | 350 mm. + 2 = 352 mm. |

| Taille suivant le | Hommes |
|---|---|
| Fémur | 1,672 m. |
| Tibia | 1,636 m. |

Moyenne : 1,654 — 0,02 = *1,634*

FORMATION PAMPÉENNE INTERMÉDIAIRE = LŒSS BRUN

BARADERO

Ossements humains, trouvés en 1887 par M. Santiago Roth à Baradero, Province de Buenos Aires, dans la formation pampéenne intermédiaire, conservés au Musée Paléontologique de l'École Polytechnique Fédérale de Zurich [1].

PAR M. RUDOLF MARTIN

1888. Roth S., *Beobachtungen über Entstehung und Alter der Pampasformation in Argentinien. Zeitschrift der Deutschen geologischen Gesellschaft,* XL, 1888, p. 400. — (Rapport sur l'existence de l'homme dans la formation pampéenne intérmediaire basé sur le présent cas).

1889. Roth, S., *Ueber den Schädel von Pontimelo (richtiger Fontezuelas). (Briefliche Mittheilung von Santiago Roth an Herrn J. Kollmann). Mittheilungen aus dem anatomischen Institut im Vesalianum zu Basel,* 1889, p. 10-11. — (Réproduit à la fin du présent travail).

L'examen des terrains fossilifères du Baradero, effectué por MM. S. Roth, C. Burckhardt et R. Lehmann-Nitsche, en 1899, ainsi que les hypothèses qui s'y rattachent, mirent en relief l'importance que pourrait

[1] Le manuscrit a été écrit en 1901.

avoir une étude approfondie des débris trouvés dans ces mêmes terrains et qui sont devenus par voie d'achat, la propriété de l'Ecole Polytechnique Fédérale de Zurich des collections paléontologiques de laquelle ils font encore aujourd'hui partie. Accédant au désir que me manifesta M. Lehmann-Nitsche je remplis avec plaisir l'engagement que je pris alors de me livrer à une nouvelle étude de ces mêmes pièces.

Malheureusement, leur état de conservation laisse tellement à désirer que, malgré ma bonne volonté, j'ai acquis la conviction qu'il est impossible de tirer de l'étude de ce matériel d'amples conclusions. Il semblerait qu'à une autre époque, le squelette et particulièrement le crâne étaient en meilleur état. Voici ce que le docteur S. Roth écrit à leur sujet ainsi qu'à l'égard des circonstances dans lesquelles ils furent trouvés : « A une distance d'environ deux kilomètres du Baradero, une tranchée ouverte dans le lœss pour la construction de la ligne du chemin de fer mit à découvert d'abord un pied; le reste du squelette fut ensuite trouvé dans la même muraille de lœss: il occupait une position normale; seule la tête était inclinée en avant sur la poitrine, de manière que ce n'était pas le visage, mais bien le sommet du crâne qui regardait en l'air; la mâchoire inférieure était largement ouverte. Le détail suivant me frappa au plus haut degré : la longueur des membres supérieurs qui tombaient le long du corps, était telle, qu'ils arrivaient jusqu'à toucher l'articulation du genou, avec laquelle une des mains était soudée par des concrétions calcaires. Malheureusement, comme il arrive presque toujours dans ces sortes de terrains (lœss éolique), ce dont j'ai donné la raison dans mon travail sur la formation pampéenne (*Zeitschrift der deutschen geologischen Gesellschaft,* 1888, p. 447), l'état de conservation des différents os était très imparfait, et bien qu'ils occupassent encore leur position relative les uns par rapport aux autres, je ne crois cependant pas que le cadavre ait été enterré, mais qu'il a été recouvert graduellement de terre apportée par le vent et la pluie. Les os présentent à leur surface des signes évidents d'érosion et des crevasses, semblables à ceux que présentent les os exposés longtemps à l'air libre et à l'intempérie.

« Il est à regretter que le crâne ne soit pas arrivé ici [à Zurich] dans les conditions où je l'avais emballé là bas, c'est-à-dire accompagné d'un échantillon du terrain dans lequel il gisait, comme je l'avais photographié, ce qui eut permis d'étudier exactement sa physionomie. »

La pétrification du squelette entier est complète; le lœss qui y adhère encore est tellement dur et si fortement attaché aux os, qu'il ne peut être isolé que par l'action de la chaleur, ou des acides. D'ailleurs ce travail avait été exécuté déjà en grande partie antérieurement par M. le docteur Roth et le préparateur M. Dreyer, de manière que, quand je commençai mon étude, il ne me restait plus à nettoyer que quelques parties réellement importantes.

Je dois ajouter que la plus grande partie du squelette a été soumise à une pression assez puissante pour que l'un des fémurs, par exemple, présente plus de 60 fragments aujourd'hui d'ailleurs solidement soudés, mais qui, dans leur seconde réunion, postérieure à la cassure, ont pris des positions capricieuses d'où résulte une modification assez importante de la forme primitive de l'os. Pour ce même motif, je ne crois pas devoir partager l'opinion du docteur S. Roth qui considère l'état actuel érodé et crevassé des pièces comme effet de l'intempérie. J'affirmerais plutôt que les os se s'ont fragmentés dans l'intérieur même du sol.

Voici la liste des parties du squelette qui existent encore :

*a)* Fragment du crâne, formé de petits morceaux de la voûte crânienne, soudés les uns aux autres d'une façon très irrégulière. La plupart de ces fragments appartient au frontal et aux deux pariétaux, au milieu desquels est encore visible une portion de la suture sagittale. Les fragments appartenant en apparence à l'occipital, sont encore recouverts d'incrustations qui n'ont pu être séparées. A l'intérieur du crâne fait saillie une partie de l'os temporal droit, c'est-à-dire une partie de l'écaille, l'apophyse mastoïde, un fragment de la partie pétreuse et de l'apophyse jugale.

Isolé de ces divers fragments crâniens qui forment maintenant une seule pièce, nous possédons encore la partie alvéolaire droite et gauche du maxillaire supérieur, depuis la dent canine jusqu'à la troisième molaire de chaque côté; en plus les deux parties latérales du maxillaire inférieur à partir de la seconde petite molaire. Les branches mandibulaires sont brisés un peu en dessus de la moitié.

*b)* Les diaphyses fémorales droite et gauche;

*c)* Le tibia et le peroné, de droit et de gauche, brisés et fortement comprimés ;

*d)* Un fragment du calcanéum gauche.

Je passe immédiatement à la description des différentes pièces que je viens d'énumérer.

## CRANE

Comme je l'ai déjà dit, l'état de conservation de la boite crânienne est tellement défectueux, qu'il est absolument impossible d'émettre aucune opinion au sujet de sa forme (planche V). Le docteur S. Roth affirme que primitivement il était dans un meilleur état, prétension que semble contredire l'épreuve photographique obtenue par lui même lorsque la pièce était encore enveloppé de lœss (fig. 48).

Dans cette figure, un spécialiste distingue sans difficulté la mâchoire supérieure telle qu'on la voit encore aujourd'hui, ainsi que la mâchoire inférieure pendante et à laquelle manquait déjà la partie supérieure de

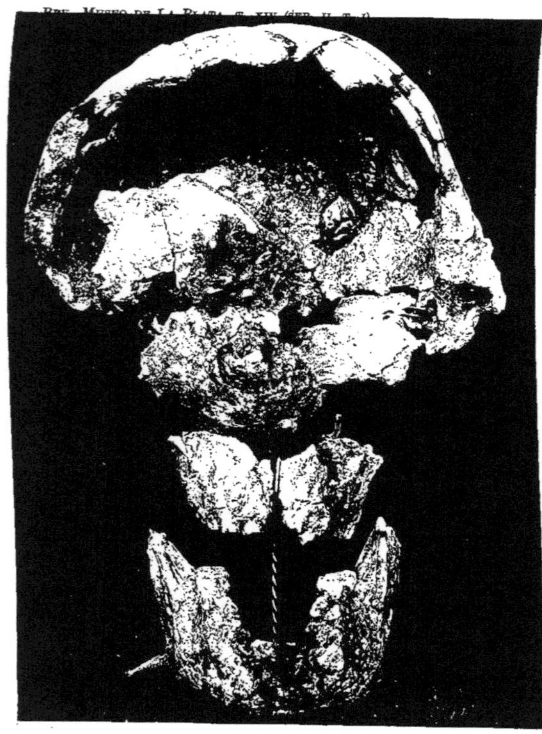

*a*

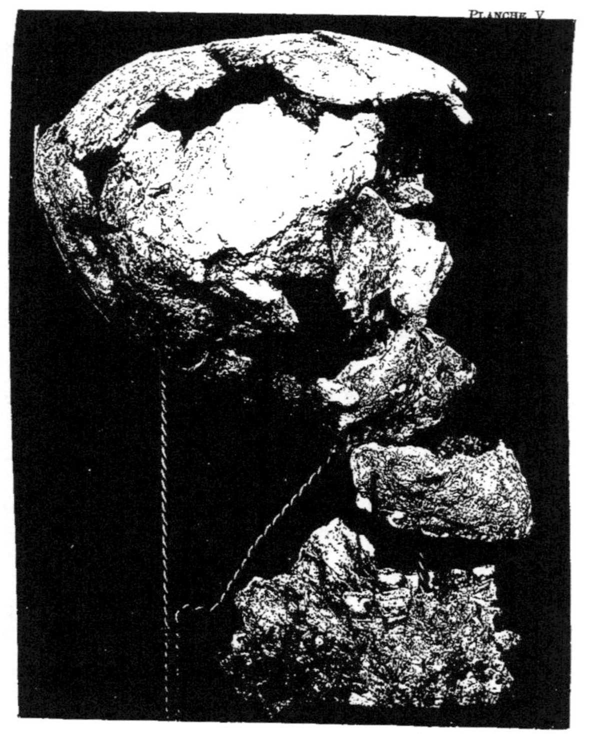

*b*

Crâne du Baradero dans son état actuel: *a*. Vu par devant; *b*. Vu du côté droit

la branche droite. Des os de la face il n'existait déjà plus que des fragments et la voûte crânienne était déjà brisée en petits morceaux, d'où nous pouvons conclure, comme plus haut, que le squelette n'a pas souffert l'action de l'intempérie, mais qu'il a été brisé dans le gisement même, où le crâne se trouvait en très mauvais état, de manière que personne ne peut être rendu responsable de ses conditions actuelles.

Les parois de la voûte crânienne sont relativement minces, la suture sagittale, comme on peut le constater, est bien conservée. Dans l'arc alvéolaire de la maxillaire manque complètement la partie médiane qu'il

Fig. 48. — Crâne de Baradero, selon photographie prise par M. Santiago Roth après sa découverte

est cependant facile de reconstituer avec l'aide de la mâchoire inférieure. Toute la partie alvéolaire est très massive et puissamment développée, circonstance qui permet d'affirmer que le crâne appartenait à un adulte du sexe masculin. Au même résultat conduit également l'étude de la denture ainsi que celle des os des extrémités. L'arc dentaire est légèrement elliptique, la troisième molaire quelque peu rejetée en dedans. La distance entre les alvéoles des deuxièmes molaires de l'un à l'autre côté est d'environ 42 millimètres, l'ouverture extrême du palais d'environ 38 milimètres.

Le fragment le mieux conservé de tout le crâne est la mâchoire inférieure, bien qu'il lui manque la région mentonnière, si importante. L'ensemble de son développement, ainsi que ses dimensions absolues rappellent d'une manière frappante le maxillaire inférieure de Spy I [1]. Il est gros et court, très haut même dans la région des molaires et extraordinairement épais, avec une ligne oblique profondément marquée et l'angle mandibulaire très prononcé [2]. En dessous de la ligne oblique, en avant du muscle masséter on distingue une forte saillie ou protubérance qui s'étend jusqu'à la base et que on pourrait appeler *éminence mandibulaire latérale*. Je ne l'ai jamais rencontrée jusqu'à présent aussi prononcée dans des crânes plus récement découverts, bien que je croie pouvoir la reconnaître dans les maxillaires de Sumidouro, décrits par Sœren Hansen [3]. En arrière on reconnait profondément gravée en creux la surface d'insertion du M. masséter. L'ouverture d'où surgit le muscle buccinateur est large.

La hauteur et l'épaisseur du corps mandibulaire au niveau du trou mentonnier sont frappantes, phénomène dont on se rendra facilement compte par la comparaison avec Spy I.

| | Baradero | Spy I |
|---|---|---|
| Hauteur du corps mandibulaire à droite et à gauche.. | 35mm | 38mm |
| Épaisseur........................................ | 14 | 15 |
| Indice........................................ | 40 | 40 |

Un peu plus en arrière, les mesures prises dans la région de la deuxième molaires donnent les chiffres suivants :

| | Baradero |
|---|---|
| Hauteur à droite et à gauche................ | 30mm |
| Épaisseur à droite et à gauche................ | 16 |
| Indice........................ | 53.3 |

La comparaison de ces deux indices, signifie une augmentation notable de l'épaisseur vers la partie postérieure, laquelle arrive graduellement à son maximum, 18 millimètres à droite, 17 millimètres à gauche, restant naturellement en relation avec le développement fort de la ligne oblique.

Les molaires qui toutes ont été conservées, quoique dans un état d'usure extrême, sont grandes, mais leur caractère est typique pour l'homme. Il ne peut être question d'un accroissement d'avant en arrière et moins encore d'une ressemblance avec la forme anthropoïde. Dans la mâchoire supérieure, au décroissement de la grandeur des dents correspond l'accroissement de la courbure de la surface linguale de la molaire I à la molaire III; dans la mâchoire inférieure, au contraire, les couronnes

[1] Fraipont J., et Lohest, M., *La race humaine de Néanderthal ou de Cannstatt en Belgique. Archives de Biologie*, VII, 1887, planche XIX, figure 2.

[2] Hansen, S., *Lagoa Santa Racen. É Musco Lundii*, V, 1888, planche V, fig. 1 et 2.

[3] V. également, figure 2, planche X du même ouvrage.

dentaires sont plus anguleuses et c'est celle de la molaire II qui présente les plus grandes dimensions.

Le tableau suivant donne les chiffres exacts en millimètres.

| Mâchoire supérieure | Baradero Droite | | Baradero Gauche | | Moyenne des chiffres maximum selon de Terra [1] | |
|---|---|---|---|---|---|---|
| | Largeur | Epaisseur | Largeur | Epaisseur | Largeur | Epaisseur |
| Molaire I...... | 11.5 | 13 | 11 | 13.5 | 11.3 | 12.3 |
| — II..... | 10 | 12 | 10.5 | 13 | 10.5 | 12.5 |
| — III.... | 9 | 12 | 9 | 12 | 9.9 | 12.2 |

| Mâchoire inférieure | Baradero Droite | | Baradero Gauche | | Moyenne des chiffres maximum selon de Terra [1] | |
|---|---|---|---|---|---|---|
| | Largeur | Epaisseur | Largeur | Epaisseur | Largeur | Epaisseur |
| Molaire I...... | 12 | 11 | 11 | 10.5 | 11.8 | 11.2 |
| — II..... | 12 | 11 | 12 | 11.5 | 11.5 | 10.8 |
| — III.... | 10 | 11 | 9.5 | 10.5 | 11.4 | 11.1 |

Ces dimensions sont, sans doute, supérieures à celles que nous rencontrons dans les crânes européens, mais elles n'ont pas lieu de nous surprendre, relativemente à des indiens de l'Amérique du Sud, qui appartiennent presque sans exception aux variétés macrodontes [2].

Dans la mâchoire inférieure les superficies d'usure sont inclinées en dehors, particulièrement celle de la première molaire, tandis que, naturellement dans la mâchoire supérieure elles les sont en dedans. Dans la molaire II l'inclinaison est déjà moindre, et dans la molaire III la superficie de la couronne est presque horizontale. Cette curieuse inclinaison externe de l'usure dentaire existait également dans la molaire de Taubach et fut considerée par Nehring, jusqu'à un certain point, comme un symptôme pithécoïde [3].

[1] DE TERRA, M., *Beiträge zu einer Odontographie der Menschenrassen*. Phil. Diss. Zürich, 1905. J'ai cru être d'accord avec M. le professeur Martin en y agrégeant les chiffres de M. de Terra, dont la thèse a été faite à l'initiative du dit professeur. *(Note de M. R. L.-N.)*.

[2] Selon de Terra, p. 95, les dimensions des dents ne constituent pas un caractère constant pour la détermination de la race. D'après lui, les variations dans la grandeur des dents sont plutôt individuelles ; « cependant, la macrodontie peut être caractéristique d'une famille ou d'une tribu qui se sont conservées relativement sans mélange. C'est ainsi que nous trouvons çà et là chez les Européens, des mesures aussi élevées que chez les races connues comme macrodontes, bien que dans une proportion plus reduite. *(Note de M. R. L.-N.)*

[3] NEHRING, P., *Ein diluvialer Kinderzahn von Predmost in Mähren unter Bezugnahme auf den schon früher beschriebenen Kinderzahn aus dem Diluvium von Taubach bei Weimar. Verhandlungen der Berliner Gesellschaft für Anthropologie, Ethnologie und Urgeschichte*, XXXII, 1895, p. 428, note 1.

La grande usure de leur surface empêche malheureusement de rien affirmer au sujet de la forme des tubercules de la couronne.

### FÉMUR

Du fémur lui-même, comme nous l'avons déjà dit, seul le fragment moyen se trouve dans un état régulier de conservation, et encore il est tellement fêlé, tellement applati que seulement dans un petit nombre de ses parties, il est possible d'étudier sérieusement les caractères primitifs de cet os.

Le fémur gauche, mieux conservé, adhère encore partiellement avec un fragment du bassin, comprenant la moitié supérieure de la cavité cotyloïde. De la même manière, aux fragments des condyles, adhèrent encore quelques parties du tibia.

L'extrémité supérieure du fémur droit porte, soudés avec elle, des fragments de métacarpiens, d'où l'on peut conclure que les mains, au moins la droite, s'appuyaient sur la région inguinale.

L'état de conservation du fémur gauche, dans lequel on distingue encore, d'un côté, certains fragments des condyles et, de l'autre côté, quelques parties de l'articulation de l'os entier a rendu possible la reconstruction approximative de la longueur de l'os (fig. 49). Sans oublier un seul des points de repère, j'ai travaillé à cette reconstruction avec la plus grande minutie, et au moyen de réproductions dioptographiques de quelques fémurs d'égale grandeur, appartenant à la collection de l'Institut anthropologique de Zurich. Comme dans le fémur du Baradero, l'insertion du grand trochanter au col et le passage graduel de l'angle latéral dans le condyle étaient encore visibles, il a été possible d'opérer la reconstruction complète avec une assez grande précision, malgré le doute qui subsiste, naturellement, au sujet de l'ouverture de l'angle du col, c'est-à-dire de l'obliquité de la diaphyse et des dimensions de la tête du fémur. Au moyen de déductions tirées de la comparaison d'autres os d'égales dimensions que j'avais à ma disposition, je suis arrivé à fixer à 472 millimètres la longueur de fémur dans sa position naturelle, et, prenant pour base les tables de Manouvrier, obtenir pour la hauteur du corps de l'individu vivant, $169^{m}6$, en chiffres ronds $1^{m}70$ ; de plus, si l'on s'en rapporte à la robuste constitution de l'os, on arrivera à la conclusion que ce calcul ne peut pas s'éloigner beaucoup de la réalité. Il ne faut pas oublier non plus que l'évaluation de la hauteur du corps sur la base unique de la longueur du fémur ne peut donner un résultat absolument exact, par la raison qu'il n'existe aucune relation fixe entre le développement du tronc de l'individu et les dimensions des os longs de l'extrémité inférieure. On peut, cependant admettre, en se basant sur

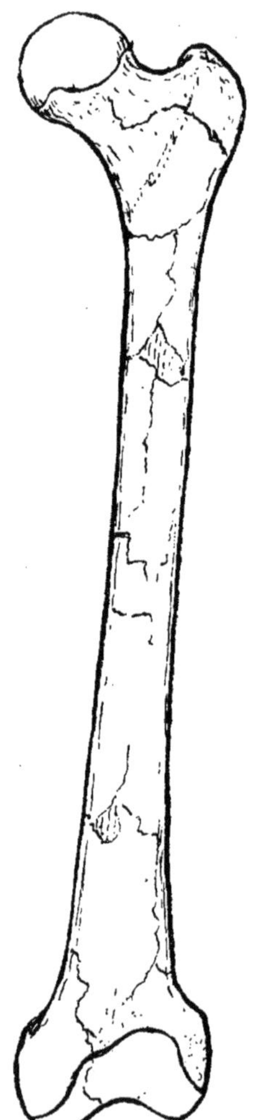

Fig. 49. — Réconstruction du fémur gauche de Baradero

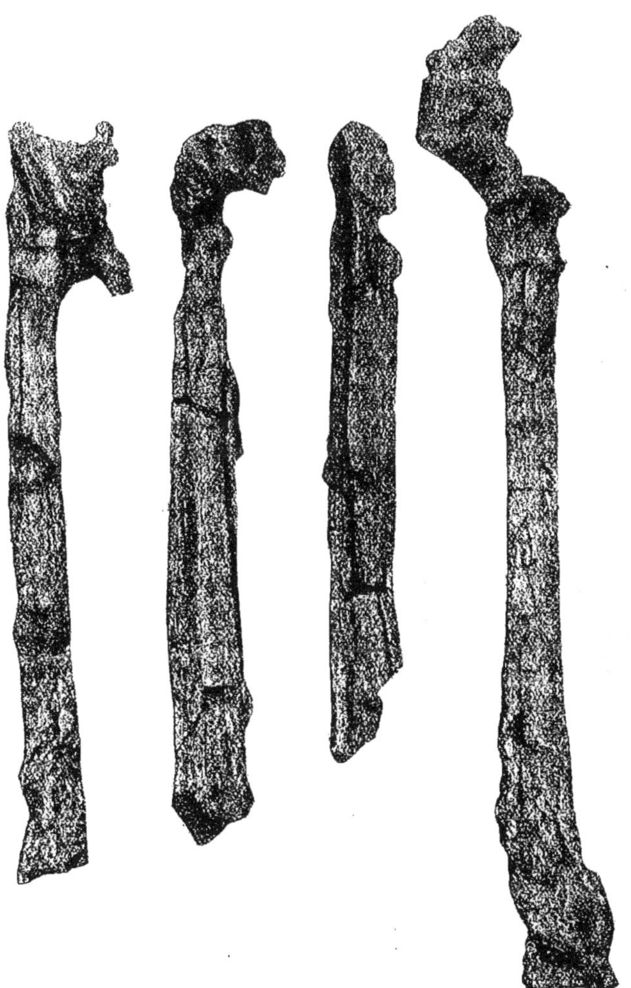

Fig, 50. — Fémurs et tibias de Baradero dans leur état actuel

la longueur relative du fémur que, dans un même individu, les dimensions totales du corps diminuent à mesure que diminuent celles de l'os ; mais il faut toujours tenir compte des sources d'erreur qui peuvent se présenter.

Cette évaluation des dimensions corporelles de l'homme du Baradero ne coïncide pas avec les calculs de Sœren Hansen [1], qui, se basant sur les dimensions des os longs du squelette de Fontezuelas, attribue à celui-ci une hauteur de 151,5 [2]. Du reste, cet auteur à propos de la race de Lagoa Santa, dit d'une façon générale : « Les os des membres indiquent une stature petite ou moyenne, mais très forte » [3].

Les mesures obtenues par la reconstruction sont les suivantes :

*Table des mesures du fémur gauche de Baradero*

| | |
|---|---|
| Longueur totale maximum | 476mm |
| — totale dans la position naturelle | 472 |
| — trochantérienne — — | 455 |
| — de la diaphyse *a)* suivant Bumüller | 410 |
| — — *b)* suivant Martin [4] | 373 |
| Indice longitudino-circonférentiel *a)* | 21.2 |
| — — *b)* | 24.4 |

Dans les parties conservées, sans tenir compte des reconstructions, on peut obtenir les mesures suivantes en millimètres dont l'exactitude se rapproche assez de la realité :

*Table des mesures des fémurs de Baradero*

| | Droit | Gauche |
|---|---|---|
| Diaphyse (partie médiane). Diamètre antéro-postérieur | 32mm | 33mm |
| — — — transversal | 29 | 30 |
| — — Indice | 110 | 110 |
| — — Circonférence | 95mm | 100mm |
| Diaphyse (partie supérieure). Diamètre antéro-posterieur | — | 27 |
| — — — tranversal | — | 30 |
| — — Indice | — | 90 |

Les chiffres précédents permettent d'affirmer que le fémur de Baradero présente une forme eurymère avec un indice pilastrique relativement petit.

[1] Hansen, S., l. c., p. 34.

[2] Nous avons obtenu comme taille de l'homme de Fontezuelas 1m52. *(Note de M. R. L.-N.)*

[3] Hansen, S., l. c., p. 36.

[4] *Technique :* « Depuis l'arrête inférieure tranchante du trochanter majeur à la surface latérale de l'os, jusqu'au sommet de la surface articulaire du condyle du côté antérieur. Mesure de projection. Compas à branches ». (Martin.)

Si l'on comprend l'indice pilastrique du fémur du Baradero, dans la liste remise par Lehmann-Nitsche [1], il occupe la milieu entre les types préhistoriques et les Indiens du continent américain.

*Indice pilastrique*

| | |
|---|---|
| Grotte d'Orrouy (néolithique) | 109.3 |
| Grotte de l'Homme Mort | 109.6 |
| *Baradero* | 110.0 |
| Amas préhistoriques de coquilles (Japon) | 110.4 |
| Indiens Sioux | 111.4 |
| Autres Indiens de l'Amérique | 112.4 |

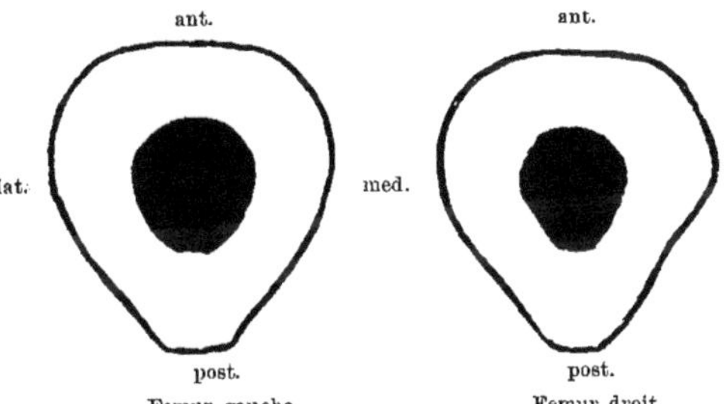


Fig. 51. — Fémurs de Baradero, coupes transversales des diaphyses

Bien que la moyenne des différentes séries de fémurs européens soit un peu inférieure, cependant les indices pilastriques de 110 ou environ ne sont pas rares en Europe.

Si l'on considère avec attention le relief de l'os et la section transversale pratiquée par le milieu de la diaphyse (fig. 51), on acquiert la conviction que la crête pilastrique existe visiblement.

La surface médiane postérieure de l'os est plane et s'unit sans angle aucun à la surface antérieure; la surface latérale est légèrement concave, mais seulement vers le milieu de l'os, où le pilastre se dessine très nettement. La surface antérieure est également plane, ou, du moins, ne présente qu'une convexité presque insignifiante. Si l'on en juge par le fragment conservé, l'os ne présentait qu'une très faible courbure sur le devant.

TIBIA ET PÉRONÉ

De même que le fémur, les deux tibias, ainsi que les péronés sont dé-

[1] Lehmann-Nitsche, R., *Ueber die langen Knochen der südbayerischen Reihengräberbevölkerung. Beiträge zur Anthropologie und UrgeschichteBayerns*, XI, 1884, Sonderabdruck, p. 51.

fectueux et comprimés de diverses façons, d'où il resulte que la reconstruction des articulations n'est plus réalisable. Cependant les fragments qui existent encore, ainsi que leur diamètre indiquent un os de puissantes dimensions.

La partie médiane de la diaphyse est assez bien conservée, circonstance qui a rendu possible d'établir l'indice de cette région et de dessiner la section transversale (fig. 52).

Les mesures absolues en millimètres sont les suivantes :

*Table des mesures des tibias de Baradero*

| | Droit | Gauche |
|---|---|---|
| Diamètre antéro-postérieur | 39.5 | 40.0 |
| — transversal | 23.5 | 23.5 |
| Indice cnémique | 59.4 | 56.2 |

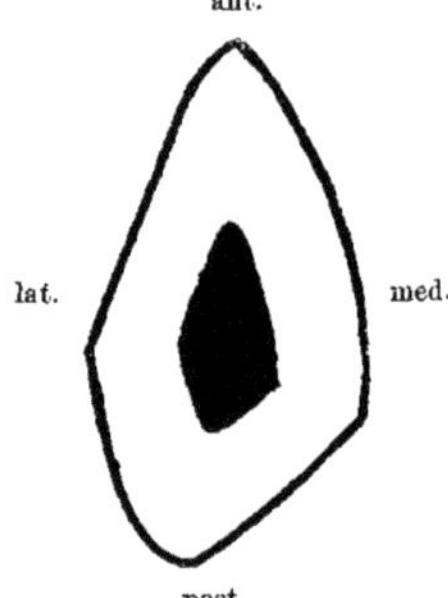


Fig. 52. — Tibia de Baradero, coupe transversale de la diaphyse

Les diamètres antéro-postérieures sont peut-être quelque peu augmentés en raison de la cassure de l'os dont les fragments sont imparfaitement rapprochés ; mais la configuration totale de l'os n'a souffert aucune modification.

Les deux indices dénotent une platycnémie parfaite, un peu plus fortement prononcée à droite qu'à gauche (v. encore fig. 52).

Les péronés sont relativement faibles et grêles; leur courbure presque nulle.

Tels sont les quelques résultats auxquels je suis arrivé au sujet des restes humains du Baradero. Il est vraiment regrettable que ce squelette nous soit parvenu dans un état aussi défectueux, parce qu'il constitue le plus ancien spécimen argentin trouvé dans des circonstances suffisamment connues, et les matériaux dont nous venons de faire l'exposition ne forment pas une base assez solide pour en conclure qu'il appartient à la race de Lagoa Santa.

Quoiqu'il en soit, on peut affirmer, sans crainte de se tromper, que dans les divers fragments de squelette que l'on possède aujourd'hui, il n'existe aucun caractère qui ne se recontre également dans l'homme actuel, surtout de l'Amérique du Sud.

L'homme de Baradero ne représente pas par conséquent une forme humaine spécifiquement différente de l'homme actuel.

### FORMATION PAMPÉENNE INFÉRIEURE = LŒSS BRUN PAIN D'ÉPICE;

## L'ATLAS DU TERTIAIRE DE MONTE HERMOSO, RÉPUBLIQUE ARGENTINE

Parmi les pièces paléontologiques recueillies dans la localité classique de Monte Hermoso il y a de longues années déjà et bien avant mon entrée au Musée (1897), par le personnel envoyé expressément à cet effet, se trouvait un atlas que le chef de la section paléontologique du même musée, M. le docteur Santiago Roth transmit à la section anthropologique, à cause de sa grande similitude avec l'os correspondant du squelette humain; il présentait la même constitution que tout le reste du matériel ostéologique provenant des couches de Monte Hermoso, était encore complètement enveloppé de lœss et se trouvait mêlé aux autres ossements recueillis en même temps que lui. C'était M. Roth même qui l'avait fait sortir du lœss qui l'enveloppait.

Ce fut seulement pendant la classification de ces pièces au Musée, que cet os appela l'attention. Il était d'une couleur brun foncé; mais en raison de sa consistance extrêmement fragile, on le plongea dans une solution préservative de résine qui lui donna une couleur brillante noir foncé. Il est bien conservé à l'exception des côtes cervicales et des apophyses transverses de chaque côté; en outre le bord extérieur de la facette articulaire supérieure gauche est en très mauvais état, et celui de la facette inférieure droite un peu endommagé. A cause du grand intérêt qu'offre cet atlas pour les problèmes paléoanthropologiques, je vais en faire la description dans les lignes suivantes.

Nous avons expliqué dans l'introduction, page 204, pourquoi nous identifions la formation montehermoséenne d'Ameghino avec la formation pampéenne inférieure de Roth; à cause de l'analogie entre « lœss jaune » el « lœss brun », je désigne le lœss de la formation pampéenne inférieure simplement sous le nom de « lœss brun pain d'epice ».

Pour l'étude de l'atlas originaire de Monte Hermoso, je me suis servi de 16 pièces analogues appartenant à des squelettes humains non montés de notre collection et provenant toutes de tribus sudaméricaines; j'ai utilisé en outre l'atlas d'un squelette d'orang et celui d'un squelette de gorille appartenant aussi à notre musée. Dans la liste des mesures ces derniers sont indiqués en abrégé par les initiales O et G respectivement. Les 16 atlas appartenant à la variété américaine proviennent des tribus suivantes (rangées à peu près par ordre géographique du nord au sud) :

1. Tereno ♂ numéro 3. Miranda, Mattogrosso. Coll. Bach, 1896.
2. — ♀ numéro 5. — —
3. Guayaqui ♀. Villa Encarnación, Paraguay. Exp. Ten Kate-Lahitte, 1896.
4. Mataco ♂. San Pedro de Jujuy. Don. docteur Paterson, 1906.
5. Indien préh. ♀ de Casabindo, Jujuy. Exp. Gerling, 1897.
6. — ♀ de Antofogasta, Jujuy. N° 1. Exp. Gerling, 1897-98.
7. — ♀ — N° 2. Exp. Gerling, 1897-98.
8. Indien préh. de Brazo Gutiérrez, Entre Ríos (Peuple des tumulus). Exp. Torres, 1906.
9. Araucan ♂ « Michel », Tribu de Kalachu. Exp. Pozzi, 1897-98.
10. Patagon des anciens cimetières du río Chubut. Exp. Pozzi, 1897-98.
11. — — —
12. — — —
13. Patagon du río Mayo, Territ. du Chubut. Exp. Bruch, 1902.
14. Patagon de Cerro Guido, T. de Santa Cruz. Exp. Hauthal, 1899.
15. Ona ♀. Nord de la Terre de Feu. Exp. Beaufils, 1898.
16. Yámana (Yagan) ♀. Ushuaia, Terre de Feu. Don. Godoy, 1898.

En fait de squelettes européens, je n'ai à ma disposition que celui d'une parisienne, acheté dans la maison Tramond et je l'utilise ici de place en place pour la comparaison.

J'ai consulté d'ailleurs les auteurs cités dans la note [1]; ils m'ont du moins fourni quelques indications; quant à la thèse de M. Schnell, je ne l'ai connue qu'après avoir terminé mes propres études.

[1] SCHNELL, M., *Ueber die Wirbelsäule des Menschen, des Gorilla und des Cercopithecus. Eine vergleichende osteologische Studie.* Med. Diss. München, 18?? (avant 1896).

RANKE, J., *Zur Anthropologie der Halswirbelsäule. Beitrag zur Entwicklungsmechanik der menschlichen Körperform. Sitzungsberichte der mathematisch-physikalischen Classe der K. bayerischen Akademie der Wissenschaften*, XXV, 1895, p. 3-23.

MISCH, M., *Beiträge zur Kenntnis der Gelenkfortsätze des menschlichen Hinterhauptes und der Varietäten in ihrem Bereiche.* Med. Diss. Berlin, 1901.

GORJANOVIC-KRAMBERGER, K., *Der diluviale Mensch von Krapina in Kroatien. Ein Beitrag zur Paläoanthropologie*, Wiesbaden, 1906, p. 208.

BOLCK, L., *Zur Frage der Assimilation des Atlas am Schädel beim Menschen. Anatomischer Anzeiger*, XXVIII, 1906, p. 497-506.

Forme et grandeur générale. — J'ai déterminé la grandeur générale de la vertèbre en prenant le diamètre sagittal entre les tubercules antérieur et postérieur, et le diamètre transversal ainsi que celui qui sépare les bords internes des trous transversaux; j'ai mesuré en outre le diamètre vertical des arcs antérieur et postérieur.

Le diamètre sagittal ne donne pas de limites certaines; chez l'atlas de Monte Hermoso (39 mm.) et l'orang ($41^{mm}5$), il est aussi petit que les chiffres les plus réduits obtenus pour les américains (min. 37 mm., moyenne $43^{mm}3$); chez le gorille (50 mm.) il est très grand. Le diamètre transversal maximum chez les américains est en moyenne ($80^{mm}1$) aussi grand que chez le gorille (80 mm.); chez l'orang (68 mm.) il est beaucoup plus petit. Le diamètre transversal entre les bords internes des trous transversaux chez les américains est, en moyenne (47,3) aussi grand que chez le gorille ($47^{mm}5$), tandis que chez l'atlas de Monte Hermoso (43,5) et l'orang (43 mm.) il est plus petit mais d'égale grandeur. L'arc antérieur chez les deux anthropoïdes est très puissant (hauteur chez l'orang 14 mm., chez le gorille $13^{mm}5$), tandis que chez l'homme ($10^{mm}2$) et l'atlas de Monte Hermoso (11 mm.) il est plus grêle. Evidemment, chez les premiers, une articulation solide entre l'arc antérieur et la dent de l'axis est nécessaire. L'arc postérieur au contraire, chez les anthropoïdes est notablement faible (hauteur chez l'orang 8 mm., chez le gorille 9 mm.), tandis que chez l'homme dont la marche est verticale, il est beaucoup plus fort ($10^{mm}2$), évidemment en vertu du poids plus lourd qu'il a à supporter; chez l'atlas de Monte Hermoso il mesure $12^{mm}5$ en hauteur, chiffre que l'on constate rarement dans l'échelle humaine; peut-on de là conclure à la marche verticale chez le propriétaire de l'atlas de Monte Hermoso ?

L'atlas de Monte Hermoso est d'ailleurs très notable par la forme du côté externe ou postérieure de son arc postérieur. Ce côté s'élève comme un toit dont le faîte le divise en deux moitiés symétriques supérieures et inférieures qui vont se réunir à chaque côté avec le bord externe du sillon destiné à recevoir l'artère vertébrale. Cette crête se trouve chez le gorille, à la même hauteur que le bord interne et inférieur de l'arc postérieur; chez l'orang, elle n'existe presque pas; chez les américains modernes, l'arc postérieur à son côté externe quelquefois est convexe et arrondi, quelquefois il forme une faible crête horizontale, comme l'atlas de Monte Hermoso; quelquefois s'élève dans sa moitié un typique tubercule postérieur dont on ne peut pas parler chez l'atlas de Monte Hermoso. Le dit faîte donne à l'arc postérieur de l'atlas de Monte Hermoso beaucoup de sa robusticité.

L'atlas de Monte Hermoso ne présente pas la moindre trace d'un anneau osseux pour recouvrir le sillon de l'artère vertébrale.

La grandeur générale de l'atlas de Monte Hermoso ne doit donc pas être considérée comme notable; d'ailleurs son arc postérieur est très épais et l'arc antérieur lui-même, proportionnellement à la grandeur totale de la vertèbre, est réellement puissant. Tandis que dans l'atlas humain ce sont les masses latérales qui imposent principalement et les arcs n'appellent pas spécialement l'attention, chez l'atlas de Monte Hermoso les masses latérales ainsi que les arcs forment un anneau également épais.

On sait par les études de M. Bolck que la région atlantoïde, chez l'homme actuel, se trouve en réduction phylogénétique; la forme grosse et lourde de l'atlas de Monte Hermoso est donc, au contraire, d'un type assez primitive.

M. Schnell dit que chez le gorille et le cercopithèque l'apophyse ascendante des masses latérales est plus haute que l'apophyse descendante et qu'on trouve le contraire chez l'homme (européen); j'ai observé qu'il est impossible de faire une détermination de hauteur dans les apophyses de l'atlas de Monte Hermoso et du matériel avec lequel je l'ai comparé.

Nous avons pris encore quelques mesures supplémentaires pour représenter la hauteur des masses latérales et l'épaisseur des arcs, mais les chiffres ne sont plus démonstratifs que les antérieurs; on les trouve dans la table à la fin de ce chapitre.

Dans la forme générale de l'atlas de Monte Hermoso on observe d'ailleurs quelque asymétrie, avant tout dans la forme des fosses articulaires inférieures et du trou vertébral.

La forme du tubercule antérieur de l'atlas chez l'*Homo primigenius* de Krapina appela l'attention de Gorjanovic-Kramberger; il est épais dans la partie inférieure et pourvu d'une pointe émoussée dirigée en bas. Cette même pointe s'observe aussi très clairement dans l'atlas de la parisienne et des deux anthropoïdes modernes; si l'on regarde directement de face la dite vertèbre, le bord inférieur de l'arc antérieur paraît échancré, et l'on observe au milieu une saillie en forme de bande, dirigée en bas, dont la pointe rugueuse regarde directement en bas et se trouve à la même hauteur que l'extrémité inférieure de la fovea dentis. Chez les américains, la pointe est en générale plus faible et fait saillie en avant; la rugosité correspondante regarde donc obliquement en avant; et le bord inférieur de l'arc antérieur, vu de face, paraît simplement arqué, et la pointe du milieu moins visible. Cette conformation est aussi celle de l'atlas de Monte Hermoso; mais cette particularité ne semble pas avoir une valeur spéciale. La forme du bord supérieur de l'arc antérieur ne paraît pas non plus caractéristique. Chez l'homme il est plus ou moins concave et, en outre, l'on voit surpasser le bord de la masse osseuse dans laquelle la fovea dentis est imprimée comme avec un cachet, de manière que les bords surplombent; il en est ainsi chez l'atlas de Monte Hermoso et l'orang, tandis que chez le gorille, le bord supérieur de l'arc antérieur est assez profondément concave.

Dans la position de l'axe vertical de la fovea dentis je ne puis découvrir, comme Gorjanovic et Schnell, la moindre différence entre les divers groupes. La forme elle même de la fovea ne me présente dans les divers groupes aucune différence essentielle; elle est légèrement concave, comme l'impression d'un cachet; chez le gorille elle est en outre doublée vers l'axe transversal.

La grandeur de la fovea dentis varie beaucoup chez les américains; chez l'atlas de Monte Hermoso, la hauteur est de 10 millimètres et la largeur de 9mm5; elle est en même temps un peu concave.

Le tubercule destiné à l'insertion du ligament transverse occupe presque la moitié de la masse osseuse située au bord du trou vertébral, entre les facettes articulaires supérieures et inférieures; il est convexe et assez haut et d'une forme irrégulièrement ovale; le tubercule du côté droit est un peu plus grand que celui du côté gauche. L'espace entre son bord antérieur et le bord latéral de la fovea dentis est à droite un sillon assez profond d'une largeur de 2 millimètres; à gauche, cette distance mesure 4 millimètres et le sillon n'est pas profond. Cette particularité présente une partie de l'asymétrie que nous observons chez l'atlas de Monte Hermoso. A droite, en arrière du dit tubercule et immédiatement au-dessous de la face articulaire se trouve un trou nourricier et en avant du tubercule un autre, accessoire et tout petit; à gauche, il n'y en a qu'un seul assez profond, qui est situé derrière le tubercule et immédiatement au-dessous de la facette articulaire.

Le dit tubercule est de différente grandeur et hauteur chez les américains, mais il est toujours convexe; chez le gorille se trouve une rugosité plutôt concave, chez l'orang une rugosité très petite. Le trou nourricier est excessivement variable chez les américains; chez le gorille, il se trouve avant le tubercule et il manque complètement chez l'orang.

L'épaisseur des deux racines de l'apophyse transverse qui entourent le foramen transversarium, est très différente chez les américains modernes; la racine antérieure était la plus grosse dans 9 cas, la postérieure dans 5 cas et dans 2 cas, les deux racines sont de même épaisseur. Chez l'orang nous trouvons la racine postérieure un peu plus épaisse, tandis que chez le gorille, la racine antérieure est mince et la postérieure forme la continuation de l'arc postérieur. Chez l'atlas de Monte Hermoso, n'existent qu'à droite les moignons des deux racines; la postérieure est trois fois plus épaisse que l'antérieure, différence observée rarement chez l'américain moderne. Le foramen transversarium de l'atlas de Monte Hermoso était très grand (diamètre antéro-postérieur 6mm5). Chez le gorille et aussi chez l'orang, la racine postérieure n'est que la continuation de l'arc postérieur; chez l'homme, ce sont deux choses relativement indépendantes; l'atlas de Monte Hermoso paraît présenter un type mixte, son arc postérieur est excessivement épais et la racine postérieure de l'apophyse transverse est aussi bien épaisse. En tout cas, le bord postérieur de l'arc et de la racine, chez les américains, présente une ligne presque droite ou très concave (n° 15) comme chez l'orang et chez le gorille; l'atlas de Monte Hermoso paraît présenter un type fréquent chez les américains.

La racine antérieure de l'apophyse, chez les américains et l'atlas de Monte Hermoso, est située plus haut que la postérieure, tandis qu'on trouve le contraire chez les deux anthropoïdes.

Trou vertébral.—Pour faire l'analyse du trou vertébral, j'ai mesuré le diamètre sagittal ainsi que le diamètre transversal antérieur (entre les angles que forment l'arc antérieur et la fovea articularis inférieure) et le diamètre transversal postérieur (entre l'angle que l'arc postérieur forme avec les facettes articulaires inférieures). Le diamètre sagittal chez les deux anthropoïdes modernes est notablement plus grand que le transversal; la différence est de 10 millimètres chez l'orang, et de 7 millimètres chez le gorille; chez les américains (moyenne $1^{mm}9$) et l'atlas de Monte Hermoso (2 mm.) la différence est peu marquée; chez les américains au contraire il y a beaucoup de cas où le diamètre transversal atteint le maximum (n° 1, 3, 7, 9, 16). La différence entre les diamètres transversaux antérieur et postérieur du trou vertébral est à l'exception de l'orang, presque le même; chez l'américain, la moyenne est de $11^{mm}6$; chez l'atlas de Monte Hermoso elle est de 9,5 et chez le gorille de 9 millimètres; le diamètre transversal *postérieur* est toujours plus grand que l'antérieur; chez l'orang c'est le contraire, mais la différence (1 mm.) est peu de chose.

Fosse articulaire supérieure. — Chez l'*Homo sapiens*, les différences individuelles sont assez notables. La forme totale est en général celle d'un rognon ou d'un haricot, fréquemment rétrécie au milieu et surtout dans la courbure interne; M. Misch appelle ce rétrécissement « espace complémentaire médial » et dit aussi pour sa part qu'un « espace complémentaire latéral » n'est pas constant. La forme totale de la face articulaire est donc généralement longue et étroite. La longueur maximum mesurée de pôle à pôle, en faisant abstraction de la courbure, accuse comme minimum 19 millimètres, moyenne $24^{mm}1$, et maximum 28 millimètres; voir également les chiffres individuels. La largeur ne peut pas toujours être mesurée exactement; cependant, pour avoir quelque point de repère, j'ai mesuré la distance du centre du rétrécissement interne au point saillant opposé, par conséquent en direction quasi perpendiculaire à la longueur maximum. Le minimum est de 8 millimètres, la moyenne de $9^{mm}9$ et le maximum de $14^{mm}5$. Le dit rétrécissement peut être considéré probablement comme le commencement de la séparation de la face articulaire en deux, supposition qui est en harmonie avec la réduction progressive de la region atlantoïde.

Chez l'atlas de Monte Hermoso, la forme de la fosette articulaire supérieure est celle d'un ovoïde irrégulier, court (19 mm.) et large (11 mm.). Le rétrécissement à peine se trouve marqué en dedans, mais en dehors se trouve une forte échancrure; les deux incisions sont réunies par une rugosité fine qui transverse la face articulaire.

La forme générale de la facette de l'atlas numéro 7 diffère complètement de celle des autres atlas humains; elle est courte et large et s'éloigne plus que l'atlas de Monte Hermoso du type *Homo sapiens.*

Chez l'orang, la forme générale de la fovea articularis superior est celle d'un haricot asymétrique, court (19 mm.) et étroit ($9^{mm}5$).

Chez le gorille comme chez l'*Homo sapiens,* nous retrouvons la forme du haricot, mais plus droite, et le rétrécissement du milieu n'est pas aussi marqué; de plus il est long et étroit. La longueur maximum accuse 25 millimètres (chez l'*Homo sapiens,* moyenne $24^{mm}1$); la largeur est de 9 millimètres ($9^{m}9$ en moyenne chez l'*Homo sapiens*).

La concavité de la fovea articularis superior est sujette aussi à des variations individuelles chez les américains modernes; on peut l'étudier en direction transversale et longitudinale. Suivant son diamètre transversal, la concavité est assez insignifiante; il existe toujours, il est vrai, une légère courbure, mais sa profondeur n'est que de 1 millimètre tout au plus (dans l'atlas inférieur numéro 7 elle est un peu plus profonde !). L'atlas de Monte Hermoso présente une courbure transversale de 1 millimètre environ de profondeur; mais ce chiffre n'est pas supérieur à celui des cas les plus prononcés que nous observons chez l'*Homo sapiens;* chez l'orang, la facette articulaire en direction transversale est presque plane, chez le gorille elle est absolument plane. En direction longitudinale nous observons la combinaison d'une courbe et d'une spirale. Les deux tiers antérieurs à peu près de la surface articulaire sont relativement peu bombés et à peine contournés en spirale vers l'extérieur; c'est seulement dans son tiers postérieur que la facette articulaire se redresse et se dirige en outre simultanément vers l'extérieur (voir plus loin). Faisant abstraction de ces combinaisons, l'on peut déterminer la profondeur de la concavité en joignant ensemble les deux pôles terminaux au moyen d'une petite règle et mesurant la distance verticale qui sépare cette ligne du point le plus bas de la facette articulaire. Les mesures absolues du cette profondeur oscillent chez l'*Homo sapiens* de $3^{mm}5$ à 7 millimètres, avec une moyenne de $4^{mm}8$; chez l'atlas de Monte Hermoso, nous trouvons 4 millimètres; chez l'orang 5 millimètres et chez le gorille 4 millimètres. Chez les américains modernes, la profondeur absolue est donc plus notable que chez l'atlas de Monte Hermoso et chez le gorille, tandis que chez le gorille la proportion est, à peu de chose près, la même.

Si l'on calcule la profondeur relative par l'indice entre la longueur maximum = 100 et la profondeur = $x$, on obtient pour l'*Homo sapiens* une moyenne de 1,99, pour l'atlas de Monte Hermoso 2,11, pour l'orang 2,63, pour le gorille 1,60. C'est donc chez ce dernier que la courbure est la plus faible, et chez l'orang qu'elle est la plus accentuée, tandis que l'*Homo sapiens* et l'atlas de Monte Hermoso donnent des chiffres très semblables. Je ne partage aucunement l'opinion de Ranke et Schnell affirmant que chez le gorille les fosses articulaires supérieures de l'atlas sont relativement plus profondes que chez l'homme; dans le spécimen que nous possédons, elles sont au contraire à peu près planes comme nous l'avons déjà vu.

Johannes Ranke avait déjà appelé l'attention sur la différence qui existe dans la position des bords antérieur et postérieur de la fosse articulaire supérieure quand la vertèbre est placée horizontalement (l. c., p. 4); chez l'homme, dit-il, les deux bords sont à peu près à la même hauteur; chez le gorille, le bord postérieur s'élève comme le dossier d'une chaise tandis que le bord inférieur est affaissé, cette forme en dossier formant comme un contrepoids pour les apophyses articulaires du crâne inclinées en arrière.

Je ne puis pas admettre telle exagération; l'atlas du squelette de gorille que nous avons ici, ne présente aucunement la dite forme en dossier mais notre divergence d'opinion peut aussi venir du matériel étudié. Dans l'atlas de la parisienne de notre collection, le relèvement postérieur de la facette est en effet beaucoup moins prononcé que chez les américains qui, en ce la, ne diffèrent pas du gorille et Ranke pour ses recherches s'est évidemment servi d'un matériel européen. L'exactitude des recherches se heurte évidemment contre la difficulté de déterminer la position « horizontale » de l'atlas, ou, en termes généraux, de trouver un plan d'orientation incontestable, qui permette de mesurer l'inclinaison entre les bords antérieur et postérieur de la facette articulaire supérieure.

Chez l'orang, au contraire l'on observe une forme en dossier un peu prononcée. L'atlas de Monte Hermoso ne diffère pas sous ce rapport des américains modernes.

L'inclinaison des facettes articulaires supérieures des deux côtés vers le dedans, pourrait être déterminée de deux façons, en mesurant soit l'angle que forment entr'eux les diamètres transversaux perpendiculaires à la longueur maximum, soit celui que l'on obtient en mesurant le diamètre transversal suivant une ligne qui unit les centres des foramina transversaria. Je me suis rallié à cette dernière méthode au moyen de laquelle on peut déterminer l'inclinaison des facettes articulaires sur le plan transversal du corps, et cela par un procédé très simple. Ayant installé l'atlas devant moi sur la table les fosses articulaires supérieures tournées en haut, je place dans la dite ligne des centres un fil de fer que je double de manière à former avec les deux branches un angle dont les côtés suivent la direction des surfaces articulaires; j'ouvre alors le fil jusqu'à ce que les deux branches s'appuient exactement sur les facettes. Au moyen de son poids, le dit fil se maintient dans le plan transversal du corps. J'évalue alors la valeur de l'angle au moyen d'un rapporteur.

Les différences ne sont généralement pas très importantes. Chez les américains modernes elles oscillent de 108 à 135 degrés, dont la moyenne est de 120°5; l'atlas de Monte Hermoso avec l'atlas numéro 7 occupent le sommet de cette échelle, c'est-à-dire que l'inclinaison des facettes articulaires vers le dedans est très réduite; chez l'orang, elle correspond à la inclinaison moyenne de l'homme et le gorille occupe le milieu entre ce dernier et l'atlas de Monte Hermoso. L'inclinaison de la facette articulaire en dedans, indique clairement le degré de l'emboîtement du crâne sur son piédestal et coïncide peut-être avec la plus ou moins grande mobilité des vertèbres cervicales en général les unes par rapport aux autres. Vu les différences peu marquées qui existent dans les divers groupes, il semble douteux que l'on puisse attribuer à cet angle une grande valeur diagnostique.

Quant à la divergence des axes longitudinaux des facettes articulaires supérieures vers l'arrière, je cherchai du moins à la déterminer approximativement en marquant légèrement le pôle sur une plaque de verre superposée et mesurant alors avec le rapporteur l'angle que les axes forment ensemble. Plus l'angle est ouvert, plus les facettes articulaires divergent en arrière. Chez les américains, l'amplitude d'oscillation varie de 46 à 75 degrés, moyenne 63°6; l'atlas de Monte Hermoso donne 40 degrés, l'orang 35 degrés, le gorille 50 degrés! Dans aucun cas les facettes articulaires de l'atlas humain ne divergent aussi peu que chez l'atlas de Monte Hermoso et l'orang; quant au gorille, il se maintient au degré inférieur de l'échelle humaine; la divergence des fosses articulaires est donc une différence certainement notable et importante. Elle correspond naturellement à la même divergence des axes des condyles occipitaux et cette dernière est due sans doute au bombement de l'occiput produit lui-même par le développement du cerveau. Tandis que, dans ce procès, la région occipitale voisine de la base du crâne et par conséquent la distance des pôles antérieurs des condyles reste relativement étroite et conserve comme le goulot d'une vessie plus ou moins sa grandeur primitive, la région occipitale située en arrière du grand trou s'élargit et la distance entre les pôles postérieurs des condylee augmente. Tout le procès se reconnaît aux fosses articulaires supérieures de l'atlas; une grande divergence des dites fosses en arrière indique un grand développement cervical (voir aussi plus loin la position réciproque des facettes articulaires supérieures et inférieures).

M. Schnell a trouvé que l'angle des axes longitudinaux des facettes supérieures est plus ouvert chez le gorille et le cercopithèque que chez l'homme (européen!) et j'ai trouvé presque la même chose chez la parisienne, mais ce fait, à première vue en contradiction avec l'hypothèse que nous venons d'exposer, s'explique bien par la croissance plus considérable de l'arc antérieur chez l'européen que chez l'américain dont les trous occipital et vertébral, selon mes observations, sont beaucoup plus petits que chez celui-là.

Fosse articulaire inférieure. — Elle est irrégulièrement ovale et présente en général un diamètre maximum dirigé obliquement d'avant en arrière (= longueur maximum) et un diamètre transversal plus ou moins perpendiculaire au premier (= largeur maximum). En raison de sa forme généralement ovale, la facette fait saillie dans le canal médullaire sous la forme d'un arc; on observe très rarement la forme rectiligne au lieu de la forme convexe du bord interne de la facette (atlas n$^{os}$ 8 et 16, en partie aussi n° 2). Dans l'atlas de Monte Hermoso, la limite interne de la facette est rectiligne à droite (elle l'est des deux côtés chez l'orang et partiellement chez le gorille); à gauche, le bord intérieur de la facette est irrégulièrement sinueux et asymétrique; le bord extérieur gauche de la facette est endommagé.

Dans l'atlas de Monte Hermoso, la grandeur de la facette par rapport à la vertèbre entière est très notable et surpasse les proportions correspondantes observées chez l'homme; chez l'orang et le gorille, les facettes sont relativement beaucoup plus petites que chez l'homme. Les chiffres absolus fournis par l'atlas de Monte Hermoso sont à peu près les mêmes que chez les américains; chez l'orang et le gorille, la facette n'est pas tout à fait aussi longue, mais elle est beaucoup plus étroite. La moyenne de la longueur maximum est de 19$^{mm}$4 chez les américains; chez l'atlas de Monte Hermoso, elle est de 19$^{mm}$5, chez l'orang de 17 millimètres et chez le gorille de 17$^{mm}$5. Quant à la largeur maximum, la moyenne est de 16$^{mm}$6 chez les américains; chez l'atlas de Monte Hermoso, elle est de 16$^{mm}$5, chez l'orang de 11$^{mm}$5 et chez le gorille de 14 millimètres.

La surface des facettes articulaires inférieures chez l'homme, est, suivant Ranke, presque plane ; il en est de même chez les américains, où l'on trouve tous les degrés, depuis l'évidement à peine sensible jusqu'au plan mathématique, et je pourrais ajouter que chez ces derniers la surface est plus souvent encore couverte de gibbosités. Chez l'atlas de Monte Hermoso, la facette articulaire est légèrement concave et sa profondeur passe de 1 millimètre; elle est en outre raboteuse. Chez l'orang et le gorille, la profondeur est plus considérable et atteint, en projection sur la ligne qui unit les deux pôles antérieur et postérieur, jusqu'à 2 millimètres. Ranke donne 6mm5 pour le rayon de courbure de la concavité chez le gorille, chiffre qui correspond bien à celui que nous avons obtenu.

J'ai déterminé l'inclinaison des facettes articulaires inférieures en dedans par le même procédé que pour les facettes supérieures. Je place le fil doublé en forme d'angle sur la ligne qui joint les centres des trous transversaux. Chez les américains, les angles varient de 128 à 150 degrés et la moyenne est de 137°3; chez l'atlas de Monte Hermoso, l'angle est presque aussi grand, il mesure 132 degrés, tandis que chez l'orang (100°) et le gorille (115°) il se distinguent par l'inclinaison infundibuliforme des facettes articulaires inférieures vers le dedans. Comme nous l'avons vu, Ranke appelle l'attention sur le profond enclavement cunéiforme de divers corps des vertèbres cervicales les uns dans les autres chez le gorille comme chez tous les singes, tandis que, dans la colonne vertébrale de l'homme, cette conformation est beaucoup moins prononcée, ce qui contribue en partie à donner au cou de l'homme une mobilité beaucoup plus grande. Les chiffres antérieurs forment comme un document à l'appui.

*La position réciproque des facettes articulaires supérieures et inférieures* constitue une des différences caractéristiques entre l'homme et le singe. Chez l'homme, le bord interne de la facette supérieure est situé plus en dehors du niveau du bord interne de la facette inférieure et la masse latérale débordant comme la pâte qui sort de son récipient, forme comme une limite latérale du trou vertébral. Dans les atlas numéros 6 et 7, ce phénomène est moins prononcé. Chez l'atlas de Monte Hermoso, chez l'orang et le gorille, les bords internes de la facette supérieure sont à peine retirés vers l'extérieur, sans pourtant se maintenir dans la perpendiculaire relativement à ceux de la facette inférieure. Cette différence, qui mérite de fixer notre attention, est vraisemblablement en connection avec le bombement de l'occipital, conséquence de son augmentation dans le développement du cerveau, qui a produit le gonflement de l'occiput dont il a éloigné l'un de l'autre les condyles et en même temps les fosses articulaires correspondantes de l'atlas. La moëlle épinière augmente seulement dans une proportion plus réduite, ce qui explique pourquoi la distance des facettes articulaires inférieures et la lumière du canal vertébral n'ont pas varié essentiellement. Ce fait ne doit pas nous étonner davantage si nous nous rendons bien compte de la différence fonctionnelle entre le cerveau et la moëlle épinière. Le bord *externe* des facettes articulaires supérieures fait donc toujours saillie sur celui des facettes inférieures, spécialement chez les deux anthropoïdes modernes, puisque chez l'homme la saillie des facettes supérieures est moins prononcée, à cause du plus grand développement des facettes *inférieures,* plus longues et plus larges que chez les singes (voir les tables!); les lois de la statique, qui influent sur la position verticale de la tête paraissent jouer leur rôle ici : les points d'appui du poids de la tête (foveae articulares superiores) sont chez l'homme plus retirées l'une de l'autre que chez le singe, parceque le poids à supporter est devenu aussi plus grand et plus lourd; évidemment, pour que l'équilibre soit plus parfait et la solidité plus grande, les foveae articulares inferiores ont dû agrandir leur surface. Par conséquent la différence entre la saillie externe des facettes supérieures et celle des facettes inférieures chez l'homme est beaucoup moins marquée ($4^{mm}5$ comme moyenne) que chez les anthropoïdes, où elle accuse, chez l'orang 7 millimètres, chez le gorille $6^{mm}5$.

L'exactitude des détails que nous venons d'exposer peut être établie avec la plus grande simplicité en mesurant la saillie des fosses supérieures et inférieures respectivement. Pour la supérieure, j'ai mesuré la distance entre les bords externes du cartilage et, en outre, pour faire ressortir davantage les différences caractéristiques, la distance entre les saillies les plus prononcées des parties osseuses dans lesquelles pénètrent les foveae articulares superiores, en apparence comme marquées avec un cachet. Au contraire, les surfaces articulaires inférieures terminent par un bord tranchant.

Résumons maintenant tous les caractères notables de l'atlas de Monte Hermoso qui ne se trouvent JAMAIS dans les os analogues provenant de la population autoctone sudaméricaine et comparés avec lui.

La forme totale est notablement *petite* et *lourde ;* l'arc postérieur est extraordinairement *épais* et sa surface externe s'élève en forme de *faîte rectangulaire* juste dans la ligne médiane longitudinale; la forme des facettes articulaires supérieures est celle d'un *ovoïde irrégulier* et plutôt *court* et *large ;* son axe longitudinal *diverge très peu* vers l'arrière; les facettes articulaires inférieures sont *grandes,* proportionnellement à la vertèbre entière.

RAREMENT se présentent dans le matériel humain de comparation les caractères suivants :

Le bord interne des facettes articulaires supérieures est *très peu* en dehors de la ligne verticale du bord correspondant des facettes inférieures; la racine postérieure de l'apophyse transverse est *notablement plus développée* que l'antérieure.

L'atlas de Monte Hermoso se distingue principalement de celui de l'ORANG par les caractères suivants :

L'arc postérieur est d'une épaisseur *peu commune ;* chez l'orang ce n'est qu'une agrafe étroite. Le trou vertébral présente deux diamètres transversaux, l'un antérieur *plus petit* et l'autre postérieur *plus grand* (comme le gorille et d'ordinaire les américains); chez l'orang ces deux diamètres sont à peu près égaux. La concavité de la facette articulaire supérieure est de profondeur *moyenne ;* chez l'orang elle est très prononcé. Les facettes articulaires inférieures son *grandes* proportionnellement à la vertèbre entière et *peu* inclinées en dedans; chez l'orang elles sont petites et fortement inclinées en dedans.

L'atlas de Monte Hermoso se distingue de celui du GORILLE principalement par les caractères suivants :

La grandeur générale est *insignifiante*; chez le gorille elle est notable. L'arc postérieur est *épais ;* chez le gorille il ressemble à une agrafe. Les facettes articulaires supérieures ont la forme d'un *ovoïde irrégulier ;* chez le gorille elles sont longues et étroites. La racine postérieure de l'apophyse transverse, comme chez les américains modernes, est *séparée* de l'arc postérieur; chez le gorille elle en est la continuation directe. Les facettes articulaires inférieures sont *grandes* proportionnellement à la vertèbre entière et *peu* inclinées en dedans; chez le gorille elles sont d'une grosseur moyenne et plus fortement inclinées en dedans.

EN COMMUM avec LES DEUX ANTHROPOÏDES, l'atlas de Monte Hermoso présente avant tout les caractères suivants :

Les axes longitudinaux des facettes articulaires supérieures *divergent très peu* en arrière, ce dont on ne rencontre *aucun exemple* chez les américains modernes. Le bord interne des facettes articulaires supérieures est *très peu en dehors* de la ligne verticale du bord correspondant des facettes inférieures; chez les américains modernes l'on ne rencontre que *rarement* des cas de cette espèce. J'ai déjà dit, dans le cours de ce travail, que ces deux particularités indiquent un cerveau peu développé.

Examinons maintenant quels sont les rapports existants entre les caractères notables de l'atlas de Monte Hermoso et ceux des vertèbres analogues de la variété américaine de l'*Homo sapiens.*

Ces dernières sont représentées dans de nombreux spécimens provenant de régions géographiquement très distantes depuis le Brésil jusqu'à la Terre de Feu, et, en vertu de leur origine américaine sont des plus propres pour établir la comparaison avec l'ancien atlas fossile. Le nombre des caractères différents, pour un petit os d'une importance relativement secondaire comme l'atlas, est considérable et parmi eux l'on constate des caractères d'infériorité qui dénotent un être de cerveau peu développé. Quoiqu'il en soit, l'atlas de Monte Hermoso se rapproche davantage de celui de l'homme moderne que de celui des anthropoïdes.

Examinons maintenant ce qui a trait à la provenance géologique. Actuellement les couches de Monte Hermoso peuvent être considérées comme appartenant pour le moins au pliocène et l'existence de l'espèce *sapiens* du genre *Homo* est complètement invraisemblable à la dite époque; nous devons plutôt nous attendre à des caractères ostéologiques inférieurs qui, relativement à l'atlas de Monte Hermoso, n'ont pas lieu de nous surprendre. Mais il ne peut plus s'agir ici de l'espèce *sapiens.* Devons-nous penser à l'espèce *Homo primigenius* aujourd'hui en vogue? Je ne le crois pas et voici mes raisons : l'on n'a trouvé cette espèce que dans certaines régions de l'Europe centrale et il est invraisemblable qu'un primate ait pu se propager jusque dans Amérique du Sud; en outre les gisements d'*Homo primigenius* remontent à une époque géologique plus récente que la formation pampéenne inférieure. L'atlas de Monte Hermoso paraît trop petit pour être celui de l'*Homo primigenius* et à peine pourrait-on l'attribuer au *Pithecanthropus erectus*. Nous nous voyons donc obligés peut-être à admettre une forme ancestrale sud-américaine spéciale de l'*Homo sapiens* ou du *primigenius* et la conservation ou la substitution du genre *Homo* n'est plus qu'une question de goût. Les particularités ostéologiques d'un seul atlas n'encouragent pas à résoudre une question aussi complexe que le serait l'admission d'un genre différent de l'*Homo;* l'établissement d'une nouvelle espèce serait plus justifiée, puisque, après tout, l'*Homo primigenius* n'est pas l'unique espèce humaine éteinte qui ait existé. Les opinions actuelles au sujet des immigrations de l'homme en Amérique à une époque prélingüistique sont d'ailleurs pas altérées par notre hypothèse. Si nous admettons pour l'antique possesseur de l'atlas de Monte Hermoso une espèce particulière, celle-ci était certainement assez primitive et devait se rapprocher beaucoup du *Pithecanthropus*. Je propose donc de réserver le nom de *Homo antiquus* pour l'être tertiaire à trouver encore dans l'Ancien Monde et de donner au primate tertiaire de Monte Hermoso, connu seulement par un atlas, le nom de *Homo neogaeus*.

La Plata, 10 septembre 1907.

Pour compléter notre étude nous avons cru devoir ajouter la traduction des passages relatifs à l'atlas de l'homme et des singes anthropoïdes que nous avons trouvés chez les auteurs déjà cités à la page 387. Voici les explications de M. Schnell (l. c., p. 9-12, 47) dont la thèse est accompagnée des mesures correspondantes et de deux belles planches lithographiques.

« L'ARC ANTÉRIEUR est plus ouvert et plus rabaissé chez l'homme que chez le gorille et le cercopithèque; il est aussi plus comprimé d'avant en arrière. Le tubercule antérieur chez le premier n'est qu'un faible gonflement de la partie médiane; chez le second il a la forme d'une petite épine qui chez les deux, se développe asymétriquement en haut et en bas, à partir de la ligne médiane, sa pointe s'éloignant de la ligne médiane vers la droite.

« La surface articulaire correspondant à la dent de l'axis est plus large chez le gorille et le cercopithèque et s'incline de la partie postéro-supérieure vers la partie antéro-inférieure, tandis que chez l'homme elle se dirige de haut en bas.

« Les surfaces articulaires inférieures des MASSES LATÉRALES chez le gorille sont plus rapprochées que les supérieures, c'est-à-dire que leurs axes verticaux convergent notablement en direction descendante. Il en est de même chez le cercopithèque, tandis que chez l'homme ces axes prolongés ne se rencontrent que beaucoup plus bas.

« Les diamètres longitudinaux des surfaces articulaires supérieures, d'égale longueur chez l'homme et le gorille, convergent chez l'homme beaucoup moins vers l'avant que chez le gorille et le cercopithèque et leur prolongement ne se rencontre qu'à deux pouces en avant de l'arc antérieur, tandis que, chez les deux singes la rencontre a lieu déjà [p. 10] un peu en avant de la pointe du tubercule antérieur.

« Chez le gorille et le cercopithèque, les surfaces articulaires supérieures tombent plus à pic en dedans et les surfaces articulaires inférieures sont plus tournées en dedans que chez l'homme, c'est-à-dire que les axes verticaux présentent la même disposition que les diamètres longitudinaux décrits plus haut : prolongés en dedans, ils se coupent notablement plus tôt chez le gorille et le cercopithèque que chez l'homme. En outre, ces surfaces, surtout les supérieures, sont plus profondément creusées et présentent des superficies de rotation plus accentuées que chez l'homme.

« Cette conformation de la surface articulaire supérieure a été mentionnée aussi par Hartmann, relativement au gorille.

« Le petit tubercule situé à l'intérieur des masses latérales, et destiné à l'insertion du ligament transverse est plus prononcé chez l'homme que chez le gorille ; il présente un trou nourricier, en arrière chez le premier, en avant chez le second. Ce trou nourricier manque chez le cercopithèque.

[p. 11] « Chez le gorille et le cercopithèque, l'apophyse ascendante de la masse latérale est plus haute que l'apophyse descendante ; chez l'homme l'on observe précisément le contraire. Les surfaces articulaires inférieures sont, chez l'homme, plus grandes que chez le gorille et le cercopithèque ; elles sont de forme circulaire tandis que chez les deux singes elles sont plus ou moins ovales et tournées davantage vers la ligne médiane.

« Les APOPHYSES TRANSVERSES chez le gorille et le cercopithèque sont un peu plus longs que chez l'homme, et, tandis que chez celui-ci leur direction principale se maintient exactement dans le plan frontal, chez les deux premiers ils s'en éloignent en se dirigeant vers l'arrière. Par conséquent l'axe longitudinal du trou transversaire dont la forme est du reste la même chez les deux, se perd chez l'homme dans le plan frontal, ou du moins s'en éloigne fort peu en avant, tandis que chez le gorille il s'en sépare pour se diriger en arrière. En égard à ce trou transversaire le cercopithèque occupe une position spéciale entre les trois.

« Le trou est chez lui relativement très petit et communique par un large canal avec un trou d'égale grandeur qui perce de part en part, transversalement de dedans en dehors, l'arc postérieur, juste derrière les masses latérales.

« Les autres différences que présentent les apophyses transverses, consistent en ce que, chez le gorille, leur tubercule postérieur ressort davantage que l'antérieur, tandis que chez l'homme, au contraire, le dernier est plus prononcé que le premier : en outre, chez l'homme, ils sont presque perpendiculaire l'un à l'autre. En fin, chez le gorille, l'agrafe postérieure du trou transversaire est plus forte que l'antérieure; chez l'homme elles sont égales.

« L'ARC POSTÉRIEUR est d'égale longueur chez l'homme et le gorille ; mais dans le sens de l'épaisseur, il présente des relations inverses comme l'arc antérieur : chez l'homme il est plus massif que chez le gorille, où il paraît comprimé d'avant en arrière, à tel point que son bord supérieur, dans la partie médiane, forme un arête tranchante. Juste derrière les masses latérales, l'on observe chez le gorille [p. 12], dans l'arc postérieur saillant de l'agrafe postérieure du trou transversaire, une fosse d'un centimètre de long, profonde qui, chez le cercopithèque où l'arc postérieur de l'atlas se rapproche du reste plus de celui du gorille par sa forme générale, s'approfondit pour former le trou que nous avons décrit plus haut, tandis que chez l'homme elle est complètement plane et dans cet endroit l'arc semble comprimé de haut en bas.

« Hartmann (*Der Gorilla*, Leipzig, 1889, p. 126) mentionne également cette conformation dans les termes suivants : « L'atlas du gorille (chimpanzé, orang) est caractérisé par un demi-canal qui commence juste au-dessous du condyle supérieur dans le contour postéro-supérieur du trou transversaire et s'étend horizontalement en avant; ce canal après un cours de 8 à 10 millimètres de longueur se jette dans un trou cylindrique de 2 à 3 millimètres qui perfore la base de l'arc postérieur dans le sens de la partie postéro-externe à la partie antéro-interne. Ce vide observé par moi chez des individus jeunes et vieux se réduit parfois simplement au demi-canal et termine en arrière et en haut dans une incisure ». Suivant cette dernière observation qui s'appliquerait au cas qui nous occupe, nous nous trouverions donc en présence du cas le plus rare.

« Le TROU VERTÉBRAL de l'atlas humain est asymétrique; chez le gorille et cercopithèque il ne l'est pas.

[p. 47] « La structure de l'atlas chez le gorille, dit Hartmann (l. c., p. 126), est en général semblable à ce qu'elle est chez l'homme ». En effet, si l'on compare seulement l'homme et le gorille, la ressemblance est, à première vue, extrêmement frappante; mais l'attention se fixera de plus en plus sur les différences qui existent entre les deux et sur la plus grande similitude du gorille avec le cercopithèque, dès que l'on fera entrer en ligne ce dernier. L'on observe aussitôt la corrélation dans la forme et la position des surfaces articulaires supérieures entre elles, et relativement aux surfaces inférieures, la position des deux relativement à l'agrafe antérieure ; la direction égale des apophyses transverses et, pour mentionner aussi certains points qui, suivant la définition que nous avons donnée plus haut, ne sont cependant pas essentiels, la concordance des agrafes antérieures et postérieures en grandeur et épaisseur, l'asymétrie de leurs tubercules antérieurs, l'extension presque égale chez les deux, du sillon latéral supérieur, situé dans l'agrafe postérieure et enfin la symétrie du trou vertébral qui est, au contraire, asymétrique chez l'homme. Tous ces faits établis, je ne doute nullement que l'atlas du gorille se rapproche beaucoup plus de celui du cercopithèque que de celui de l'homme. Cette similitude entre les deux singes n'est dans aucune autre vertèbre aussi patente que dans l'atlas, sauf dans l'axis et la première vertèbre dorsale. »

M. Schnell communique dans sa table (p. 8) les chiffres obtenus pour le diamètre antéro-postérieur et le diamètre transversal total de l'atlas d'un homme et du gorille du Musée de Munich ; il a trouvé 42 millimètres et 82 millimètres respectivement pour l'homme, et 42 millimètres et 78 millimètres respectivement pour le gorille.

M. Ranke (l. c., p. 4) affirme que les fosses articulaires supérieures de l'atlas correspondent aux condyles de l'occipital; « chez le gorille, elles sont proportionnellement plus profondes et embrassent les condyles sur une plus grand étendue que chez l'homme, l'articulation étant, par conséquent plus solide et moins libre chez le gorille ».

« A la position des surfaces articulaires condyliennes correspond dans l'atlas la position des fosses articulaires destinées à leur reception pour l'articulation du crâne avec l'atlas. Les bords antérieur et postérieur de ces fosses articulaires, chez l'homme, sont à peu près d'égale hauteur, dans la position horizontale de la vertèbre. Chez le gorille, le bord postérieur de l'atlas s'élève comme le dossier d'une chaise tandis que le bord antérieur est affaisé. Cette espèce de dossier forme un contre-fort pour les apophyses articulaires du crâne dirigées en arrière.

« Les articulations latérales entre l'atlas et l'axis sont aussi moins libres chez le gorille que chez l'homme. Chez ce dernier les surfaces presque plates glissent l'une sur l'autre, tandis que chez le gorille, les surfaces articulaires correspondantes, présentent une convexité prononcée dont le rayon est d'environ 05 millimètres.

« Toute la structure de la région cervicale de la colonne vertébrale, chez les singes anthropoïdes, correspond beaucoup plus que chez l'homme à la solidité et à la stabilité. A cette disposition contribue déjà l'enclavement profond, en forme de pivot ou condyle des divers corps des vertèbres cervicales l'un dans l'autre chez le gorille et tous les autres singes. Chez l'homme, l'enclavement l'un dans l'autre des différents corps des vertèbres cervicales est beaucoup moins marqué, d'où résulte en partie la grande mobilité du cou. »

Le travail de M. Misch (l. c.) est très utile pour des études quelconques; il contient une analyse sommaire de toutes les publications relatives à notre thème; la thèse de M. Schnell n'y est pas citée.

M. Gorjanovic-Kramberger (l. c., p. 208) trouva à Krapina deux fragments d'atlas de l'*Homo primigenius*, « la masse latérale gauche d'un adulte, avec l'arc antérieur correspondant et le tubercule antérieur ainsi que la masse latérale droite avec l'arc antérieur correspondant d'un individu jeune. Le premier fragment me semble intéressant qu'il présente dans sa fovea dentis un caractère directement en corrélation avec la position de la tête. Le tubercule antérieur est épais dans sa partie inférieure et muni d'une pointe émoussée dirigée en bas; au contraire, le bord supérieur de la fovea est tranchant et toute la surface articulaire, d'ailleurs très large, est plutôt inclinée en avant. La hauteur maximum de la masse latérale près du foramen transversarium mesure 17 millimètres; la hauteur près du tubercule antérieur 12$^{mm}$5; la hauteur minimum de l'arc à gauche, auprès de la fovea, est de 10 millimètres et la largeur de la fovea dentis de 12$^{mm}$5. L'épaisseur de l'arc dans le tubercule est de 5$^{mm}$8 ».

### Notes complémentaires sur les atlas étudiés dans ce chapitre [1]

*N° 1.* Atrophie sénile. Trou transversaire droit, très étroit et fendu obliquement. Au bord postérieur de l'angle formé par les racines postérieures de l'apophyse transverse, avec les racines de l'arc postérieur, on observe un canal vasculaire secondaire, dont la direction se rapproche assez de la verticale et que l'on pourrait appeler « sillon transversaire postérieur »; à gauche il est surmonté d'une agrafe osseuse fragile, qui donne lieu à un « trou transversaire postérieur accessoire ». A droite, le commencement d'un pont sur le sillon de l'artère vertébrale et par conséquent d'un « trou atlantoïde postérieur Bolck ».

*N° 2.* Le bord latéral du sillon de l'artère vertébrale est tranchant comme une lame de couteau ; à gauche s'étend, du milieu du bord externe de la fosse articulaire supérieure et de haut en bas, jusqu'à son pôle postérieur un pont osseux qui s'appuie sur la pointe de l'apophyse transverse dont il franchit la racine postérieure, donnant lieu à un « trou atlan-

[1] Les pages 386-399 de ce travail furent distribuées, comme tirage spécial, le 21 septembre 1907.

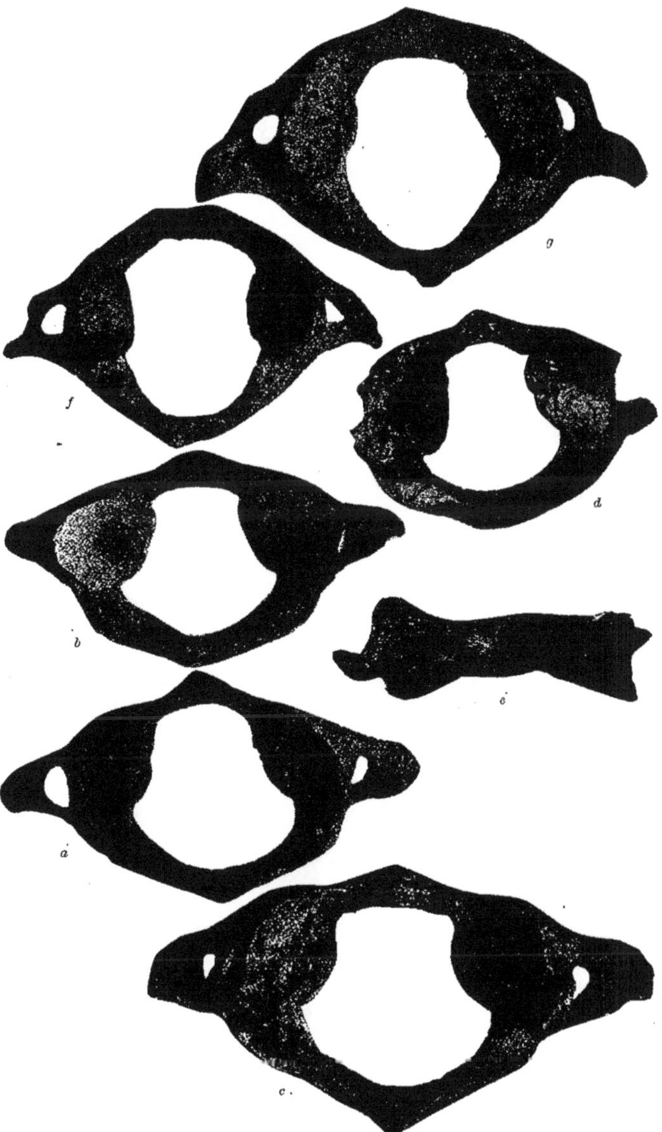


Fig. 53. — Divers atlas vus d'en haut. *a*, Américain n° 5 (de Casabindo, Jujuy) ; *b*, idem n° 7 (de Antofagasta, Jujuy) ; *c*, idem n° 9 (Araucan) ; *d*, *Homo neogaeus* ; *e*, idem (vue antérieure) ; *f*, Orang ; *g*, Gorille. (Gr. nat.)

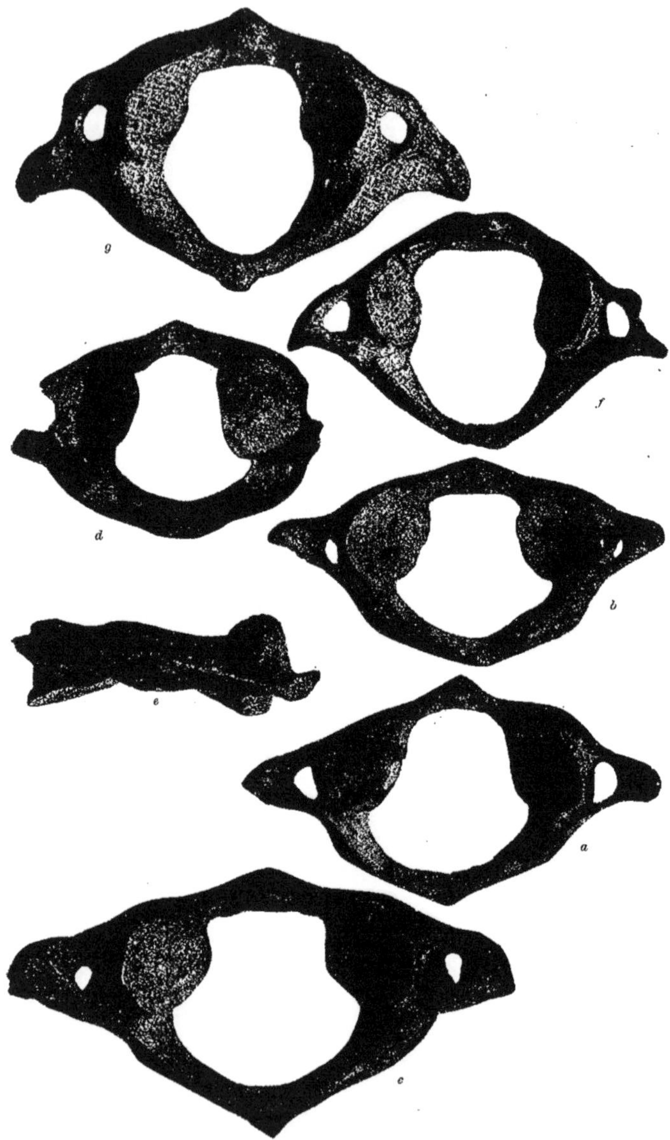


Fig. 54. — Divers atlas vus d'en bas. *a*, Américain nº 5 de Casabindo, Jujuy) ; *b*, idem nº 7 (de Antofagasta, Jujuy) ; *c*, idem nº 9 (Araucan) ; *d*, *Homo neogaeus* ; *e*, idem (vue postérieure) ; *f*, Orang ; *g*, Gorille. (Gr. nat.)

toïde latéral Bolck » ; à droite il n'existe que le commencement d'un pont.

*N° 3.* La masse osseuse dans laquelle est imprimée la fovea dentis passe notablement en dehors le bord supérieur de l'arc, dont elle se distingue nettement ; en bas l'on observe en dessous de l'arc, deux espèces de bandes saillantes ; il s'agit ici d'altérations arthritiques que l'on constate également dans les fosses articulaires supérieures, surtout la gauche. La racine antérieure de l'apophyse transverse droite manque ; à l'endroit où elle devait se séparer de la masse latérale, il n'existe qu'une très petite protubérance pointue et la pointe de l'apophyse transverse droite est gonflée et noueuse.

Giuffrida-Ruggieri [1] observa un cas de division de l'atlas en deux moitiés dont une, la gauche, se confondait avec l'occiput, dans le crâne d'une femme Guayaqui, appartenant au Musée préhistorique et ethnologique de Rome ; dans le dit cas, l'on trouva en même temps un « trou soustransversaire » dont on ne connaissait pas encore d'exemple.

*N° 4.* A droite, tendence à la formation d'un trou atlantoïde latéral. A gauche un trou transversaire postérieur accessoire étroit que l'on peut à peine sonder avec un crin. Bord latéral du sillon de l'artère vertébrale, très tranchant.

*N° 5.* Trou vertébral très asymétrique. A droite d'un côté à l'autre du sillon de l'artère vertébrale s'étend un arc de 2 millimètres de large (trou atlantoïde postérieur); à gauche ce pont n'est pas arrivé à se fermer. La fosse articulaire supérieure gauche présente une forte échancrure, qui donne lieu à l'existence d'un grand « espace complémentaire latéral Misch », rare à droite (Misch, l. c., p. 23) (v. fig. 53 *a* et 54 *a*).

*N° 6.* Principe d'atrophie sénile. A droite, un sillon transversaire postérieur profond, franchi à gauche par un pont qui donne lieu à l'existence d'un trou semblable à une fente.

*N° 9.* Le bord de la fovea dentis forme bourrelet. A gauche, un trou atlantoïde postérieur splendide, à droite le commencement d'un trou égal (v. fig. 53 *c* et 54 *c*).

*N° 10.* Très massif. Des deux côtés un sillon transversaire postérieur profond principalement à gauche. Espace complémentaire latéral des deux côtés ; espace médial seulement à droite.

*N° 11.* Massif, mais très modifié par l'arthrite. Les bords des fosses articulaires et de la fovea dentis en partie debordés et effilochés ; la fosse articulaire supérieure droite et la fovea dentis en partie rongées par la maladie. Bord latéral du sillon de l'artère vertébrale très tranchant. Des deux côtés, espace complémentaire tant latéral que médial.

[1] Giuffrida-Ruggieri, V., *Forame sottotrasversario dell'atlante. Monitore Zoologico Italiano*, XVII, 1906, p. 88-90. *Un cranio Guayachi, un cranio (incompleto) Ciamococo e un cranio Fuegino. Atti de la Società Romana di Antropologia*, XII, 1906, sep. p. 5.

*N° 12.* Extrêmement massif et grossier ce qui ne doit pas nous étonner plus que cela, s'agissant de la tribu patagonique. Des deux côtés un sillon transversaire postérieur. A gauche facette articulaire supérieure divisée en deux; à droite, espace complémentaire médiale prononcé, le latéral n'existe pas.

*N° 13.* A gauche, un trou transversaire accessoire postérieur qui a l'aspect d'une fente légère; à droite lui correspondant seulement un sillon. La facette articulaire supérieure gauche est divisée en deux fragments sur une petite étendue; à droite, grand espace complémentaire médial.

*N° 14.* Très massif. A gauche, un trou transversaire postérieur accessoire, de 2 à 3 millimètres de diamètre; à droite, ses bords ne sont pas complètement joints. A droite, tendance à la formation d'un trou atlantoïde latéral, reconnaissable à une bosse située à l'extrémité de l'apophyse transverse. Des deux côtés, grands espaces complémentaires médiaux; les espaces latéraux correspondants sont à peine visibles. Dans chaque facette supérieure, entre l'espace complémentaire latéral et le médial s'étendent des sillons qui cependant ne séparent pas les surfaces articulaires.

*N° 15.* Tubercule postérieur en forme d'épine pointue. Bord latéral du sillon de l'artère vertébrale, tranchant; à gauche, un sillon transversaire postérieur.

*Orang.* — Des deux côtés, un trou atlantoïde postérieur incomplet. (fig. 53 *f* et 54 *f*).

*Gorille.* — A gauche, tendance à la formation d'un trou atlantoïde postérieur (v. fig. 53 *g* et 54 *g*).

## EXPLICATION DES MESURES

*Vertèbre totale,* diamètre sagittal : entre les tubercules antérieur et postérieur.
— diamètre transversal : entre les points plus extrêmes des apophyses transverses.
— diamètre transversal des trous transversaux : entre les bords internes des trous transversaux.
— diamètre vertical : diamètre vertical minimum entre les bords externes des faces articulaires supérieure et inférieure, au centre du trou transversaire (côté droit).

*Arc antérieur,* diamètre vertical : dans la ligne médiane.
— diamètre sagittal : dans la ligne médiane.

*Arc postérieur,* diamètre vertical : dans la ligne médiane.
— diamètre sagittal : dans la ligne médiane.

*Trou vertébral,* diamètre sagittal : entre les bords internes des arcs antérieur et postérieur.

## Table des mesures

| | 1 | 2 | 3 | 4 | 5 | 6 | 7 | 8 | 9 | 10 | 11 | 12 | 13 | 14 | 15 | 16 | Moy. | Mt. H. | Orang | Gorille |
|---|---|---|---|---|---|---|---|---|---|---|---|---|---|---|---|---|---|---|---|---|
| Vertèbre totale, diamètre sagittal | 41 | 40,5 | 39 | 44 | 41 | 42,5 | 37 | 42,5 | 48 | 47 | 45 | 50,5 | 41,5 | 46,5 | 46 | 41 | 43,3 | 39 | 41,5 | 50 |
| Vertèbre totale, diamètre transversal | 76 | — | 71 | 86,5 | 75 | 85 | 70,5 | 80 | 89 | 83 | 81 | 85 | 79 | 90 | 79 | 72,5 | 80,1 | — | 68 | 80 |
| Vertèbre totale, diamètre entre les trous transv. | 50 | 39,5 | 46,5 | 54 | 46 | 51 | 41 | 45,5 | 54 | 49 | 47 | 47,5 | 49 | 55 | 39 | 43,5 | 47,3 | 43,5 | 43 | 47,5 |
| Vertèbre totale. diamètre vertical | 19 | 16,5 | 16,5 | 23 | 15 | 19 | 18,5 | — | 21 | 21,5 | 20 | 18 | 18 | 19 | 16 | 20 | 18,7 | — | 15 | 19 |
| Arc antérieur, diamètre vertical | 10 | 8,5 | 9 | 9 | 8 | 9,5 | 8,5 | 12 | 13,5 | 10,5 | 13 | 10,5 | 10,5 | 11 | 9 | 10 | 10,2 | 11 | 14 | 13,5 |
| Arc antérieur, diamètre sagittal | 6 | 6 | 7 | 6,5 | 6,5 | 7,5 | 6,5 | 8 | 7,5 | 8 | 6 | 7 | 6 | 6 | 5 | 6,5 | 6,6 | 7 | 6 | 9 |
| Arc postérieur, diamètre vertical | 9 | 8,5 | 9,5 | 12 | 7,5 | 10,5 | 10 | 14 | 10 | 10,5 | 10,5 | 13 | 8 | 12,5 | 7,5 | 10 | 10,2 | 12,5 | 8 | 9 |
| Arc postérieur, diamètre sagittal | 5,2 | 6 | 5,5 | 7 | 6,5 | 4,5 | 6 | — | 10t | 7 | 6 | 11t | 4 | 7 | 10t | 6 | 6,8 | 7 | — | 7 |
| Trou vertébral, diamètre sagittal | 30,5 | 27,5 | 26,5 | 30,5 | 29 | 31,5 | 25,5 | 28,5 | 32 | 31,5 | 33 | 32,5 | 31 | 34,5 | 31,5 | 28 | 30,2 | 25 | 33 | 34 |
| Trou vertébral, diamètre transversal antérieur | 16,5 | 16 | 19 | 18,5 | 16,5 | 18 | 16 | 15,5 | 20,5 | 16,5 | 15,5 | 15 | 17 | 20 | 14,5 | 13 | 16,7 | 14,5 | 24 | 18 |
| Trou vertébral, diamètre transversal postérieur | 31 | 26,5 | 27,5 | 28 | 28 | 28 | 26,5 | 26,5 | 32,5 | 28,5 | 31 | 28 | 28 | 30 | 24,5 | 28,5 | 28,3 | 24 | 23 | 27 |
| Fosse art. sup. longueur maximum | 24 | 23 | 23 | 24 | 20 | 23 | 19 | 25 | 25,5 | 28 | 26 | 27,5 | 24 | 25 | 25 | 23 | 24,1 | 19 | 19 | 25 |
| Fosse art. sup. largeur minimum | 8,5 | 10 | 11 | 9,5 | 9 | 12,5 | 14,5 | 9 | — | 9 | — | 9 | 8 | 10,5 | 9 | 8,5 | 9,9 | 11 | 9,5 | 9 |
| Fosse art. sup. profondeur (projection) | 5 | 3,5 | 3,5 | 6 | 4 | 4,5 | 3,5 | 5,5 | 5 | 5,5 | 7 | 4 | 4,5 | 6,5 | 5 | 4,5 | 4,8 | 4 | 5 | 4 |
| Fosse art. sup. indice de la profondeur | 2,08 | 1,52 | 1,52 | 2,50 | 2,00 | 1,96 | 1,84 | 2,20 | 1,96 | 1,96 | 2,69 | 1,45 | 1,87 | 2,60 | 2,00 | 1,96 | 1,99 | 2,11 | 2,63 | 1,60 |
| Fosse art. sup. inclinaison transversale | 126° | 115° | 121° | 108° | 122° | 121° | 135° | 119° | 121° | 124° | 119° | 125° | 125° | 119° | 111° | 117° | 120°5 | 134° | 118° | 128° |
| Fosse art. sup. divergence des axes longitud | 74° | 67° | 66° | 57° | 46° | 46° | 74° | 58° | 71° | 75° | — | 61° | 60° | 64° | 63° | 72° | 63°6 | 40° | 35° | 50° |
| Fosse art. sup. distance maximum des bords ext | 54 | 47 | 48 | 52,5 | 47,5 | 49,5 | 51 | 50 | 56 | 54 | 57 | 51,5 | 50,5 | 56 | 45,5 | 49,5 | 51,2 | ±44 | 43,5 | 49 |
| Fosse art. sup. distance minimum masses latérales | 56 | 51 | 49 | 60 | 51 | 54 | 51 | 54 | 63 | 60 | 58 | 58 | 53.5 | 59 | 47 | 53 | 53,3 | ±46 | 47 | 50,5 |
| Fosse art. inf. longueur maximum | 18 | 17,5 | 19 | 20 | 17 | 21 | 16,5 | 20,5 | 20 | 22 | 21 | 20 | 20 | 20,5 | 18,5 | 19 | 19,4 | 19,5 | 17 | 17,5 |
| Fosse art. inf. largeur maximum | 16 | 14,5 | 14,5 | 16 | 15 | 16,5 | 16,5 | 16,5 | 17,5 | 18,5 | 18 | 20 | 17 | 17 | 15 | 16,5 | 16,6 | 16,5 | 11,5 | 14 |
| Fosse art. inf. inclinaison transversale | 134° | 133° | 136° | 136° | 133° | 129° | 128° | 149° | 133° | 138° | 146° | 150° | 141° | 132° | 144° | 135° | 137°3 | 132° | 109° | 115° |
| Fosse art. inf. distance maximum des bords ext | 45 | 41 | 43,5 | 48 | 47,5 | 49,5 | 45 | 48,5 | 51 | 55 | 50 | 51 | 48,5 | 52,5 | 43,5 | 46 | 47,8 | ±44 | 40 | 44 |

— diamètre transversal antérieur : entre les angles que forment l'arc antérieur et les fosses articulaires inférieures.

— diamètre transversal postérieur : entre les angles que forment l'arc postérieur et les fosses articulaires inférieures.

*Fosse articulaire supérieure,* longueur maximum : distance de pôle à pôle, en faisant abstraction de la courbure.

— largeur minimum : distance du centre du rétrécissement interne au point saillant opposé, en direction quasi perpendiculaire à la longueur maximum.

— profondeur (projection) : en joignant ensemble les deux pôles terminaux au moyen d'une petite règle et mesurant la distance verticale qui sépare cette ligne du point le plus bas de la facette articulaire.

— indice de la profondeur : indice entre la longueur maximum = 100 et la profondeur = X.

— inclinaison transverse : ayant installé l'atlas devant soi sur la table, les fosses articulaires supérieures tournées en haut, on place dans la ligne qui unit les centres des trous transversaires un fil de fer qu'on double de manière à former avec les deux branches un angle dont les côtés suivent la direction des surfaces articulaires; on ouvre alors le fil jusqu'à ce que les deux branches s'appuient exactement sur les facettes. Au moyen de son poids, le dit fil se maintient dans le plan transversal du corps. On évalue alors la valeur de l'angle au moyen d'un rapporteur.

— divergence des axes longitudinaux : on marque légèrement les pôles des deux fosses sur une plaque de verre superposée et mesure alors avec le rapporteur l'angle que les axes forment ensemble.

— distance maximum des bords externes : entre les bords externes des surfaces destinées au cartilage.

— distances maximum des masses latérales : entre les saillies les plus prononcées des parties osseuses dans lesquelles pénètrent les fosses articulaires supérieures, en apparence comme marquées avec un cachet.

*Fosse articulaire inférieure*, longueur maximum : obliquement d'avant en arrière.

— largeur maximum : plus ou moins perpendiculaire à la longueur maximum.

— inclinaison transverse : déterminée comme celle des fosses articulaires supérieures.

— distance maximum des bords externes : entre les bords externes des surfaces destinées au cartilage.

N. B. — A cause de l'état de conservation de l'atlas de Monte Hermoso, nous avons pris les mesures de la fosse articulaire supérieure du côté droit, celles de l'inférieure du côté gauche. — *t* signifie un fort développement du tubercule postérieur.

## ANTHROPOLOGIE PSYCHIQUE

### FORMATION PAMPÉENNE SUPÉRIEURE = LŒSS JAUNE

Pour des raisons historiques, nous passerons premièrement en revue la collection Ameghino, conservée aujourd'hui au Musée de La Plata, telle qu'elle a été décrite dans le grand ouvrage d'Ameghino *La antigüedad del hombre en el Plata.* Une faible partie des objets avait été perdue avant mon arrivée; mais les pièces encore existantes pouvaient encore être identifiées avec toute sécurité par la comparaison de leur numéros encores visibles avec ceux du catalogue spécial [1] de la section anthropologique y paléontologique argentine à l'Exposition universelle de Paris en 1878, et, quant à la forme, par la comparaison avec les planches de *La antigüedad;* l'on pouvait même établir l'origine spéciale des 7 stations d'Ameghino. En outre, sur les cartons originaux où Ameghino avait fixé ses objets il y avait encore une foule d'esquilles d'os et échantillons de lœss brûlé, non numerotés, dont on ne pouvait mettre en doute la provenance de l'une des 7 stations (probablement I et II), quoique l'origine spéciale n'en put être indiquée.

Dans la revue que nous allons passer de la collection d'Ameghino, nous suivons le même ordre de séries qu'Ameghino lui même a suivi dans sa description. Premièrement 2 pièces qu'il tenait d'autre part. En suite le matériel de ses 7 stations en suivant naturellement la série de 1 à 7, puisque sans aucun doute toutes les pièces proviennent de la formation pampéenne supérieure.

## COLLECTIONS ET RECHERCHES DE M. AMEGHINO

### Fragment de pierre noirâtre trouvé par M. José Larroque sur les bords de l'arroyo Areco, entre les côtes d'un mylodonte

AMEGHINO, F., *Antigüedad,* etc. II, p. 379, 432-433, pl. XIX, fig. 557-558.

En 1874, M. José Larroque trouve sur la rive gauche de l'arroyo Areco, à peu de distance du bourg de San Antonio de Areco un sque-

[1] *Exposition Universelle de 1878, Groupe second, Classe huitième. Catalogue spécial de la section anthropologique et paléontologique de la République Argentine.* Paris, 1878, p. 3-11.

lette de *Mylodon robustus* presque complet. Il gisait en position horizontale, le dos en haut, les pieds en croix. En le déterrant avec un grand couteau, il choqua contre un corps dur qui se rompit en deux. C'était une pierre qui s'était introduite entre les côtes gauches de l'animal. M. Larroque recueillit les morceaux et les envoya à Ameghino alors à Mercedes, lequel se donna le travail de les recoller. C'est une pierre noirâtre dont Ameghino lui même n'a pu déterminer la nature, « lisse d'un côté et de l'autre côté grossièrement travaillée de façon que la partie supérieure termine en un bord tranchant ». Dans la même couche et non loin de là, M. Joseph trouva également des os de *Mylodon*, de *Megatherium*, de *Toxodon*, de *Macrauchenia* et de *Arctotherium*.

J'ai sous les yeux la pièce en question et je dois avouer qu'il ne si-

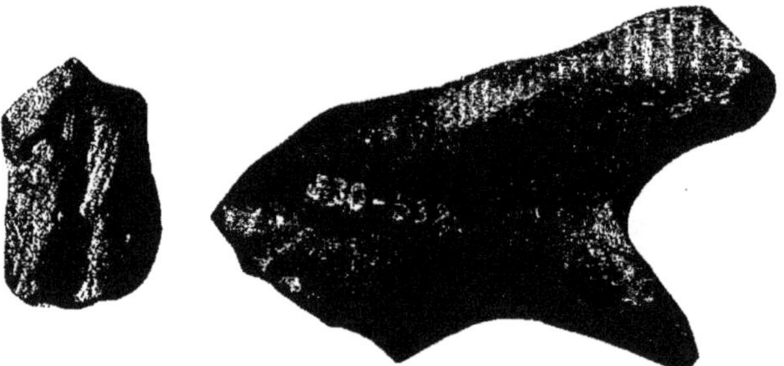

Fig. 55. — Pierre noirâtre de l'arroyo Areco et silex travaillé de l'arroyo Luján (*Ant.*, fig. 557-558 et 530-532). Gr. nat.

gnifie pas grand'chose. Qui sait s'il ne s'agit pas d'un fragment de pointe de flèche; la forme actuelle pourrait bien n'être pas la forme primitive, et l'on ne peut reconaître avec securité dans la pièce telle qu'elle est aujourd'hui, ni forme determinée, ni taille.

M. Santiago Roth lui-même qui a une grande expérience des fossiles pampéens me manifesta son opinion dans les termes suivants : « Ce peut être un fragment de dent, mais aussi bien un morceau de bois pétrifié; il peut provenir d'un os long, mais ni d'un édenté, ni d'un toxodonte, bien qu'il n'en ait pas la forme. Quoiqu'il en soit, c'est un corps étranger dans la formation pampéenne, par la raison qu'on n'y rencontre aucun os ou dent fossile d'une telle dureté. »

En tout cas, cette pièce a été apportée là par l'homme; peut-être s'agit-il d'un fragment de la pointe d'une arme de chasse.

**Nodule de silex travaillé trouvé par les frères Breton sur les bords de l'arroyo Luján avec un crâne de toxodonte**

Ameghino, F., *Antigüedad*, etc., II, p. 382, 435-437, pl. XIX, fig. 530-532.

Les frères Breton qui s'occupaient à la recherche de fossiles, avaient découvert sur la rive droite de l'arroyo Luján, à environ 3 kilomètres de la petite ville du même nom, un crâne de *Toxodon platensis*. Ameghino qui se trouvait alors par hazard à Luján en entendit parler et se rendit immédiatement au lieu et place de la trouvaille. A son arrivée, l'on venait précisément de déterrer le reste du squelette et un fragment de silex qui avait été trouvé au milieu d'os nombreux et à une distance d'environ 50 centimètres du crâne dans les lits inférieurs de la couche (VI). Ameghino put se convaincre qu'il avait existé réellement tout entier dans cette couche et n'y avait pas été apporté après coup; et il se dressa du terrain le profil suivant: I, Humus (40 centimètres); II, Couche grise avec dépôt de mollusques d'eau douce (85 centimètres); III, Sable jaune avec des os d'animaux éteints (30 centimètres); IV, Galets de *tosca* (8 centimètres); V, Sable rouge (20 centimètres) VI, Couche blanchâtre (90 centimètres); VII, Argile rougeâtre (niveau du río Luján. Le nodule de silex provient donc des couches les plus profondes de la formation pampéenne supérieure, puisque probablement l'argile rouge (VII) d'Ameghino correspond à notre formation pampéenne moyenne. Il est d'une forme spéciale et indubitablement travaillé. Ameghino l'a décrit très complètement et très exactement. C'est le fragment, séparé par un coup violent d'un bloc plus considérable de silex d'une couleur noirâtre tirant un peu au jaune de corne. La surface de cassure de ce fragment est la concave. Elle fut donc retravaillée après coup, premièrement au moyen d'un coup très violent qui avec le bulbe primitif de percussion en produisit un autre également concave et très apparent (il n'est pas possible de distinguer quel est le premier des deux); ensuite au moyen d'une série de retouches dont le but devait être évidemment d'émousser les bords tranchants de la surface de cassure, pour empêcher la main de se blesser en maniant le fragment.

De l'autre côté le fragment se divise en deux branches, dont l'une, petite est aiguë comme un poinçon dont la pointe est rompue; vraisemblablement elle s'est épointée par l'usage, où, suivant l'expression d'Ameghino, émoussée. L'autre branche a été transformée, au moyen de coups appliqués des deux côtés, en un large tranchant qui, naturellement, vu l'espèce de matériel ébréché l'est devenu encore plus par l'usage.

Ameghino pense que le fragment a dû servir pour fendre les os ou quelqu'autre usage semblable, et je crois qu'il a raison. Je remarque à ce sujet que par sa forme naturelle principalement, il peut très bien tenir dans une petite main.

Sa forme avec ses deux ramifications est assez remarquable; M. Thieullen [1] aurait certainement reconnu une tête de toxodonte avec sa gueule ouverte à la façon de l'hippopotame.

Dans la même couche l'on trouve également des restes d'*Hippidion neogaeum*, *Canis Azarae fossilis ?* et *Lestodon* sp. *(trigonidens ?)*.

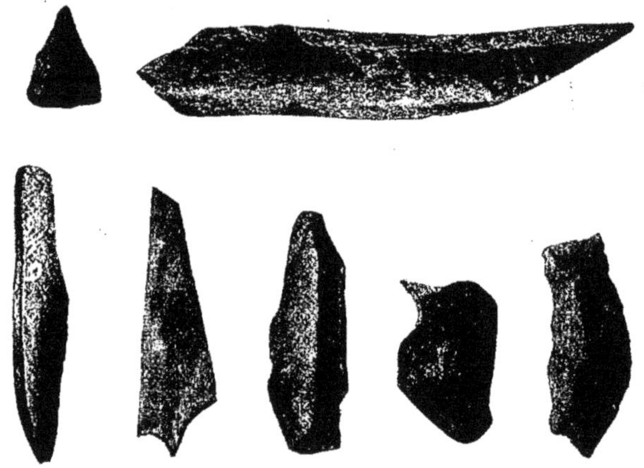

Fig. 56. — Os brisés, grattés et raccourcis, dents brisées et silex taillés de la station I d'Ameghino (Arroyo Frias). Gr. nat. Rangée supérieure : *Ant.* fig. 570-571, 647 ; rangée inférieure : *Ant.*, fig. 846, *Cat.*, num. 124, *Ant.*, fig. 578-79, 543-44, 533-35.

### Matériel de la station I d'Ameghino (Arroyo Frías)

AMEGHINO, F., *Antigüedad*, etc., II, p. 483-495; *Contribución*, etc., p. 65-66.

A propos de la description des restes de squelettes qui en provenaient, nous avons déjà exposé (p. 214) les circonstances dans lesquelles Ameghino découvrit cette station, située sur les bords de l'arroyo Frías, dans la proximité d'un pont. Nous donnons en plus ici le profil construit suivant les donnés du même auteur; il s'agit évidemment ici de la formation pampéenne supérieure : (1, Niveau de l'eau de l'arroyo Frías;

[1] THIEULLEN, A., *Les pierres à retouches intentionnelles à l'époque du creusement des vallées*, Paris, 1900. *Deuxième étude sur les pierres figures à retouches intentionnelles à l'époque du creusement des vallées quaternaires*, Paris, 1901. *Technologie néfaste. Industrie de la pierre taillée aux temps préhistoriques*, Paris, 1902. *Hommage à Boucher de Perthes*, Paris, 1904.

II, Couche de galets déposés par l'eau) ; III, Terrain végétal actuel, animaux domestiques européens (10 centimètres); IV, Terrain végétal moderne de couleur vive, faune actuelle indigène (40 centimètres); V, Terrain argileux (20 centimètres); VI, Terrain pampéen marneux (30 centimètres); VII, Terrain pampéen avec *tosca* (60 centimètres); VIII, Terrain pampéen, sable et argile (55 centimètres); IX, Terrain pampéen, sable et beaucoup d'argile (150 centimètres).

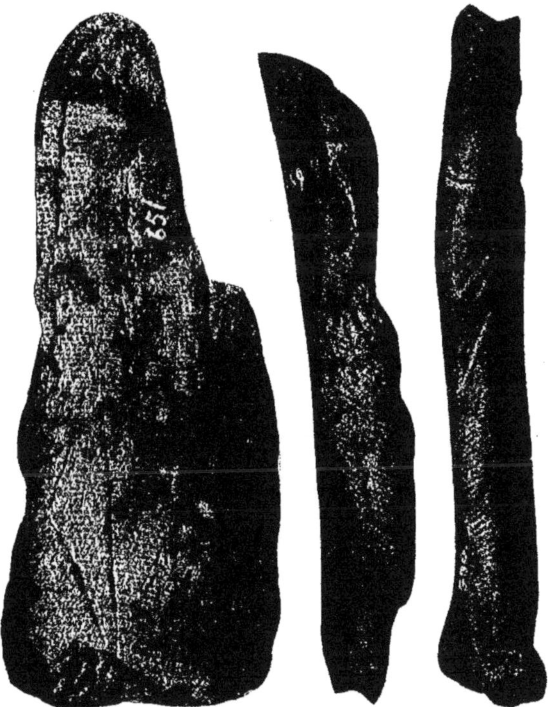


Fig. 57. — Os brisés de la station II d'Ameghino (Luján). (*Ant.*, fig. 651, 653, 580). Gr. nat.

Les restes d'ossements humains déjà décrits ici proviennent du fond de la couche IX où ils étaient amontonnés au milieu de restes d'os d'animaux, brisés, grattés et raccourcis (*Ant.*, figure 646, 647; *Cat.*, numéro 124); ou bien des dents d'animaux (*Ant.*, figure 543-544), de nombreux morceaux de charbon végétal; du lœss cuit, des os brûlés (par ex. plaques d'une carapace d'*Hoplophorus*) et des fragments de silex taillé dont trois ont été soumis à notre examen :

*Ant.,* figure 578-579; c'est une simple lamelle de surface de silex « postérieure » lisse et de surface « antérieure » en forme de toit, le tranchant très ébréché.

*Ant.,* figure 570-71; c'est un petit éclat à trois faces, extrêmement mince; deux des surfaces paraissent un peu retouchées; cela peut bien avoir été une pointe de flèche.

*Ant.*, figure 533-35; c'est un fragment de quartzite semi-lunaire, quasi triangulaire dans sa section transversale; la base est lisse, les surfaces retouchées. Il fut peut être fixé pour s'en servir dans un manche d'os (voir *Ant.,* figure 602-604 de la station II).

Fig. 58. — Os brisés de la station II d'Ameghino (Luján) *Ant.*, fig. 645, 608, *Cat.*, num. 181). Gr. nat.

Outre ces objets, il y a dans le *Catalogue*, numéro 268, un fémur gauche d'*Eutatus* muni de trous qui paraissent pratiqués de main d'homme; dans *Ant.,* II, p. 230, Ameghino fait allusion à ce cas et à un autre postérieur (station II, *Cat.,* numéro 237), mais il reste dans le doute au sujet des trous; leur diamètre varie entre celui d'un petit pois et celui d'une cerise; leur profondeur est de moins d'un pouce. D'après ce qu'il m'a dit, Ameghino croit maintenant à des perforations opérées par la guêpe de terre, et je suis en cela parfaitement d'accord avec lui.

*Faune.* — Dans les couches supérieures, *Auchenia guanaco, Cervus campestris, Palaeolama Weddelii, Mylodon robustus, Glyptodon typus.*

Dans les couches d'où proviennent les restes d'os humains, *Canis* sp. ?

aff. *Azarae, C. protojubatus, Macrocyon robustus, Conepatus mercedensis, Lagostomus debilis, Reithrodon fossilis, Hesperomys* sp.?, *Microcavia robusta, Ctenomys* sp.? aff. *magellanicus, Equus* sp.?, *Cervus* sp?, *Auchenia (Palaeolama?), Hoplophorus ornatus, Eutatus brevis, Euphractus minimus, Rhea.*

Dans les couches les plus profondes, *Arctotherium bonaërense, Macrauchenia patagonica, Toxodon Darwini, Palaeolama Weddelii, Scelidotherium leptocephalum, Panochtus tuberculatus, Chlamydotherium Humboldti.*

### Matériel de la station II d'Ameghino (Luján)

Ameghino, F., *Antigüedad*, etc., II, p. 459-482; *Contribución*, etc., p. 62-64.

La station est située sur les bords du río Luján dans la banlieue de la petite ville du même nom, et s'étend depuis le pont jusqu'à la Villa Azpeitía, c'est-à-dire 1 et demi à 2 kilomètres. Ameghino en leva le profil que nous reproduisons ici suivant les données de l'auteur (p. 460) qui sont plus exactes que sa figure 527 : I, Terrain postpampéen gris avec un peu de cal et beaucoup de coquilles d'eau douce (30 centimètres); II, idem blanchâtre avec assez de cal et beaucoup de coquilles d'eau douce (65 centimètres); III, Terrain pampéen sableux et blanchâtre avec des os d'animaux éteints et infiltrations calcaires (75 centimètres); IV, Sable rouge très fine avec des os d'animaux éteints (45 centimètres); V, Galets de *tosca* avec des os d'animaux éteints et quelques coquilles d'eau douce (15 centimètres); VI, Terrain blanchâtre avec des os d'animaux éteints, coquilles d'eau douce et beaucoup d'impressions végétales (1 mètre); VII, Galets de *tosca* avec beaucoup d'os d'animaux éteints (15 centimètres); VIII, Couche brune avec peu d'os d'animaux éteints (80 centimètres); IX, Niveau de l'eau du río Luján. Il semblerait que la couche VIII, appartient à notre formation pampéenne moyenne, et, comme tout le matériel provient des couches V à VII, elles doivent être attribuées aux parties inférieures de notre formation pampéenne supérieure.

Comme preuves de l'activité humaine, nous trouvons (I) des os brisés, en partie fendus dans le sens de la longueur, avec ou sans traces de coups, entailles, fêlures et grattages, (II) des os brûlés, (III) des os travaillés, (IV) de petits morceaux de lœss cuit et (V) de pierres travaillées.

Le matériel [1] appartenant à I, encore presque dans son complet, est

[1] Les spécimens existent presque tous; de ceux qui se sont perdus, il n'est pas fait mention dans notre texte. Nous faisons l'énumération de la faune d'après *Contribución*, etc.

très abondant et Ameghino décrit avec beaucoup de détails une foule de pièces, sur lesquelles nous nous dispensons de revenir; nous insisterons simplement sur quelques objets dignes d'une attention spéciale.

*Ant.,* figure 651, présente de nombreux grattages superficiels, en croix et transversalement; figure 615, tibia de *Toxodon platensis,* trois grattages parallèles.

*Ant.,* figure 653, permet de reconnaître très bien comment l'on frappait sur l'os avec un objet pointu.

*Ant.,* figure 580, côte de *Pseudolestodon,* présente sur la face ventrale de très jolies entailles.

*Ant.,* figure 645 et 608, fragments de côtes d'un petit édenté, présentent des coches transversales, produites par les dents d'un rongeur.

*Cat.,* numéro 181, présente des entailles nombreuses et profondes.

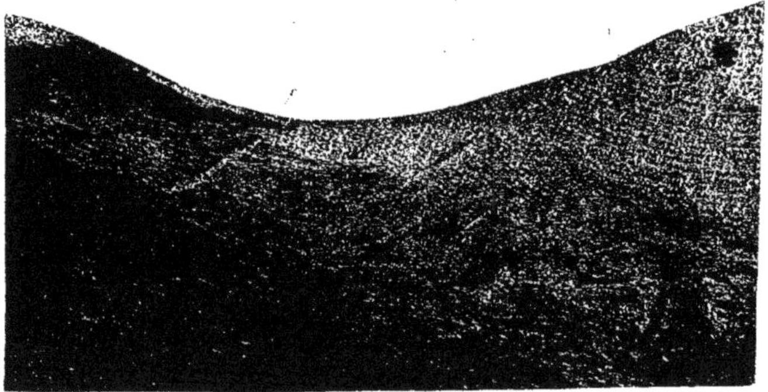

Fig. 59. — Partie d'un tibia de *Mylodon (Ant.,* fig. 671-673) de la station II d'Ameghino (Luján), avec des grattages et entailles artificiels. Gr. nat.

Certaines pièces n'ont pas été brisées, par exemple celle *Ant.,* figure 616, un métatarse entier d'*Hippidium principale,* avec quelques grattages, et *Ant.,* figure 671-673, le tibia d'un *Mylodon.* Les bords de l'épiphyse sont très attaqués, probablement par l'homme d'alors, dont on reconnaît l'activité aux nombreux grattages longitudinaux et courtes entailles que l'on voit sur la surface diaphysique et la surface articulaire et qu'Ameghino attribue à deux instruments différents, l'un une espèce de grattoir à pointe émoussée, l'autre une espèce de hachette avec un tranchant de 16 à 18 millimètres de large; en outre, la superficie de l'os est raclée sur la crête de l'élévation qui divise la surface articulaire distale; je retrouve le même reclage à une largeur de doigt du milieu de la crête tibiale.

Du groupe II, os brûlés, il n'existe plus aucun spécimen.

Le groupe III exige une révision complète du matériel encore presque complet.

*Ant.,* figure 605 ; c'est une dent de *Toxodon platensis.* La moitié de sa surface coronale est couverte d'un grand nombre de raies parallèles, perpendiculairement auxquelles en direction transversale on voit deux fentes plus courtes mais plus profondes. Ameghino reconnaît ici l'activité de l'homme ; il croit que l'on a essayé de faire quelque chose de la dent du toxodonte et dans ce but séparé des éclats, après avoir au préalable tracé sur la dent les entailles correspondantes. L'un de ces éclats serait, par exemple :

*Ant.,* figure 606-607, séparé d'une incisive de toxodonte. De polissure artificielle, comme Ameghino le croit, il ne s'agit certainement pas ici. Je ne vois pas ici autre chose que déchet naturel.

*Ant.,* figure 667-668, éclat d'un os long ; il est très intéressant parce-

Fig. 60. — Dents et os travaillés de la station II d'Ameghino (Luján) (*Ant.*, fig. 605, 606-607, 667-668). Gr. nat.

qu'on voit distinctement, en deux endroits de la surface, les points où l'on a frappé avec un objet très pointu, de manière à faire sauter l'éclat Du centre de frappage partent deux fentes qui entament profondément la substance osseuse, ce qui n'existerait pas, s'il s'agissait, comme le croit Ameghino, d'entailles produites intentionellement, dans le but de donner à l'os une forme déterminée. Il ne peut être question d'un polissage artificiel de la pointe. Comme je l'ai déjà dit, je considère cette pièce comme un simple éclat, dans lequel on reconnaît clairement l'effet du coup.

*Ant.,* figure 567-568, 630-631 et 536 ; ce sont des éclats accidentels, de même que ceux représentés dans les figures 597, 658 (= 617), 586 et 587, dont les derniers représentent un « type spécial », parcequ'ils proviennent non d'os longs mais bien d'os à superficie plate (omoplates, bassins, etc.).

*Ant.,* figure 539, n'est à mon avis qu'un éclat accidentel, dont la pointe formée accidentellement pourrait servir de poinçon, mais on reconnaîtrait encore le polissage, ce qui n'est pas le cas.

*Ant.,* figures 611, 564-566, 554-555, 551-552. Je ne puis prendre ces pièces pour autre chose que des éclats accidentels; l'on n'y voit aucune trace de polissage. L'on peut dire la même chose des *Cat.,* numéros 77 et 200 (« os pointu poli », « os aiguisé »), numéros 194 et 208 (« os fendu et taillé »), numéros 67-68 et 75-76 (« pointes de flèches »), numéro 99 (« éclat d'os long poli à l'une de ses extrémités et portant quelques stries à sa surface externe »).

*Ant.,* figure 602-604. C'est le fragment médial d'une côte dont la surface externe a été enlevée. La substance spongieuse est donc découverte du côté de la convexité. L'on voit vers le milieu trois entailles, dont deux grandes et une petite que je crois pouvoir attribuer à la main de l'homme. Les restes de la spongieuse ont peut-être été grattés en direction longitudinale comme l'admet Ameghino; à l'une des extrémités spécialement, il existe une découpure dont les bords sont lisses et forment entre eux un angle droit. Peut-être s'agit-il de la poignée d'un instrument de pierre dans laquelle les entailles servaient admirablement à augmenter la solidité, au moyen de lanières de cuir ou de cordes. L'autre extrémité paraît avoir été découpée obliquement. Peut-être aussi, pourrait-on prendre cette notable pièce pour le manche d'un couteau destiné à écorcher les animaux morts, tandis que l'extrémité émoussée du manche pouvait servir pour une foule d'autres usages.

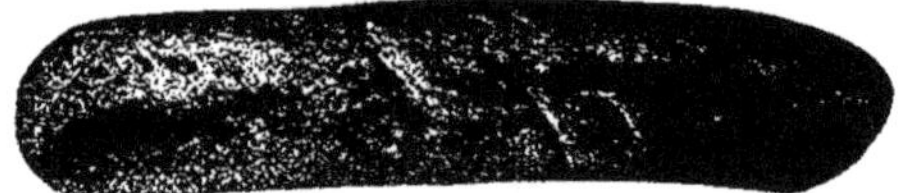

Fig. 61. — Côte avec entailles de la station II d'Ameghino (Luján) (*Ant.,* fig. 602-604). Gr. nat.

*Ant.,* figure 636-637. D'accord avec Ameghino, je crois pouvoir admettre que cette intéressante pièce servit de manche à un instrument de pierre. C'est la partie inférieure du bois d'un cerf appartenant d'après Ameghino à une espèce éteinte. Le tronc est gros, séparé obliquement en dessus de l'andouiller, et la spongieuse, évidée sûrement avec intention, peut-être pour y fixer un outil de pierre. Cette évidure, dans les parois de laquelle on reconnaît encore les marques de l'instrument qui servit à la pratiquer, est, d'après moi, la preuve la plus certaine du travail de l'homme sur la pièce en question. L'extrémité elle-même de l'andouiller, assez long du reste, paraît évidée artificiellement, bien que je ne puisse l'affirmer absolument; Ameghino n'en fait aucune mention. Un éclat de pierre comme *Ant.,* figure 576, par exemple s'y ajusterait parfaitement. Un instrument pointu à deux tranchants paraît sans emploi; mais j'observe, à ce sujet, qu'aujourd'hui encore les Patagons se servent d'un grattoir double [1]. La surface de la pièce semble usée, quoique la forme soit modifiée par un commencement d'érosion. La rosette manque en grande partie et a été évidemment enlevée artificiellement.

Les spécimens du groupe IV (lœss cuit) ne sont pas répartis par stations dans les cartons d'Ameghino et seront décrits plus tard en bloc avec d'autres objets.

Le groupe V est composé de pierres taillées.

*Ant.,* figure 575, est un petit morceau de quartz, probablement le fragment d'un couteau de pierre brisé en creusant la terre, puisqu'on y reconnaît clairement une surface de cassure récente. Il est de forme semilunaire et sur le côté de la concavité on distingue de petites retou-

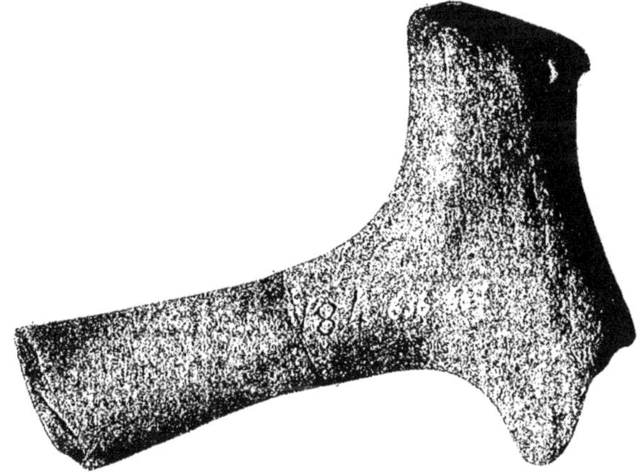

Fig. 62. — Partie inférieure du bois d'un cerf (manche d'un instrument de pierre) de la station II d'Ameghino (Luján). (*Ant.*, fig. 636-637). Gr. nat.

ches. Il s'ajuste exactement au manche du fragment de côte, *Ant.,* figure 602-604.

*Ant.,* figure 576, est un petit éclat de quartz, peut-être seulement accidentel.

*Ant.,* figure 662-664, est un petit fragment de silex de forme tétraédrique qui, comme les deux antérieurs, ne pouvait servir qu'ajusté à une poignée.

*Ant.,* figure 537-538, est un coin assez grand, de deux pouces de long sur un pouce de large, de quartzite vert-noirâtre. Le côté inférieur est

[1] Figueira, J. H., *Los primitivos habitantes del Uruguay*. Dans : *El Uruguay en la Exposición histórico-americana de Madrid,* Montevideo, 1892, fig. 42.
Verneau, R., *Les anciens Patagons,* Monaco, 1903, p. 266, fig. 48.

lisse, le côté supérieur à trois faces; les bords supérieur et latéraux sont lisses et assez exactement perpendiculaires au plan principal du coin dont l'épaisseur est d'environ 7 millimètres. Le tranchant est très aiguisé. Cette pièce est une preuve très notable de l'activité de l'homme à l'époque pampéenne.

*Faune.* — *Smilodon populator, Canis Azarae* foss., *Hydrochoerus sulcidens, Lagostomus* foss., *Kerodon major, Hesperomys* sp. ?, *Toxodon platensis, T. Burmeisteri, Hippidium principale, H. neogaeum, Equus curvidens, E. rectidens ?, Mastodon Humboldti, Dicotyle* sp. ?, *Palaeolama Weddelii, Auchenia* sp. ?, *Cervus magnus, C. pampaeus, Antilope argentina, Megatherium americanum, M. Lundi, Pseudolestodon myloides ?, Mylodon* sp. ?, *Glyptodon typus, G. laevis, G. recticulatus, G. clavipes ?, Hoplophorus ornatus, Thoracophorus* sp. ?, *Chlamydotherium typus, Eutatus Seguini, Euphractus* aff. *villosus, Tolypeutes* aff. *conurus, Didelphis* sp. ?, *Testudo ?, Emidis* sp. ?; divers restes de poissons.

Fig. 63. — Pierres taillées de la station II d'Ameghino (Luján) (*Ant.*, fig. 575, 576, 662-664, 537-538). Gr. nat.

Dans le même endroit où il avait mis à jour les pièces que nous venons de décrire, et postérieurement à la composition de son *Antigüedad del hombre en el Plata,* Ameghino entreprit de nouvelles recherches, du 20 décembre 1883 au 1er février 1884, sous les auspices de l'Académie Nationale des Sciences de Córdoba [1].

Un excellent profil vient à l'appui du texte; mais il nous suffit ici d'indiquer que les spécimens intéressants sous le point de vue anthropologique, proviennent de couches identiques à celles d'où proviennent les objets décrits plus haut. Ameghino dit avoir realisé ses trouvailles dans son dépôt lacustre, et il croit que les pluies et les inondations les apportèrent des hauteurs voisines dans une lagune; il fait observer que jamais, même à l'époque actuelle, ces hauteurs ne furent inondées et que l'homme des temps anciens y trouvait un refuge contre les crues des eaux et les habita toujours de préférence.

[1] Ameghino, F., *Excursiones geológicas y paleontológicas en la provincia de Buenos Aires. Boletín de la Academia Nacional de Ciencias de Córdoba,* VI, 1884, p. 37-38; *Contribución,* etc., p. 63-64.

Comme preuves de la présence de l'homme, Ameghino accumule une quantité considérable de petits fragments de terre cuite, plus ou moins roulés; des crânes brisés de mammifères, des os longs de ruminants, des morceaux de charbon végétal et d'ossements calcinés, des os avec des grattages et des entailles et des os travaillés.

De tout ce matériel, nous avons devant les yeux des échantillons de lœss contenant des petits fragments de terre cuite à peine reconnaissable dont il sera parlé ultérieurement avec d'autres pièces. Les autres objets ne sont pas marqués d'une façon spéciale et, par conséquent, ne se distinguent pas du matériel dont il a été parlé dans *Antigüedad* et qui n'a pas été non plus spécialement décrit, etc. Ces pièces n'offrent aucune particularité, et, relativement aux os qu'Ameghino considère comme travaillés, je puis me reposer sur l'étude de la collection publiée dans *Antigüedad,* comme nous le verrons plus tard.

Tout près de ce gisement, dans le voisinage du Paso de la Virgen, mais dans une couche un peu plus profonde de la formation pampéenne que les objets récemment décrits, Charles Ameghino trouva en 1884 un ancien foyer *(fogón)* reconnu comme tel à son sous-sol brûlé. Il le décrit dans les termes suivants:

« La dernière crue du río Luján qui eut lieu il y a quelques jours a mis à découvert, à quelques pas du moulin de Bancalari, un foyer de l'homme fossile enterré dans le pampéen rouge supérieur; il occupait une superficie de forme circulaire d'environ 2 mètres de diamètre, qui semble correspondre à une cavité alors existant à la surface du sol. Il consiste dans une grande quantité de lœss cuit du charbon végétale et quelques os carbonisés, et réduits à de petits éclats, le tout pêle-mêle et formant une masse extraordinairement dure. Le sol proprement dit du foyer s'est changé en brique et dans certains points il est si dur qu'il resiste au tranchant du couteau. Comme il se trouvait presque directement sous une écluse il avait été miné par les eaux, laissant à nu des couches du foyer qui résistaient encore à l'action des eaux; je les ai emportées pour les préserver d'une destruction complète. Si l'on étudie la composition avec une loupe, on reconnaît clairement les fibres du bois carbonisé. Un fragment de terre cuit brisé en deux laisse voir l'empreinte d'une graine de *cepa-caballo* [1], ce qui fait supposer que cette plante fut un des combustibles employés dans ce foyer. Le terrain con-

[1] *Cepa-caballo* = *Xanthium spinosum* (famille des composées). Dans mes recherches sur le *folklore* de la campagne argentine, qui contient beaucoup de superstitions et coutumes de l'ancienne population indienne, je n'ai pu rien trouver qui indique l'usage du grain de cette plante comme aliment; je crois plutôt que, dans le cas qui nous occupe les grains se trouvaient par hasard dans la masse de terre cuite, puisque, alors comme aujourd'hui, cette plante devait être des plus communes et employée tant alors qu'aujourd'hui comme plante médicinale.

gloméré par le feu de l'ancien foyer pénètre dans la berge à une profondeur de plus d'une palme et il est possible que si l'on pratiquait des fouilles, elles mettraient à découvert des objets importants. »

Pour en fin finir avec la station de Luján, nous allons traiter brèvement des dernières données d'Ameghino [1]. Il cite des galets trouvés dans le lit du río Luján, lesquels proviennent de la formation pampéenne moyenne (de sa nomenclature) et par conséquent des couches inférieures de notre pampéen supérieur. Un spécimen d'une origine aussi douteuse que le galet ne mérite pas qu'on lui attribue une grande valeur. Des os longs de ruminants et des fragments de lœss calciné provenant d'anciens foyers seraient importants sous le point de vue anthropologique.

Fig. 61. — Pierres taillées de la station III d'Ameghino (Paso del Cañón). (*Ant.*, fig. 572, 542, 574 et, en haut, *Cat.*, num. 220). Gr. nat.

**Matériel de la station III d'Ameghino (Paso del Cañón)**

Ameghino, F., *Antigüedad*, etc., II, p. 456-459; *Contribución*, etc., p. 62.

La station est située sur les deux rives du río Luján à 5 kilomètres à l'ouest de Mercedes, dans le parage appelé « Paso del Cañón ». Sous une couche d'humus d'un mètre d'épaisseur gît une couche de lœss brun d'une puissance de 3 mètres à 3 et demi, du fond de laquelle furent extraits les objets suivants : os fendus longitudinalement, fragments de lœss calciné et os taillés.

Sur la rive gauche de la rivière, on trouve à un demi mètre à peine d'une carapace de glyptodonte qui gisait à une profondeur de 3 mètres, la surface ventrale en haut, un gros quartzite taillé (*Ant.*, figure 572).

[1] Ameghino, F., *Contribución*, etc., p. 69.

C'est une lame triangulaire séparée d'un noyau plus gros; l'une des faces, de forme convexe, présente un bulbe de percussion aussi visible qu'il puisse l'être dans le quartz. L'autre côté présente diverses superficies anguleuses. Le tranchant est émoussé par l'usage. C'est une pièce au plus haut degré suggestive.

Le *Cat.*, numéro 220, comprend en outre un fragment de quartz qui fut trouvé sous la carapace de glyptodonte; c'est un éclat avec des traces évidentes d'élaboration.

Sur la rive droite de la rivière, à une profondeur d'environ 4 mètres gisait une carapace de *Panochtus*, la face ventrale en bas; à l'intérieur l'on ne trouva pas le moindre os de l'animal, mais des os de cerf et de *guanaco* fendus longitudinalement, ainsi que (*Cat.*, numéros 224, 226, 228) des fragments de dents de toxodonte et de mylodonte. Ameghino considère quelques-uns de ces dernières (*Ant.*, figures 657, 665, 666) comme le déchet produit par la retouche d'instruments ou de pointes de flèche faisant

Fig. 65. — Fragments de dents de la station III d'Ameghino (Paso del Cañón) *Ant.*, fig. 657, 665 666). Gr. nat.

partie de ce singulier matériel, bien comme des pièces inutilisées. Je dois avouer que le premier de ces trois objets offre réellement certaine ressemblance avec une pointe de flèche inachevée de la forme typique avec pédoncule, dans laquelle on distingue clairement les fines ondulations conchoïdes; mais il peut aussi ne se traiter que d'une simple éventualité. Quant aux deux dernières pièces, je ne puis leur attribuer aucune importance; *Ant.*, figure 665, n'est certainement pas poli sur les deux faces. Le petit fragment de quartz *Ant.*, figure 542, dont une petite portion fut brisée et détruite durant l'excavation, offre une ressemblance extraordinaire avec *Ant.*, figure 572, déjà décrit, avec la différence qu'il est moitié moins volumineux. La description donnée autre part s'adapte bien ici; les dents du tranchant, que je considère comme telles et non comme des retouches, sont très belles et très apparentes.

A environ 2 mètres de la carapace de *Panochtus*, l'on trouva une infinité d'os de cerf écrasés et peut-être brûlés, en outre des fragments de lœss cuit, enveloppés d'incrustations, deux petits fragments de quartz également en partie couverts d'incrustations (ces pièces n'existent plus ou ne sont plus reconnaissables): c'est là aussi que fut trouvé le silex admirablement travaillé, *Ant.*, figure 574, qu'Ameghino décrit avec tant d'exactitude. L'un des côtés que nous appellerons « inférieur » est simplement lisse et conxexe tel qu'il a dû résulter de la cassure; elle présente un très fort bulbe de percussion. Dans la retouche de l'un des bords longitudinaux, deux points ont pris la forme conchoïde à cause des morceaux qui ont sauté. Le côté « supérieur » présente diverses faces; une couche calcaire le couvre plus d'à moitié. Les deux bords longitudinaux sont lisses, comme ils l'étaient lors de la fabrication de la pièce, seulement que de l'un d'entre eux partent les deux surfaces de cassure conchoïdales dont il a été parlé antérieurement. Les deux bords les plus courts son très finement retouchés.

*Faune.* — *Canis protojubatus, C. Azarae* var. *fossilis, Microcavia robusta, Hesperomys* sp.?, *Hipphaplus Bravardi, Toxodon platensis, Cervus lujanensis, Auchenia* sp.?, *Mylodon Wienerii, Panochtus tuberculatus, Glyptodon typus.*

### Matériel de la station IV d'Ameghino (Campo Achával)

Ameghino, F., *Antigüedad*, etc., II, p. 450-456; *Contribución*, etc., p. 61.

La station est située sur la rive gauche du río Luján, à 3 ou 4 kilomètres de la ville de Mercedes dans le terrain appelé « Campo de Achával », du nom de son propriétaire. Comme la station VII elle se trouve dans un dépôt lacustre de seulement 40 mètres d'extension, qui longe la berge de la rivière, sur une épaisseur de 2 mètres, et dont la couleur est d'un jaune très clair.

La présence de l'homme y est démontrée par des os grattés et entaillés, presque tous de toxodonte, quelques-uns aussi de mastodonte; des os longs de cerf et de *guanaco* brisés en direction longitudinale; des mandibules brisées de cerf, de *guanaco* et de chien; des os et des dents travaillés; des os longs de ruminants brûlés et divers petits fragments de lœss cuit, noirâtre, très dur et très compact. Il n'y a pas des traces d'objets de pierre.

Presque tous les spécimens représentés existent encore. *Ant.*, figures 596, 581, 582, 612, *Cat.*, numéros 163, 169, sont de simples éclats qui ont sauté par l'effet de la cassure des os. La même affirmation s'applique également aux pièces, *Ant.*, figures 620, 621, 640 et *Cat.*, numéros 78 et 80, malgré l'opinion d'Ameghino qui voit dans cette forme des pointes de flèche artificielles. Avec la meilleure volonté du monde je n'y puis voir autre chose que des éclats dus au simple hasard. *Ant.*, figure 562-63 (= *Cat.*, n° 79) dans laquelle Ameghino voit également une pointe de flèche, est certainement une pièce notable. Il lui manque au moins un tiers qui a sauté dans le sens de la longueur, le fragment subsistant présente sur le tranchant et la pointe, deux petites surfaces de cassure légèrement conchoïdales et réellement symétriques; la grande entaille concave qui se voit sur l'un des côtés externes (l'autre a été brisé avec un tiers de la pièce) pourrait avoir servi à fixer solidement la pointe au manche de la flèche. Quoiqu'il en soit, une pièce isolée, défectueuse et douteuse ne peut faire preuve et j'ai bien de la peine à me ranger à l'opinion d'Ameghino.

*Ant.,* figure 618, n'est également qu'un simple éclat; je n'y puis distinguer la polissure artificielle qu'y voit Ameghino.

*Ant.,* figure 540-541 est une pièce plus discutable. C'est, d'après Ameghino, la pointe d'un poinçon retouchée à petit coups; pour une pointe de flèche elle serait un peu grosse. Les traces de ces coups y sont encore visibles, bien que je ne sois pas certain si elles n'ont pas été produites en brisant l'os à coups répétés, et les traces de ces coups feraient croire à la retouche dans la forme indiquée. Des os longs de plus grand volume ont été certainement brisés à coups répétés avec une pierre. Dans la pièce en question, il n'y a absolument aucune autre trace d'usage.

Les six pièces *Ant.,* figures 585, 583, 553, 559-561, 549-550 et 624-625, ne sont à mon avis que des éclats qui se sont separés par hasard de l'os brisé de la même manière; je n'ai reconnu en eux aucune forme caractéristique. La pièce *Ant.,* figure 549-550 n'est pas polie.

Seulement la pièce *Ant.,* figure 598-600 peut avoir été un poinçon; mais avant tout c'est un éclat d'os long, de la longueur du petit doigt et qui va en diminuant de la base à la pointe. Sur l'une des surfaces de cassure longitudinales on reconnaît un petit centre de percussion d'où s'est séparé par lui-même un petit éclat plus long. L'autre surface de cassure longitudinale, correspond à la lame externe et présente de petites coches conchoïdales, suivant Ameghino l'indice d'un retouche; mais je ne sais si cette cassure conchoïdale de la lame externe réfractaire ne peut pas résulter aussi de la cassure de l'os par le contre coup produit sur le côté opposé. Cette pièce ne porte aucune trace d'usage.

Les deux fragments de dents de toxodonte *Ant.,* figures 656 et 545-547, doivent être attribués, suivant Ameghino à l'activité de l'homme. Si relativement à d'autres os provenant tous d'un seul et même endroit, il ne peut y avoir de doute qu'ils ont été travaillés par l'homme, la même opinion est permise au sujet des dents, quoique les preuves ne soient pas convaincantes. La première pièce présente effectivement des traces de grattage sur le moignon de la couronne dentaire. La seconde pièce, à laquelle Ameghino attribue une valeur spéciale, est simplement un éclat de la même forme qui caractérise les dents de toxodonte. J'ai révisé avec M. le docteur Santiago Roth la riche collection de toxodontes du Musée et nous avons trouvé des exemples tout à fait semblables. Les dents de toxodonte présentent la particularité de se fendre premièrement en direction transversale et en second lieu d'éclater sur ses bords sous la forme conchoïdale, disposition que, dans la pièce qui nous occupe, Ameghino attribuait à la main de l'homme (« trophée de chasse »). M. Roth et moi avons trouvé cette même disposition conchoïdale sur des dents de toxodonte provenant des formations entrerrienne et patagonienne (de la Laguna Blanca et du Chubut) bien que sous une forme dif-

Fig. 66. — Os brisés et dents de *Toxodon* de la station IV d'Ameghino (Campo Achával). (*Ant.*, fig. 598-600, 562-563 (= *Cat.* num. 79), 540-541, 656 et, en haut, 545-547). Gr. nat.

férente et moins prononcée de celle que présente le fragment dentaire du Campo Achával.

*Faune.* — *Canis* sp. ?, *Myopotamus priscus, Reithrodon fossilis, Toxodon platensis, Mastodon Humboldti, Equus rectidens, Cervus* sp. ?, *Palaeolama Weddeli, Mylodon Sauvagei, Hoplophorus discifer, H. radiatus, Glyptodon typus, Eutatus brevis.*

### Matériel de la station V d'Ameghino (Arroyo Marcos Díaz)

Ameghino, F., *Antigüedad*, etc., II, p. 446-450 ; *Contribución*, etc., p. 62.

Cette station est située sur la rive gauche de la rivière Marcos Díaz, à un et demi kilomètres environ de son confluent avec le río Luján. La berge de la rivière a dans cet endroit presque 3 mètres d'élévation, et les fossiles gisaient dans un dépôt lacustre jaune brun de un et demi à 2 mètres d'épaisseur, sous une couche d'humus de 40 centimètres.

Comme preuve de l'activité humaine nous avons ici des éclats d'os longs percutés, dont quelques uns avec des grattages, des fragments de crânes et de mandibules de cerf et de chien (ces dernières n'existent plus) et enfin des fragments de quartz.

Les premiers de ces objets sont des éclats d'une longueur d'un pouce à un doigt, présentant toutes les formes irrégulières qui peuvent résulter de la percussion des os (p. e. *Cat.,* numéro 160). Sur quelques-uns d'entre eux l'on distingue clairement le centre de percussion *(Cat.,* numéro 162) sous la forme d'un demi œil qui avance jusque dans le canal médullaire *(Ant.,* figure 601, non reproduite). Ameghino l'a évidemment remarqué, mais sans y prêter une grande attention. *Ant.,* figure 622-623, est également un très bel éclat, qu'Ameghino décrit avec la plus grande exactitude. Lorsque l'os était encore frais, cet éclat, après avoir été cassé, fut grignotté à la surface de cassure et même à l'intérieur du canal médullaire par un rongeur d'une espèce aujourd'hui éteinte, peut-être un reïthrodonte.

Même avec la meilleure volonté du monde, je ne puis donner raison à Ameghino quand il prétend reconnaître dans une foule d'éclats osseux, des instruments avec ou sans traces de service; *Ant.,* figures 591-592 et 609 «couteau et racloir»; *Ant.,* figures 634-635 et 628-629, *Cat.,* numéro 214, 215, 216 «pointes de flèche» (Ameghino lui-même ajoute ici un point d'interrogation); *Ant.,* figure 593-595 «usage ignoré»; *Ant.,* figure 584 «poinçon», figure 626-627 «grattoir»; de la pièce *Cat.,* numéro 185, «polissoir» il n'est plus question dans *Antigüedad.* Les bords vifs, qu'il croit artificiels, se produisent par la percussion de n'importe quel os et les bords d'un os percuté avec précaution prennent très fréquemment et sans qu'on le cherche une forme arrondie (par exemple *Ant.,* figure 609, *Cat.,* numéro 185). Cette dernière particularité naturelle de la substance osseuse, ainsi que celle d'éclater sous formes de pointes aiguës par l'effet de la percussion ont sans doute induit la cervelle humaine à se servir de tels éclats comme de couteaux, grattoirs et même perforateurs. Sous le point de vue technique proprement dit, la période de l'os percuté a sans doute précédé celle de l'os poli, comme cela a lieu pour le matériel lithique. Mais je ne reconnaîtrais des instruments de travail dans tous les éclats dont je m'occupe ici et spécialement dans ceux qui terminent en pointe aiguë ou s'élargissent comme des coupe-papiers, à moins que je ne puisse y reconnaître au moins quelque signe de l'usage auquel ils ont servi! Je ne puis m'expliquer comment Ameghino peut découvrir sur quelques uns une polissure produite par l'usage.

Dans *Ant.,* figure 584, l'un des bords de la pointe pourrait faire considérer la pièce comme un silex retouché, tandis que les autres bords

Fig. 67. — Éclats d'os de la station V d'Ameghino (Arroyo Marcos Diaz). A gauche et verticalement *Cat.*, num. 185 ; à droite, première rangée, *Cat.*, num. 162, *Ant.*, fig. 622-623, 609 ; deuxième rangée, *Ant.*, fig. 591-592, 634-635, 628-629 ; troisième rangée, *Cat.*, num. 214, 215, 216, *Ant.*, fig. 626-627 ; quatrième rangée, *Cat.*, num. 160, *Ant.*, fig. 593-595, 584. Gr. nat.

sont tranchants; mais je n'y puis reconnaître aucune trace d'usage et je laisse subsister le doute à son sujet.

Tandis que presque tous les éclats d'os sont encore existants, des 4 quartz que nous avons mentionnés il n'en reste que deux. *Cat.*, numéro 186, est peut-être le même qu'Ameghino signale sous le numéro 3, *Ant.*, II, page 499, possiblement un fragment d'outil de pierre, bien qu'il ne présente aucune forme déterminée. *Ant.*, figure 638-639, est décrit avec une grande exactitude. C'est le fragment d'un outil bien fini, mais dont la forme n'est plus déterminable, ou, moins vraisemblablement, d'un outil non achevé, qui s'est cassé durant la fabrication. L'une des surfaces est convexe et l'un de ses bords retouché; l'autre surface est triple et le tranchant opposé retravaillé, d'où résulta un instrument à deux tranchants, dont l'un a été retravaillé d'un côté.

*Faune.* — *Canis cultridens, Canis Azarae* foss., *C.* sp. ?, *Toxodon platensis, Cervus* sp. ?, *Palaeolama* sp. ?, *Glyptodon* sp. ?, *Praopus* aff. *hybridus, Euphractus* aff. *villosus.*

Fig. 68. — Quartz taillés des stations V et VI d'Ameghino (Arroyo Marcos Diaz et Arroyo Frías). (Station V : *Cat.*, num. 186, *Ant.*, fig. 638-639 ; station VI : *Ant.*, fig. 641). Gr. nat.

### Matériel de la station VI d'Ameghino (Arroyo Frías)

Ameghino, F., *Antigüedad*, etc., II, p. 444-446; *Contribución*, etc., p. 61.

La station se trouve sur la rive droite de l'arroyo Frías, à environ 500 mètres de son confluent avec le Luján. Sous une couche d'humus de 30 à 40 centimètres d'épaisseur et à une profondeur de seulement 80 centimètres, sur une étendue de plus de 2000 mètres carrés on trouve en grande quantité, des os de mastodonte grattés et rayés, « absolument comme des os frais dont on a separé la chair avec un couteau de pierre » ; sur les côtes, et spécialement dans leur région de courbure angulaire, les marques sont d'une forme particulière; on dirait que l'os a été frappé comme à coups de pioche avec un instrument tranchant, qui a fait sauter de petites particules osseuses.

Des spécimens de cette station (*Ant.*, figure 650; *Cat.*, numéro 178, 180) il n'existe plus rien; des petits fragments de quartz mêlés avec les os de mastodonte il n'y a plus qu'un (*Ant.*, figure 641); je ne puis voir dans cette pièce autre chose qu'un éclat de déchet, certainement produit par la main de l'homme et qui a dû séjourner sous cette forme dans la couche de lœss; mais ce n'est sûrement pas un instrument véritable, une pointe de flèche par exemple, comme Ameghino voudrait le faire supposer.

*Faune.* — *Mastodon Humboldti, Lestodon* sp. ?, *Glyptodon typus.*

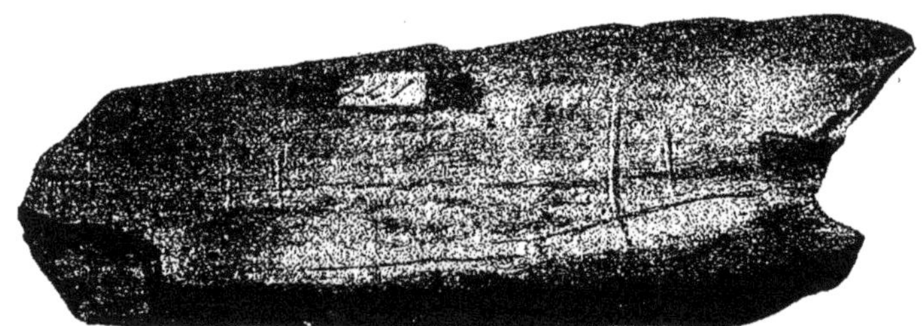

Fig. 69. — Os fendu de mastodonte couvert de fins grattages de la station VII d'Ameghino (Rio Luján). (*Cat.*, num. 176). Gr. nat.

**Matériel de la station VII d'Ameghino (Río Luján)**

Ameghino, F., *Antigüedad*, etc., II, p. 441-444; *Contribución*, etc., p. 61.

Cette station est située sur la rive gauche du río Luján, près de la petite ville de Mercedes, à 300 ou 400 mètres de l'embouchure du Frías. La berge s'élève à une hauteur qui varie de 2 à 4 mètres. Outre une couche d'humus de 40 à 50 centimètres d'épaisseur, le profil se compose d'une couche blanchâtre ou jaunâtre d'un dépôt bourbeux ou lacustre qui a comblé une dépression du sous-sol (« argile rougeâtre très compacte »). C'est du dépôt lacustre, c'est-à-dire du lit inférieur de ce dépôt que proviennent les restes de la station VII.

En 1872, Ameghino avait déjà trouvé à un mètre de profondeur des fragments de la carapace d'un glyptodonte, peut-être le *Glyptodon typus*, de 20 à 30 centimètres de diamètre, disposés en deux monceaux de 9 et

11 fragments (activité humaine). Quelques années plus tard il fit exécuter des fouilles méthodiques sur une étendue de 50 mètres stimulé par l'abondance des os fossiles que l'érosion des eaux mettait à découvert. Le résultat ne répondit pas à ses espérances. Comme preuve de l'activité de l'homme nous avons :

*a)* Deux fragments d'os longs de mastodonte fendus longitudinalement et couverts de fins grattages transversaux *(Cat.,* numéro 175 et 176). Seule la seconde pièce est encore existante. Nous reproduisons la description d'Ameghino. Il s'agit de grattages grands et petits, obliques et transversaux. L'une des extrémités est lisse, mais son poli peut très bien se devoir à l'action de l'eau.

*b)* Diverses côtes de mastodonte avec des raclures et des stries et quelques os, de cerf peut-être, fendus longitudinalement (ces objets n'existent plus).

*c)* Un fémur de grand édenté *(Ant.,* figure 669), dont les epiphyses manquent; ses deux surfaces larges, sont très irrégulièrement raclées et égratignées. Ameghino fait la description de l'un de ces côtés en y ajoutant une figure; mais sur l'original on observe un bien plus grand nombre de grattages et d'égratignures.

*Faune. — Lagostomus trichodactylus, Mastodon Humboldti, Cervus* sp. ?, *Mylodon* sp. ?, *Glyptodon typus.*

### Divers esquilles d'os et fragments de lœss cuit

Sur les mêmes cartons originaux où Ameghino avait fixé le matériel que nous venons de passer en revue, il y en avait en outre une foule d'éclats d'os et de spécimens de lœss cuit non numérotés, dont la provenance d'une des 7 stations ne donnait lieu à aucun doute, sans que l'on put cependant indiquer l'endroit spécial d'où ils venaient.

Les esquilles d'os n'offrent aucune particularité; ce sont des déchets d'os longs travaillés comme ceux dont nous avons eu lieu de parler à propos des diverses stations. Quelques uns, spécialement désignés comme tels, paraissent réellement avoir été soumis à l'action du feu; ils sont noircis et calcinés.

Les fragments de lœss cuit sont d'une forme tubéreuse irrégulière et d'une grosseur qui varie depuis celle d'un poingt d'enfant jusqu'à celle d'une fève ou d'un pois. Leur couleur est très variable, parfois d'un blanc jaunâtre, d'autres fois rouge-jaunâtre ou rouge cramoisi. Quelques échantillons adhèrent encore au lœss qui les enveloppait. Presque tous sont plus ou moins déroulés. Comme nous l'avons déjà dit, Ameghino pense que tous sont des restes de foyers.

Dans la collection particulière de M. Ameghino, qu'il voulut bien me permettre d'étudier, se trouvent encore des esquilles d'os cassés et des fragments de lœss cuit, au sujet desquels il n'y a rien à dire sinon qu'ils proviennent tous de différents points de la formation pampéenne.

### Autres objets provenant de Luján

Aux environs de la ville de Luján, près de la *quinta* (métairie) de Azpeitia, dans une couche de gravier de la formation pampéenne supérieure, fut trouvé par M. Ameghino, dès 1874, un instrument de silex dont la description, pour des circonstances spéciales, ne fut publiée que de longues années après par M. F. F. Outes [1].

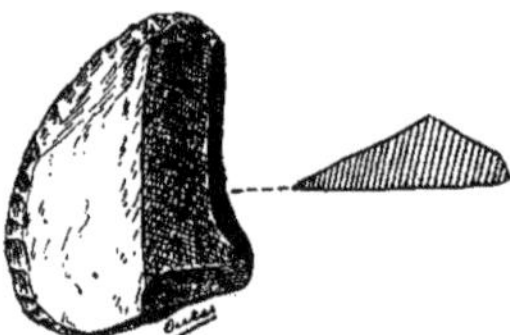

Fig. 70. — Quartz taillé de Luján, selon F. F. Outes, l. c., fig. 2. Gr. nat.

« Il s'agit — dit M. Outes — d'une lame polygonale de quartz, de couleur clair à sa surface externe et quelque peu rougeâtre à la face interne, assez patinée. La forme est irrégulière, indéfinissable et ne présente aucune trace du conchoïde de percussion ; peut-être s'agit-il d'une lame naturelle et utilisée. Ses dimensions sont de 39 millimètres de long et 31 millimètres de largeur maximum ; l'épaisseur ne passe pas de 9mm5. Le travail s'est effectué à la surface externe ; il est clairement manifeste et occupe un tiers de la périphérie du côté le plus courbe, comme si l'on eût voulu utiliser cette condition propre du fragment. Les coups sont menus, donnés symétriquement par percussion directe et avec la même impulsion ; la surface interne est restée intacte. »

De Luján et de l'étage qu'Ameghino appelle *piso lujanense* provient une trouvaille extrêmement intéressante qui fut faite en 1897, dont M. Ameghino a eu l'obligeance de me faciliter la publication. M. Ameghino

[1] OUTES, F. F., *Sobre un instrumento paleolítico de Luján (provincia de Buenos Aires). Anales del Museo Nacional de Buenos Aires*, XIII, 1905, 169-173.

avait immédiatement écrit la notice suivante que je reproduis dans son intégrité :

« Le collectionniste du Musée de San Paulo, M. Bicego Beniamino, se trouvant à La Plata vers le milieu de septembre 1897, à son retour du Río Negro, attendant le départ du vapeur *Villarino* qui devait lever l'ancre le 25 du même mois, je lui indiquai la convenance de profiter de ces quelques jours pour faire une excursion au Río Luján près de la ville du même nom, dans le but de réunir une collection des mollusques fossiles qui y abondent dans les dépôts post-pampéens et dans les pampéens modernes connus sous le nom de pampéen lacustre.

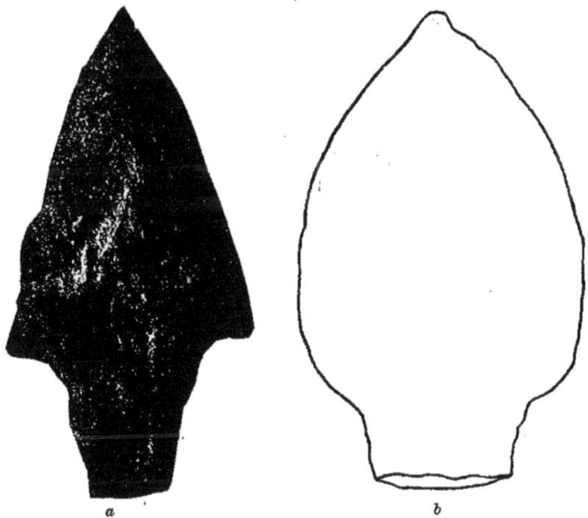

Fig. 71. *a*, Pointe de flèche en bois silifié de Luján. — *b*, Pointe de flèche aussi de Luján, selon Zeballos et Reid, l. c. Gr. nat.

« Le 20 il parcourut les berges de la rive gauche depuis Luján jusqu'au moulin de Jauregui, ramassant des coquilles et quelques fossiles qu'il trouva dans les diverses couches. Le 27 il se dirigea directement au moulin de Jauregui et revint à Luján par la rive droite du río.

« A quelques centaines de mètres plus bas, dans une berge avant d'arriver à l'embouchure d'un ruisseau située dans le même parage, il recueillit quelques mollusques dans une couche appartenant à la formation post-pampéenne. En examinant la couche verdâtre inférieure, il aperçut un grand os (un fragment d'humérus de *Megatherium*) qu'il déterra et à côté duquel il trouva un instrument ou pointe de pierre très notable. Le même jour il revint à La Plata dans un moment où je me trouvais en compagnie de mon ami l'éminent naturaliste M. Spegazzini. A peine arrivé, il nous fit le récit de son voyage, en nous exhibant les objets par lui recueillis et particulièrement le fragment d'os et la pointe de pierre en question encore humides et en partie enveloppés de terre. »

D'après la narration que nous venons de reproduire, il ne peut y avoir aucun doute au sujet de l'origine de la pièce qui provient certainement de la formation pampéenne. C'est une pointe de flèche travaillé en bois silifié, d'un type qui l'on rencontre fréquemment dans la Patagonie [1] où il a été trouvé déjà une pointe de flèche en bois silifié [2], d'une longueur notable. Sa longueur maximum mesure 74 millimètres, sa largeur maximum 38 millimètres, son épaisseur maximum 10 millimètres. Les deux surfaces sont peu travaillées, en raison de ce que le bois a une certaine tendence à se fendre dans le sens de la fibre; une des faces est plane, l'autre légèrement convexe. Tous les bords son retouchés et, suivant l'épaisseur des bords, les différentes retouches sont plus considérables et plus apparentes que dans les endroits où les bords sont plus minces. La superficie portait encore de nombreuses incrustations calcaires.

Cette pièce est d'une très grande importance, parceque c'est la deuxième pointe de flèche que l'on puisse attribuer à la formation pampéenne; pour le moins, c'est M. Ameghino qui affirme que cette pièce provient de son *piso lacustre* dont elle serait, suivant lui, contemporaine. La première fois, c'était les frères Breton qui avaient découvert le même type déjà en 1873 [3] et dont le contours nous y reproduisons (fig. 71*b*).

C'est dans une région toute différente de la formation pampéenne de Buenos Aires, aux environs de Córdoba, que ses explorations ultérieures conduisirent Ameghino.

Au mois d'octobre 1885, accompagné de M. Adolphe Doering, il découvrit à une profondeur d'au moins 15 mètres, dans la *barranca* sur laquelle s'élève l'observatoire astronomique, un ancien foyer [4]. Ce foyer se trouvait à découvert au pied de la berge, avec une extension d'un mètre et demi quarré et une épaisseur de 15 centimètres. Le lœss s'était transformé en brique sous l'action du feu et solidifié par l'effet de l'infiltration

[1] OUTES, F. F., *La edad de la piedra en Patagonia. Anales del Museo Nacional de Buenos Aires*, XIV, 1905, fig. 97, 130.

[2] *Ibidem*, fig. 125.

[3] ZEBALLOS, E. y REID, W. F., *Notas geológicas sobre una excursión á las cercanías de Luján. Anales de la Sociedad Científica Argentina.* I, 1876, p. 313-319, lámina.

[4] AMEGHINO, F., *Informe sobre el Museo antropológico y paleontológico de la Universidad Nacional de Córdoba durante el año 1885. Boletín de la Academia Nacional de Ciencias de Córdoba*, VIII, 1885, p. 9. — *Contribución al conocimiento de los mamíferos fósiles de la República Argentina*, Buenos Aires, 1889, p. 68-69. — DOERING, A., p. 179 et 185 du présent travail.

calcaire. La « couche culturale » tout entière était remplie d'os fendus et brisés de *Toxodon, Mylodon,* d'un édenté indéterminé, peut-être un *Valgipes,* d'ossements et fragments de carapace de *Tolypeutes* y d'écales d'œufs d'autruche. Au même niveau que ce foyer, mais à une certaine distance, Ameghino trouva deux quartz taillés, quelques fragments d'un squelette de *Tolypeutes,* ainsi qu'un certain nombres d'os de *Scelidotherium* et *Lagostomus heterogenidens.*

Ameghino fit sortir sur place une partie de ce foyer et l'emporta au Musée de La Plata. Bien préparé, il forme une pièce curieuse de notre collection. Malheureusement sa vue ne permet pas d'en tirer de grandes conséquences. C'est un morceau d'environ $^1/_4$ d'un mètre cubique et d'un lœss un peu obscure et assez solide dans lequel on distingue çà et là des fragments de carapace du *mataco.* Vers le centre du côté visible un endroit grand comme la main est d'une couleur un peu plus obscure. C'est tout ce que l'on peut en dire. Cette pièce comme telle ne prouve absolument rien et moi-même je me demande si Ameghino ne s'est pas trompé.

## COLLECTIONS ET RECHERCHES DE M. SANTIAGO ROTH

Il n'existe encore aucun aperçu bibliographique dans lequel soient condensées les recherches et publications du docteur Santiago Roth sur la formation pampéenne et je profite de la circonstance pour réparer tout d'abord cette lacune. Je passerai premièrement en revue les collections de fossiles pampéens réunies par lui, comme simple particulier, avant son entrée au Musée de La Plata en 1892, et, en reproduisant les catalogues qui s'y rattachent, je mentionnerai toutes les pièces qui offrent quelque intérêt sous le point de vue anthropologique.

Première collection. — Sans catalogue spécial. Vendue au Musée Zoologique de l'Université de Copenhague.

Elle ne renferme rien d'intéressant sous le point de vue anthropologique.

Seconde collection. — Catalogue numéro 1. Il fut traduit en latin; c'est une curiosité bibliographique et une rareté de premier ordre. Il n'en existe plus que très peu d'exemplaires. Le titre complet est celui-ci :

*Pretiosorum fossilium in regionibus Reipublicae Argentinensis Americae meridionalis nuper repertorum et ad proprietatem Caroli F. Hofer et Soc. Genuae spectantium accurata brevisque recensio. Genuae ex typographia juventutis,* 1879, 8°, 8 pp.

Vendue au Musée d'Histoire Naturelle de Genève.

Sous le point de vue anthropologique nous intéressent les passages suivants :

(p. 6) « *D.* Glyptodontes.

*a.* Glyptodontis clavipedis.

1) Lorica una in plurima magna fragmenta fracta, una costa et absis colli integrae; altera vero costa cum colli abside haud completae. »

(p. 7) « *E.* Pleraque alia.

(p. 8) « *B.* Unus dens felis-tigri permagnus et optime servatus, quem inveni in lorica glyptodontis clavipedis. Innumerabiliaque fragmenta mandibularum, dentium aliorumque ossium quae tamen singillatim declarare et enumerare arduum ac difficile esset. »

Par conséquent, si je m'en rapporte aux communications personnelles de Roth, il s'agit ici d'une canine de *Machaerodus* et d'un fragment de bassin, vraisemblablement de *Equus*, trouvé par Roth près de Pergamino, dans la formation pampéenne supérieure typique, avec des os d'autres animaux exceptée de glyptodonte à côté d'une carapace vide de glyptodonte qui gisait sur le côté dans une position tout à fait antinaturelle. Vers la même époque Roth ne croyait pas encore à l'homme fossile. Ce fut à Pergamino après la célébration d'un enterrement dans le cimetière local, Roth s'occupait non loin de là à déterrer des fossiles Les assistant à l'inhumation, la cérémonie terminée, se dirigèrent vers l'endroit ou travaillait Roth, pour voir ce qu'il faisait. Roth avait déjà mis à jour la carapace de glyptodonte, mais il ne l'avait pas encore sortie de sa position primitive, bien qu'il l'eût déjà débarrassée du lœss qui l'enveloppait.

Les nouveau-venus restèrent surpris et un certain Sanguinetti, perruquier, qui n'entendait rien aux fossiles, s'exprima plus ou moins dans les termes suivants : ***Esto debe haber sido un rancho de los indios !*** (« Ce doit avoir été une hutte d'indiens ! ») et il se fit à ce sujet un échange d'opinions. Plus tard, lors que Roth eut trouvé des traces incontestables de l'homme, il revint sur cette idée et se souvint alors l'exclamation du perruquier.

Naturellement il ne s'était pas alors occupé des caractères spéciaux éventuels de la canine de *Machaerodus* ni du fragment de bassin, peut être provenant de l'*Equus* et les faits ne sont plus aujourd'hui bien présents dans sa mémoire ; mais il suppose que la dent pourrait présenter des traces d'avoir servi d'instrument à l'homme et que le fragment de bassin pourrait avoir été brisé, etc., par l'autoctone pampéen. Mon excellent ami M. Burkhard Reber, si connu par ses études sur l'histoire de la médecine et de la pharmacie, a bien voulu, à ma demande, se charger des recherches quant à ce sujet, au Musée de Genève ; malheureusement sans résultats.

Je reproduis ici un passage d'une lettre de Roth à Charles Vogt à Genève, 16 août 1881, que son auteur a mis à ma disposition :

« Vous croyez qu'il pourrait subsister des doutes dans l'esprit des savants au sujet de la réalité de la trouvaille de Fontezuelas. A ces doutes je puis opposer non seulement ma parole, mais encore le squelette fossile et l'instrument fossile, et un spécialiste quelconque en voyant les os se rangera à mon opinion. Depuis longtemps déjà j'ai cru reconnaître sur un grand nombre d'os le travail de la main de l'homme, par exemple dans les glyptodontes dont l'os pubis, comme nous le savons, est soudé à la carapace, de même que dans quelques carapaces tellement brisées qu'il paraît impossible qu'elles soient arrivées à un tel état autrement que par la main de l'homme. Voyez plutôt la carapace que j'ai recomposée et l'*Hoplophorus*. Singulière était la position antinaturelle dans laquelle je trouvai la carapace de *Glyptodon clavipes* qui occupait la grande caisse et qui se brisa durant le voyage. Rappelons-nous qu'après l'avoir mise à jour, nous vîmes qu'elle reposait sur l'extrémité de l'un de ses côtés, et qu'elle était inclinée en avant de manière que l'un des côtés et le dos pouvaient avoir rempli l'office de murailles et l'autre côté avoir servi de toit. Ce fut un argentin qui le premier me fit remarquer cette singulière position. L'animal avait été découvert tout près de la ville de Pergamino, et le monde y venait en foule pour voir un tel prodige. Ce fut dans ces circonstances qu'un visite fit la remarque que la carapace pouvait très bien avoir servi de *rancho* (hutte) ; qui sait, dit un autre, si elle n'a pas servi pour dormir dessous ; elle est précisément tournée vers le sud. Involontairement je pensai moi-même que ces gens là pouvaient bien avoir raison et que la dent de *Machaerodus* trouvée dans le même lieu pouvait avoir été un outil de travail. Je trouvai encore une autre carapace dans une position identique ».

TROISIÈME COLLECTION. — Catalogue numéro 2 : ROTH., S., *Fossiles de la Pampa, Amérique du Sud, 2e catalogue,* San Nicolás, 1882, 10 pp., sp. p. 3-4 ; idem, Genève 1884, 15 pp., 7 pl. sp. p. 5-7, pl. I.

Vendue au Musée Zoologique de l'Université de Copenhague.

Sous le point de vue anthropologique, la trouvaille de Fontezuelas est intéressante. Nous nous en sommes amplement occupés (p. 253 et suiv. de ce travail). La corne de cerf ainsi que la coquille d'*Unio* trouvées en même temps sont plutôt à leur place ici :

**Corne de cerf et coquille de moule trouvées avec le squelette de Fontezuelas**

Du même groupe que les restes humains trouvés à Fontezuelas et que nous venons de décrire font également partie une corne de cerf et une coquille de moule, dont nous allons nous occuper à continuation. M.

Roth, en effectuant le nettoyage des os, qu'il avait emportés chez lui tels qu'il les avait trouvés (Vogt 1881, Roth 1882, 1884, 1889 et communication particulière) découvrit à la base du crâne, immédiatement en dessous de la mandibule, une corne de cerf de 18 centimètres de long, sur 1 centimètre de diamètre (ces mesures sont exactes; quant à l'épaisseur elle varie naturellement suivant l'endroit). Pendant le nettoyage, la corne se brisa en quatre morceaux qui furent ensuite recollés, mais de telle manière que notre photographie permet encore de distinguer les cassures.

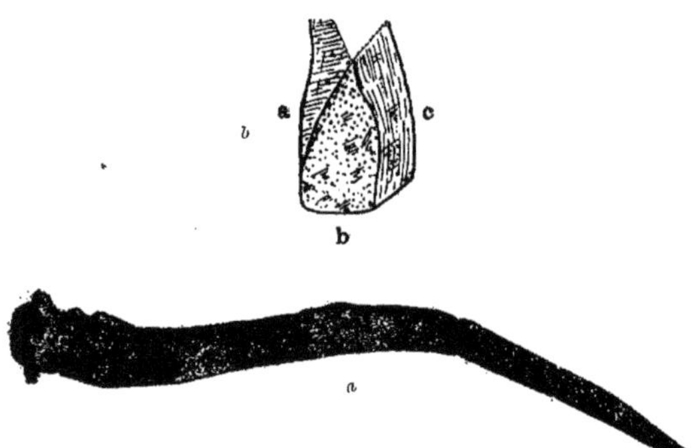


Fig. 72. — *a*, Corne de cerf trouvée avec le squelette de Fontezuelas. *b*, Détail de l'endroit où sortait auparavant l'andouiller de la corne de cerf. ; $^1/_2$ Gr. nat.

Il y a en outre quelques traces d'incisions et de lésions modernes. M. Vogt, dans l'examen de la photographie que lui envoya M. Roth, ne découvrit aucune marque de travail intentionnel. M. Roth, de son côté, croit que la corne a servi d'alène etc., et un nouvel examen de l'original permet d'affirmer qu'il a raison, malgré ce qu'en dit M. Hansen (l. c., p. 3) : « Nous n'avons malheureusement pas de données précises au sujet des ustensiles qui font partie de la trouvaille de Fontezuelas; l'on trouva, il est vrai une corne de cerf et une coquille de mollusque, mais aucune de ces pièces ne porte les preuves d'avoir servi à un usage quelconque ». M. Hansen ne donne pour cette même raison aucune représentation graphique de ces deux pièces.

Des recherches auxquelles je me suis livré, il résulte que la corne de cerf de Fontezuelas est de la même constitution spongieuse fragile que la plupart des os provenant de la formation pampéenne ; qu'elle est d'une couleur jaune-blanchâtre et couverte dans de nombreux endroits d'incrustations calcaires fortement adhérentes. C'est presque sûrement la corne droite naturellement renversée d'un *Cervus campestris* (suivant la détermination de M. Winge) ; elle appartient à un sujet de deux ans; c'est par conséquent une enfourchure mais dont l'andouiller a été enlevé artificiellement (voyez plus loin). Le bois des dagues n'est jamais aussi arqué, il a au contraire la forme d'une véritable alène. Dans notre fragment, l'extrémité de la pointe est, il est vrai, brisée, mais on y distingue encore d'un côté une petite surface polie qui, d'ailleurs, ne peut servir de preuve puisqu'on la trouve dans presque toutes les cornes de la même catégorie. Mais dans la pièce qui nous occupe, il existe un signe certain de travail humain : à un centimètre et demi au-dessus de la rosette, du côté convexe du bois, et dans l'endroit même ou sortait auparavant l'andouiller, commence une surface rugueuse semblable à une amygdale par son développement, la forme de ses contours et sa courbure (fig. 72*b*), terminée, d'un côté par une bordure d'un demi centimètre de large, polie au moyen du grattage (fig. 72*c*), et, de l'autre côté, vers le sommet de la protubérance, sillonnée en direction transversale (fig. 72*a*). Le sommet de cette protubérance amygdaloïde est situé vers l'extrémité du bois; sa base, comme il a été dit, commence à un centimètre et demi de la couronne, et sa partie rugueuse pénètre dans la substance à une profondeur d'au moins 3 millimètres. Le tout constitue le lieu d'où sortait auparavant l'andouiller artificiellement enlevé. Si l'on maintenait devant soi l'objet dans la main gauche, la pointe dirigée en avant et si, avec une pierre tenue dans la main droite, on grattait à la base de l'andouiller, en exécutant un mouvement de va et vient en direction longitudinale (fig. 72*c*), jusqu'à produire une rainure d'un demi centimètre de profondeur, on pouvait alors enlever l'andouiller (fig. 72*b*); le bord denté laissé du côté opposé de la rainure par l'ablation de l'andouiller se retouchait alors par le sillonnage en direction transversale.

En continuant le nettoyage et en dépouillant les os du bassin de la terre qui les enveloppait, M. Roth trouva une coquille de mollusque d'eau douce, du genre *Unio* (non pas une coquille d'huître comme le dit M. Vogt), de 5 centimètres de long sur 3 centimètres de large originairement; il trouva en outre un certain nombre d'os brisés provenant évidemment d'un très petit édenté qui, selon toute probabilité devait servir d'aliment à l'homme de Fontezuelas puisque ces restes furent découverts dans la région même où était situé l'abdomen. Le mollusque lui-même était évidemment destiné à la nourriture, et, comme je me crois permis de le supposer, la coquille était un outil primitif que l'homme emportait dans une poche avec ses autres ustensiles, l'alène de corne de cerf, par exemple.

La coquille est couverte à sa surface externe et partiellement aussi à sa surface interne d'une fine enveloppe calcaire. La base est défectueuse, mais il est impossible d'affirmer si cette défectuosité remonte, ou non à l'époque de l'homme fossile. Cette coquille était evidemment trop peu résistante pour servir de grattoir, mais il n'y avait en réalité dans le pays aucune substance plus forte et aussi simple pour en remplir les fonctions.

QUATRIÈME COLLECTION. — Le catalogue numéro 3 n'existe qu'à l'état de manuscrit.

Vendue au Musée Zoologique de l'Université de Copenhague.

Très intéressants sous le point de vue anthropologique seraient « un morceau de bois pétrifié, provenant des dépôts tertiaires marins d'Entre Ríos et qui paraît travaillé par la main de l'homme, ainsi que des morceaux de bois petrifié et des os [d'animaux] qui avaient souffert les uns les autres l'action du feu ». (ROTH, S., *Ueber den Schädel von Pontimelo*, etc., l. c, p. 9, où il est pour la première fois question de ces objets). Les couches correspondantes, suivant Roth [1], appartiendraient au miocène, tandis que suivant Ameghino [2] elles seraient oligocènes; dans tous les cas elles sont très anciennes.

Ces pièces, comme je l'ai déjà dit, furent envoyées à Copenhague et Roth m'en fit, d'après ses souvenirs, une description qui me permit de me livrer à des recherches, lors de mon séjour dans la dite ville en octobre et novembre 1904. Je fais suivre ici, pour plus de facilité, les résultats que j'obtins.

Roth m'avait raconté tout d'abord ce qui suit : En 1882, dans une excursion à Entre Ríos, en compagnie d'un manœuvre appelé Simphorien Paez, il trouva sur le rivage du Paraná, au niveau de l'eau, dans un endroit où la berge tombe à pic, en dessus et tout près du *saladero* de Santa Elena, entre la ville de Paraná et celle de La Paz, un fragment de bois pétrifié. Comme presque tous et l'on pourrait même dire tous les fossiles trouvés dans ces parages, il gisait sur le rivage dans la partie basse de la berge, presque au niveau de l'eau et avait été lavé par l'eau du sable fossilifère qui l'enveloppait. Le manœuvre qui le premier vit ce morceau de bois le fit remarquer à Roth en lui disant : *Ahí se le ha roto á una lavandera la maza de golpear la ropa !* (« Une laveuse a cassé ici son battoir à linge ! »). Roth s'approcha du fragment et lui donnant un coup de pied, il nota immédiatement que, comme tous les bois fossiles, il était pétrifié.

Roth me décrivit la pièce d'après ses souvenirs; c'est une planche assez rectangulaire dont l'un des bords, assez court est brisé transversalement et obliquement. Sa longueur est de 14 centimètres environ, sa largeur de 9 centimètres et son épaisseur de 4 centimètres.

[1] ROTH, S., *Beobachtugen über Alter und Entstehung der Pampasformation in Argentinien. Zeitschrift der Deutschen geologischen Gesellschaft*, XL, 1888, p. 454.

[2] AMEGHINO, F., *Mammifères cretacés de l'Argentine. Boletín del Instituto Geográfico Argentino*, XVIII, 1897, sep., p. 109.

Les « fragments calcinés de bois pétrifié et d'os » devaient être très petits; Roth en trouva simultanément d'autres identiques dans le voisinage de Diamante, sur la rive gauche du Paraná; mais ces derniers n'étaient pas à découvert et il fut obligé de les déterrer de la couche fossilifère du pied de la berge.

De ce que nous venons de dire, il résulte déjà que les prétendues marques de travail humain empreintes sur le fragment de bois pétrifié peuvent avoir été produites par le roulage dans l'eau et dans le sable. Un examen postérieur de ce fragment de bois pétrifié ainsi que des autres fragments prétendus calcinés n'était pas possible, en raison de ce qu'ils étaient passés de la collection zoologique à la collection botanique et de celle-ci à la minéralogique de l'Université de Copenhague et finalement dans les greniers où il n'était plus possible de les retrouver. Mais les prétendus ossements calcinés, conservés au Musée Zoologique (*Catalogue manuscrit* 3, n° 10) ne présentent aucune trace de l'action du feu; une partie d'entre eux ont simplement la coloration noire produite par l'oxyde de fer.

Fig. 73. — Fragment de bois pétrifié, du rivage du Paraná (voir le texte, p. 442). Gr. nat.

*Appendice.* — Bien que je ne croie pas devoir insister davantage sur ma réfutation, je désire cependant, par égard pour M. Roth, signaler encore, un autre fragment, dont il n'a pas été question jusqu'ici et auquel M. Roth lui-même attribue une grande importance sous le point de vue anthropologique. Il s'agit d'un « instrument en forme de poinçon » de bois pétrifié trouvé par lui en octobre 1891 à environ 10 kilomètres du lieu où antérieurement avait été découvert dans les mêmes circonstances le fameux « battoir ». Cet objet avait été dégagé de la couche fossilifère par l'action de l'eau et gisait sur le rivage du Paraná au pied de la berge. Aux particules de sable brunâtre encore fortement incrustées sur ce fragment l'on reconnaît qu'il provient réellement des couches indiquées ci-dessus.

C'est un fragment de bois pétrifié, de 93 millimètres de long; l'une de ses extrémités est elliptique; ses diamètres mesurent respectivement 13 et $0^{mm}5$; l'autre extrémité est affilée. Il produit absolument l'effet d'un morceau de bois vert, d'une espèce dure naturellement, qui aurait été gratté expressément pour en faire un poinçon. Dans le sens longitudinal, on distingue les « stries de grattage » qui, plus apparentes à l'extrémité inférieure et dans le milieu, se perdent vers la pointe. La couleur varie, sous forme de taches ou de raies, du brun obscur au brun jaunâtre.

Rien n'y indique cependant, à mon avis, le travail de l'homme.

CINQUIÈME COLLECTION. Catalogue numéro 5.

ROTH, S., *Fossiles de la Pampa, Amérique du Sud. Catalogue N° 5*, Zürich, 1889, 16 pp.

Vendue à la collection paléontologique de l'École Polytechnique Fédérale de Zurich.

Sont intéressants sous le point de vue anthropologique, le numéro 86: « Quelques fragments d'os calcinés. Pampéen moyen. (Barranca del Paraná, San Lorenzo). »

J'ai retrouvé au Musée de Zurich les dits fragments, mais ils ne disent pas grand chose.

J'ai pu aussi examiner le numéro 283 : « Un squelette tout complet de *Glyptodon* et la carapace du même animal. Pampéen moyen (arroyo Cepeda). »

M. Roth à ce sujet me raconta que cette carapace présentait une ouverture latérale de l'origine artificielle de laquelle il était convaincu, et qu'il vaudrait la peine de soumettre plus tard à nouvel examen. La carapace de glyptodonte, au moment où elle fut trouvée sur les bords de l'arroyo Cepeda, département de Pergamino, était encore unie au squelette complet; elle reposait sur le ventre et non sur le dos, comme c'est l'habitude. Il n'y avait dans sa proximité ni ossements d'un autre animal, ni d'autres objets. D'après M. Roth, l'ouverture latérale en question n'était autre chose qu'une détérioration produite en déterrant la carapace; ou bien en nettoyant la carapace avec un couteau, la substance aurait manqué tout d'un coup dans cet endroit et il se figurait déjà que cette pièce comme tant d'autres était incomplète. Mais lorsqu'il vit que la carapace était d'ailleurs au complet, il n'attacha plus aucune importance à la défectuosité qu'il regarda simplement comme accidentelle.

Plus tard en opérant le montage de la pièce il vit qu'il ne pouvait en être ainsi et que cet endroit de la carapace avait été « ciselé ».

En 1900, accompagné de MM. le professeur Rodolphe Martin et le préparateur Dreyer, j'ai examiné dans la collection paléontologique de Zurich, cette carapace soigneusement montée. A l'angle antéro-inférieur du côté droit et par conséquent au-dessus de l'extrémité antérieure droite, existe effectivement une ouverture de forme oblongue irrégulière dont le diamètre maximum, presque vertical, mesure 22 centimètres tandis que le diamètre minimum presque horizontal n'est que de 6 centimètres. La distance qui sépare le bord supérieur de cette défectuosité de l'angle antéro-inférieur et du bord antérieur de la carapace est de 25 centimètres; celle du bord inférieur de la défectuosité au bord inférieur de la carapace est de 12 centimètres. L'on dirait que ce défaut a été produit par un coup porté en direction sagittale suivant un angle d'environ 30°, mais l'examen de la pièce ne fait découvrir en elle absolument aucun signe qui indique la manière dont la défectuosité a pu se produire et encore moins l'intervention de l'homme. L'on ne se rend pas compte des motifs qui auraient pu exister pour pratiquer un trou dans cet endroit de la carapace. Je me proposais d'examiner les donnés personnelles de M. Roth, quand, vers le milieu de l'année 1900, me trouvant à Zurich, je pus me former une opinion personelle au sujet de l'homme de Baradero décrit par M. Martin dans le présent travail.

SIXIÈME COLLECTION. Catalogue numéro 6 : ROTH, S., *Fossilien aus der Pampasformation. Catalogue N° 6*, Zürich, 1892, 12 pp.

Vendue à la collection paléontologique de l'Université de Breslau.

Cette collection n'offre rien d'intéressant sous le point de vue anthropologique.

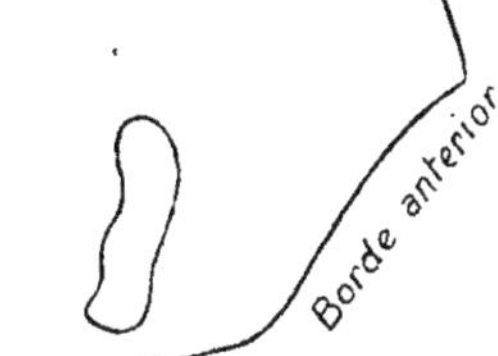


Fig. 74. — Esquisse de l'ouverture qui se trouve dans la carapace d'un *Glyptodon* du Musée de Zurich

Quant aux deux autres publications de Roth, nous citerons d'abord ROTH, S., *Beobachtungen über Alter und Entstehung der Pampasformation in Argentinien. Zeitschrift der Deutschen geologischen Gesellschaft,* XL, 1888, p. 400 dans la synopsis qu'il donne des fossiles trouvés dans la formation pampéenne, il y a trois représentants de l'*Homo sapiens* dont deux provenant de la formation pampéenne supérieure (Saladero et Fontezuelas), l'autre de la formation moyenne (Baradero). Ces pièces ont été étudiées dans les chapitres antérieurs du présent travail.

Dans sa dernière publication à ce sujet, ROTH, S., *Ueber den Schädel von Pontimelo (richtiger Fontezuelas). Briefliche Mittheilung von Santiago Roth an Herrn J. Kollmann. Mittheilungen aus dem anatomischen Institut im Vesalianum zu Basel* (1889), il rectifie spécialement l'opinion erronée de Hansen au sujet de la trouvaille de Fontezuelas et profite de l'occasion pour passer en revue ses observations et ses trouvailles de nature anthropologique. La première trouvaille d'un fossile humain effectuée par Roth, remonte à 1876; elle provient des environs de Pergamino près du *saladero* de Reinaldo Otero; plus tard, en déterrant des restes de *Scelidotherium,* il trouva un objet de silex égaré plus tard, et, en 1881, à Fontezuelas à côté des restes d'un glyptodonte, un squelette humain entier (maintenant à Copenhague); en outre dans différents endroits des morceaux de lœss cuit. Enfin dans la formation pampéenne moyenne, près de Baradero, il trouva un autre squelette humain, le plus ancien de l'Amérique du Sud en général. Toutes ces trouvailles ont été traitées dans ce travail et nous avons discuté les prétendues vestiges de l'activité humaine provenant de la formation entrerrienne.

## PETITS FRAGMENTS DE LŒSS CUIT

Pour terminer, je vais donner ici la description de quelques fragments d'argile cuite, comme il s'en trouve à chaque pas dans la formation pampéenne. Ils furent trouvés dans des excavations de puits par des personnes qui n'ont jamais pratiqué de fouilles scientifiques et surprirent par eur forme étrange même ces gens ignorants. Tous ces objets proviennent de la formation pampéenne supérieure et peut-être aussi de la formation moyenne; la description suivante est la première qui en a été donnée.

En 1889, deux petits fragments, l'un plus gros, l'autre plus petit, d'une couleur brique parfois un peu foncée, et encore enveloppés de lœss furent trouvés par M. Henri N. Landen à Melincué, sud de la province de Santa Fé, à une profondeur de 8$^{m}$50, en creusant un puits; à côté gisaient d'autres morceaux plus petits de bois carbonisé et des ossements de *Megatherium.* Sauf les os de *Megatherium* qui se trouvent au Musée de Buenos Aires, les autres pièces sont arrivées au Musée de La Plata par l'intermédiaire de M. Santiago Roth.

En 1903, je fis moi-même l'acquisition d'un fragment de lœss cuit, de la grosseur d'une noix, trouvé dans la ville même de La Plata, rue 66, angle 10, à une profondeur de 8 mètres par le puisatier Etienne Gardella. Ce fragment présente une superficie semée de gros tubercules; il est de couleur jaunâtre qui va jusqu'au rouge et en partie enveloppé de concrétions calcaires. Dans la même puits, à une profondeur de 12 mètres, furent trouvés les restes d'une dent de mastodonte.

FORMATION PAMPÉENNE MOYENNE = LŒSS BRUN

## COLLECTIONS ET RECHERCHES DE M. AMEGHINO

AMEGHINO, F., *Contribución al conocimiento de los mamíferos fósiles de la República Argentina,* Buenos Aires, 1889, p. 71-72.

Pendant les travaux de construction du canal qui unit les canaux est et ouest du port de l'Ensenada près de La Plata, en 1884 et commencement de 1885, les ouvriers donnèrent contre un grand dépôt d'os fossiles brisés, d'une extension d'environ 20 mètres. Ces ossements furent apportés au Musée de La Plata; ils sont d'un noir brillant et ont en partie l'aspect de la porcelaine. Ameghino les divise en trois catégories : brisés par l'homme et présentant des traces de grattage et de percussion; brûlés et polis. Pour ce qui est de la première catégorie, Ameghino a pleinement raison. J'ai les originaux devant les yeux et je connais également la localité pour l'avoir visitée (notre formation pampéenne moyenne). Ceux de ces os qui n'ont pas été endommagés dans les travaux d'extraction, ce que l'on reconnaît à la cassure fraîche extrêmement caractéristique, sont irrégulièrement travaillés, fendus en partie transversalement, en partie dans le sens de la longueur; quelques uns sont encore complètement enveloppés de lœss. Ils présentent fréquemment aussi de petits grattages, provenant peut-être de la percussion des os frais.

Quant à la seconde catégorie, je n'y puis reconnaître aucune trace de brûlure; ce qui n'exclut pas le fait que les morceaux de viande fraîche se faisaient rotir, mais l'aspect des os correspondants ne permet pas de l'affirmer.

Enfin la troisième catégorie, os polis, ne peut-être que le métatarse droit bien conservé d'un *Hippidium* sp.? dont l'épiphyse distale paraît avoir été fortement frottée dans sa surface antérieure, jusqu'à désapparition de la spongieuse. On reconnaît en outre à sa surface une foule de grattages et d'égratignures. L'os peut donc fort bien avoir servi de polissoir, ou pour quelque autre usage que je ne m'explique pas bien. Peut-être servait-il pour le broiement de l'ocre sur un plan de pierre. Pourquoi dès cette époque la mixtion d'ocre et de graisse n'aurait-elle pas été employée pour la peinture du visage et du corps?

Dans la collection particulière d'Ameghino se trouvent deux pièces intéressantes provenant de la même couche : la figure 75*b* représente un éclat assez grand d'un os long évidemment fendu par la main de l'homme et en partie encore couvert d'incrustations calcaires; dans plusieurs

Fig. 75. — *a*, Canine de *Machaerodus*, fendue longitudinalement après sa découverte ; *b*, Éclat d'os long fendu avec entailles produites par les dents d'un rongeur fossile ; *c*, Fragment de côte avec sillon transversal artificiel. Gr. nat.

endroits il présente une série d'entailles obliques produites par les dents de quelque rongeur fossile; cette intéressante pièce peut donc être présentée ici comme une «pièce d'attente» *(Warnstück).*

La figure 75*c* est un fragment de côte de quelque grand animal comme le *Toxodon,* etc., la cassure perpendiculaire est fraiche, la cassure oblique est ancienne et la surface de cassure remplie partiellement de chaux. A la surface interne de la côte, exactement au milieu et en direction longitudinale, s'étend un sillon de 1 millimètre de profondeur, pratiqué certainement pour faire sauter dans un but quelconque une lamelle de l'os qui fut abandonné ensuite.

La faune déterminée par Ameghino et de laquelle proviennent tous les os dont nous venons de parler est la suivante: *Felis,* une grande et une petite espèce, *Arctotherium bonaërense, Dicoelophorus latidens, Typotherium cristatum, Toxodon ensenadensis, Macrauchenia ensenadensis, Hippidium compressidens, Cervus ensenadensis, Auchenia* (?) ou *Palaeolama, Mastodon platensis, Megatherium* sp.?, *Lestodon* sp. (?), *Scelidotherium leptocephalum, S. Capellinii, Neoracanthus platensis, Grypotherium* sp.?, *Glyptodon Muñizii, Panochtus* sp. (?), *Doedicurus clavicaudatus, Propraopus grandis.*

Dans les excavations du canal principal furent mis à jour une foule d'os fossiles, principalement de jeunes *Scelidotherium* et Ameghino suppose que les jeunes individus de cette espèce, à cause de leur chair tendre, servaient à l'alimentation de l'homme pampéen. Des mêmes couches provient une pierre de la grosseur du poing (elle appartient à la collection particulière d'Ameghino dans laquelle j'ai pu la voir); elle n'a pas été travaillée ultérieurement et c'est un corps étranger dans la formation pampéenne où il a été introduit évidemment par la main de l'homme, ainsi les fragments de lœss cuit. Dans des recherches qu'il entreprit personnellement, Ameghino trouva dans divers endroits des os brisés par hasard, des charbons et des fragments de lœss cuit.

Cependant un spécimen très intéressant lui a été envoyé par le docteur Cristafoletti. C'est « une canine ou, pour mieux dire, la moitié d'une canine de *Smilodon,* fendue artificiellement en longueur, dans le sens de son grand axe, de manière à former une lame plate; sa surface intérieure, c'est-à-dire la surface de fente est travaillée et polie. Que cette pièce représente un simple instrument ou une trophée de chasse, elle n'en est pas moins de la plus haute importance parcequ'elle prouve la capacité d'un être intelligent ». Elle appartient à la collection particulière de M. Ameghino grâce à l'obligeance duquel j'ai pu l'emporter chez moi pour l'étudier à loisir et je puis ajouter à ces lignes une épreuve photographique. La dent est fendue en longueur, mais à l'extrémité pulpaire de la racine il manque un morceau d'au moins un centimètre de long et la couronne est brisée transversalement plus ou moins vers le milieu; la pièce était donc primitivement plus longue et pouvait avoir 22 centimètres en ligne droite de l'ouverture de la racine au sommet de la dent. Actuellement sa longueur maximum est de $17^{cm}0$, sa largeur maximum de $4^{cm}4$, son épaisseur d'un centimètre. La face externe de la dent (côté de l'émail) n'a pas subi de modification; elle est brillante et d'un noir reluisant; l'autre face, c'est-à-dire la face interne suivant laquelle la dent a été fendue, est blanche et polie artificiellement; l'on reconnaît clairement dans tous les sens le passage d'un grattoir, de façon que le polissage de la région des bords est comme ondulée et l'on observe en outre sur toute cette surface de fente de nombreuses stries transversales.

En présence de l'état de conservation de cette pièce, l'on se demande comment expliquer son existence et si réellement elle doit être attribuée à l'homme pampéen antique, et si Ameghino n'a pas été malheureusement victime d'une erreur. C'est déjà de la troisième main qu'il tient l'objet en question et il ne sait rien des manipulations auxquelles elle a été soumise.

Contre l'antiquité du travail parle avant tout l'énorme différence de couleur entre la surface de l'émail et la surface interne; la première, quoique primitivement de la couleur habituelle d'une dent, est *noirâtre* et dans certains endroits profondément imprégnée de *noir;* la surface interne est d'un *blanc frais,* quand elle devrait présenter une couleur obscure, si elle avait séjourné dans la dite couche de lœss aussi longtemps que le côté de l'émail. En outre le canal pulpaire ainsi que le creux de la dent sont couverts d'incrustations calcaires, ce qui n'a pas lieu pour la surface interne dans les grattages rugueux de laquelle ces dépôts auraient cependant pu se fixer. J'ai toujours cru à une erreur de la part d'Ameghino; les dents fossiles de cette espèce ayant de la propension à se fendre en lamelles longitudinales, je croyais que la dent de *Machaerodus* que j'avais devant moi était déjà fendue en deux moitiés quand on l'avait trouvée; que l'ouvrier avait alors voulu s'assurer avec son couteau « si l'os était dur » et avait râclé et gratté tout autour la surface de cassure, car on ne peut se figurer les idées singulières que la gent du peuple se fait de ces sortes de trouvailles; l'ouvrier ne pensait certainement pas à mal et n'eut pas la moindre intention de tromper qui que ce soit, ni même Ameghino dans les mains duquel la pièce vint s'échouer plus tard, pour être qualifiée de produit de l'art de l'homme pampéen. Sur la face blanche, l'on voit effectivement une fente longitudinale qui traverse presque toute la moitié de la dent perpendiculairement à la section. De leur côté, M. le docteur Roth et le préparateur M. Garachico, tous deux excellents connaisseurs du matériel ostéologique fossile de la formation pampéenne, m'assurèrent qu'une fente longitudinale unique qui divise la dent en deux moitiés symétriques n'est pas possible; parmi toutes les dents de *Machaerodus* de la section paléontologique de notre musée il n'y en a réellement pas une qui est fendue en direction longitudinale d'une façon aussi nette. M. Roth croit plutôt que la dent a été sciée et que les grattages transversaux dont nous avons fait mention plus haut correspondent aux mouvements de la scie ; la dent aurait été polie après coup au moyen d'un couteau, ce que paraîtrait indiquer l'aspect lisse et ondulé de la surface. Je crois tout simplement qu'un des propriétaires antérieurs de cette pièce a voulu la transformer en un couteau à papier de la forme de ceux d'ivoire que l'on trouve dans le commerce, et qu'il n'a jamais eu l'idée de tromper personne. Ameghino dut en arriver à croire qu'il s'agissait d'une œuvre de l'homme pampéen, par la raison qu'*a priori* personne ne pense à une seule des manipulations décrites plus haut. A moi personnellement cette pièce me parut suspecte de prime abord, parceque la dent entière aurait été sûrement une arme meilleure et moins fragile que sa moitié (fig. 75*a*).

Fig. 76. — Quartz taillé de la Cañada Honda, trouvé par M. S. Roth. Gr. nat.

## COLLECTIONS ET RECHERCHES DE M. SANTIAGO ROTH

Au mois de mai 1895, en déterrant un squelette de *Scelidotherium*, M. Roth trouva une pointe de quartz travaillée, qui, ainsi que le squelette, appartient aujourd'hui au Musée de La Plata. La pointe n'a pas été jusqu'ici décrite. Le gisement se trouve dans la propriété de M. Santos Gómez, *partido* de Baradero, sur la berge de l'arroyo de la Cañada Honda qui se jette dans le río Arrecifes; elle appartient au lœss éolique de la formation pampéenne moyenne. Les restes du *Scelidotherium* étaient assez nombreux et en les déterrant avec la pique l'on découvrit le quartz, sans qu'il fut possible d'établir exactement ses relations avec le squelette.

La pièce que j'ai devant les yeux est un quartz de couleur jaune foncé de la forme d'une mitre épiscopale partie par la moitié dans le sens de la longueur. L'une des surfaces est par conséquent plane et l'autre surface qui est la surface de fente naturelle, est convexe avec deux surfaces de fente plus grandes à partir desquelles se dirigent vers le bord deux surfaces de fente plus petites. La base est constituée par une surface de cassure irrégulière. Cette pièce présente encore la plus grande similitude avec une pointe de flèche. Sa longueur maximum est de 37 millimètres; sa largeur maximum de 20 millimètres et son épaisseur maximum de 9 millimètres.

En 1891, M. Roth trouva à Puerto Gómez, province de Santa Fe au pied de la berge du Paraná et à une profondeur d'environ 20 mètres une pièce hémisphérique de terre cuite, de la grosseur de la moitié d'une pomme, d'une couleur rouge-noirâtre irrégulière; elle était enveloppée de lœss verdâtre recouvert à son tour d'une épaisse concrétion calcaire *(Lœsskindl)*. J'ai la pièce sous les yeux et la seule chose que je puisse en dire, c'est qu'elle a toute l'apparence d'un morceau de lœss cuit. L'examen attentif des lieux où fut trouvé tel lœss cuit, fut une des raisons principales du voyage que M. Burckhardt et moi entreprîmes en 1899 sous la direction de M. Roth et dont il a déjà été question dans la préface ainsi que dans les introductions aux chapitres tant géologique qu'anthropologique. Je puis donc ici entrer directement dans le champ de nos propres investigations.

## NOS RECHERCHES

En 1900 je présentai un court rapport relatif à cette partie de nos recherches, premièrement au XIIe Congrès international d'anthropologie [1] réuni à Paris et, la même année, à l'assemblée de la société anthropologique allemande de Halle [2]. Après quelques détails synoptiques sur la géologie pampéenne d'après les communications de Burckhardt, je mentionnai, en présentant quelques spécimens à l'appui de ma thèse, l'existence de lœss cuit sur les bords de l'arroyo Ramallo et à Alvear; nous en avions trouvé également au Saladillo, mais ici les couches géologiques ne sont pas très claires et je préférai dans mes deux rapports, m'abstenir d'y faire allusion.

[1] LEHMANN-NITSCHE, R., *L'homme fossile de la formation pampéenne (communication préliminaire). Comptes-rendus du Congrès international d'anthropologie et d'archéologie préhistoriques*, XIIe session, Paris, 1900, p. 143-146. Disc. (Gaudry, Evans, Boule, Lehmann-Nitsche, Boule, Imbert) p. 146-148. Le même article dans *L'Anthropologie*, XII, 1901, p. 160-163; Disc. p. 163-165.

[2] LEHMANN-NITSCHE, R., *Ueber den fossilen Menschen der Pampasformation. Correspondenz-Blatt der Deutschen Gesellschaft für Anthropologie, Ethnologie und Urgeschichte*, XXXI, 1900, p. 107-108. Ad hoc VIRCHOW, p. 108-109.

La présence de lœss cuit dans la formation pampéenne moyenne sur les bords de l'arroyo *Ramallo* a déjà été mentionnée par Roth dans sa lettre à Kollmann, tant de fois citée (p. 8) et reimprimée à la fin de ce travail. Burckhardt a représenté pour sa part dans le profil II (p. 162) les couches géologiques. Les morceaux incrustés dans la couche 3 sont extrêmement petits, quelques-uns à peine de la grosseur d'un grain de café et de forme irrégulière; ils sont d'une couleur rouge clair et assez éparpillés dans le lœss moyen (couche 3).

Ceux du *Saladillo* sont également des parcelles de la grosseur d'un pois tout au plus; mais les conditions géologiques n'étant pas très claires ici (v. rapport de Burckhardt, p. 163) je n'insisterai pas davantage sur cette localité.

A *Alvear*, au contraire les conditions géologiques sont parfaitement claires et Burckhardt put lever un profil exact du terrain (profil III, p. 164 voir aussi pl. III). Cette localité était connu du docteur Roth, mais dans ses publications il n'en fait pas plus mention que du *Saladillo*. A Alvear donc, dans la declivité d'une berge en terrasse, est enclavé formant comme une marche saillante dans le lœss moyen, un bloc tout entier d'argile cuite d'environ $2^m50$ de diamètre sur $0^m75$ de haut (couche 5 du profil III; voir surtout planche III). L'argile est de couleur gris foncé en dessous, jaune en son milieu, et rouge vif en-dessus, couleurs qui correspondent bien à l'action du feu. Le banc en question était antérieurement, suivant M. Roth, d'une extension beaucoup plus grande, une grande partie ayant disparu par érosion. Ni dans les parties brûlées du foyer, ni dans leur environs on ne trouve trace d'ossements d'animaux.

L'explication de la présence de tous ces morceaux de lœss cuit dans la formation pampéenne ne peut être, suivant moi, autre que le travail de l'homme, et telle a toujours été mon opinion. Le gisement d'Alvear est à mes yeux principalement suggestif.

Avec la meilleure volonté du monde, je ne vois pas d'autre moyen d'expliquer la chose si ce n'est en admettant qu'il s'agit d'un ancien foyer de l'homme pampéen *in situ*. Les autres spécimens ne sont que de petits morceaux de lœss cuit qui ont été depuis nouvellement encastrés dans le lœss. La superficie et l'épaisseur des parties brûlées dépendent du laps de temps durant lequel ont été utilisés les foyers en question. Comme ces dimensions sont souvent très considérables et particulièrement à Alvear le feu paraît avoir produit son effet à la plus grande profondeur possible, tandis que les autres foyers, entre autres celui découvert à Luján par Charles Ameghino (p. 422) sont beaucoup moins profondément briquefiés, il s'en suit que les indiens de l'époque pampéenne séjournèrent longtemps dans le dit parage, des semaines, des mois peut-être, fait très intéressant sous le point de vue de leurs relations sociales et qui prouve leur propension à s'arreter plus ou moins longtemps dans un lieu déterminé [1].

Je me proposai d'étudier la question sous toutes ses formes et Virchow lui même, à Halle, après que j'eus terminé mon rapport à l'appui duquel je presentai des échantillons de lœss provenant de Ramallo et d'Alvear, m'encouragea dans des termes flatteurs.

J'espérais, au moyen d'une étude pétrographique confiée à un spécialiste des plus renommés, pouvoir contribuer en quelque chose à l'éclaircissement de la question, et m'assurer si nous pouvions réellement attribuer au travail de l'homme ces petits morceaux d'argile brûlée incrustée dans le lœss, soit comme vestiges d'anciens foyers ou effets d'autres causes.

M. le Conseiller Zirkel de Leipsick eut la grand amabilité d'entreprendre lui-même l'examen des spécimens de Ramallo et Alvear que je lui remis personnellement à l'automne de 1900 et je me permets de lui offrir ici l'expression de ma reconnaisance la plus sincère. Malheureusement son examen pétrographique n'a apporté aucune preuve certaine de l'action du feu et le passage suivant de sa lettre est principalement contraire à mon opinion sur les échantillons d'Alvear : « Nous devons insister en particulier sur le fait qu'entre le matériel gris-jaune et le rouge il n'existe, quant à la composition et la structure, aucune différence essentielle : le dernier n'est qu'une variété du premier, colorée par l'oxyde de fer ». Je ne sais quelle aurait été la manière de voir de l'éminent minéralogiste s'il eût vu *in situ* le bloc d'argile d'Alvear et je maintiens malgré tout mon opinion qu'il s'agit d'un foyer.

M. Zirkel, en m'envoyant son rapport, m'écrivit les lignes suivantes : « Nous n'avons pas la preuve que les parties rouges aient été brûlées ; mais si l'on veut rester objectif, l'on peut supposer qu'ils ont expérimenté une transformation de la part de l'homme. Avec la meilleure volonté du monde, on ne peut en dire d'avantage au sujet de ce matériel. Pour de plus amples arguments il serait nécessaire de connaître personnellement le terrain. »

Voici le rapport original de M. Zirkel :

[1] Dans l'Amérique du Nord on a découvert aussi des foyers à une profondeur de dix jusqu'à quinze pieds et plus de la surface du sol (Sheldon, A. E., *Ancien Indian Fireplaces in South Dakota Bad-Lands. The American Anthropologist*, N. S. VII, 1905, p. 44-48), mais ils sont d'une tout autre nature que dans la République Argentine. Il sont tous caractérisés par des restes de charbon de bois, d'argile brûlée (*burned stones)* et parfois des têts de poterie, de l'argile et des os, le tout recouvrant un espace d'environ deux pieds en diamètre horizontal et deux à trois pieds en diamètre vertical. Dans le voisinage du foyer le plus profond, l'on trouve des cendres, du charbon de bois, des os et des instruments de silex. Quant à l'âge de ces foyers, on n'en peut rien dire sous le point de vue géologique ; sous le point de vue archéologique ils appartiennent, d'après mon opinion, au néolithique ancien avec tendance au paléolithique.

## EXAMEN MICROSCOPIQUE DES SPÉCIMENS DE RAMALLO ET ALVEAR

PAR M. F. ZIRKEL

« Les petits morceaux rouge vif contenus dans les lœss gris jaunâtre clair de Ramallo et que l'on supposait être le produit de l'activité humaine, se prêtent parfaitement, malgré leur contexture molle, aux préparations microscopiques que l'on pouvait tenter à la lumière transparente. Leur composition ne diffère pas de celle de l'argile rougeâtre habituelle ou lœss fin. L'on distingue sous le microscope une grande quantité de particules anguleuses, incolores ou piquetés de noir, dont le diamètre atteint jusqu'à $0^{mm}015$; elles sont composées en partie de quartz, en partie de feldspath, et, à la lumière polarisée elles présentent clairement les couleurs de la double réfraction ainsi qu'une quantité de petites lames de mica calcaire extrêmement tendres. La masse principale est composée d'une substance argileuse insoluble qui n'agit que très faiblement sur la lumière polarisée; sa couleur est tantôt rouge clair, tantôt rouge foncé, ces deux nuances se mêlant quelquefois ensemble pour former de fines lignes courves. Les préparations n'ont mis en vue aucun indice qui permette de constater l'effet de la chaleur, aucun phénomène que l'on puisse regarder comme un commencement de vitrification ou fritte, semblable à celui que l'on observe dans les argiles modifiées par la chaleur naturelle ou artificielle, par exemple dans le jaspe-porcelaine ou la brique.

Les objets en question ne portent d'ailleurs en eux aucune preuve qu'ils aient été transformés par des agents caustiques, les seuls qui s'ils avaient laissé derrière eux des traces réelles, représenteraient la preuve certaine qu'ils ont été employés par l'homme.

Cependant, l'absence de traces caustiques ne paraît pas encore un argument suffisant pour nous convaincre que le matériel rougeâtre n'a pas été soumis à l'influence humaine.

Même dans la brique cuite, on observe au microscope de nombreux points où la masse de lœss argile ne présente presque aucune marque visible de l'action du feu à laquelle elle a été cependant soumise aussi bien que les parties frittées. En outre, il est possible que, si le matériel argileux a été travaillé par la main de l'homme pour la construction de murs par exemple, on n'ait pas été obligé de commencer par le cuire; dans ce cas l'on comprend facilement qu'entre le matériel employé dans sa forme primitive et le matériel soumis à une influence humaine quelconque, il n'existerait pas de différence microscopique.

Voir dans la couleur rouge une preuve de manipulation de la part de l'homme serait la plus complète des erreurs.

Je dois ajouter qu'entre le matériel gris-jaune et le rouge d'Alvear il n'existe, quant à la composition et la structure aucune différence essentielle : le dernier n'est qu'une modification du premier, colorée par l'oxyde de fer. »

FORMATION PAMPÉENNE INFÉRIEURE = LŒSS BRUN PAIN D'ÉPICE

1887. AMEGHINO, F., *Monte Hermoso (Artículo publicado en La Nación del 10 de marzo de 1887)*, Buenos Aires, 1887, p. 5-6, 10.

1888. AMEGHINO, F., *Lista de las especies de mamíferos fósiles del mioceno superior de Monte Hermoso, hasta ahora conocidas*, Buenos Aires, 1888, p. 4.

1889. AMEGHINO, F., *Contribución al conocimiento de los mamíferos fósiles de la República Argentina*, Buenos Aires, 1889, p. 75-76.

Au cours des mois de février et mars 1887, Ameghino s'était occupé de l'étude de la géologie et de la faune paléontologique de la partie du rivage de l'océan Atlantique connue sous le nom de Monte Hermoso. Darwin est le premier qui nous fit connaître ce parage situé à environ 60 kilomètres de Bahía Blanca. Nous avons déjà dit qu'Ameghino considère les couches de Monte Hermoso comme prépampéennes c'est-à-dire miocènes. Suivant Roth, elles constituent la formation pampéenne inférieure et je me relie complètement à son opinion, que, du reste, M. le professeur Steinmann lui-même a ratifiée dernièrement (v. plus loin). Je connais l'endroit classique de la dite localité par inspection personnelle.

Dans son premier mémoire, publié sous forme de feuilleton, Ameghino fait une description très vivante de la région et de l'impression qu'elle produit; il la caractérise avec la plus grande exactitude. Je profitai d'une excursion que nous entreprîmes en mars 1901 M. R. Hauthal et moi à la Sierra de la Ventana por faire seul une petite échappée jusqu'à Monte Hermoso. Du Port Militaire où l'on arrive par chemin de fer en passant par Bahía Blanca, je me dirigeai à cheval en cotoyant le rivage vers la localité appelée Monte Hermoso, en compagnie d'un domestique loué expressément. Jamais je n'oublierai les péripéties de cette éreintante chevauchée par un pays désert et sauvage au milieu de steppes et dunes, de dunes et de steppes. Nous étions partis vers midi du Port Militaire et l'obscurité nous ayant surpris avant d'arriver au terme, il nous fallut passer la nuit à la belle étoile. A l'aube suivante les chevaux étaient loin et mon compagnon à peine avait pu fermer l'œil par crainte des indiens vagabonds dont il se croyait entouré. Cependant, à force de chercher, il finit au bout de quelques heures par trouver un de nos chevaux et découvrit en même temps non loin de notre campement, la chanmière d'un berger *(puestero)* d'où nous arrivâmes vers midi à la localité de « Monte Hermoso ».

Le Monte Hermoso est une élévation conique comme on en voit fréquemment le long de la côte et qu'aucune particularité ne le distingue; il existe encore à son sommet un poteau haut de 27 pieds environ encastré dans un socle de briques consolidé latéralement par une ceinture de fils de fer et qui portait autrefois une grande lanterne destinée à servir de phare aux embarcations. La hutte de bois formée de deux pièces qui servait de demeure au gardien est maintenant en ruines et personne ne fait aujourd'hui attention à la pancarte *Entrada proiba* (sic!) « Entrée interdite ». On ne trouve le chemin pour y arriver, qu'en suivant le fil télégraphique qui continue toujours à travers champs et termine au « Beaumont ».

Ce talus côtier haut d'environ 25 mètres, était, à l'époque de ma visite, le 20 mars 1901, presque entièrement recouvert par la végétation; seules les couches inférieures reposant sur la plage étaient encore à nu sur une épaisseur d'environ 5 mètres. Le sable lui-même immédiatement contigu au pied du talus est plane et vers la mer érosé jusqu'à un mètre et demi de profondeur environ, on dirait un travail de sculpture en liège. Le terrain lavé par les eaux est de couleur brun-pain d'épice foncé, brun pain d'épice quand il est à sec et contient une grande quantité de sable. Sur de nombreux points de la plage, chaque six ou sept pas, je trouvais des concrétions calcaires de la forme et de la grosseur d'une noix, d'une couleur rougeâtre qui passait au rose quand elles étaient sèches. Ces concrétions qui ont dû former autrefois de véritables bancs, se trouvent également dans les couches supérieures (VI). Plus haut je rencontrai un dépôt « lacustre » (III) de couleur verdâtre. Dans le lieu le plus favorable au pied de la berge, je pus lever le profil suivant, sans qu'il me fut possible de déterminer l'âge des couches supérieures : I, Végétation ; II, Lœss sableux (1 mètre); III, Couche verdâtre (25 centimètres); IV, Lœss blanchâtre, peu résistant (30 centimètres) ; V, Lœss résistant (150 centimètres); VI, Lœss avec des concrétions calcaires (2 mètres); VII, Plaie.

C'est donc à Monte Hermoso qu'Ameghino efectua les trouvailles qui devaient démontrer l'existence reculée de l'homme en Amérique; malheureusement son rapport ne brille pas par la clarté et l'on regrette l'absence d'un profil géologique. Je reproduis à continuation les passages les plus notables :

1887, p. 5. « La présence de l'homme... révélée par la présence de quelques silex et ossements grossièrement taillés, aussi bien que par l'existence à diverses hauteurs de la berge, d'antiques foyers encastrés dans des couches d'argile et dont j'ai pu avec bien du travail arracher quelques fragments pour les emporter au musée de la province à La Plata. »

Ib. p. 10, dans la dernière phrase il s'agit des « restes des foyers vitrifiés par l'action du feu ».

1888, p. 4. « *Homo* (précurseur). »

« La présence de l'homme ou, pour mieux dire, de son précurseur dans ce gisement des plus antiques, est démontrée par la présence de silex grossièrement taillés, pareils à ceux du miocène de Portugal, des os taillés, des os brûlés et de la terre cuite provenant d'antiques foyers dans lesquels la terre mêlée à une notable quantité de sable a été en contact avec un feu si intense qu'elle s'est en partie vitrifiée. »

1889, p. 75. « Je m'occupais de l'extraction d'une partie du squelette d'une *Macrauchenia antiqua,* lorsque je fus surpris par l'apparition d'un quartz rouge-jaunâtre qui sortit d'entre les os. Je le recueillis et reconnus immédiatement qu'il s'agissait d'un fragment irrégulier de quartz, avec double conchoïde en creux et en relief, superficie de percussion et cassure du conchoïde, caractères qui témoignaient d'une manière irréfutable que je me trouvais en présence d'un objet en pierre taillé par un être intelligent durant l'époque miocène. Je continuai mes travaux et me trouvai bientôt en présence de plusieurs objets pareils. Le doute n'était plus possible et, le même jour, 4 mars 1887, je communiquais à *La Nación* la découverte d'objets évidemment taillés par un être intelligent, dans les couches miocènes de la République Argentine.

« Postérieurement, et à mon instigation, le Musée de La Plata envoyait au même point, dans le but de collectionner des fossiles, le préparateur Santiago Pozzi, qui trouva des objets semblables aux miens, en contact avec les restes d'un *Doedicurus antiquus.* »

Plus loin, nous lisons encore :

« A Monte Hermoso, il y a encore quelque chose de plus qui n'a pas été observé jusqu'à ce jour dans les gisements miocènes européens; la présence avec les dits objets [M. Ameghino fait allusion aux os fossiles] d'os longs fendus longitudinalement et d'os brûlés, ainsi que l'existence, à divers niveaux de la formation, de véritables foyers encastrés dans les couches d'argile et sable endurci, et dans lesquels, sous l'action du feu, la terre s'est convertie en brique et même vitrifiée, sans qu'il y ait dans toute la formation aucun dépôt de tourbe ou de lignite, ni autres vestiges de végétaux qui puissent faire croire en un feu accidentel jouissant de la rare propriété de se présenter à des intervalles successifs à mesure que se déposaient les couches qui constituent le gisement. En outre, rare coïncidence, ces foyers sont parfois accompagnés d'os brûlés et ont supporté une température tellement élevée que, comme dans les divers morceaux de terrain, il s'est formé dans l'intérieur de la masse des cavités sphériques dues à la dilatation de l'air ou au développement de gaz produits par la combustion. »

En raison de l'importance du fait, j'ai reproduit mot pour mot le rapport d'Ameghino. Il est facile de voir combien serait nécessaire une apréciation plus exacte accompagnée d'un profil géologique! Il s'agit donc de:

1° Quartz travaillés, éclats d'os, os brûlés, lœss cuit et scorifié respectivement, trouvés par Ameghino.

2° « Objets identiques » trouvés par M. Santiago Pozzi près des restes d'un *Doedicurus antiquus*.

Pour ce qui a trait à ces derniers, je me suis adressé à M. Pozzi; ce sont des scories provenant d'une couche et en partie encore enveloppés de lœss aréneux; un certain nombre d'échantillons sont conservés au Musée de La Plata avec leurs similaires trouvés par Ameghino (fig. 80 à 82). M. Pozzi ne put me donner de plus amples renseignements au sujet de cette trouvaille. Je reviendrai sur ces scories à la fin de ce chapitre.

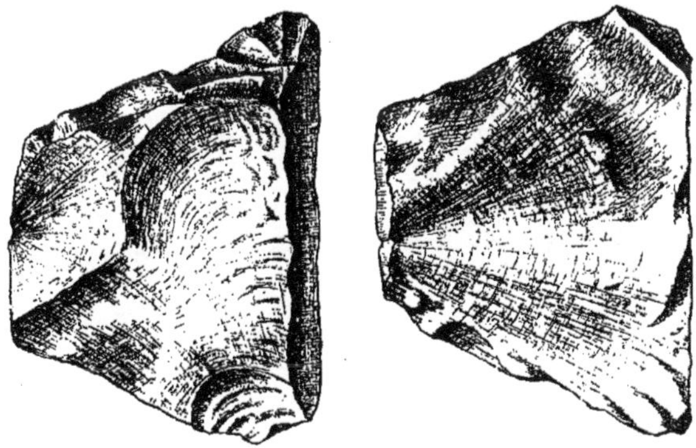

Fig. 77. — Quartz taillé de Monte Hermoso, selon Ameghino *Contribución*, etc., fig. page 75. Gr. nat.

Quant aux objets trouvés par Ameghino, ils appartiennent à sa collection particulière où j'ai pu en voir une partie (les éclats d'os); le reste était empaqueté et, dans l'énorme collection particulière d'Ameghino, qui lutte avec des difficultés d'espace, il ne lui fut pas possible pour lors de les rencontrer.

Les *quartz travaillés*, je ne les connais donc que par la figure dont M. Ameghino a eu l'obligeance de mettre à ma disposition le cliché pour le reproduire de nouveau. Je n'ai pas vu non plus *les os calcinés;* mais nous retrouvâmes les *éclats d'os:* ce sont trois petits éclats d'un pouce à un pouce et demi de longueur qui n'offrent aucune particularité.

Un nouvel examen des pièces n'aurait ni donné de résultats, ni dissipé les doutes, puisque les circonstances de la trouvaille ne peuvent plus être contrôlées.

Les restes de scories attribués aux anciens foyers par Ameghino existent au Musée de La Plata; ils sont encore partiellement enveloppés de lœss et, comme je l'ai déjà dit ils furent trouvés par Ameghino lui-même et plus tard par M. Pozzi à Monte Hermoso d'où ils furent expédiés au Musée de La Plata. Mon voyage du 20 mars 1901 à cette localité ne donna donc pas de résultat, par la raison que la hauteur était couverte de végétation jusqu'à 5 mètres du pied, et l'on ne pouvait penser à trouver ni terre cuite, ni scories. Cependant le hasard plus tard me vint en aide. M. le professeur Steinmann, à son retour de Bolivie, désira connaître les profils principaux de la formation pampéenne et entreprit sous la direction du docteur Roth une excursion à laquelle je me joignis,

Fig. 78. — Morceau de scorie de Mar del Plata. Gr. nat.

désireux surtout de connaître plus à fond la formation pampéenne inférieure.

Comme elle est très visible à Mar del Plata et que ce point est de facile accès, c'est là que nous nous dirigeâmes. Le 6 avril 1904, nous visitâmes la falaise au nord de Mar del Plata; les couches supérieures du pampéen inférieur (système de M. Roth) y sont bien visibles. Le lendemain nous nous dirigeâmes au sud vers le cap Corrientes, qui forme une immense plage souvent à découvert, où la mer ne bat pas le pied de la falaise. Le docteur Roth découvrit le premier sur le rivage même que nous parcourions, de petits fragments de scorie, solidement encastrés dans la roche (fig. 78) et bientôt apparurent à hauteur d'homme et plus dans la falaise même de véritables couches de scories, de 6 à 8 mètres d'extension et d'une épaisseur jusqu'à de 15 centimètres (fig. 79). Nous avions donc retrouvé à Mar del Plata dans des couches identiques de la formation pampéenne, des restes semblables à ceux que MM. Ameghino et Pozzi avaient rapportés de Monte Hermoso, et qu'ils considéraient comme du lœss cuit et vitrifié, et la comparaison des spécimens indiquait entre eux une concordance parfaite. Les scories sont poreuses et les cavités sont d'une grandeur moyenne (fig. 81); elles atteignent rarement la grosseur d'une noisette; les scories dont les pores soient symétriques et fines (fig. 82), sont même rares; dans certains fragments toutes les cavités sont remplies de lœss. La couleur varie du blanc jau-

Fig. 79. — Morceau de la couche à scories de Mar del Plata on reconnaît les scories et le lœss. Gr. nat.

nâtre, jaune de soufre et verdâtre, au gris et au noir (fig. 80). Elles conservent encore par endroits leur enveloppe vitreuse.

Comment s'expliquer maintenaut la présence de ces couches de scories dans deux horizons pour le moins de la formation pampéenne inférieure, phénomène observé déjà par Ameghino à Monte Hermoso? Je ne crois pas qu'il puisse être ici sérieusement question de l'influence humaine; en effet, si l'on se fixe bien, il s'agit de *scories* et non de lœss cuit comme à Alvear par exemple et autres points. On peut plutôt expliquer le fait par les scories volcaniques ou les scories végétales. M. le professeur Steinmann est partisan de la première opinion et, sur ma demande il m'a envoyé pour être publiées les lignes suivantes qui trouvent parfaitement ici leur place:

## SUR LES SCORIES INTERCALÉES DANS LA FORMATION PAMPÉENNE INFÉRIEURE

PAR M. G. STEINMANN

Les scories que nous avons recueillies au sud de Mar del Plata aux couches de la formation pampéenne inférieure et que l'on croit être un produit artificiel, ne doivent plus être considérées comme telles à la suite de mes observations. La circonstance de former par endroits une couche bien distincte dans les couches supérieures du pampéen inférieur, sans être accompagnées de la moindre trace d'activité humaine, permet de leur attribuer une origine naturelle. Les scories elles-mêmes ne sont d'aucune façon de l'argile cuite, comme on pourrait le supposer à la couleur rouge-brique de certains fragments; elles ne sont pas non plus des scories qui résultent de la fonte des métaux; ce sont en partie des fragments de lave grise soufflée et en partie de lave compacte de couleur rouge-brique de caractère andésitique.

La décomposition en général très avancée rendait difficile une investigation plus minutieuse; mais il est bon de savoir que Roth a recueilli des pierres habituellement identiques sur le penchant occidental de la Cordillère.

Semblable mélange de matières volcaniques n'est pas une rareté dans les couches diluviales de l'Amérique du Sud, même à de longues distances des points d'éruption et ne peut nous causer d'étonnement au cas présent. L'on ne peut objecter en aucune façon la grande distance qui sépare les dépôts pampéens des côtes de l'Atlantique, des volcans les plus prochains du penchant oriental de la Cordillère puisque c'est un fait connu que des fragments de scories volcaniques de petites dimensions (les fragments recueillis ne passent que rarement de la grosseur d'une noix) sont lancés des points d'éruption volcanique, à distances énormes et, en outre, les eaux en se retirant de la Cordillère peuvent avoir elles-même emporté les dits fragments. L'existence en couches des « scories » corrobore l'hypothèse de transport par l'action des fleuves.

Après tout ce que j'ai vu pendant nos excursions communes dans la province de Buenos Aires, je ne crois pas que dans le pampéen inférieur et moyen c'est-à-dire dans les couches quaternaires antiques qui correspondent sous le point de vue chronologique au lœss le plus ancien de la région du Rhin supérieur, l'on ait jamais rencontré de traces authentiques de l'homme diluvien. C'est dans le pampéen supérieur (= lœss moderne) que de telles traces semblent avoir été trouvées. Dans tous les cas, on a suivi les traces de l'homme en Europe à des époques plus reculées que dans l'Amérique du Sud. Je crois avoir le droit d'affirmer que toutes les données au sujet de l'existence de l'homme au tertiaire sudaméricain ne sont que des interprétations erronées soit des couches géologiques dans lesquelles on les a trouvées, soit, comme dans le cas présent, des objets mêmes.

Voici le rapport de M. Steinmann. Sur ces entrefaites, il a prononcé devant la Société géologique allemande un discours sur le diluvium dans l'Amérique du Sud, qui a paru avant la dissertation antérieure [1]; je reproduis ici les passages suivants qui ont trait à notre problème.

« Le pampéen inférieur diffère des deux étages plus modernes. C'est une argile brun-clair, habituellement semblable à l'argile basaltique;

Fig. 80. — Morceau de scorie mêlée avec du lœss, de Monte Hermoso. Gr. nat.

ses cavités et ses fentes sont remplies de lits de *tosca* de forme bizarre. Je ne connais rien de pareil dans notre formation de lœss. Je reconnus sa composition spéciale lorsque M. Roth nous fit voir à M. Lehmann-Nitsche et à moi les parages où Ameghino crut reconnaître au milieu de cette couche, la plus ancienne de la formation pampéenne, les traces de l'activité humaine dans des scories artificielles et des pierres brûlées. En forme de couches gisent dans l'argile brune de petits morceaux de lave noire, brune et rouge, dont la nature n'est pas méconnaissable. On peut les regarder comme des éjections que le vent a apportées de la Cordillère distante de plus de 1000 kilomètres, ou bien, ce qui me paraît plus vrai-

[1] STEINMANN, G., *Ueber Diluvium in Südamerika. Monatsberichte der Deutschen geologischen Gesellschaft,* 1906, p. 225, 229 (sep. p. 12, 16).

semblable, ont peut croire au transport de la lave poreuse par l'action des fleuves; dans tous les cas, ces phénomènes démontrent qu'à l'époque de la formation du pampéen inférieur regnait une vive activité volcanique et il est probable que la *cendre volcanique* a pris une grande part à la formation des couches inférieures. C'est ainsi que l'on peut expliquer leur composition curieuse. »

M. Steinmann termine comme il suit son discours : « Les traces authentiques les plus reculées de l'homme qui m'ont été montrées par M. Roth dans l'argile pampéenne, ne remontent sûrement pas au delà des *couches les plus récentes de l'ancien lœss,* peut-être même seulement jusqu'au

Fig. 81. — Morceau de scorie noire à grandes, cavités de Monte Hermoso. Gr. nat.

lœss moderne, c'est-à-dire jusqu'à la dernière époque interglaciale (de Riss-Würm). Toutes les trouvailles antérieures permettent des doutes et en partie, comme les traces de l'action du feu au cap Corrientes, ce ne sont pas des témoignages de l'*Homo americanus,* mais des produits naturels marqués au sceau des produits artificiels par la fantaisie de l'*Homo europaeus* importé. »

M. le professeur Steinmann attribue donc aux scories du pampéen inférieur une origine volcanique, et il est en cela d'accord avec l'opinion émise il y a déjà longtemps par Moreno. M. Roth, dans sa lettre à Kollmann fait allusion à la page 9, aux idées de Moreno, et il ajoute que cette manière de voir est en contradiction avec la localité où les scories ont été trouvées; quant à moi, je ne crois pas que l'explication donnée par MM. Moreno et Steinmann ait été généralement approuvée. Je ne puis pas admettre qu'une masse poreuse et relativement assez fragile comme les scories volcaniques transportée par les eaux à des distances aussi colossales que celle qui sépare la Cordillère de l'océan Atlantique, ne soit pas réduite à l'état de détritus microscopique; au contraire les scories provenant de Monte Hermoso forment en partie une masse compacte et en partie se composent de fragments de la grosseur d'un œuf de poule et plus. Si l'on met en question l'origine volcanique, il faut admettre un centre volcanique voisin, aujourd'hui peut-être sous-marin, thèse qui ne laisse pas de présenter ses difficultés. Je m'étais expliqué moi-même la présence de couches locales de scories dans le pampéen, comme le résultat d'incendies consumant la végétation sur une étendue de terrain plus ou moins grande. Durant les grandes chaleurs de l'été,

Fig. 82. — Morceau de scorie noire à petites cavités, de Monte Hermoso. Gr. nat.

la cannaie épaisse et haute d'un marais se desséchait jusqu'à la racine et s'enflammait soit par l'effet de la foudre, soit spontanément; plus tard l'eau venait à remplir de nouveau le marais, dont le fond restait alors formé d'une couche de scories et de particules d'aspect vitrifié, semblables que j'ai observées à Posen, ma patrie, après l'incendie d'une meule de blé. D'après mon opinion, les couches de scories déposées dans le pampéen correspondraient donc à un ancien marais. A l'époque du pampéen inférieur il existait probablement des espèces de graminées et de roseaux d'une grande hauteur et très riches en silicates, lesquelles, après l'action du feu, laissaient subsister une couche résistante de cendres scorifiées qui ne pouvait être détruite aussi rapidement que celle résultant des petites espèces et qui résistait à l'influence des époques géologiques.

L'opinion de l'incendie de jonchaies ferait supposer que l'aspect terrestre des pampas d'alors était à peu près le même qu'aujourd'hui, opinion dont nous ne nous chargeons pas de démontrer l'exactitude. L'on peut certainement supposer aussi l'incendie de forêts comme me l'a manifesté le docteur Roth dans une conversation sur ce thème mais je ne sais pas s'il en résulterait des scories d'aspect aussi vitreux que celles que produit la cuisson de plantes très silicatées. Quoiqu'il en soit, l'incendie de forêts rentre dans la même catégorie que celui de jonchaies.

Ainsi donc, pour résumer ma pensée au sujet du problème de Monte Hermoso, je repète que les couches de scories n'ont pas une origine artificielle et ne sont pas due par conséquent à l'influence de l'homme; leur existence s'explique des lors par l'incendie de plantes sèches. Il se peut très bien qu'il ait péri dans cette occasion des petits animaux dont Ameghino a retrouvé les restes brûlés. Pour ce qui est des quartz travaillés et des fragments d'os fendus attribués par Ameghino à l'homme ou, pour mieux dire, à son ancêtre, la découverte de l'*Homo neogaeus* nous donne une explication satisfaisante d'ailleurs l'âge des couches du Monte Hermoso ou pampéen inférieur n'est pas aussi haut qu'Ameghino le prétend (v. le travail de M. Scott).

## APPENDICE

### LA CORRÉLATION DES FORMATIONS TERTIAIRES ET QUATERNAIRES DANS L'AMÉRIQUE DU SUD

PAR M. W. B. SCOTT

Le problème de l'antiquité de l'homme dans l'Amérique du Sud est une question qui appartient exclusivement à la géologie et à la paléontologie, et, si toutefois sa solution est possible, il doit être résolu comme n'importe quel cas d'origine et distribution mammalogique. Ce problème spécial présente de grandes difficultés à cause de l'extrême différence qui existe entre les faunes mammales successives de l'Amérique du Sud et les faunes correspondantes des continents septentrionaux, pour lesquels fut originairement construite l'échelle de la chronologie géologique. Faisant abstraction de l'Australie, l'Amérique du Sud, sous le point de vue géologique, est la région du monde la plus isolée et la plus singulière. Il est toujours difficile de déterminer jusqu'à quel point une différence entre les faunes fossiles de deux régions est due géographiquement à la distance en espace qui les sépare et jusqu'à quel point elle est due géologiquement à la distance des temps. Entre deux continents qui ont entre eux des rélations aussi intimes, des connections aussi fréquentes que l'Europe et l'Amérique du Nord, il a toujours existé des différences géographiques dans les faunes, et cette différence croît en proportion aux laps de temps durant lesquels ces mêmes régions ont été séparées. Le manque d'éléments communs rend inutile toute espèce de comparation directe.

Un second obstacle très sérieux, qui empêche d'établir une corrélation satisfaisante entre les formations sud-américaines et celles de l'hémisphère boréal, est fort heureusement de nature plus temporaire et disparaîtra indubitablement à mesure que progresseront les découvertes. Cet obstacle consiste dans la différence et la divergence d'opinions des divers auteurs relativement aux fossiles que l'on trouve actuellement dans les diverses formations. Une corrélation définitive ne sera possible qu'après qu'il aura été établi des listes succesives minutieuses et complètes des diverses faunes. Ces listes une fois établies serviront à la détermination d'un point fixe de la plus grande importance, c'est-à-dire le lieu de l'échelle géologique sud-américaine où les types boréaux de mammifères terrestres apparurent pour la première fois.

L'on se rend immédiatement compte de l'importance vitale de cette détermination, si l'on n'oublie pas que durant les époques tertiaires moyenne et inférieure l'Amérique du Nord et l'Amérique du Sud étaient entièrement séparées et que, comme conséquence de cette longue séparation, chaque continent développa sa faune particulière, sans aucune espèce d'éléments communs. Aux yeux de l'investigateur déjà familiarisé avec les mammifères tertiaires de l'hémisphère boréal, la première apparition d'une réunion de formes comme celle que présente, par exemple, la faune de Santa Cruz, semble la révélation d'un monde nouveau, tant il est distinct, sous tous les points de vue, de ce qu'il fut antérieurement. La différence qui le sépare des types boréaux, n'est pas, comme celle qui existe entre les faunes contemporaines de l'Europe et de l'Amérique du Nord, une différence d'espèces et de genres; c'est une différence d'ordres et de sous-classes mammalogiques, suffisante par elle-même pour démontrer le long isolement dans lequel fut plongée l'Amérique du Sud relativement aux terres de l'hémisphère boréal.

Lorsque la connection entre les deux Amériques se fut enfin établie, commença un grand mouvement réciproque de migration entre les deux régions; les types du sud passèrent au nord et les types du nord émigrèrent au sud. C'est ainsi que l'Amérique du Sud reçut les ancêtres d'un grand nombre de mammifères qui l'habitent encore aujourd'hui, tels que l'espèce *lama,* le *pécari,* le cerf, le *tapir* et tous les carnivores proprement dits, les rats et les souris, le lièvre et le lapin, etc. Tous ces animaux sont d'origine boréale, et, antérieurement à la grande migration, dans aucune partie du continent austral géologiquement connue, il n'existait de mammifères semblables à eux ou à ce que purent être leurs ancêtres. Outre ces éléments survivants de la faune, il y eut d'autres émigrants dont les espèces, après avoir vécu durant de longues périodes avaient déjà disparu depuis longtemps, lors de la découverte du continent par les européens : tels sont les mastodontes et les chevaux si fréquents dans les dépôts pampéens.

De la même manière, l'Amérique du Nord reçut en échange un grand nombre de types mammifères sud-américains, comme les grands gravigrades armadilles, glyptodontes et de nombreux rongeurs hystricomorphes, dont aucun n'existait dans la dite région avant l'établissement de la communication terrestre.

Il n'y a pas de raison pour supposer que cette migration se soit produite avec une rapidité plus grande dans une direction que dans l'autre, quoique, peut-être, certaines espèces actives et vagabondes, quelques carnivores par exemple, aient étendu leurs files dans la nouvelle région, avant que d'autres formes pesantes et lentes, comme les grands édentés, aient franchi la même distance. En outre, sous le point de vue géologique, la différence de temps serait à peine appréciable. Nous avons donc toute raison de supposer que les plus anciennes formations des deux Amériques qui contiennent des types mammalogiques de l'autre région respectivement, remontent à une date géologique approximativement équivalente, bien que l'équivalence puisse n'être pas exacte, à cause de la grande distance qui sépare la République Argentine des Etats-Unis, les deux contrées dans lesquelles les dites formations ont été signalées.

Nous devons ici proclamer que nous n'avons actuellement aucune raison de croire que, durant les derniers temps de l'époque tertiaire, l'Amérique du Sud ait été unie à un continent de l'hémisphère oriental. S'il eût existé une communication avec l'Afrique, il est plus que probable que de nombreux types du vieux monde, auraient fait leur apparition dans l'Amérique du Sud, sans étendre leur expansion jusque dans l'Amérique du Nord; mais ce n'est pas là le cas. Au contraire, la grande migration n'amena dans l'Amérique du Sud que des mammifères qui existaient préalablement dans l'Amérique du Nord, preuve formelle que c'est seulement avec ce dernier continent qu'à cette époque l'Amérique du Sud fut en communication.

La plus ancienne formation de l'Amérique du Nord, dans laquelle soient apparus les mammifères particuliers au sud est le *Blanco de Texas,* formation assimilable au pliocène inférieur, sans cependant correspondre aux couches les plus profondes. Il est certain que de tels fossiles ont été découverts dans des horizons plus anciens, comme le miocène et même l'oligocène; mais il a été prouvé que toutes ces identifications étaient erronées, ayant eu originairement pour base un matériel très imparfait, de sorte que les erreurs commises ne doivent pas nous surprendre. Comme nous l'avons déjà demontré, il est évident que la plus ancienne formation sud-américaine dans laquelle apparaissent les types mammalogiques du nord, doit être, à très peu de chose près, équivalente aux *Blancò beds,* et cette formation est celle d'Entre Ríos (ó Paraná), dans laquelle, ainsi que dans celle, probablement un peu plus récente de Catamarca, furent trouvés des mammifères septentrionaux. Dans ces horizons, les formes du nord, découvertes à une si grande distance, sont très rares et ne sont certainement représentées que par les carnivores de la famille des *Procyonidae,* évidemment d'origine septentrionale. Il n'est pas nécessaire de supposer que ces formations soient exactement équivalentes aux *Blanco beds;* elles peuvent être un peu plus anciennes, correspondre au miocène supérieur; mais la différence ne peut pas être grande et c'est sûrement une erreur de mettre en corrélation les couches d'Entre Ríos ou Paraná avec l'oligocène, comme on l'a fait si souvent.

Au sujet de la formation suivante, le Monte Hermoso, il existe une sérieuse divergence d'opinion entre les paléontologistes argentins, concernant les espèces de mammifères que l'on trouve actuellement dans les dites couches, et pour établir une corrélation finale de l'horizon, il faut attendre la détermination définitive des fossiles qu'il contient. Si nous admettons que la liste des espèces dressée par Ameghino soit approximativement correcte, il ne peut y avoir le moindre doute que les couches de Monte Hermoso ne remontent pas au delà du pliocène, et qu'elles peuvent même être plus récentes. En outre, partant de la même supposition, il est impossible qu'elles appartiennent au pliocène ancien, comme le démontrent d'une façon péremptoire les mammifères que l'on prétend exister dans cet horizon. Les cerfs, les *lamas,* les loups et les chats qu'Ameghino assigne à ces lits, ne peuvent correspondre au miocène, ni même au pliocène ancien, puis que, tous, ils appartiennent à des types nettement septentrionaux qui évidemment ont émigré à l'Amérique du Sud, et, même dans la région de leur origine, il ne pouvaient pas remonter jusqu'au miocène supérieur.

Le problème fondamental de la présente discussion est celui de la date géologique que l'on peut attribuer à cette partie de la grande formation pampéenne désignée par Ameghino sous le nom de pampéen inférieur et par Roth sous celui de pampéen moyen. Les géologues européens et nord-américains considèrent en général cette formation comme plistocène, tandis que les auteurs sud-américains, pour la plupart, l'attribuent au pliocène. Il y a plus de fondement en faveur de cette dernière opinion à laquelle se rallient du reste les auteurs qui n'ont jamais vu les couches en question; leur faune est tellement particulière et si différente de celle des temps modernes, le matériel qui les constitue est tellement dense et tellement compact, d'une dureté presque égale à celle de la roche et leurs fossiles ont une contexture et une couleur qui indique certainement une très haute antiquité. D'un autre côté, des arguments de ce genre induisent souvent en erreur, comme, par exemple, c'est le cas relativement à la formation pampéenne. Les mammifères de ces couches, plus particulièrement ceux de la facies septentrionale, indiquent une date beaucoup plus suggestivement plistocène que pliocène, puis qu'ils correspondent exclusivement à ceux des couches de Sheridan, ou *Equus beds* des Etat-Unis, dont l'âge plistocène est aujourd'hui reconnu par tous ceux qui les ont étudiées et expliqué par leurs rélations avec les dépôts glaciaires. Spécialement significative est la présence de l'ours *(Arctotherium)* dans le pampéen moyen de Roth (ou inférieur d'Ameghino), par la raison que les ours constituent un groupe du vieux monde, qui n'a pas de représentants dans l'Amérique du Nord avant le plistocène, époque à laquelle ont été trouvés des ours à peu près identiques avec l'*Arctotherium* et d'autres espèces plus semblables aux espèces actuelles.

La présence de vestiges humains dans le pampéen moyen de Roth (ou inférieur d'Ameghino) prouve également, de la façon la plus évidente, que cette formation ne remonte pas au delà du plistocène, opinion qui exigerait des considérations un peu plus amples.

Comment l'homme fit-il son apparition dans l'Amérique du Sud? Pour répondre à cette question il n'y a que deux alternatives : 1° l'homme sud-américain a été engendré par descendance de quelque autre type mammalogique; ou bien 2° il s'est établi dans le continent par migration de quelque autre région. De ces deux alternatives, la dernière est de beaucoup la plus probable.

En effet, bien que l'on ne sache rien de définitif relativement à la descendance de l'homme, et sa chaîne généalogique ait été confectionnée avec des *missing links,* il n'y a pas aujourd'hui la moindre raison de croire qu'il soit originaire d'une partie quelconque de l'hémisphère occidental. Dans tous les cas où la phylogénie d'un groupe est connue, comme, par exemple, celle du chameau, du cheval, du rhinocéros, outre la ligne principale de descendance, conduisant directement au type moderne, l'on découvre invariablement de nombreuses branches latérales, dont il est souvent très difficile de tracer les ramifications complexes. Une des principales difficultés inhérentes à la construction des échelles phylogéniques, consiste dans la détermination des genres et espèces fossiles que l'on doit attribuer à la ligne principale ou aux branches latérales. Certains types qui font soudain leur apparition dans une région donnée et qui n'ont pas de rélation étroite avec les formes y existantes, peuvent être, en toute confiance considérées comme immigrants. Il en est de même de l'homme dans le Nouveau Monde.

Comme il a été dit déjà, nous n'avons aucune donnée définitive concernant les étapes de la descendance humaine et nous ne savons pas si l'espèce *Homo sapiens* forme un groupe monophylétique ou polyphylétique. Quoiqu'il en soit, l'homme est incontestablement un membre de l'ordre mammifère des primates, et ses plus proches parents actuels sont les anthropoïdes et les singes catarrhiniens. Tous les représentants connus de ces deux derniers groupes, soit fossiles, soit modernes, se trouvent confinés dans le Vieux Monde et ce fait, par lui-même, indique d'une manière presque irrécusable que le type humain est originaire de l'hémisphère oriental. Faisant abstraction d'un certain nombre de formes très anciennes et très contestables qui n'ont avec le problème en question qu'une lointaine connection, l'on peut affirmer que le primate, étroitement allié au type humain où même au type anthropoïde, n'a jamais été rencontré nulle part dans l'hémisphère occidental. Des preuves d'une évidence irrécusable seraient donc exigibles pour rendre plausible la théorie de l'origine d'une race humaine quelconque, dans l'une ou l'autre des deux Amériques.

Nous semblons par conséquent en être réduits à admettre la seconde alternative, c'est-à-dire celle qui fait venir l'homme dans l'Amérique du Sud, par migrations de quelque autre région. Nous n'avons aucun indice évident qui nous fasse connaître quelle fut cette autre région, bien que les probabilités parlent en faveur de l'Amérique du Nord. Ce dernier continent est des plus favorablement situés pour une migration venue de l'Eurasie et actuellement n'est encore séparée de l'Asie que par quelques milles d'une mer sans profondeur. Pendant la période plistocène et les périodes antérieures, il existait un pont naturel entre l'Amérique du Nord et l'Asie, et, faute de preuves contraires, l'on peut présumer en toute confiance, que c'est par cette voie qu'eurent lieu les plus anciennes migrations de l'homme dans le Nouveau Monde. Dans l'Amérique du Nord l'on ne connaît aucun indice d'occupation humaine avant le plistocène, et la présence d'ossements humains typiques dans le pampéen moyen de Roth (ou inférieur d'Ameghino) est, par elle même, une preuve convaincante que cette formation ne peut remonter au delà du plistocène.

Je suis loin de supposer que cette conclusion puisse être regardée comme définitive. Au contraire, il peut arriver que, dans un temps plus ou moins éloigné, de nouvelles découvertes viennent démontrer la fausseté de cette conclusion, et confirmer l'opinion de ceux qui depuis longtemps luttent en faveur de l'âge pliocène des dépôts pampéens et de l'origine indépendante de l'homme dans l'Amérique du Sud. Pour le moment le poids de l'évidence semble leur être absolument contraire.

## A PROPOS DU CRANE DE PONTIMELO (OU PLUTOT FONTEZUELAS) [1]

### LETTRE DE M. SANTIAGO ROTH À M. J. KOLLMANN

Dans le résumé d'un mémoire de M. Hansen [2] sur l'homme fossile de Pontimelo, on lit l'observation suivante :

[1] Traduction française de l'original allemand publié par M. Kollmann dans les *Mittheilungen aus dem anatomischen Institut im Vesalianum zu Basel*, 1889, p. 1-13. L'original allemand même sera réimprimé à la suite de cette traduction.

L'original dit toujours *Fontizuelos ;* le véritable nom est *Fontezuelas* comme nous l'avons expliqué plus haut (p. 254) ; je ferai toujours cette petite correction.

Dans la plupart des citations de cette lettre, au cours du présent travail, j'ai employé la forme correcte. (L.-N.)

[2] HANSEN, S., *Lagoa Santa Racen. En anthropologisk Undersögelse af jordfundne Men-*

« L'examen exact de la relation de M. S. Roth a donné pour résultat, qu'on ne peut pas regarder comme absolument prouvée la contemporanéité de l'homme fossile et du *Glyptodon* ». Permettez moi ici quelques observations à ce sujet.

Je rectifierai d'abord le nom de Pontimelo dans lequel il s'est glissé soit une faute d'orthographe soit un erreur typographique. Le parage où j'ai découvert les restes en question ne s'appelle pas Pontimelo, mais bien *Fontezuelas.* Un grand nombre de cartes désignent sous le nom d'arroyo Fontezuelas l'arroyo Pergamino ou río Arrecifes. Il faudrait donc dire le crâne de Fontezuelas au lieu de : le crâne de Pontimelo.

Allons maintenant au fait. Je ne sais pas ce qui a engagé M. Hansen à s'exprimer ainsi puisque dans le résumé il n'en donne aucune raison. Il ne connaît les circonstances de la trouvaille que par les brèves données de M. le professeur Charles Vogt [1] et par celles que j'ai moi-même consignées dans le catalogue numéro 2 [2]. Malheureusement il y a confusion dans le rapport de M. Vogt quand il dit : « Cette carapace enlevée, on ramassa encore le bassin et un fémur de l'animal », tandis que je me référais moi-même au fémur et au bassin de l'homme. M. Vogt, sur ma première notice, observait en outre que l'homme pouvait avoir été enterré postérieurement près de la carapace du *Glyptodon.* La situation et position qu'occupaient dans la terre les divers ossements du squelette, excluent cependant de prime abord cette possibilité. Je lui écrivis à ce sujet dans les termes suivants : « L'on ne peut juger ici à l'aspect de la terre, si le terrain a été remué, puisque, au bout d'un petit nombre d'années, le sol est aussi compacte que s'il n'avait jamais été remué. Si l'on avait creusé ici, la carapace du glyptodonte eût été infailliblement mise de côté avec la terre, puisque le bassin et une fémur gisaient au-dessous d'elle ». Je ne m'exprimais pas ici avec la clarté suffisante, puisque, pendant que je pensais de mon côté au bassin et fémur humain, M. Vogt comprenait qu'il s'agissait des mêmes os appartenant au *Glyptodon.* (Du *Glyptodon* il n'existait qu'une partie de la carapace). Plus loin, je disais à M. Vogt : « En outre les os du squelette auraient occupé leur position naturelle, si l'homme eut été enterré dans ce lieu, ce qui

*neskelevninger fra brasilianske Huler. Med et Tillaeg om det jordfundne Menneske fra Pontimelo, Rio de Arrecifes, La Plata. E Museo Lundii* I, 5, Kjöbenhavn, 1888, p. 29-34, 37, pl. IV.

[1] Vogt, C., *Squelette humain associé aux glyptodontes.* Avec discussion (Mortillet, Zaborowski, Vogt). *Bulletins de la Société d'Anthropologie de Paris,* 3me série, IV, 1881, p. 693-699.

[2] Roth, S., *Fossiles de la Pampa, Amérique du Sud, 2e catalogue,* San Nicolás, 1882, p. 3-4. [1re édition].

Roth, S., *Fossiles de la Pampa, Amérique du Sud, catalogue N° 2,* Génova, 1884, p. 5-7, pl. I. [2me édition, illustrée].

n'a pas lieu dans le cas présent. Le crâne gisait le vertex un peu plus en haut, puisque l'ouvrier le prit pour une citrouille. Plus en dessous gisait l'instrument de corne de cerf; les côtes étaient très clairsemées, les vertèbres cervicales se trouvaient à un mètre et demi environ du crâne, un fémur était encore attaché au bassin, les os du pied étaient dispersés de tous côtés et il manquait une bonne partie. Les os d'une des mains étaient encore à leur place, ceux de l'autre main étaient dispersés. De la colonne vertébrale, je ne trouvai que quelques débris formant une espèce de conglomérat et je les gardai ainsi avec la terre dans laquelle ils étaient mêlés.

La colonne vertébrale, ainsi qu'un grand nombre des autres os avaient évidemment été détériorés, avant d'être couverts de terre; dans la plupart, il manque précisément la partie dure externe tandis que la partie interne spongieuse s'est conservée. Les ossements gisaient au même niveau que le *Glyptodon* ».

Telles sont les données que j'avais communiquées à M. Vogt au sujet de la position du squelette et qu'il a reproduites exactement dans son rapport, à l'exception du passage cité plus haut. La confusion est rectifiée dans le catalogue numéro 2, où je m'exprime ainsi : «Les ossements humains étaient répandus un peu dans toutes les directions; un fémur et le bassin se trouvant sous la carapace de l'animal ».

Je ne m'explique pas la raison pour laquelle M. Hansen, dans un examen exact de mes données, met en doute la contemporanéité de l'homme et du *Glyptodon*. Il ne possède cependant d'autres données que les miennes et celle de M. Vogt. Si Doering, Burmeister, Ameghino, Moreno, etc. eussent suscité des doutes, une discussion minutieuse aurait eu raison d'être; mais aucun de ces savants ne met en doute la contemporanéité de l'homme et du *Glyptodon*. M. Burmeister, qui avant cette trouvaille concevait quelques doutes, me dit, quand je lui montrai la mandibule de ce squelette, que cette pièce suffisait pour le convaincre pleinement. Je le répète, si les circonstances de cette trouvaille doivent s'expliquer naturellement et sans effort, l'on ne peut admettre autre chose, sinon que le cadavre n'a pas été enterré par la main de l'homme, qu'il a été quelque temps exposé à l'air libre; que le cadavre une fois décomposé, les os se sont séparés et disséminés; les uns se sont perdus, d'autres se sont détériorés en tout ou en partie; le reste enfin fut recouvert graduellement par la poussière que charriait le vent; et le fragment de carapace de *Glyptodon* vint plus tard par l'effet du hasard s'arrêter au dessus dans la position où il a été trouvé. Il n'y a aucun doute que l'homme a vécu dans les pampas de Buenos Aires en même temps que les glyptodontes; non seulement se sont multipliées les découvertes des restes humains, mais nous avons encore trouvé une foule de traces de ce temps. Il ne vous sera peut-être pas indifférent de connaître quelques détails supplémentaires au sujet de mes trouvailles du même genre.

Ma première découverte d'un homme fossile date de l'année 1876. Je fis cette trouvaille à une distance d'environ 10 kilomètres du Pergamino près du *Saladero* de Reinaldo Otero, propriété de Dionisio Ochoa, dans une *desplayada ó comedero*, noms sous lesquels on désigne, dans le langage usuel, des terrains dépourvus de couches d'humus et dans lesquels le lœss est à découvert. Ce sont en général des terrains en pente, remplis de crevasses dont les bords tombent en direction verticale. J'explorais alors la dite *desplayada*, à la recherche de fossiles, en société de José Mayorotti qui m'accompagnait souvent dans mes excursions. Nous avions déjà trouvé quelques endroits où gisaient des restes fossiles d'animaux et nous les avions marquées pour les reconnaître quand nous viendrions plus tard déterrer les ossements, lorsque j'aperçus dans le bord d'une rigole d'environ 3 mètres de profondeur, une portion de crâne qui faisait un peu saillie hors du lœss. Don José pensa tout de suite à un crâne d'indien; mais je lui répondis qu'il s'agissait plutôt de quelque crime occulte, que les indiens ne possédaient pas d'ustensiles pour creuser la terre, et qu'ils se contentaient de recouvrir les cadavres de leurs morts avec le peu de terre qu'ils pouvaient ramasser, tandis que notre squelette était enfoui à une très grande profondeur. Que ces restes pussent appartenir à un homme contemporain du *Glyptodon*, l'idée ne m'en vint même pas à l'esprit. Je n'examinai pas les ossements de plus près, n'ayant pas l'intention de les faire exhumer. Cependant, Mayorotti m'ayant manifesté le désir de les déterrer afin de les emporter chez lui, je me mis à l'aider dans cette besogne. Le squelette occupait la position assise, les deux jambes allongées, la tête quelque peu inclinée vers l'avant. Tous les os se trouvaient dans leur position normale les uns par rapport aux autres. Nous observâmes avec détention toutes ces circonstances, dans la supposition d'un crime; nous continuâmes nos recherches dans l'espérance de trouver quelques indices qui pussent nous mettre sur la voie, pour décider s'il s'agissait d'un chrétien ou d'un indien; nous ne trouvâmes absolument rien. De la forme du crâne qui, du reste se défit en un grand nombre de fragments, je n'ai plus aucun souvenir; je me rappelle seulement qu'un médecin, le docteur Menéndez de Pergamino me dit que le volume des os indiquaient un sujet de 13 à 14 ans et que Mayorotti lui objecta que les dents étaient trop usées pour appartenir à un adolescent. Un an plus tard, environ, je vis dans le jardin de M. Mayorotti quelques fragments d'os fossiles abandonnés, et, lui ayant demandé d'où provenaient ces os, il me répondit qu'ils appartenaient au même squelette humain que nous avions déterré près du Saladero, mais qu'étant restés exposés à l'air libre étaient tombés en morceau, par l'action du soleil et de la pluie.

Dans cet intervalle, j'avais fait exécuter d'autres excavations qui avaient mis à découvert une arme de silex, à côté des restes d'un *Scelidotherium*[1]. Cette trouvaille me mit dans une grande perplexité. M. Pedro Pico, à qui je communiquai mes trouvailles, me répondit que ce n'était pas la première fois que le cas se présentait, et qu'une autre personne avait déjà trouvé une arme absolument identique au milieu des restes d'un *Machaerodus*[2]. Je laissai l'arme à M. Pico. En même temps, je vins à savoir que M. Séguin, longtemps auparavant avait déjà trouvé des ossements de l'*Ursus bonaërensis*. Ces circonstances me décidèrent alors à rassembler les os qui existaient encore du squelette du Saladero, pour les envoyer à M. Burmeister à Buenos Aires. J'y profite de l'occasion pour remarquer que l'opinion du docteur Burmeister[3] sur la trouvaille de M. Séguin emise dans sa *Description physique de la République Argentine*, tome III, page 42, n'est pas justifiée. Il croit que les os de l'*Ursus bonaërensis* soient enlevés par l'eau d'une couche plus ancienne et déposés alors avec les os humains dans une couche de graviers. Il n'est pas vraisemblable que l'eau ait arraché au lœss dur un certain nombre d'ossements d'ours [*Arctotherium*] pour les transporter dans un autre lieu et les y réunir; d'ailleurs dans le parage cité des rives du Carcarañá, il n'existe aucune couche de gravier. Je connais parfaitement l'endroit où le chemin de fer du Rosario à Córdoba franchit le Carcarañá. Les rives sont constituées par le lœss de la formation pampéenne intermédiaire. A la partie supérieure existe une mince couche d'humus et, en dessous, dans le lit même du fleuve, on trouve de place en place, des dépôts de fange et de concrétions calcaires triturées d'une puissance tout à fait insignifiante. Si M. Séguin, au lieu de trouver les ossements humains dans le lœss, les avait recueillis dans les dépôts dont nous venons de parler, quiconque connaît les fossiles pampéens, aurait affirmé immédiatement que les débris en question ne venaient pas de la formation pampéenne; mais si réellement ces ossements ont été découverts dans

[1] M. Roth a bien voulu me fournir les suivantes données complémentaires. Il avait découvert près de l'Arroyo del Zanjón, non loin de Pergamino, province de Buenos Aires, le squelette d'un *Scelidotherium* dont les os ne se trouvaient pas dans leur position topographique mais qui existaient encore en grande partie. En enlevant un fémur de l'animal il aperçut l'instrument de silex qui était situé justement au-dessous de cet os. Peut-être (Lehmann-Nitsche) que le grand mammifère levait cette pointe de silex dans une blessure ouverte ou déjà cicatrisé dans sa jambe comme souvenir d'un rencontre avec l'homme pampéen. En tout cas, le fémur même n'a pas été blessé. La pointe ne se trouve plus aux collections du Musée National de Buenos Aires. *(Note de M. R. L.-N.)*.

[2] C'est la flèche en chalcedoine trouvée par les frères Breton, dont nous avons déjà parlé dans l'introduction (p. 192). *(Note de M. R. L.-N.)*.

[3] BURMEISTER, H., *Description physique de la République Argentine*, t. III, Buenos Aires, 1879, p. 42.

lœss creusé pour les fondations du pont, ils appartiennent aux couches pampéennes intermédiaires.

J'avais complètement oublié ma découverte du Saladero, lorsque, en 1881, j'apportai à M. Burmeister, avec l'intention de la soumettre à son examen, la mâchoire inférieure du crâne de Fontezuelas. M. Burmeister sortit alors du fond d'un tiroir les fragments encore existants des restes humains du Saladero, pour les comparer avec ceux que je venais de lui remettre et me déclara que tous ces ossements étaient contemporains et appartenaient à la formation pampéenne. Les notes écrites de M. Burmeister sont en contradiction avec ce qu'il m'avait dit; et, en effet, dans le passage déjà cité il s'exprime ainsi : « J'ai vu moi-même des dents dites fossiles qu'il m'était impossible de distinguer par aucun caractère, des dents d'anciens crânes indiens. » Cette observation ne peut s'appliquer qu'aux restes humains du Saladero que je lui avais envoyés en 1877, et entre lesquels il y avait un grand nombre de dents. A cette époque, M. Burmeister n'était pas encore convaincu de l'existence de l'homme, pendant la formation des couches pampéennes, et, pour ce même motif, il mentionnait seulement les dents qui avaient subi quelque métamorphose, sans faire allusion aux fragments des autres os, qu'il reconnut lui-même plus tard contemporains du *Glyptodon*. D'ailleurs, un spécialiste quelconque n'a besoin que de les considérer un instant pour affirmer qu'ils proviennent de la formation pampéenne, en raison des concrétions calcaires caractéristiques dont ils sont couverts y qui obstruent même quelques uns des espaces médullaires.

Dans cette occasion, je parlai à M. Burmeister de l'arme de silex que j'avais trouvée avec les restes du *Scelidotherium*. Dans le désir de les voir, il me pria de les demander à M. Pierre Pico. Cette arme doit être en tout semblable à celle qui fut trouvée avec les restes du *Machaerodus*, puisque, quand je la lui présentai, M. Burmeister me dit : « Le français avait pourtant raison; je garderai cette pièce avec les autres qui me viennent de vous, elle y sera beaucoup plus en sûreté que chez M. Pico. » M. Pico ayant donné ensuite son consentement, la pièce resta au Musée de Buenos Aires.

Depuis lors j'ai souvent rencontré des fragments d'argile cuite, qui provenaient évidemment de vases fabriqués par l'homme de cette époque [1]. M. Molezoun trouva également, sous un crâne de mastodonte que nous deterrâmes près du moulin de Ramallo dans la formation pampéenne moyenne, quelques tessons de poterie. A environ un kilomètre du même endroit, il existe dans la formation pampéenne moyenne un dépôt bleu-clair qui contient de nombreux fragments de poterie cuite. J'ai vi-

[1] Il ne s'agit que de morceaux de lœss cuit, pas de fragments de poterie. (*Note de M. R. L.-N.*).

sité ce parage avec M. le docteur Heusser qui d'ailleurs a écrit sur la formation pampéenne; cet auteur pense absolument comme moi que le dit dépôt lacustre correspond à la couche dans laquelle on trouve près de San Pedro un banc de mollusques [1].

Outre les têts de poterie dont j'ai fait mention, j'ai trouvé dans les dépôts tertiaires marins d'Entre Ríos un fragment de bois silifié qui paraît avoir été travaillé par la main de l'homme, ainsi que des fragments de bois silifié et d'os qui ont été soumis à l'action du feu. M. Ameghino dit également avoir rencontré dans un ancien dépôt à Monte Hermoso des fragments d'argile cuite. M. Moreno veut que ces fragments d'argile soient des produits volcaniques, bien que cette idée soit en contradiction avec le lieu dans lequel ils ont été trouvés. Pour ma part, je crois que M. Ameghino possède à un assez haut degré la faculté de discerner, entre des produits volcaniques et de l'argile cuite.

Tous les restes humains fossiles qui ont été jusqu'à ce jour trouvés dans les pampas, proviennent du pampéen supérieur, de même la trouvaille d'Ameghino et de Carles ainsi que mes deux premières à moi. Quant à Séguin, le doute subsiste au sujet de sa trouvaille qu'il dit avoir faite dans des couches de gravier dont il n'y a pas trace dans le lieu indiqué par lui. Les objets trouvés dans le pampéen intermédiaire et dans les couches marines tertiaires d'Entre Ríos correspondantes permettent de conclure à l'existence de l'homme dans les pampas durant l'époque tertiaire. Cette conjecture fut ratifiée dès l'année 1887, par la rencontre de restes humains dans le lœss du pampéen intermédiaire. L'endroit où je trouvai le squelette en question est situé à environ 2 kilomètres de la gare de Baradero, un peu avant d'arriver au *bañado* qui s'étend entre Baradero et San Pedro. Une tranchée ouverte dans le lœss pour la construction de la ligne du chemin de fer, mit à découvert d'abord un pied; le reste du squelette fut ensuite trouvé dans la même muraille de lœss; il occupait une position normale; seule la tête était inclinée en avant sur la poitrine, de manière que ce n'était pas le visage, mais bien le sommet du crâne qui regardait en l'air. La mâchoire inférieure était largement ouverte. Le détail suivant me frappa au plus haut degré: la longueur des membres supérieurs qui tombaient le long

[1] J'avais conduit M. Heusser à ce banc de mollusques, dans le but de lui fournir la preuve que, même sur la rive droite du Paraná dans le lœss du pampéen intermédiaire il existe, à Entre Ríos, des traces des dépôts marins de l'âge tertiaire. Le banc se compose d'huîtres caractéristiques des dépôts tertiaires d'Entre Ríos et de la Patagonie. D'Orbigny et Bravard ont formé différentes espèces que Mayer Eymar, de son côté, considère comme identiques avec l'*Ostrea borealis*, si répandue à l'époque tertiaire. Quoiqu'il en soit, il est certain que cette huître est très commune dans les dépôts tertiaires de la Patagonie et de l'Entre Ríos, ainsi que dans les environs de Bahía Blanca, suivant ce que m'a dit M. Claraz. *(Note de M. Roth.)*

du corps, était telle, qu'ils arrivaient jusqu'à toucher l'articulation du genou, avec laquelle une des mains était soudée par des concrétions calcaires. Malheureusement, comme il arrive presque toujours dans ces sortes de terrains, ce dont j'ai donné la raison dans mon travail sur la formation pampéenne *(Zeitschrift der Deutschen geologischen Gesellschaft,* 1888, p. 447), l'état de conservation des différents os était très imparfait, et, bien qu'il occupassent encore leur position relative les uns par rapport aux autres, je ne crois cependant pas que le cadavre ait été enterré, mais qu'il a été recouvert graduellement de terre apportée par le vent et la pluie. Les os présentent à leur surface des signes évidents d'usure, des crevasses, semblables à ceux que présentent les os exposés longtemps à l'air libre et à l'intempérie.

Il est à regretter que le crâne ne soit pas arrivé ici [à Zurich], dans les conditions où je l'avais emballé là bas, c'est-à-dire accompagné d'un échantillon du terrain dans lequel il gisait, comme je l'avais photographié, ce qui eut permis d'étudier exactement sa physionomie. Il n'y a pas de doute qu'il appartient au pampéen intermédiaire. En faveur de cette opinion, nous pouvons encore ajouter que le lieu où il reposait, est situé précisément en face du banc de mollusques d'Entre Ríos, caractérisé par la présence des huîtres tertiaires. Quiconque voudra se donner la peine d'étudier le cas, se convaincra de la contemporanéité des deux couches.

Agréez, etc.

*Santiago Roth.*

Zurich, été 1889.

La discussion relative au crâne de Fontezuelas revient donc à l'ordre du jour; aux géologues de résoudre la question. Dans chaque cas spécial, ils ont le devoir de mettre au clair, dans quel strate géologique ont été trouvés les restes humains en question, ou les têts de poterie, ou les ustensiles de silex, etc. Il est à espérer que les géologues sudaméricains arriveront à s'entendre sur toutes les données apportées ici par M. Roth. Nous autres, en Europe, ne pouvons contribuer que dans une bien petite échelle à la solution du problème en suspens, et, comme l'a fait M. Hansen, nous ne pouvons que manifester nos doutes et faire des objections. Heureusement, le crâne de Fontezuelas n'est pas l'unique factum qui rend vraisemblable à un haut degré la coexistence de l'homme et des grands mammifères de l'Amérique du Sud.

Après un bref séjour en Europe, M. Roth est retourné en Amérique, pour entreprendre de nouvelles fouilles. Peut-être la fortune lui sourira-t-elle de nouveau; dans ce cas il serait à désirer que l'accompagnassent sur le terrain un certain nombre de témoins compétents qui suivissent la marche des opérations, épiant toutes les circonstances et prenant des notes pour que leur témoignage pusse être décisif.

En attendant je profite de l'occasion pour compléter mes premières notices au sujet du crâne de Pontimelo ou Fontezuelas. Dans mon article sur la haute antiquité des races humaines (*Zeitschrift für Ethnologie*, 1884 [1]) je ne pouvais m'exprimer que d'après des photographies; mais aujourd'hui je puis corriger plus d'un détail. L'original fait aujourd'hui partie de la collection paléontologique de Copenhague où il a été étudié et dessiné par Hansen. De la page 1 du dit mémoire, je conclus que le crâne est dolichocéphale, avec un indice céphalique de 73,5 et un indice longitudino-vertical de 75,7, au lieu d'être brachycéphale comme nous l'avions déterminé Virchow, Quatrefages et moi, d'après les photogrammes. La circonférence horizontale mesure 520 millimètres; l'arc longitudinal 390 millimètres; la largeur frontale inférieure 97 millimètres. Les os du squelette indiquent une taille de 1515 millimètres.

Quant à l'indice céphalique, le crâne de Fontezuelas se rapproche de ceux de Lagoa Santa, dont je me suis également occupé dans mon mémoire antérieurement cité et si je m'en rapporte aux mesures prises par moi lors d'un voyage que je fis à Copenhague. Hansen a donné un catalogue complet de ces mêmes crânes de Lagoa Santa et il a même publié les mesures de ceux qui se trouvent à Rio et à Londres.

Nous savons aujourd'hui que dans une série de 17 crânes il se trouve un brachycéphale, et par là même s'est évanoui une fois de plus notre espoir d'avoir rencontré un groupe humain de race unique. Au milieu d'un peuple dolichocéphale, il existait donc déjà un crâne brachycéphale; il y avait donc déjà duplicité de races dans l'Amérique du Sud, comme nous l'indique cette frappante diversité des calottes crâniennes. Cependant que, même dans le crâne facial des dolichocéphales, tous les caractères ne sont pas en harmonie suffisante pour qu'on puisse parler d'une race dolichocéphale absolument unique. Les indices nasaux présentent des variations très considérables qui permettent de supposer que dès cette époque il existait déjà une troisième race. Cette opinion répond à l'expérience que j'ai acquise de mes études pratiquées sur environ 1500 crânes provenant de toutes les régions américaines [2] et dont il résulte pour moi la conviction que dès l'antiquité la plus reculée, plusieurs races étaient disséminées sur toute la surface du continent. La découverte de crânes dans les cavernes du Brésil et dans les couches de la formation pampéenne a fait connaître toute la valeur d'un tel résultat de l'investigation craniologique. Hansen observe, il est vrai, que la

[1] KOLLMANN, J., *Hohes Alter der Menschenrassen. Zeitschrift für Ethnologie*, XVI, 1884, p. 200-205.

[2] KOLLMANN, J., *Die Autochthonen Amerikas. Zeitschrift für Ethnologie*, XV, 1883, p. 1-47.

preuve ne peut pas résulter de l'exploration des cavernes, que l'homme a vécu simultanément avec les animaux du monde primitif, mais il ne laisse pas de reconnaître ouvertement que les restes humains trouvés remontent à la plus haute antiquité. Toutes les trouvailles faites jusqu'à ce jour et celles dont il est ici question ne sont pas les seules (voyez plus haut, l. i. c.) qui démontrent que les races américaines habitent leur continent depuis aussi longtemps que celles de l'Europe et de l'Asie. Mais cette conclusion fait apparaître les migrations de l'espèce *Homo* sous un tout autre jour que celui sous lequel nous avions l'habitude de les considérer.

*Kollmann.*

UEBER DEN SCHAEDEL VON PONTIMELO (RICHTIGER FONTEZUELAS) [1]

BRIEFLICHE MITTEILUNG VON SANTIAGO ROTH AN HERRN J. KOLLMANN

In dem Resumé einer Abhandlung von Hrn. Hansen [2] über den fossilen Menschen von Pontimelo findet sich folgende Bemerkung:

„L'examen exact de la relation de M. Roth a donné pour résultat, qu'on ne peut pas regarder comme absolument prouvée la contemporanéité de l'homme fossile et du *Glyptodon.*" Erlauben Sie mir, Ihnen hierüber einige Bemerkungen zu machen.

Vorerst möchte ich den Namen Pontimelo richtig stellen, bei welchem ein Schreib- oder Druckfehler vorkommt. Die Gegend, in welcher ich die fraglichen Reste gefunden habe, heisst nicht Pontimelo, sondern Fontezuelas. Auf vielen Karten wird der Arroyo Pergamino respective Rio Arrecifes als Arroyo Fontezuelas bezeichnet. Es sollte also heissen, der Schädel von Fontezuelas statt Schädel von Pontimelo.

Doch nun zur Sache. — Ich weiss nicht was Hrn. Hansen zu obigem Ausspruch veranlasst hat, da er im Resumé keine Gründe dafür angibt. Er kennt die [p. 2] Verhältnisse des Fundes nur aus den kurzen Angaben von Hrn. Professor Carl Vogt [3] und denjenigen, welche ich im Katalog [4]

[1] Neudruck; zuerst veröffentlicht in den *Mittheilungen aus dem anatomischen Institut im Vesalianum zu Basel*, 1889, p. 1 — 13.

Im Original heisst es immer *Fontizuelos*; der richtige Name ist *Fontezuelas* wie wir schon früher auseinandergesetzt haben (p. 254). Fast an allen Stellen in dieser Arbeit, wo Roths Brief citiert wurde, haben wir stillschweigend in Fontezuelas verbessert. (L.-N.)

[2] HANSEN, S., *Lagoa Santa Racen. En anthropologisk Undersögelse af jordfundne Menneskelevninger fra brasilianske Huler. Med et Tillaeg om det jordfundne Menneske fra Pontimelo, Rio de Arrecifes, La Plata. E Museo Lundii*, I, 5, Kjöbenhavn, 1888, p. 29-34, 37, pl. IV.

[3] VOGT, C., *Squelette humain associé aux glyptodontes.* Avec discussion (Mortillet, Zaborowski, Vogt). *Bulletins de la Société d'Anthropologie de Paris*, 3me série, IV, 1881, p. 693-699.

[4] ROTH, S., *Fossiles de la Pampa, Amérique du Sud, 2° catalogue*, San Nicolás, 1882.

No. 2 gemacht habe. Leider befindet sich im Vortrag von Hrn. Vogt ein Missverständnis, indem er sagt: „ Cette carapace enlevée on ramassa encore le bassin et un fémur de l'animal", während ich den Oberschenkel und das Becken des Menschen meinte. Hr. Vogt bemerkte ferner auf meine erste Anzeige hin, es sei nicht ausgeschlossen, dass der Mensch nachträglich bei dem Glyptodonten-Panzer begraben sein könnte. Die Art und Weise, wie die einzelnen Knochen des Skeletts in der Erde lagen, schliessen aber von vornherein diese Möglichkeit aus. Ich schrieb ihm diesbezüglich wörtlich Folgendes: „Ob die Stelle unberührtes Terrain sei, kann man hier an der Erde nicht sehen, da diese schon nach wenigen Jahren wieder so fest auf einander liegt, als ob sie nie berührt worden wäre. Hätte man aber hier gegraben, so müsste unfehlbar der Glyptodonten-Panzer auf einer Seite mit der Erde abgegraben worden sein, da das Becken und ein Femur unter demselben lagen." Ich drückte mich eben hier nicht deutlich genug aus; während ich das Becken und den Femur des Menschen meinte, fasste Herr Vogt dieselben als zum Glyptodon gehörend auf. (Vom Glyptodon war nur ein Teil des Panzers vorhanden.) Weiter schrieb ich Hrn. Vogt: „Ferner müssten die Knochen des Skelettes die Lage gehabt haben, wie sie zu einander gehören, wenn der Mensch hier begraben worden wäre, was aber nicht der Fall war. Der Schädel lag etwas mehr mit dem Scheitel nach oben, weshalb der Arbeiter ihn für einen Kürbis ansah. Darunter lag das Werkzeug aus Hirschhorn; die Rippen lagen sehr zerstreut, die Hals wirbel ein grosses Stück vom Schädel entfernt, ein Femur war [p. 3] noch am Becken, die Fussknochen lagen überall zerstreut umher und waren lange nicht alle mehr da. Die Knochen von einer Hand lagen beisammen, die der andern ganz zerstreut. Von der Wirbelsäule fand ich nur Bruchstücke in einem Klumpen beisammen und bewahre dieselben so mit der Erde auf. Die Wirbelsäule, sowie viele von den übrigen Knochen sind jedenfalls, bevor sie mit der Erde bedeckt wurden, verwittert, da an vielen derselben gerade die äusseren harten Teile fehlen, während der schwammige, poröse, innere Teil sich erhalten hat. Die Knochen lagen im gleichen Niveau wie das Glyptodon." Dies sind die Angaben über die Lagerungsverhältnisse des Skelettes, welche ich Hrn. Vogt gemacht habe; er hat dieselben mit Ausnahme jener Stelle in seinem Vortrage richtig wiedergegeben. Das Missverständnis ist im Katalog No. 2 berichtigt, in dem ich sage: „Les ossements humains étaient répandus un peu dans toutes les directions; un fémur et le bassin se trouvaient sous la carapace de l'animal."

Mir ist nun unbegreiflich, warum Hr. Hansen bei einem exak-

p. 3-4. — [1. Auflage]; *Fossiles de la Pampa, Amérique du Sud. Catalogue N° 2*, Génova, 1884, p. 5-7, pl. I. — [2. illustrierte Auflage].

ten Examen dieser meiner Angaben die Contemporaneität des Menschen mit dem Glyptodon bezweifelt. Er besitzt doch keine weiteren Angaben als die von Hrn. Vogt und mir. Wenn Döring, Burmeister, Ameghino, Moreno etc. Zweifel erhoben hätten, so würde eine eingehende Erörterung wohl am Platze sein, aber keiner von diesen Gelehrten bezweifelt heute mehr die Gleichzeitigkeit des Menschen mit dem Glyptodon. Hr. Burmeister, der vor diesem Funde noch einige Zweifel hegte, sagte mir, als ich ihm den Unterkiefer dieses Skeletts zeigte, dass ihn dieses Stück nun vollständig überzeuge. Ich wiederhole, wenn die Verhältnisse dieses Fundes auf ungezwungene und [p. 4] natürliche Weise erklärt werden sollen, man nur annehmen kann, dass der Leichnam nicht von Menschenhand begraben wurde, dass er eine Zeit lang der freien Luft ausgesetzt war, dass nach Verwesung des Cadavers sich die einzelnen Knochen von einander lostrennten und zerstreut wurden, wobei einige verloren gingen, andere teilweise oder ganz verwitterten und der Rest allmählig durch vom Winde gebrachten Staub zugedeckt wurde und dass dann durch Zufall das Stück Glyptodon-Panzer auf die betreffende Stelle zu liegen kam. Es ist ganz ausser Zweifel, dass der Mensch gleichzeitig mit den Glyptodonten etc. in den Pampas von Buenos Aires gelebt hat; nicht nur haben sich die Funde von Menschenresten vermehrt, sondern wir haben auch noch andere Spuren des Menschen aus dieser Zeit gefunden. Es ist Ihnen vielleicht angenehm, über meine diesbezüglichen Funde Näheres zu vernehmen.

Mein erster Fund eines fossilen Menschen datirt aus dem Jahre 1876. Ich machte denselben etwa 10 Kilometer von Pergamino entfernt in der Nähe des Saladero von Reinaldo Otero, jedoch noch im Camp von Dionisio Ochoa, in einer Desplayada oder Comedero. (So werden Stellen genannt, wo die Humusschichten fehlen und der Löss zu Tage tritt. Diese Stellen befinden sich meist an kleinen Abhängen und sind voll von vertikalen Zerklüftungen.) Ich suchte damals in Gesellschaft von José Mayorotti, der mich oft auf meinen Excursionen begleitete, die betreffende Desplayada nach Fossilien ab. Wir hatten schon einige Stellen gefunden wo fossile Tierreste lagen und dieselben bezeichnet, um die Knochen später auszugraben, als ich in einer etwa 3 Meter tiefen Wasserrinne ein Stück von einem Schädel ein wenig aus der Lösswand hervorragen sah. Don José war der Ansicht, dass derselbe [p. 5] von einem Indianer herrühre, ich aber sagte, dass viel eher ein Verbrechen vorliege, da die Indianer, weil sie keine Werkzeuge zum Graben besassen, die Leichen nur mit Erde bedeckten, die sie leicht zusammenscharren konnten, diese Leiche aber aussergewöhnlich tief begraben worden sei. Dass es Reste von einem Menschen sein könnten der zur Zeit des Glyptodon gelebt, kam mir gar nicht in den Sinn. Ich sah die Knochen gar nicht näher an und wollte sie auch nicht ausgraben. Da jedoch José

Mayorotti den Wunsch äusserte, das Skelett auszugraben, um es nach Hause zu nehmen, so war ich ihm dabei behülflich. Dasselbe befand sich in sitzender Stellung, die Beine gerade ausgestreckt, den Kopf etwas nach vorn übergebeugt. Alle Knochen befanden sich in ihrer richtigen Lage, wie sie im Leben zu einander gehörten. Wir haben darauf geachtet, weil ich ein Verbrechen vermutete; ebenso suchten wir sehr genau nach, ob nicht irgend etwas vorhanden sei, das Aufschluss geben könnte, ob das Skelett von einem Christen oder einem Indianer herrühre, fanden aber gar nichts derartiges. An die Form des Schädels, der übrigens in viele Stücke zerfiel, erinnere ich mich nicht mehr, wohl aber, dass ein Arzt (Dr. Menendez in Pergamino) sagte, der Grösse der Knochen nach zu schliessen müssen dieselben von einem 13—14 jährigen Menschen herrühren, wogegen Mayorotti den Einwand erhob, dass die Zähne sehr abgenutzt seien. Nach langer Zeit, ungefähr nach einem Jahre, sah ich im Garten von Hrn. Mayorotti einige fossile Knochenstücke liegen und erhielt auf die Frage, woher dieselben seien, zur Antwort, sie rührten von dem Menschenskelett her, welches wir in der Nähe des Saladero ausgegraben hätten; er habe die Knochen [p. 6] von der Sonne und dem Regen bleichen lassen wollen und nun seien sie ganz zerfallen.

Unterdessen hatte ich beim Ausgraben von Scelidotheriumresten eine Silex-Waffe gefunden [1]. Dieser Fund machte mich sehr stutzig. Hr. Pedro Pico dem ich Mitteilung davon machte, sagte mir, dass dies nicht der einzige solche Fund sei, es sei schon von jemand Anderem eine ganz ähnliche Waffe mit Resten von Machaerodus zusammen gefunden worden [2]. Ich überliess die Waffe Hrn. Pico. Zu derselben Zeit hörte ich auch, dass Hr. Seguin viel früher am Rio Carcarañá fossile Menschenknochen mit Knochen von Ursus bonaerensis zusammengefunden habe. Diese Umstände veranlassten mich, die Knochen, die noch von dem Skelett vom Saladero vorhanden waren, zusammen zu nehmen und sie Hrn. Burmeister nach Buenos Aires zu schicken. Ich

[1] Herr Roth machte mir noch folgende ergänzende Angaben. Er hatte am Arroyo del Zanjón nicht weit von Pergamino, Provinz Buenos Aires, ein Scelidotheriumskelet aufgedeckt, dessen Knochen sich zwar nicht in natürlicher Lagebeziehung zu einander befanden, aber doch zum grössten Teil noch vorhanden waren. Als er einen Schenkelknochen des Tieres entfernte, bemerkte er unmittelbar darunter ein Silexartefact. Vielleicht (Lehmann-Nitsche) trug das mächtige Tier die Spitze in einer offenen Wunde oder bereits im Fleische eingeheilt, als Erinnerung an eine Begegnung mit dem Pampasmenschen. Auf keinen Fall war der Knochen selber verletzt worden. Die betr. Spitze ist im Museum zu Buenos Aires nicht mehr aufzufinden. (Anm. von R. L.-N.)

[2] Es ist das die von den Gebrüdern Breton gefundene Chalcedonspitze, von welcher in der Einleitung die Rede war (p. 192).

möchte hier bemerken, dass die Ansicht Dr. Burmeisters, [1] die er in seiner „Description physique de la République Argentine" Tome III S. 42 über den Fund von Séguin ausspricht, nicht stichhaltig ist. Er glaubt nämlich, dass die Knochen von Ursus bonaerensis vom Wasser aus einer älteren Schichte ausgewaschen und mit den Menschenknochen zusammen in einer Kiesschichte abgelagert worden seien. Abgesehen von der Unwahrscheinlichkeit, dass das Wasser eine Anzahl Knochen von Ursus aus dem harten Löss auswäscht und dieselben an einer andern Stelle vereinigt wieder ablagert, befinden sich an genannter Stelle am Rio Carcarañá gar keine Kiesschichten. Ich kenne die Stelle wo die Eisenbahn von Rosario nach Cordoba über den Rio Carcarañá führt, ganz genau. Die Ufer bestehen daselbst aus Löss der Pampeana intermedia; zu oberst befindet sich eine dünne Humusschicht und unten im Flussbett hat es an einigen Stellen Ablagerungen von Schlamm [p. 7] und zerriebenen Kalkkonkretionen von ganz unbedeutender Mächtigkeit. Hätte Hr. Séguin die Menschenknochen nicht im Löss, sondern in einer der letztgenannten Ablagerungen gefunden, so würde jeder, der Fossilien der Pampasformation kennt, sofort gesehen haben, dass sie nicht aus dieser Formation stammten; hat er sie aber wirklich an dieser Stelle beim Graben der Fundamente der Brücke im Löss gefunden, so gehören dieselben der Pampeana intermedia an.

Ich hatte den Fund der fossilen Menschenreste vom Saladero ganz vergessen, bis ich im Jahre 1881 den Unterkiefer des Schädels von Fontezuelas Hrn. Burmeister zur Ansicht nach Buenos Aires brachte. Bei dieser Gelegenheit holte er nämlich die übrig gebliebenen menschlichen Knochenstücke vom Saladero aus einem Schranke hervor um sie mit denen von Fontezuelas zu vergleichen. Er erklärte auch sofort die Knochen der beiden Menschen als gleichalterig und der Pampasformation angehörend. Burmeisters schriftliche Angaben stehen im Widerspruch mit dem eben Gesagten. Er bemerkt an schon oben citirter Stelle: » J'ai vu moi même des dents humaines dites fossiles qu'il m'était impossible de distinguer par aucun caractère des dents d'anciens crânes indiens." Dies kann sich nur auf die von mir im Jahre 1877 an ihn geschickten Menschenreste von Saladero beziehen, bei denen sich viele Zähne befanden. Er war zur Zeit offenbar vom Vorhandensein des Menschen während der Entstehung der Pampasformation noch nicht überzeugt; aber weshalb erwähnte er nur die Zähne, die am wenigsten einer Veränderung unterworfen sind und nicht auch die übrigen Knochenstücke, die er später selbst als gleichalterig mit dem Glyptodon erklärte, und die [p. 8] jeder Fachmann, der sie sieht, als aus der Pam-

[1] Burmeister, H., *Description physique de la République Argentine*, tome III, Buenos Aires, 1879, p. 42.

pasformation stammend erklären muss, da von den charakteristischen Kalkkonkretionen daran haften, ja sogar einige der Markräume von solchen ausgefüllt sind.

Bie diesem Anlass erzählte ich Hrn. Burmeister auch von der Silex-Waffe, die ich mit Scelidotheriumresten zusammen gefunden hatte. Er ersuchte mich, dieselben von Hrn. Pedro Pico zu verlangen, um sie ihm zu zeigen. Sie muss sehr ähnlich sein derjenigen, welche mit Machaerodusresten zussammen gefunden worden ist, denn er sagte, als ich ihm dieselbe brachte: „Nun hat der Franzose doch Recht gehabt; ich werde dieses Stück gleich zu Ihren übrigen Sachen legen, es ist hier besser aufbewahrt als bei Hrn. Pico.“ Da sich der Letztere nachher damit einverstanden erklärte, so ist das Stück im Museum von Buenos Aires geblieben.

Seither habe ich oft Stücke von gebranntem Ton gefunden, die offenbar von Geräten herrühren [1], die der Mensch zu jener Zeit verfertigt hat. Auch Hr. Molezoun fand unter einem Mastodon-Schädel, den wir in der Nähe der Mühle Ramallo in der mittleren Pampasformation ausgruben, einige gebrannte Tonscherben. Etwa 1 kilometer von dieser Stelle befindet sich in der mittleren Pampasformation eine hellblaue Ablagerung, die sehr viel gebrannte Topfscherben enthält. Ich habe diese Stelle mit Hrn. Dr. Heusser, der ebenfalls über die Pampasformation geschrieben hat, besucht; er ist ganz meiner Ansicht, dass diese Lacustre-Ablagerung der Schicht entspricht, in welcher sich bei San Pedro eine Muschelbank befindet [2].

Ausser den erwähnten [p. 9] Tonscherben habe ich in den marinen Tertiär Ablagerungen von Entre-Rios ein Stück verkieselten Holzes gefunden, das von Menschenhand bearbeitet zu sein scheint, sowie Stücke von verkieseltem Holz und Knochen, die angebrannt waren. Hr. Ameghino berichtet ebenfalls, dass er in einer älteren Ablagerung bei Monte Hermoso gebrannte Thonstücke getroffen habe. Hr. Moreno will zwar diese Tonstücke als vulkanische Erzeugnisse erklären; dies steht jedoch mit

[1] Es handelt sich nur um Stücke von gebranntem Löss, nicht um Topfscherben. (L.-N.)

[2] Ich hatte Hrn. Heusser unter Anderem auch zu dieser Muschelbank geführt, um ihm den Beweis zu liefern, dass auch auf der rechten Seite des Paraná im Löss der Pampeana [p. 9] intermedia Spuren von den marinen Tertiär-Ablagerungen in Entre Rios vorhanden sind. Die Bank besteht aus Austern, welche charakteristisch sind für die Tertiär-Ablagerungen von Entre Rios und Patagonien. D'Orbigny und Bravard haben verschiedene Spezies gemacht, die aber Mayer Eymar mit der zur Tertiärzeit so weit verbreiteten Ostrea borealis für identisch hält. Sei dem wie ihm wolle, sicher ist, dass diese Auster sehr häufig in den Tertiär-Ablagerungen von Patagonien und Entre Rios und wie Hr. Claraz mir sagt, auch in der Nähe von Bahía Blanca vorkommt.

der Oertlichkeit wo sie gefunden worden sind, im Widerspruch. Im Uebrigen traue ich Hrn. Ameghino so viel Unterscheidungsvermögen zu, dass er vulkanische Erzeugnisse von gebranntem Ton unterscheiden kann.

Alle fossilen Menschenreste, welche bis jetzt in den Pampas gefunden worden sind, stammen aus der Pampeana superior, sowohl die Funde von Ameghino und Carles als auch meine beiden ersten (derjenige von Séguin bleibt zweifelhaft, da es heisst, er habe ihn in Kiesschichten gemacht, an der Stelle, die er angibt, je doch keine solchen vorhanden sind). Die Funde von Geräten in der Pampeana intermedia und in den derselben entsprechenden marinen Tertiärschichten von Entre Rios liessen darauf schliessen, dass der Mensch auch schon zur Tertiärzeit in den Pampas gelebt habe. p. [10] Durch das Auffinden von Menschenresten im Löss der Pampeana intermedia wurde dann im Jahr 1887 diese Voraussetzung bestätigt. Die Stelle wo ich das betreffende menschliche Skelett fand, ist etwa 2 km. von der Eisenbahnstation Baradero entfernt, etwas bevor man zu dem Bañado kommt, der sich zwischen Baradero und San Pedro befindet. Man hatte daselbst behufs Erstellung der Eisenbahnlinie einen Durchschnitt durch den Löss gemacht, wobei ein Fuss etwas abgedeckt worden war; der übrige Teil des Skeletts befand sich noch in der Lösswand und zwar in normaler Lage, nur der Kopf war nach vorne über gebeugt, so dass nicht das Gesicht, sondern der Scheitel nach oben sah. Der Unterkiefer war weit geöffnet. Am meisten aufgefallen ist mir der Umstand, dass die Obergliedmaassen, welche nach unten zu gerade ausgestreckt waren, bis ans Kniegelenk reichten. Eine Hand war durch Kalkkonkretionen mit dem Kniegelenk verkittet. Leider waren die einzelnen Knochen nicht gut erhalten, wie es sehr oft in dieser Klasse von Gestein (äolischer Löss) der Fall ist. (Der Grund hievon ist in meiner Abhandlung über die Pampasformation in der Zeitschrift der deutschen geol. Gesellschaft 1888 (Seite 447) angegeben.) Obwohl sich die einzelnen Knochen im Allgemeinen in richtiger Reihenfolge befanden, glaube ich doch nicht, dass der Leichnam begraben, sondern allmählig durch vom Wind und Wetter gebrachten Staub zugedeckt worden sei. Die Knochen weisen unverkennbar Verwitterungsspuren und Sprünge auf, wie sie sich nur an Knochen zeigen, welche eine Zeit lang an freier Luft der Verwitterung ausgesetzt waren.

Es ist sehr zu bedauern, dass der Schädel nicht in dem Zustande hier angekommen ist, wie ich ihn drüben verpackt hatte, nämlich in einem Stück mit dem [p. 11] Gestein in welches ergebettet war, so wie ich ihn tographirt habe; man hätte dann doch die eigentümliche Gesichtsbilphodung studiren können. Dass er der Pampeana intermedia angehört, wird nicht bezweifelt werden. Die Sache wird noch dadurch begünstigt, dass sich gerade gegenüber von dieser Stelle die Muschelbank mit den tertiären Austern von Entre Rios befindet. Jeder der die Sache untersuchen will, wird sich von der Contemporaneität der beiden Schichten überzeugen.

Genehmigen Sie etc.

Santiago Roth.

Zürich, im Sommer 1889.

Die Discussion über den Schädel von Fontezuelas ist hiermit wieder aufgenommen. Die Entscheidung liegt bei den Geologen. Sie müssen in jedem einzelnen Falle klarstellen, in welchem geologischen Stratum die betreffenden menschlichen Reste oder die Topfscherben oder die Silexgeräte u. dergl. gefunden wurden. Hoffentlich lassen sich die Geologen von Südamerika über alle die Angaben vernehmen, welche Herr Roth hier gemacht hat. Wir in Europa können zur Lösung der schwebenden Fragen so gut wie nichts beitragen, man kann nur, wie dies Hr. Hansen getan hat, Zweifel und Bedenken aufwerfen. Glücklicher Weise ist der Schädel von Fontezuelas nicht das einzige Factum, das aus jenen Gebieten die Existenz des Menschen zur Zeit der grossen Säuger in Südamerika in hohem Grade wahrscheinlich macht.

Hr. Roth ist nach kurzem Aufenthalt in Europa wieder nach Südamerika zurückgekehrt, um neue Ausgrabungen zu unternehmen. Vielleicht lächelt ihm auf's Neue das Glück, dann freilich wäre es sehr wünschenswert, wenn sofort mehrere kompetente Zeugen an Ort und Stelle geführt würden, die den Sachverhalt mit [p. 12] Berücksichtigung aller Umstände auskundschaften, darlegen und bezeugen.

Unterdessen benütze ich die Gelegenheit, um meine früheren Angaben über den Schädel von Pontimelo oder Fontezuelas zu vervollständigen. In dem Artikel über das hohe Alter der Menschenrassen [1] (Zeitschrift f. Ethnologie 1884) konnte ich nur nach Photographien berichten, heute können manche Angaben verbessert werden. Das Original befindet sich jetzt in der paläontologischen Sammlung zu Kopenhagen und wurde dort von Hansen untersucht und abgebildet. Ich entnehme aus der Seite 1 citirten Abhandlung, dass der Schädel dolichocephal ist und zwar mit einem Längenbreitenindex von 73,5, mit einem Längenhöhenindex von 75,7, und nicht brachycephal, wie Virchow, Quatrefages und ich nach den Photogrammen geschlossen haben. Die horizontale Circumferenz misst 520 mm. Der Längsbogen 300 mm. Die untere Stirnbreite 97 mm. Aus den Skelettknochen ergibt sich eine Körperlänge von 1515 mm.

[1] Kollmann, J., *Hohes Alter der Menschenrassen. Zeitschrift für Ethnologie*, XVI, 1884, p. 200-205.

Bezüglich des Längenbreitenindex schliesst sich jetzt der Schädel von Fontezuelas an jene von Lagoa Santa an, die in meiner obencitirten Abhandlung ebenfalls aufgeführt wurden, soweit bei einem Besuche in Kopenhagen meine Messungen gingen. Hansen hat von diesen Lagoa Santa-Schädeln eine vollständige Zusammenstellung gegeben und auch die Maasse derjenigen mitgeteilt, die in Rio und London sich befinden.

Wie sich jetzt herausstellt, befindet sich unter der Reihe von 17 Schädeln auch ein Brachycephale! Damit ist wieder die Hoffnung zerstört, eine rassenhaft einheitliche Gruppe von Menschen zu finden. Unter den sonst dolichocephalen Leuten lebte also doch schon damals ein Kurzschädel, es existirte also damals mindestens schon eine Duplicität der Rassen in Südamerika. Das [p. 13] lehrt diese eine frappante Verschiedenheit der Hirnschädel. Aber auch an dem Gesichtsschädel der Dolichocephalen stimmen nicht alle Merkmale, um von einer durchaus einheitlichen dolichocephalen Rasse sprechen zu können. Die Nasenindices zeigen sehr erhebliche Schwankungen und sie lassen der Vermutung Raum, dass schon eine dritte Rasse vorhanden war. Das entspräche jener Erfahrung, welche meine Untersuchung von ca. 1500 Schädeln aus allen Gebieten Amerikas ergeben hat [1], dass nämlich über den ganzen Kontinent schon in ältester Zeit mehrere Rassen verbreitet waren. Durch die Schädelfunde in den Höhlen Brasiliens und in den Pampasformationen wird dieses Ergebnis der craniologischen Untersuchung erst in seiner vollen Bedeutung erkennbar. Hansen bemerkt zwar, dass der Beweis aus der Untersuchung der Höhlen nicht erbracht werden könne, der Mensch habe gleichzeitig mit den vorweltlichen Tieren gelebt, allein er erkennt doch offen an, dass die gefundenen Menschenreste ein sehr hohes Alter beanspruchen dürfen. Alle die vorhandenen Funde und die hier angeführten sind nicht die einzigen (siehe hierüber l. i. c.) die beweisen, dass die amerikanischen Rassen schon ebensolange ihren Continent bewohnen wie jene Europas und Asiens. Diese Erkenntnis lässt aber die Wanderungen der Species Homo in einem ganz anderen Lichte erscheinen, als man sie bisher zu sehen gewohnt war.

Kollmann.

*P. S. de R. Lehmann-Nitsche.* Il a fallu dix ans, interrompus par des laps de temps plus ou moins longs, pour mener à bonne fin le présent travail ! Le lecteur comprendra dès lors que dans l'étude du matériel ostéologique dont nous nous sommes servis, il se soit glissé quelques incohérences, même quelques contradictions. La

[1] KOLLMANN, J., *Die Autochthonen Amerikas. Zeitschrift für Ethnologie*, XV, 1883, p. 1-47.

résignation que respire la fin de notre préface n'est évidemment plus justifiée depuis la découverte de l'*Homo neogaeus ;* je ne veux cependant pas me risquer à des conclusions prématurées ni m'occuper non plus du matériel ostéologique de l'homme fossile du Brésil et de l'Amérique du Nord.

Ce travail n'aurait peut-être jamais vu le jour dans la République Argentine. Sa publication est due uniquement au zèle et à la compétence du directeur des publications du Musée de La Plata, M. Félix F. Outes qui a eu le mérite de prendre à cœur la divulgation de documents, expériences et opinions du plus grand intérêt pour les personnes qui s'intéressent aux choses de l'Amérique du Sud.

# TABLE DE MATIÈRES

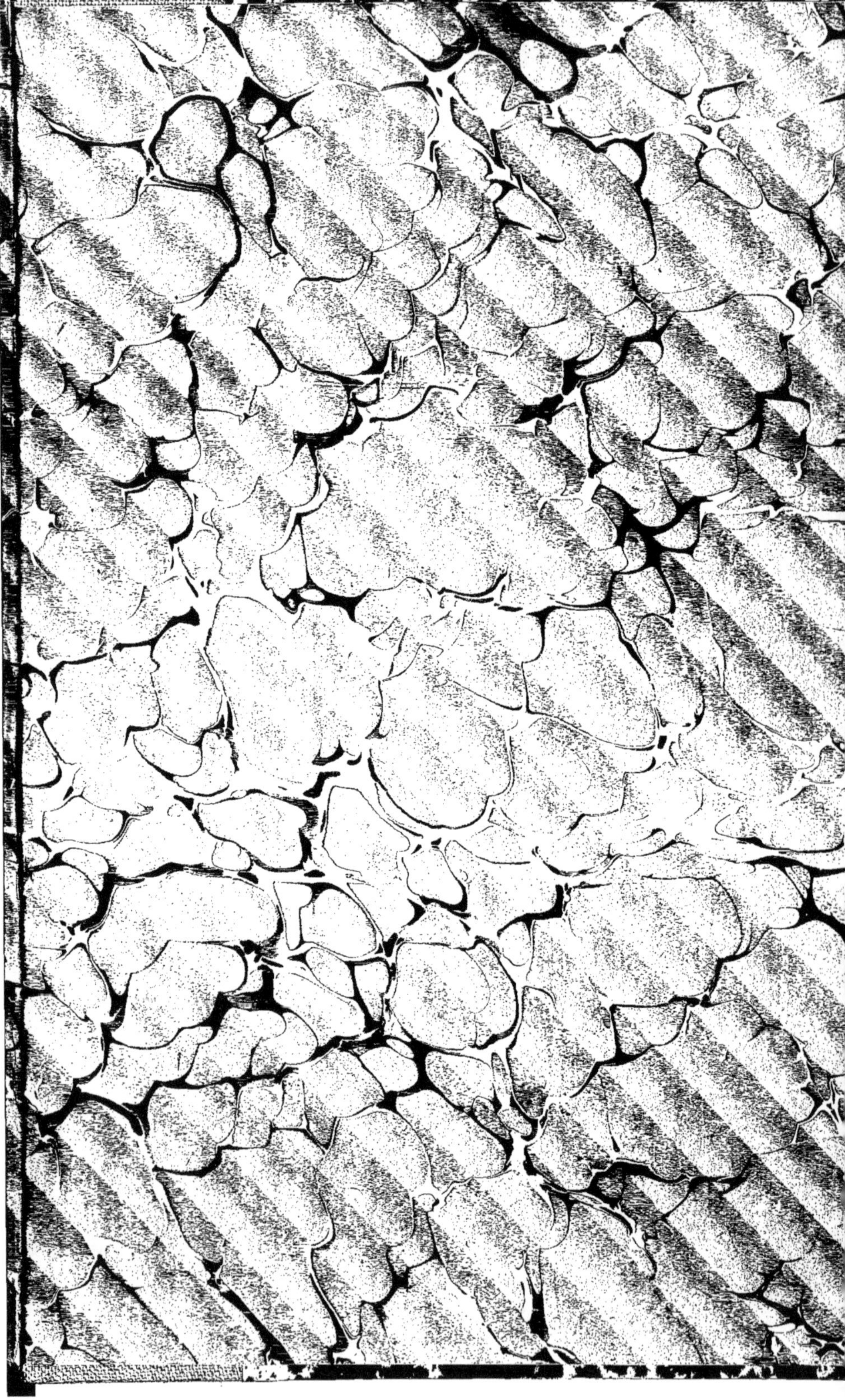

www.ingramcontent.com/pod-product-compliance
Ingram Content Group UK Ltd.
Pitfield, Milton Keynes, MK11 3LW, UK
UKHW021054270726
13967UKWH00012B/1091

www.ingramcontent.com/pod-product-compliance
Ingram Content Group UK Ltd.
Pitfield, Milton Keynes, MK11 3LW, UK
UKHW021148260726
13994UKWH00001B/351

9 782329 42382